V&R

Kritische Studien zur Geschichtswissenschaft

Band 182

Vandenhoeck & Ruprecht

Volker Berghahn

Industriegesellschaft und Kulturtransfer

Die deutsch-amerikanischen Beziehungen im 20. Jahrhundert

Vandenhoeck & Ruprecht

Für meine Familie

Bibliografische Information der Deutschen Nationalbibliothek

Die Deutsche Nationalbibliothek verzeichnet diese Publikation in der Deutschen Nationalbibliografie; detaillierte bibliografische Daten sind im Internet über http://dnb.d-nb.de abrufbar.

ISBN 978-3-525-37013-1

Umschlagabbildung:
Das Hauptquartier der amerikanischen Streitkräfte in Deutschland im ehemaligen IG-Farben-Gebäude in Frankfurt am Main, Frühjahr 1949
© bpk / Benno Wundshammer

Printed in Germany.

Redaktion: Dörte Rohwedder, Göttingen
Druck und Bindung: ⊕ Hubert & Co, Göttingen

Gedruckt auf alterungsbeständigem Papier.

Inhalt

Einleitung

Der Gedanke, eine Auswahl meiner Aufsätze zum Thema dieses Bandes zu veröffentlichen, stammt von den Herausgebern dieser Schriftenreihe, wofür ich ihnen zu Dank verpflichtet bin. Gleichwohl bin ich an das Unternehmen zögerlich herangegangen. Ein Grund dafür war, dass ich mir zunächst nicht sicher war, ob sich eine Sammlung zusammenstellen ließe, die in sich mehr oder weniger geschlossen sein würde. Stand ich doch vor dem Problem, dass ich nicht zu jenen gehöre, die sich ein Leben lang auf ein Forschungsthema konzentriert haben und schließlich zu Recht von sich sagen können, international anerkannter Experte auf einem klar umrissenen Gebiet zu sein. Denn in allen Wissenschaften ist der Informations- und Wissensüberfluss so groß geworden, dass es immer schwieriger geworden ist, wenigstens die eigene Disziplin in ihrer ganzen Tiefe und Breite zu überschauen. Von daher ist es völlig verständlich, dass es auch in der Geschichtswissenschaft viele gibt, die sich redlich bemühen, zumindest auf ihrem Spezialgebiet mit der Forschung in möglichst allen Dimensionen vertraut zu sein.

Freilich steht dahinter auch eine Kapitulation, deren Nachteile durch ein weiteres Dilemma noch verschärft werden, nämlich das zunehmende Auseinandertreten der Wissenschaftskulturen. Wenn C.P. Snow vor Jahren das Bestehen von *Two Cultures* beklagte und konstatierte, dass sich Naturwissenschaften und Geisteswissenschaften in ihren Grundvorstellungen und ihren Methoden scharf voneinander unterschieden, so muss man heute mit Wolf Lepenies von der Existenz dreier divergierender Wissenschaftskulturen sprechen. Denn inzwischen sind die Sozialwissenschaften, voran die Politologie und die Ökonomie, methodisch und auch sprachlich in eine andere Richtung gegangen als die Kultur- und Geisteswissenschaften. Mögen erstere auch glauben, sich den Naturwissenschaften angenähert zu haben, bei genauerem Hinsehen scheint mir dies ein Missverständnis zu sein.

Wie vielen anderen erscheint es mir daher dringlicher denn je, ernsthafte Anstrengungen zu einem erneuten Brückenbau zu unternehmen. Und wenn dies zwischen den „Drei Kulturen" weiterhin schwierig erscheint, sollte wenigstens in der eigenen Disziplin – in meinem Falle die historischen Wissenschaften – ein energischer Versuch der Reintegration der vielen Genres unternommen werden. Zwar ist die Auffächerung der Geschichte – weg von den Orthodoxien der fünfziger Jahre mit ihrer Dominanz einer politischen Geschichte „von oben" – ebenso zu begrüßen wie die Entwicklung einer sozio-kulturellen Historiographie „von unten", die nicht einfach und gänzlich unsoziologisch von „den Massen" redet und sich zudem besonders auch für die Peripherien von Gesellschaften und die von der Mehrheit marginalisierten Gruppen und Menschen interessiert. Doch scheint mir nach mehreren Jahrzehnten dieser Art von Geschichtsschreibung der Zeitpunkt gekommen zu sein, die auseinanderstrebenden Richtungen wieder zusammenzubringen und zumindest den intensiven Dialog zwischen ihnen zu fördern.

Die hier abgedruckten Arbeiten spiegeln dieses Bemühen wider. Soweit es sich hierbei um eine Integration verschiedener historischer Genres handelt, stehen zunächst die Sozial-, Wirtschafts- und Unternehmensgeschichte und ihre Verbindungen zur politischen Geschichte im Vordergrund. Natürlich hoffe ich, dass sich diese Verbindungen bei der Lektüre deutlich abzeichnen, und zwar nicht nur als eine Evolution der Forschungsschwerpunkte innerhalb der historischen Disziplin, sondern auch substanziell durch die Ausbreitung empirischen Materials. Bei den einzelnen Beiträgen sind Überlappungen nicht ganz zu vermeiden gewesen, doch versuchen die Aufsätze ein Bild zu entwickeln, das gerade auch den langfristigen Wandel des deutschen Industriesystems in seinem europäischen Rahmen über mehrere Jahrzehnte hinweg verdeutlicht. Hier geht es also nicht um die Evolution der Geschichte als Historiographie, sondern um die Rekonstruktion eines sich entfaltenden geschichtlichen Prozesses. Dieser Prozess ist inzwischen natürlich weitergegangen, so dass auch diverse Anregungen, die ich für die weitere Forschung zu geben versuchte, seit der Veröffentlichung einzelner Aufsätze eingelöst worden sind.

Der zweite Teil dieses Bandes ist in einer Weise strukturiert, die sich am besten mit der Metapher einer Sanduhr beschreiben lässt. Er beginnt mit einem Beitrag, in dem die wirtschafts- und raumpolitischen Strategien der deutschen Industrie in Europa vom Beginn des 20. Jahrhunderts bis zum Ende des Zweiten Weltkriegs untersucht werden. Dem folgt eine Analyse zur Zirkulation der Industrieeliten über die Niederlage von 1945 hinweg. Wie soziologische Studien gezeigt haben, war diese Zirkulation sehr gering; doch versuche ich hier den Wandel, der zweifellos stattgefunden hat, in einem Generationenmodell zu erfassen. Der anschließende Aufsatz behandelt das wiedergefundene Selbstverständnis und den Einfluss, wenn nicht gar die Macht dieser Eliten in der frühen Bundesrepublik. Im Beitrag über die Bergassessoren verengt sich dann der Fokus auf die Rolle der Ruhrschwerindustrie, wobei es sich nicht nur um deren Einfluss, sondern auch um die Industriekultur handelt, die sie schufen und über das Kriegsende hinweg zunächst noch erfolgreich aufrechterhalten konnten. Dieser Beitrag ist in enger Verknüpfung mit dem nachfolgenden zu sehen, in dem der bekannte Industrielle Otto A. Friedrich anhand seiner Biographie, seines Umdenkens und seiner vielseitigen Tätigkeiten im Nachkriegsdeutschland als einer von denen vorgestellt wird, die das alte deutsche Industriesystem nicht einfach wiederaufbauen, sondern es *umbauen* wollten, damit es problemloser in eine von der westlichen Hegemonialmacht Amerika gestaltete, multilaterale Weltwirtschaft integriert werden konnte.

Hiernach erweitert sich die Perspektive wieder. Es geht um diesen mit den Amerikanern vorangetriebenen Umbau und die Rolle, die die Einführung fordistischer Massenproduktions- und Marketingmethoden in der langsamen Entfaltung einer Massenkonsumgesellschaft spielte. Vor diesem Hintergrund richtet sich der Blick zuerst auf die heute wieder oft zitierte und oft missverstandene „Soziale Marktwirtschaft“ und die Vorstellungen, die Bundeswirtschaftsminister Ludwig Erhard dazu entwickelte. Am Ende dieses Teils steht dann ein Beitrag, der den Blick auf die westeuropäische Industrie insgesamt richtet, und zwar besonders auf die Ursprünge der „Europäischen Gemeinschaft für Kohle und Stahl“ als Beginn einer transnationalen Wirtschaftsintegration und auf die wichtige Rolle, die wiederum die Amerikaner dabei spielten.

Auf den ersten Blick scheinen diese Aufsätze mit denen, die im dritten Teil abgedruckt sind, in keinem Zusammenhang zu stehen. Doch hoffe ich, dass sich dieser Eindruck bei näherem Hinsehen und Überdenken verflüchtigen wird. Denn es gibt zwei Brücken. Zum einen wird die Frage nach der Bedeutung kultureller Momente fortgesetzt. Während im zweiten Teil des Bandes ihrem Einfluss auf die Wirtschafts- und Unternehmensgeschichte nachgespürt wird, dreht sich der dritte Teil zwar wiederum um Fragen der Kultur, jetzt aber mehr in einem gesellschaftlichen als in einem ökonomischen Rahmen. Dabei geht es wiederum um Mentalitäten, Denktraditionen und Verhaltensweisen, aber nicht so sehr von Wirtschaftseliten (wie im zweiten Teil), sondern von Intellektuellen, Akademikern und anderen Gebildeten, die sich damals nicht nur mit der sich ausbreitenden Massenproduktion und dem Massenkonsum auseinandersetzten, sondern auch mit der „Massenkultur“ und ihren Implikationen für die Entwicklung westlicher und urbaner Industriegesellschaften.

Damit hängt die zweite Brücke zwischen den beiden Teilen zusammen, nämlich das anhaltende Interesse am europäisch-amerikanischen Verhältnis im 20. Jahrhundert, dessen Darstellung mir in meinen Forschungen seit langem und im Gegenwind von mancherlei Kritik wichtig erscheint. Nicht nur im Hinblick auf die wirtschaftlichen, sondern auch im Hinblick auf die geistig-ideologischen Beziehungen wird in diesem Band der Atlantik durchgehend als mehrspurige Fahrrinne gesehen, auf der Menschen sowie ihre materiellen und ideellen Güter sich hin- und herbewegten. Allerdings war dieser Austausch nicht immer gleich gerichtet. Auf wirtschaftlich-technologischem Gebiet verlief er – Ausnahmen immer zugestanden – seit 1900 vornehmlich in West-Ost-Richtung, von den Vereinigten Staaten nach Europa. Dagegen dominierte, wie schon in der Zeit vom 17. bis zum 19. Jahrhundert, auch zu Beginn des 20. Jahrhunderts beim Austausch kultureller Güter im weitesten Sinne die Bewegung von Osten nach Westen.

Sie wurde durch den Strom von Flüchtlingen vor dem Faschismus und vor dem Nationalsozialismus dann noch einmal verstärkt.

Als Europa nach 1945 nicht nur wirtschaftlich und politisch, sondern auch kulturell weitgehend am Boden lag, verlief allerdings die Hauptrichtung des Austausches auf ganzer Linie – nicht nur technologisch-ökonomisch und militärisch-machtpolitisch – von Westen nach Osten und machte – wie zu zeigen sein wird – später nicht einmal mehr am Eisernen Vorhang halt. Dieser Prozess ist mit dem Konzept der „Amerikanisierung" zuerst erfasst und dann kontrovers diskutiert worden, so dass dieser Band auch zu dieser Frage Stellung zu beziehen versucht. Dabei soll es sowohl im Wirtschaftlich-Unternehmerischen als auch im Kulturell-Intellektuellen darum gehen, Missverständnisse aufzuklären, die unabsichtlich, aber vielleicht auch um bessere polemische Effekte zu erzielen, gegen dieses Konzept vorgetragen worden sind.

Vor dieser breiteren Kulisse der meinen Forschungen zugrundeliegenden Impulse ist es zu erklären, dass im ersten Teil dieses Bandes einige Aufsätze stehen, die sich als historiographische Bilanzziehungen mit der Reintegration von Wirtschaft und Kultur und ihren Problemen beschäftigen. Mir schien dies besonders auch für die außerhalb der meisten Geschichtsabteilungen beheimatete Wirtschafts- und Unternehmensgeschichte ein nützlicher Ausgangspunkt zu sein. An anderer Stelle habe ich ebenso nachdrücklich für den Brückenschlag zwischen Kunst- und Architekturgeschichte einerseits und *allgemeiner Geschichte* andererseits gesprochen. Findet dort doch der Dialog ebenso selten statt wie zwischen allgemeiner Geschichte und Wirtschafts- und Unternehmensgeschichte, zumal wenn, wie in den USA häufig, die eine in den volkswirtschaftlichen Fachbereichen beheimatet und die andere in eigenständigen Business Schools untergebracht ist.

Allerdings entschied ich mich nicht nur aus der Einsicht in diese ernsten Kommunikationsprobleme zwischen modernen Disziplinen und Subdisziplinen gegen eine lebenslang gepflegte Spezialisierung auf ein Gebiet. Für mich war es auch so etwas wie eine Temperamentsfrage, die ich auf diese Weise zu lösen versuchte. War ich doch – um mit H.T. Hexter zu sprechen – von jeher eher ein *lumper* und kein *splitter* gewesen und schon aus diesem Grunde bereit, mich auf mir zuvor unbekanntes Gebiete der Historiographie zu begeben. Das begann schon mit meiner Dissertation über den *Stahlhelm. Bund der Frontsoldaten, 1918–1935*, nach deren Abschluss ich mich mit Fragen der Wehrmacht und ihrer Nazifizierung im Zweiten Weltkrieg beschäftigte. Als ich dann 1966 nach Mannheim ging, um bei Erich Matthias meine Habilitation zu beginnen, wurde mir ganz klar bedeutet, dass ich mich – einer deutschen akademischen Tradition entsprechend – zeitlich ins 19. Jahrhundert zurückbewegen müsse. So fand ich mich plötzlich im Kaiserreich wieder, diesmal mit dem Schwerpunkt auf der Marine und ihrer Rolle nicht nur in der großen Politik, sondern auch im Hinblick auf ihren

Einfluss auf die Dynamik der deutschen Gesellschaft unter dem Eindruck des Seewettrüstens vor 1914. In einem weiteren Sinne war *Der Tirpitz-Plan* eine Untersuchung von militärischen und politischen Eliten, die zunehmend unter dem Druck einer sich verschlechternden außenpolitischen Lage und unter einem „von unten“ kommenden Druck in der Innenpolitik standen.

Der Sprung in die Unternehmensgeschichte der Bundesrepublik erfolgte nach Abschluss meiner Habilitation in Mannheim. Er war weder zufällig noch durch das Qualifikationsverfahren erzwungen. Denn so anregend die Geschichte des Kaiserreichs nicht zuletzt auch durch die heftig geführte Fischer-Debatte über die Ursprünge des Ersten Weltkriegs damals war, ich wollte in die Nachkriegsgeschichte wechseln und das Studium einer anderen Elite, der Unternehmer und Manager einer der wichtigsten Industriemächte des 20. Jahrhunderts, aufnehmen. War deren Einfluss auf den Verlauf der deutschen und europäischen Entwicklung nach meinem Dafürhalten doch nicht minder groß gewesen als der der militärischen Eliten.

Nachdem ich die Sekundärliteratur dazu durchgearbeitet hatte, wurde indessen schnell klar, dass ich mein neues Interessengebiet nicht in einem rein nationalen Rahmen behandeln konnte. Denn wohin ich auch schaute, stieß ich immer wieder auf den Einfluss, den die Amerikaner nach 1945 beim Wiederaufbau und beim Umbau der westdeutschen Industriewirtschaft ausgeübt hatten. So kam es, dass ich mich schon in den siebziger Jahren an der Warwick University in England mit den deutsch-amerikanischen und europäisch-amerikanischen Beziehungen im 20. Jahrhundert zu beschäftigen begann. Freilich interessierte ich mich von Anfang an weniger für die quantitativen Aspekte dieses Verhältnisses, zu dem die damalige Wirtschaftshistorie das einschlägige Zahlenmaterial sammelte und aufarbeitete. Vielmehr war es die Kultur- und Mentalitätsgeschichte der Industrie, die mich anzog. Dabei mag es eine Rolle gespielt haben, dass das von E.P. Thompson gegründete *Centre for Social History* in Warwick am anderen Ende des Korridors der Geschichtsabteilung lag, wo in der Tradition des Autors von *The Making of the English Working Class* der bekannte soziokulturelle Ansatz der Arbeitergeschichte verfolgt wurde.

Doch entwickelten wir damals zusammen mit dem ebenfalls in Warwick lehrenden französischen Kulturhistoriker Donald Charlton in den späten siebziger Jahren ein M.A.-Programm, das außer den Ideen einer *labour history* auch Ansätze aus Frankreich aufnahm, wie sie etwa von Alain Corbin entwickelt wurden. Wichtig war für mich des Weiteren die einsetzende sozialgeschichtliche Forschung über die Auswirkungen des Ersten Weltkriegs auf die Front und Heimatfront in Europa. Diese Forschung war zunächst noch von quantitativ-demographischen Ansätzen, vor allem der sog. *Cambridge School,* beeinflusst, ehe sich etwa auch der aus dieser Schule ans *Centre for Social History* gekommene Jay Winter mehr und mehr den psychischen und kulturellen, d.h. den qualitativen Folgen des totalen Krieges von 1914–1918 zuwandte. Guter Kontakt bestand damals auch mit einer

Gruppe von Historikern, die unter der Leitung des allzu sehr in Vergessenheit geratenen Arthur Marwick an der nahegelegenen *Open University*, der neugegründeten britischen Fernuniversität, ein sehr innovatives *War and Society*-Programm entwickelt hatte.

Vor diesem Hintergrund entstanden die Fragestellungen, mit denen ich in den siebziger Jahren an meine Forschungen zur deutschen Unternehmensgeschichte heranging. Auf jeden Fall war es kein Zufall, dass das daraus entstandene Buch einleitend auf Thompsons Sicht von Arbeiterklasse und Arbeiterkultur sowie auf historische Erfahrungen und Mentalitäten Bezug nahm, freilich mit der deutschen Unternehmerschaft im Brennpunkt. Darüber hinaus schien mir ein Generationen-Modell den Blick nicht nur auf die Zirkulation, sondern auch den sozio-kulturellen Wandel der deutschen Wirtschaftseliten zu eröffnen. Und schließlich musste auch die Präsenz der Amerikaner als westlicher Hegemonialmacht nach 1945 in die Analyse eingebracht werden, durch deren Politik und „Amerikanisierungsdruck" (Werner Bührer) der langsame Wandel unternehmerischer Einstellungen zu Wirtschaft und Gesellschaft einsetzte und in der Forschung konzeptualisiert wurde.

Das alles war in der damaligen westdeutschen Wirtschafts- und Unternehmensgeschichte in dieser Verzahnung noch nicht versucht worden. Obendrein stieß ich als doppelter Außenseiter in dieses Gebiet: Ich saß auf einem Lehrstuhl im Ausland und nicht in München, Frankfurt, Mannheim oder Köln und hatte überdies keine stringente volkswirtschaftliche Ausbildung vorzuweisen. Es war wohl auch ein mehr als einmal kritisiertes Manko, dass die Untersuchung über *Unternehmer und Politik in der Bundesrepublik* als 350-seitiges Suhrkamp-Taschenbuch in Hans-Ulrich Wehlers *Neuer Historischer Bibliothek* erschien, anstatt in einer doppelt so langen Studie mit halbseitigen Fußnoten. Da obendrein zahlreiche Firmenarchive damals nicht zugänglich oder in Reaktion auf die scharfe Kapitalismuskritik der Linken in den siebziger Jahren wieder geschlossen worden waren, stützte ich mich in erster Linie auf schriftliches Quellenmaterial, die Verbands- und Industriepresse, Memoiren und diverse Sammlungen des damaligen Bundesarchivs-Zwischenarchivs.

Jedenfalls war die Rezeption des Bandes, ebenso wie die meiner Aufsätze zum gleichen Thema, recht kritisch. Der wirtschaftskulturelle und mentalitätsgeschichtliche Generationen-Ansatz, so hieß es, sei nicht haltbar und die Amerikanisierungsthese unzulänglich durch Archivquellen abgestützt. Die hier abgedruckten Beiträge reagieren zum Teil auf die von der Wirtschaftsgeschichte vorgebrachten Zweifel, vor allem die Zweifel an letztgenannter These. Sie zeigen auch, dass ich die Rolle der USA beim Wiederaufbau und beim Umbau der Industrie nicht als die einer Dampfwalze verstehe, die nach 1945 über Westdeutschland hinwegrollte und alle eigenständigen wirtschaftskulturellen Traditionen einebnete. Im Gegenteil, die Quellen zeigten, dass es erhebliche Widerstände gab, besonders unter den

Konservativen an der Ruhr; aber es gab auch Unternehmer, die die Unvermeidlichkeit von Veränderungen sahen, so dass oft nach längerer Verhandlung auf deutscher Seite Wandel und Adaption stattfanden. Am Ende ergaben sich Mischungen von einheimischen und externen Elementen, eine „Kreolisierung", die wohl immer eintritt, wenn Kulturen, in diesem Falle unterschiedliche Geschäftskulturen, sich begegnen.

Infolge der Resistenz in der westdeutschen Wirtschafts- und Unternehmenshistorie hat es lange gedauert, bis diese Interpretation der Nachkriegsentwicklung nicht mehr nur skeptisch betrachtet oder gar als falsch abgetan wurde. Am Ende entstand – und auch hier dürfte ein Generations-Ansatz als Erklärung weiterführen – eine Gruppe von jüngeren Forschern, die nun selber zu einer „kulturalistischen Wende" aufriefen. Und auch Werner Abelshauser, der lange Zeit quantitativ arbeitend die Bedeutung des Marshall-Plans für die westdeutsche Wirtschaft herunterspielte, nahm die Amerikanisierungsthese immerhin insofern auf, als er heute von einem „Kulturkrieg" spricht, der zwischen den amerikanischen und westdeutschen Industriesystemen stattgefunden habe.

Während die hier abgedruckten Aufsätze zeigen, wie sich das Feld in den neunziger Jahren auffächerte, reichhaltiger wurde und auf beiden Seiten des Atlantiks viele ausgezeichnete Einzelstudien auch über das deutsch-amerikanische Wirtschaftsverhältnis in der Zwischenkriegszeit hervorbrachte, wandte ich mich einem neuen Gebiet zu, von dem die im dritten Teil versammelten Aufsätze handeln. In diesem Falle kam der erneute Wechsel allerdings eher zufällig. Mit der noch der Unternehmensgeschichte zuzurechnenden Studie über den einflussreichen Hamburger Industriellen Otto A. Friedrich hatte ich mich zu einer Zeit an eine Biographie gewagt, als dies in der westdeutschen „Zunft" noch wenig populär und einer akademischen Karriere in der Bundesrepublik nicht eben förderlich war. Betrieb man doch entweder Strukturgeschichte mit großen Fragestellungen oder die Geschichte von Peripherien, von marginalen und bisher „unsichtbaren" Gruppen, von Alltagserfahrungen und Erinnerungen, von Frauen und Männern, deren Stimmen bisher nur unzureichend hörbar gemacht worden waren.

Nach dem Erscheinen des Buchs über Otto A. Friedrich wurde ich Mitte der neunziger Jahre recht unvermittelt gefragt, ob ich eine Biographie über Shepard Stone, den ersten Direktor des Berliner Aspen-Instituts, schreiben könnte. Sein bisher ungenutzter Nachlass stünde mir uneingeschränkt zur Verfügung. Das war ein Angebot, das nur wenige Historiker ausschlagen würden. Das Buch, das dann entstand und 2001 veröffentlicht wurde, ist zwar ausdrücklich nicht als Biographie konzipiert. Dazu reichte das Quellenmaterial nicht aus. Zudem hatte ich schon im Falle von Otto A. Friedrich die Biographie als ein besonders schwieriges historiographisches Genre empfunden. So benutzte ich die Tätigkeiten von Shepard Stone ohne tiefer schürfende Psychologisierungen, wie sie heute in einer Biographie fast *de rigueur* sind, als *Fenster* zu einer Welt von amerikanischen Intellektuellen, Politikern und Geschäftsleuten, in der er nach 1945 operierte.

Zuerst war er die rechte Hand von John J. McCloy, dem US-Hochkommissar in der soeben gegründeten Bundesrepublik. Später übte er zusammen mit McCloy, der nun als *Trustee* der Ford Foundation fungierte, als Direktor der Internationalen und Europa-Abteilung dieser damals größten Stiftung der Welt einen erheblichen Einfluss nicht nur auf die mir schon vertrauten deutsch-amerikanischen Beziehungen aus, sondern auch auf die Beziehungen zwischen Europa (Ost und West) und den USA während des Kalten Krieges. Was mich in diesem Fall interessierte, waren nicht nur die Förderungstrategien der Ford Foundation, die hinter den Bewilligungen von oft erheblichen Mitteln standen. Vielmehr ging es mir auch um die Durchleuchtung der soziologischen Netzwerke, in denen Stone sich bewegte, sowie um den Austausch von Ideen über die Gegenwart und Zukunft moderner Industriegesellschaften, der dort auf der erwähnten zweispurigen Fahrrinne über den Atlantik hinweg stattfand.

Mit dem Studium dieses Transfers und Austausches von Konzepten zur Organisation einer liberal-kapitalistischen und zugleich demokratisch verfassten Gesellschaft bewegte ich mich jetzt mehr und mehr auf das Gebiet einer *intellectual history* und der wissenschaftlichen Kontakte zu, die sich vor allem nach 1945 unter dem Dach einer „atlantischen Wertegemeinschaft" gegen einen totalitär-kommunistischen Sowjetblock formierte. Wie einige der im dritten Teil abgedruckten Aufsätze zeigen, gab es auch hier, ähnlich wie bei den europäisch-amerikanischen Industriebeziehungen, Affinitäten ebenso wie Spannungen und Widerstände, die ich letztlich auf unterschiedliche philosophische Ansätze zurückführen würde. Hier, so schien es mir, war gar nicht einmal der Atlantik die eigentliche Scheide, sondern der Ärmelkanal, der angelsächsische Traditionen von Philosophie, Gesellschaftsanalyse und Wirtschaftsdenken von kontinentaleuropäischen trennte. Dennoch gab es eine interkontinentale Brücke über die nicht nur materielle Güter und Menschen, sondern auch Ideen hin- und herwanderten, vor 1945 mehr von Osten nach Westen, danach eher von Westen nach Osten. Dabei spielte auch der Keynesianismus eine wichtige Rolle, der nicht nur als eine Strategie zum wirtschaftlichen Management moderner Industriewirtschaften gesehen wurde, sondern auch als eine Strategie zu einem reformistisch-politischen Management.

Auch dieser dritte Teil ist nach dem Prinzip einer Sanduhr organisiert. Er beginnt mit einem weit ausgreifenden Aufsatz über das Verhältnis westeuropäischer Eliten zur Kultur und über deren kritische Haltung gegenüber Amerika als gesellschaftliches und kulturelles System. Es folgt dann eine Analyse der Versuche der großen amerikanischen Stiftungen, diese Perzeptionen durch die Intensivierung von transatlantischen Kontakten und die Schaffung einer atlantischen Wertegemeinschaft in eine positive Richtung zu lenken. Der letzte Aufsatz handelt sodann von den Bemühungen vor allem der Ford-Stiftung, über den Eisernen Vorhang hinaus nach Osteuropa hinzuwirken und endet mit einer Hypothese über die Wurzeln des Zusammenbruchs des Sowjetblocks in den späten achtziger Jahren. Insgesamt ist dieser Teil des vorliegenden Bandes kürzer ausgefallen, nicht nur weil das Problem in meinem 2001 veröffentlichten Buch *America and the Intellectual Cold Wars* in einem breiten Rahmen abgehandelt wurde, sondern auch weil das Thema durch die Auswertung der umfangreichen Archive der amerikanischen Stiftungen zu weiteren neuen Einsichten, aber auch zu erheblich weniger Kontroversen geführt hat als die im zweiten Teil vorgestellten Thesen zur deutschen Industriekultur. Freilich ist die Frage nach der „Amerikanisierung", die diesem Band insgesamt zugrunde liegt, nach meinem Eindruck auch heute noch nicht ausdiskutiert.

So ist der dritte Teil dieses Bandes als eine Ergänzung und Erweiterung des zweiten Teils zu lesen, der vor allem den wirtschaftlichen Austausch behandelt. Wirtschaft, Politik und Akademie erscheinen hier über die großen Stiftungen verbunden, in einem komplexen Dreiecksverhältnis. Das verbindende Glied zwischen den Teilen ist indessen das Thema, das mich in den letzten Jahren auch in anderen, von mir verfassten Aufsätzen beschäftigt hat: Ist es doch meines Erachtens ein Unglück, dass die Wirtschaftsgeschichte, jedenfalls in den USA, sehr in den Sog einer rein mathematisch-quantifizierenden ökonomischen Disziplin geraten ist, während sich die allgemeine Geschichte immer mehr in eine Position begeben hat, in der nur gefragt wird, wie das Bewusstsein das Sein bestimme.

Die hier gesammelten Essays setzen sich mit dieser Frage immer wieder auseinander, aber sie interessieren sich ebenso für die Bestimmung des Bewusstseins durch das Sein. Hinter ihnen steht die Hoffnung, dass der nächsten Generation von Studenten in Vorlesungen und Seminaren nicht lediglich die zweifellos immer faszinierenden Diskurse zwischen Intellektuellen, sondern auch greifbare, wenn vielleicht auch „ermüdende" Zahlen vorgeführt werden, ohne deren Grundlage qualitative Analysen gewiss nicht auskommen können. Um diese Interaktion von Vorstellungen über unsere Lage und individuelle Handlungsspielräume einerseits und die Realitäten bestehender, aber sich immer auch wandelnder ökonomischer und politischer Machtstrukturen andererseits, ist es mir letztlich immer wieder gegangen. Dass der Schwerpunkt dabei in der Analyse der Rolle von Eliten lag, hängt wohl mit meinem Eindruck zusammen, dass von ihnen immer wieder die großen positiven Durchbrüche, aber auch die Katastrophen des 20. Jahrhunderts angestoßen und verfolgt wurden. Denn so wichtig die Geschichte des Alltags und der sogenannten „Massen" auch ist, Eliten waren im Guten wie im Schlechten immer wieder das entscheidende Element der historischen Entwicklung, von Fortschritt als auch von Rückschritt.

Für die deutschen Eliten gilt dies vor allem in der ersten Hälfte des 20. Jahrhunderts, für die amerikanischen wohl eher in den letzten vierzig Jahren. So sehr die Bush-Administration mit ihrem Unilateralismus für die negativen Entwicklungen seit der Jahrhundertwende verantwortlich zu machen ist, so wird man doch auch die Entscheidungen kritisieren müssen, die schon während des Vietnam-Kriegs von an sich hochintelligenten Männern vorbereitet und in die Tat umgesetzt wurden. War das 20. Jahrhundert ein Zeitalter von bis dahin unvorstellbarer Gewaltanwendung, so ist zu hoffen, dass das 21. nicht noch katastrophaler ausfällt.

Teil A:
Wirtschafts- und Unternehmensgeschichte und die Integration des Kulturellen

1. Zur Geschichtsschreibung über die deutsche Industrie im Dritten Reich

Betrachtet man die inzwischen recht umfangreiche Historiographie zur Rolle der deutschen Industrie im Dritten Reich, so zeigt sich, dass einerseits die Frage nach der *politischen* Mitverantwortung der Unternehmer und Manager für die politischen Entwicklungen in den dreißiger und vierziger Jahren stark im Vordergrund stand. Andererseits und gewiss nicht weniger dringend stellte sich das Problem einer moralischen und kriminellen Schuldhaftigkeit an den Verbrechen des Nationalsozialismus und damit schließlich die Frage, ob diese Männer – und es waren so gut wie ausschließlich Männer – „zaudernde oder willige Kollaborateure" waren, wie Gerald D. Feldman es formuliert hat.[1]

Die Verantwortung der Unternehmer wurde zuerst in den dreißiger Jahren unter marxistischen und nichtmarxistischen Sozialwissenschaftlern zur Diskussion gestellt, als es darum ging, den Aufstieg und die erstaunlich schnelle Konsolidierung des Hitler-Regimes zu erklären.[2] Erst während des Zweiten Weltkriegs und danach wandte man sich dem Problem der Schuldhaftigkeit zu, nachdem die Welt ab 1938 sich mehr und mehr des Ausmaßes der von Deutschland begangenen Verbrechen bewusst geworden war. So kam es, dass sich bis 1944 die Konzepte von politischer Verantwortung und moralischer Schuld fast völlig ineinandergeschoben hatten. Bei Kriegsende hatte die Beschäftigung mit krimineller Schuldhaftigkeit die frühere Debatte über politische Verantwortung ganz in den Hintergrund gedrängt. In den fünfziger Jahren trat dann wieder eine Umkehrung ein. Jetzt ging es wieder eher um politische Verantwortung als um Gewichtungen krimineller Schuld. Und schließlich hat sich die neuere Forschung um eine schärfere Definition der beiden Konzepte bemüht und versucht, genauer zu eruieren, wo man in den Jahren 1933–1945 von einer politischen Verantwortung der deutschen Industrieeliten sprechen muss, und wo man ihre kriminelle Schuld feststellen kann.

Dass sich diese beiden Konzepte im Zweiten Weltkrieg und kurz danach in der westlichen Welt vermischten, ist zum Teil auf zwei damit zusammenhängende Probleme zurückzuführen, nämlich ob sich die Deutschen kollektiv oder individuell schuldig gemacht hätten und ob sie daher auch kollektiv oder individuell zu bestrafen seien. Die Vorstellung einer Kollektivschuld stieß sich freilich an einem im westlichen Rechtsdenken tief verwurzelten Prinzip, wonach Schuld immer individuell zu bemessen sei. Dementsprechend seien die Taten eines Verdächtigen in einem Gerichtsverfahren zunächst genau zu untersuchen und nach dem Prinzip zu beurteilen, das im angelsächsischen Recht als *due process* definiert ist. Betrachtet man die Entwicklung dieser Debatte bei den Alliierten nach dem Zweiten Weltkrieg, so sind zwei weitere Aspekte interessant, wobei die Vereinigten Staaten als die Hegemonialmacht des Westens unvermeidlich den Ton angaben.

Zum ersten kam der Druck, den Deutschen eine Kollektivschuld aufzuerlegen, anfangs nicht aus der amerikanischen Bevölkerung Erst sehr spät in dem Konflikt begann dort der Durchschnittsbürger, die Deutschen kollektiv für den Krieg und die schrecklichen Verbrechen, die jetzt langsam einer breiteren Öffentlichkeit bekannt wurden, schuldig zu sprechen.[3] Vielmehr zirkulierte der Gedanke an eine Kollektivschuld und einer umfassenden Bestrafung eher in der Führung in Washington und London. So gingen der britische Premierminister Winston Churchill und der US-Schatzsekretär Henry Morgenthau sogar soweit, sich für eine massenweise Erschießung von Tausenden gefangengenommener Nationalsozialisten ohne umständliche Gerichtsverfahren auszusprechen.[4] Nicht weniger bedeutsam ist, dass Morgenthau den wohl umfassendsten Plan für eine Kollektivbestrafung der Deutschen entwickelte und 1944 vorlegte, der die Schleifung großer Teile der industriellen Infrastruktur des Landes und vor allem der Ruhrschwerindustrie vorsah.[5]

Aus der wohlberechtigten Sorge, dass dieser Plan zum Hungertod, zu weiteren Verwerfungen der deutschen Kriegsgesellschaft und zur Rebellion von Millionen von desperaten Deutschen führen würde, bemühten sich das Kriegs- sowie das Außenministerium in Washington, Morgenthaus Forderungen einen Riegel vorzuschieben. Sie trugen in diesem regierungsinternen Machtkonflikt keinen völligen Sieg davon, denn Elemente von Kollektivschuld und -bestrafung tauchten in Dokumenten der Alliierten auf, die die amerikanische Besatzungsherrschaft im besiegten Deutschland regeln sollten, so vor allem in der wichtigen Direktive der *Joint Chiefs of Staff* JCS 1067 von Anfang 1945. Zu diesem Zeitpunkt hatte sich auch die öffentliche Meinung im Vergleich zu den Vorjahren verschoben. Als Zeitungsberichte und vor allem auch Wochenschauaufnahmen über die bei der Befreiung vorgefundenen Zustände in den Konzentrationslagern und über den Mord an den Juden Europas erschienen und in den Kinos gezeigt wurden, verhärtete sich die öffentliche Meinung und stärkte damit die Hand von Morgenthau und seinen Mitstreitern in Washington und London.[6]

Dieser Wandel wurde weiter verstärkt durch die wachsende Popularität einer bestimmten Deutung des Nationalsozialismus: War das Hitler-Regime bisher eher als eine Tyrannei gesehen worden, die sich einer durch Terror paralysierten Bevölkerung oktroyiert hatte, so erschien das Dritte Reich nun als ein System, das die „Massen“ erfolgreich für sich mobilisiert hatte. Diese wurden damit zu willigen Mittätern bei Hitlers Angriffskriegen und seinen massiven Verbrechen gegen die Menschlichkeit. Es ist interessant, diese Entwicklung der Meinungen im Westen mit Stalins Sicht des Faschismus und seiner Politik zu vergleichen. Soweit es die Schuldfrage betraf, bestand er zu

Beginn seiner Allianz mit dem Westen darauf, dass sie nur individuell zu beantworten und dass eine umfassende Kollektivbestrafung, wie Morgenthau sie vorsah, nicht akzeptabel sei.[7]

Diese ganz andere Einstellung hing zweifellos mit der stalinistischen Faschismustheorie zusammen. Denn die Drahtzieher und eigentlichen Verantwortlichen für den Aufstieg und die Herrschaft des Nationalsozialismus waren aus dieser Sicht eine kleine Clique von „Monopolkapitalisten", die Hitler an die Macht gebracht hatte, um eine kommunistische Revolution, wie sie 1933 angeblich vor der Tür stand, zu verhindern. Waren Hitler und seine Umgebung daher zunächst auch individuell abzuurteilen, so galt für die Masse der deutschen Bevölkerung, allen voran für die Arbeiterklasse, dass sie nie für das Regime gewonnen worden war. Individuell vor Gericht zu stellen waren außer den Nazigrößen auch die „Monopolkapitalisten", deren Eigentum eingezogen werden sollte, so dass sie damit auch ihrer politischen Machtbasis beraubt würden, die das nationalsozialistische Regime überhaupt erst ermöglicht hatte. Mit Hilfe der „Massen" würde sodann eine sozialistische Wirtschaft und Gesellschaft auf den Ruinen des deutschen Kapitalismus und seines Marionettenstaates aufgebaut werden.[8]

Auf die weiteren Details dieser Interpretation der deutschen Vergangenheit sowie deren Umsetzung in die praktische Politik in der Sowjetzone nach 1945 kann hier nicht eingegangen werden.[9] Bekanntlich verfolgten die beiden Supermächte mit dem Beginn des Kalten Krieges und der Teilung Deutschlands in ihren jeweiligen Einfluss-Sphären sehr unterschiedliche Strategien, die auf unterschiedlichen Interessen, aber eben auch auf einer anderen Sicht der Vergangenheit beruhten. Hier geht es indessen um die Sichtweisen und die Politik der Westalliierten, vor allem die der Amerikaner, in der die Schulddiskussion einen anderen Verlauf nahm, bald aber auch eine Modifikation erfuhr. Das zeigte sich u. a. in der Handhabung der Entnazifizierung, die schon vor 1945 beschlossen worden war.[10] Mit der Einrichtung von Tribunalen, vor denen jeder erwachsene Deutsche zu erscheinen hatte, wurde grundsätzlich das Prinzip verwirklicht, Schuld oder Unschuld individuell zu ergründen. Das galt auch für die Verfahren gegen die Hauptkriegsverbrecher vor dem Nürnberger Internationalen Gerichtshof sowie für die sich daran anschließenden Verfahren gegen einzelne Ärzte, Juristen, Offiziere, Beamte, Geschäftsleute und andere Mitglieder von Elitegruppen. Die Spuren der Kollektivschuldthese waren zugleich aber noch in der Praxis zu finden, Nazi-Organisationen wie die SS kollektiv als kriminell zu erklären, mit der Folge, dass diese nicht nur sofort verboten wurden, sondern dass für deren ehemalige Mitglieder eine automatische Vermutung von krimineller Schuld galt.[11]

Freilich gab die Annahme, dass Schuld im Prinzip individuell sei und nur vor Gerichten geprüft werden könne, den Angeklagten Gelegenheit zur Verteidigung, die eine Durchsetzung des Prinzips einer Kollektivschuld mit der Folge von Massenexekutionen, wie sie Churchill und Morgenthau vorgeschlagen hatten, nie hätte bieten können. Um einem Urteil und einer Bestrafung zu entgehen oder sie zumindest zu mildern, setzten bald Hunderttausende von Deutschen eine ganze Batterie von Mitteln und Argumenten ein, um ihre Unschuld zu beweisen. Diese Mittel schlossen die berühmt-berüchtigten „Persilscheine" ein, in denen falsche oder halbwahre, aber gewiss auch zutreffende Zeugenaussagen vorgelegt wurden. Man konnte auch argumentieren, dass das Beweismaterial unvollständig sei, wie überhaupt das Chaos der ersten Nachkriegszeit vielen Angeklagten zum Vorteil gereichte. Hinzu kam, dass die Tribunale die riesige Anzahl an Fällen von Anfang an nicht bewältigen konnten und dies schon bald zu einer Lockerung der Kriterien für buchstäblich Millionen von Deutschen führte. Viele verteidigten sich erfolgreich und wurden am Ende als „Mitläufer" eingestuft.[12] Andere fielen unter Amnestien, bevor ihr Fall das Tribunal erreicht hatte. Der eskalierende Ost-West-Konflikt schien es zudem ratsam zu machen, den ganzen Entnazifizierungsprozess schnell zu beenden und die Deutschen nicht nur für den materiellen Wiederaufbau des Landes, sondern auch bei der Schaffung einer parlamentarisch-demokratischen und auch antikommunistischen Verfassungsordnung zur Mitarbeit zu gewinnen. Beides erschien als eine Vorbedingung für die Integration der Westzonen und späteren Bundesrepublik in die atlantische Wirtschafts- und Verteidigungsgemeinschaft.[13]

Der Umschwung zwischen 1944, als Morgenthau noch eine gewichtige Stimme in Washington besaß, und der Lage im Jahre 1949 ist sicherlich frappierend, und es ist daher auch argumentiert worden, dass das Bemühen gescheitert sei, wenn schon nicht eine Kollektivschuld so doch zumindest die individuelle Schuld von Deutschen aufzudecken, die in der Nazizeit wichtige Positionen eingenommen hatten. Andere wiederum meinten, dass nach der Verurteilung der Hauptkriegsverbrecher zum Tode durch den Strang oder zu langen Haftstrafen soviel erreicht war, wie man erwarten konnte. In dieser Perspektive war es wichtiger, die Deutschen insgesamt auf eine parlamentarische Verfassungsordnung und eine demokratische politische Kultur „umzuorientieren", worauf das amerikanische *reeducation program* schließlich abzielte.[14] Sie fügten hinzu, dass dies nicht über Nacht erreicht werden könne, sondern geduldige Überzeugungsarbeit und die Erziehung der nächsten Generation erfordere, die durch den Nationalsozialismus nicht kompromittiert war. Die Westdeutschen sollten langsam zu einer demokratischen Gesellschaft hingeleitet werden, die sie dann ohne alliierte Beaufsichtigung gestalten würden. So kam es, dass die Schuldfrage immer mehr in den Hintergrund rückte.

Es ist nicht schwer zu erkennen, dass die Eliten des Landes von diesen Verschiebungen besonders profitierten. Nach dem Ende der Suche nach individueller und/oder kollektiver krimineller Schuld schwang das Pendel – vielleicht unvermeidlich – wieder zur Frage der politischen Verantwortung für das Geschehene zurück. Damit geriet das Problem politischen Versagens in der Krise der dreißiger Jahre erneut ins Rampenlicht. Zugleich erhob sich die

Frage nach den Lektionen, die aus der Vergangenheit zu lernen seien, damit sich solch ein politisch unverantwortliches Verhalten nie wiederholen würde.

Dies alles galt besonders für die Unternehmer und Manager. Sie hatten die Wandlungen der Politik der Alliierten zum Teil am eigenen Leibe erfahren. Für die Verbrechen der Hitler-Diktatur mitverantwortlich gemacht, wurden viele von ihnen anfangs als Gruppe festgenommen und in ein Internierungslager gesteckt.[15] Später wurden viele von ihnen wieder entlassen und mussten sich der Entnazifizierung unterziehen. Die Prominentesten unter ihnen, aber auch andere, wurden vor Kriegsverbrechergerichte gestellt. Wurden sie für schuldig befunden, folgte die Haft oder sie verloren ihre Stellung und ihr Eigentum. Andere verteidigten sich erfolgreich, so dass die Anklage entweder ganz zurückgezogen oder das Strafmaß reduziert wurde. Mehr noch: durch wiederholte und systematische Gegenoffensiven gelang es den Unternehmern, die sich 1948/49 in einflussreichen Interessenverbänden, voran dem Bundesverband der Deutschen Industrie (BDI), neu zusammengeschlossen hatten, die Schuldanklage zu unterminieren und auf jeden Fall den Vorwurf der Kollektivschuld erfolgreich abzuwehren.

Der amerikanische Historiker Jonathan Wiesen hat gezeigt, wie die Amerikaner zunehmend die Selbstrechtfertigungen der westdeutschen Geschäftswelt akzeptierten.[16] Auf der Suche nach Geschäftskontakten und nachdem sie westdeutsche Partner getroffen hatten, mit denen sie z. T. schon vor dem Zweiten Weltkrieg Verbindung gehabt hatten, waren viele amerikanische Unternehmer und Manager bereit, das Argument zu akzeptieren, dass Hitler die deutschen Unternehmer noch mehr terrorisiert habe als die Durchschnittsbevölkerung. Wenn man mit den Nazis kollaboriert habe, dann nur weil man das Überleben des Unternehmens in schwierigen Zeiten sichern wollte. Die erste Pflicht sei die gegenüber den Aktionären und den Belegschaften gewesen. Darüber hinaus bekannten sich westdeutsche Unternehmer und Manager jetzt voll (und vermutlich auch ehrlich) dazu, dass man diesmal bereit sei, beim Wiederaufbau der Industrie im Interesse auch der sozialen Absicherung der Arbeiter und der Stärkung der politischen Demokratie Mitverantwortung zu übernehmen.

So kam es zu einer Verschiebung in der Argumentation der westdeutschen Unternehmerschaft. Sie war anfangs noch sehr defensiv gewesen und hatte sich gegen das negative Bild gerichtet, das durch die Verurteilung Einzelner für ihre Mitschuld an den Verbrechen des Nationalsozialismus in der Öffentlichkeit entstanden war. Jetzt trat die eher selbstbewusste Darstellung der positiven Rolle der Unternehmer und Manager beim Wiederaufbau der Bundesrepublik in den Vordergrund. Dies lässt sich an diversen Veröffentlichungen über die Industrie im Dritten Reich und in der Nachkriegszeit gut verfolgen, die in den späten vierziger und frühen fünfziger Jahren erschienen. Die ältere Generation leistete dazu einen wichtigen Beitrag.[17] Durch das Herunterspielen der Schuldfrage wurde allerdings die ältere Frage der dreißiger Jahre nach der politischen Verantwortung für den Aufstieg und die

Stabilisierung der Hitler-Diktatur wieder mehr in den Vordergrund geschoben. Es war eine Frage, die nun die Historiker und Sozialwissenschaftler im In- und Ausland wieder stärker zu beschäftigen begann.

Diese neuen Forschungen zeichneten sich durch zwei Eigenheiten aus. Zum einen war es nicht die sehr kleine Gruppe von Unternehmenshistorikern in der Bundesrepublik, die sich der politischen Rolle der Industrie vor und während des Dritten Reiches zuwandte. Während die Unternehmensgeschichte in Amerika und England damals aufblühte, blieb sie in Westdeutschland wenig mehr als ein Anhängsel der Wirtschaftsgeschichte. Zudem stellten die wenigen, die sich ihrer annahmen, fest, dass das 20. Jahrhundert aus verständlichen Gründen ein sehr schwieriges Terrain war. Stattdessen widmeten sie sich zum Beispiel dem Studium der Ursprünge der Industriellen Revolution in Mitteleuropa im 19. Jahrhundert und den eindrucksvollen Erfolgen, die einige Regionen vor und nach der Reichsgründung erreichten.[18] Sofern diese Wirtschaftshistoriker überhaupt an individuellen Unternehmern jener Zeit interessiert waren, bedienten sie sich des bekannten Ansatzes von Joseph Schumpeter und stellten die Leistungen berühmter Industriekapitäne wie Siemens, Krupp und Rathenau heraus. Wer sich nicht makroökonomischen Fragen zuwandte und gar in die Zwischenkriegszeit vordrang, neigte mehr dazu, die Bedeutung individueller Unternehmer herunterzuspielen, wobei man wohl mehr indirekt als direkt zu der schon erwähnten Argumentation gelangte, dass die deutsche Industrie eher Opfer und Spielball einer brutalen Nazi-Diktatur gewesen sei. So geriet die Unternehmensgeschichte, die in der frühen Bundesrepublik getrieben wurde, in ein eher apologetisches Fahrwasser. Dies wiederum führte zu dem Verdacht, dass die Historiker, die sich um Wilhelm Treues Zeitschrift mit dem wohl programmatischen Titel „Tradition“ gesammelt hatten, der historiographische Arm der konservativen westdeutschen Industrieverbände und der Verteidiger der Rolle der Unternehmer im Dritten Reich seien.[19]

Natürlich war das Bild komplexer, und das lenkt den Blick auf die zweite Besonderheit der Forschung aus den fünfziger Jahren. Hinzuweisen ist auf einen stetigen Strom von Büchern und Artikeln aus der DDR, von denen die meisten eine frappierend simplizistische Version der Verantwortung des „Monopolkapitalismus“ für den Nationalsozialismus ausbreiteten. Diese Veröffentlichungen können als Kontrapunkte zu den recht defensiven Schriften auf westdeutscher Seite gesehen werden.[20] Sie fußten zum Teil auf einflussreichen sozialwissenschaftlichen Interpretationen des nationalsozialistischen Phänomens aus den dreißiger Jahren, aus der Feder von Autoren, die Strukturalisten waren und mit einem Ansatz arbeiteten, den man als *marxisant* bezeichnen könnte.[21]

Doch gab es auch Interpretationen, die von Max Weber ausgingen und das Dritte Reich (und oft auch das stalinistische Russland) als Inkarnationen der wachsenden Bürokratisierung der industriellen Welt betrachteten.[22] Es war eine Welt von charismatisch-totalitären Führern und gesichtslosen Beamten.

Sie hatten es bereits geschafft, die hilflosen Überbleibsel eines liberalen Individualismus in jenen „eisernen Käfig“ zu befördern, von dem Weber in seinen kulturpessimistischen Anwandlungen schon lange vor den dreißiger Jahren geschrieben hatte. Es war eine Welt der anonymen politischen Maschinen, die alle Menschen, die in ihrem Weg erschienen, erbarmungslos vernichteten.

Diese Perspektiven aus den dreißiger Jahren wurden in Westdeutschland aufgenommen, als einige dieser Sozialwissenschaftler, die ursprünglich vor dem Nationalsozialismus geflohen waren, aus den USA entweder als Gastprofessoren oder als Lehrstuhlinhaber zurückkehrten. Unter ihnen war Ernst Fraenkel, der an die Freie Universität in Westberlin ging, gewiss einer der einflussreichsten, weil er dort der Mentor von Karl Dietrich Bracher und einer Reihe von anderen Wissenschaftlern der jüngeren Generation wurde.[23] Deren Arbeiten erschienen dann Ende der fünfziger Jahre in umfangreichen Strukturanalysen über die Auflösung der Weimarer Republik und die nationalsozialistische Machtergreifung und Diktatur. Darin traten auch die Unternehmer neben Politikern, Agrariern und den bürgerlichen Eliten auf, freilich nicht so sehr als Individuen denn als Mitglieder von Gruppen und Machtkartellen. Sie waren es, die in einem Kräftefeld herummanövrierten, das durch die graduelle Desintegration der Machtstruktur der Weimarer Republik und das schließliche Entstehen eines Machtvakuums gekennzeichnet war. Und in dieses Machtvakuum stießen dann Bracher zufolge 1933 die Nazis.[24]

Diese Sicht erwies sich als sehr fruchtbar für das Verständnis der großen Prozesse, die der Machtergreifung und der Machtkonsolidierung Hitlers zugrunde lagen. Sie inspirierten viele weitere wichtige Studien, die die institutionelle und organisatorische Geschichte der Weimarer Republik analysierten. Es waren Bücher, die die in der frühen Nachkriegszeit von einer älteren Generation entwickelten Interpretationen herausforderten. Unter ihnen war Gerhard Ritter einer der einflussreichsten, für den das Dritte Reich eine Art Betriebsunfall gewesen war und der daher keine Kontinuität zwischen der Hitler-Diktatur und Weimar sah.[25] Nachdem Bracher und andere diese Sicht der deutschen Geschichte erfolgreich unterminiert hatten, kam bald darauf Fritz Fischer daher und zog die Kontinuitätslinien noch weiter zurück. Er verband den Aufstieg Hitlers gar mit dem Aufstieg und den Fehlentwicklungen der Hohenzollernmonarchie.[26]

Für die nächsten dreißig Jahre ergänzten diese strukturalistischen Interpretationen der deutschen Geschichte den Strukturalismus der Wirtschaftshistoriker. Diese erhielten dann in den sechziger und siebziger Jahre erneuten Auftrieb durch neo-marxistische Faschismustheorien und durch die mehr von Weber inspirierten Veröffentlichungen aus der „Bielefelder Schule“.[27] Auch die Arbeiten, die Hans Mommsen an der Universität Bochum anleitete, waren im Prinzip noch strukturalistisch konzipiert. Allerdings sei die Nazi-Diktatur durch die Dynamik vorangetrieben worden, die durch den sozialdarwinistischen Kampf der zahllosen Parteiorganisationen und die Staatsbürokratie in die Politik hineingebracht wurde. Sie habe dann zu jenen chaotischen Entscheidungsprozessen geführt, die das Hauptmerkmal eines sich immer mehr radikalisierenden Regimes gewesen seien.[28]

Innerhalb dieses umfassenden Bildes, das Historiker und Sozialwissenschaftler in den siebziger Jahren vom Nationalsozialismus zeichneten, stellte die Industrie einen Faktor in einem halsabschneiderischen Wettbewerb um Macht und Einfluss dar. Indessen verschwand eine wichtige alternative Sicht auch während der Vorherrschaft des Strukturalismus nie ganz aus der Diskussion. Diese Sicht ging von der Frage nach dem individuellen Tun aus und stellte fest, dass das individuelle Tun nicht so markant war wie andere, die die deutschen Unternehmer mit krimineller Schuld belastet hatten, annahmen. Diese Position ist wohl am deutlichsten in den Büchern und Artikeln des amerikanischen Unternehmenshistorikers Henry A. Turner entwickelt, die wenigstens zum Teil in dessen Anliegen wurzelten, die orthodoxe marxistische These zu falsifizieren, Hitler sei mit den Geldern der Großindustrie ausgerüstet und an die Macht gebracht worden.[29] Anhand einer sorgfältigen Prüfung der Quellen konnte Turner in der Tat nachweisen, dass es nicht so sehr die „Monopolkapitalisten" gewesen waren, die Hitlers Aufstieg bezahlt hatten. Vielmehr kamen die Mittel, mit denen die „Bewegung" und deren Propaganda finanziert wurden, von treuen Parteimitgliedern und mittelständischen Geschäftsleuten in der Provinz.

Obwohl Turners *Big Business and the Rise of Hitler* dies auch ziemlich genau nachwies, so kritisierten viele Rezensenten des Buches dennoch sein allzu enges Verständnis von politischer Verantwortlichkeit und von den entscheidenden Kräften, die hinter dem Zerfall der Weimarer Republik standen.[30] Denn, so hieß es, selbst wenn „die Industrie" Hitlers Aufstieg auch nicht so finanziert hätte, wie von den orthodoxen Marxisten behauptet, so hatte sie doch am Zerfall der Weimarer Demokratie und der Machtergreifung der Nationalsozialisten einen erheblichen Anteil. Aus dieser Sicht waren es ihre Weigerung, die Weimarer Demokratie zu unterstützen, und ihre Bereitschaft, sie zu unterminieren, die die Unternehmer in Industrie und Bankwesen mitverantwortlich machte für das, was 1933 und danach geschah. Nicht allein, dass sie für die Verteidigung der Republik keinen Finger rührten; vielmehr unterstützen sie gerade auch jene politischen Kräfte, die dann mit Hitler zusammengingen, um eine verhasste Verfassungsordnung zu zerstören.

Strukturalistische Ansätze blieben bis in die achtziger Jahre hinein einflussreich und erschienen neben Studien nach dem Turnerschen Vorbild. Es sei auf Gerhard Mollins *Montankonzerne und ‚Drittes Reich‘* auf der einen Seite und auf Peter Hayes' *Industry and Ideology*, einer Geschichte der IG Farben unter Hitler, hingewiesen.[31] Während Mollin eine gewichtige, aber letztlich menschenleere Strukturanalyse der Schwerindustrie vorlegte, begann Hayes sein Buch mit den Worten, dass das Problem für den Historiker nicht sei, „warum schlechte Menschen Böses tun", sondern warum es oft die guten seien.[32] Nach Hayes Ansicht waren die Direktoren der IG Farben, des zwischen

1925 und 1945 größten Privatunternehmens Europas, in einem konventionellen Sinne „gute Menschen". Sie hätten damals eine ganze Reihe von Erfindungen umgesetzt, die sich auf die ganze Welt günstig auswirkten. Sie hätten auch daran mitgewirkt, die Spannungen zwischen Arbeitnehmern und Arbeitgebern sowie zwischen Deutschland und seinen einstigen Feinden abzubauen. Nicht weniger wichtig sei zudem, dass sie die Gefahr des Nationalsozialismus erkannt und sich vor 1933 von der Hitler-Bewegung ferngehalten hätten. Nach 1933 hätten sie sich dann vergeblich gegen die schlimmsten Exzesse des Dritten Reiches gestemmt, auch gegen dessen „Arisierungen", Autarkiebestrebungen, Aggressionspolitik und Sklavenarbeiterprogramme.

Hayes betont, dass diese Männer keine Kleinbürger gewesen seien und auch keine gierigen, gewerkschaftsfeindlichen revanchistischen Drahtzieher, die – den verzerrten Darstellungen der Vulgärmarxisten zufolge – die Hitler-Partei angeheuert hätten, um ihren raffgierigen Interessen zu dienen.[33] Indessen sieht der Autor sie auch als Männer, die einen Chemiekonzern leiteten, der damals und auch seither dafür stand, unter jedem Regime einen lukrativen Platz für sich zu ergattern. Die Erzeugnisse der Firma seien überall zu finden und unersetzlich gewesen. Das galt nicht nur für den synthetischen Kautschuk, auf dem die vielen Fahrzeuge der Zeit rollten und für die aus Kohle gewonnenen Kraftstoffe, die sie antrieben, sondern auch für das Gas, mit dem mehr als eine Million Menschen in Auschwitz ermordet wurden. Fast 50 Prozent der IG-Farben-Belegschaft, so schreibt Hayes weiter, seien Zwangsarbeiter gewesen. Unter ihnen waren vielleicht 30.000 Auschwitz-Häftlinge, die früher oder später in der dortigen Fabrik oder in den Bergwerken in der Nähe des Lagers umgekommen seien.[34]

Auf den ersten Blick scheint Hayes denselben Weg zu beschreiten, den einige westdeutsche Unternehmenshistoriker in den fünfziger Jahren markiert und den Turner in den beiden Jahrzehnten darauf mit seinen Arbeiten fortgesetzt hatte. Ihnen ging es darum zu zeigen, dass man es mit zaudernden Industriellen zu tun habe, die nur für ihre Firmen in schwierigen Zeiten das Beste gewollt hätten. Wie jedoch Hayes Hinweis auf Auschwitz beweist, stand er zugleich am Anfang eines weiteren Wandels in der Erforschung der Rolle der Unternehmer im Dritten Reich. Richtete er die Debatte doch über die Frage der politischen Verantwortung hinaus erneut auf das Problem der kriminellen Schuldhaftigkeit aus. Zwar betont Hayes, dass er sich bemüht habe, eine neutrale Haltung einzunehmen und sein Thema distanziert zu betrachten. Doch am Ende scheut er sich dann doch nicht, Werturteile zu fällen und den „amoralischen Pragmatismus und Professionalismus" der IG-Farben-Manager beim Namen zu nennen.[35] Dementsprechend, so meint er abschließend, sei es ihm darum gegangen, die vorgeschobene Rationalität ihrer Taten zu betonen und die offensichtliche Böswilligkeit einiger dieser Männer für sich selbst sprechen zu lassen.

Freilich kann die Verschiebung vom Strukturalismus weg auf Probleme der Täterschaft und von politischer Verantwortlichkeit zu krimineller Schuldhaftigkeit nur verstanden werden, wenn man auch die größeren Wandlungen berücksichtigt, die die Geschichtsschreibung insgesamt zur gleichen Zeit durchmachte. Es waren Wandlungen, die schließlich auch die Sub-Disziplin der Unternehmensgeschichte erreichten und die eine Reihe von Wurzeln hatten. Diese können wohl am deutlichsten an der Entwicklung der Sozial- und Arbeiter-Historiographie festgemacht werden. Die Wirkungen, die von E.P. Thompsons *The Making of the English Working Class* aus dem Jahre 1963 ausgingen, sind hierfür vielleicht ein besonders gutes Beispiel.[36] Obwohl Thompson sein Thema mit marxistischen Prämissen anging, war sein Buch zugleich eine Rebellion gegen die orthodoxen Interpretationen der Menschheitsgeschichte und des Klassenkonflikts, den der Marxismus-Leninismus vertrat. Blieb der Klassenbegriff auch für Thompson zentral, so betrachtete er ihn gleichwohl nicht als in den jeweiligen sozio-ökonomischen Strukturen verankert und daher auch nicht als etwas Determiniertes und Statisches. Für den britischen Historiker war „Klasse“ etwas, das von Menschen „gemacht“ wurde, während sie die traumatischen Erfahrungen der Industriellen Revolution im späten 18. und frühen 19. Jahrhundert verarbeiteten. Mit anderen Worten, Klassenformationen fanden für ihn nicht nach den eisernen Gesetzen eines wissenschaftlichen Marxismus statt, sondern waren das Ergebnis einer aktiven Teilnahme von Menschen und Menschengruppen am Prozess der Geschichte ihrer Zeit.

Auch wenn diese Vorstellung von historischem Wandel schon bei Marx selbst zu finden ist, kann der Einfluss Thompsons auf die britische und amerikanische Arbeitergeschichtsschreibung kaum überschätzt werden. Seither bewegte sich ein Forschungsfeld, das sich bis dahin auf Arbeiterorganisationen und -institutionen konzentriert hatte, immer stärker in die Analyse von unorganisierten Gruppen und schließlich gar auf die Erfahrungen und Perzeptionen von Wirklichkeit von Individuen hinein. Die Hinwendung zu sozio-kulturellen Fragen in der angelsächsischen Geschichte wurde in Frankreich ergänzt durch die Metamorphose der bis dahin entschieden strukturalistisch orientierten *Annales*-Schule, deren wichtigster Repräsentant in den fünfziger und sechziger Jahren Fernand Braudel gewesen war, hin zu den Büchern eines Alain Corbin. War Braudel noch an umfassenden Großstrukturen und Wirtschaftskonjunkturen interessiert, so ging es Corbin um Erfahrungen, Mentalitäten und „Weltanschauungen“ von einfachen Menschen an der „Graswurzel“ von Gesellschaften.

Für Italien wäre in diesem Zusammenhang der Aufstieg der Mikrohistorie mit den Arbeiten von Carlo Ginzburg und Giovanni Levi zu nennen. Aus der Rückschau ist es schon ganz faszinierend zu erkennen, wie sich die Forschungsinteressen in Europa und den Vereinigten Staaten damals auf breiter Front verschoben. Diese Entwicklungen schwappten, wenngleich langsamer, langfristig auch in die Unternehmensgeschichte über. Die Verspätung dieser „kulturellen Wende“ in der Unternehmensgeschichte mochte zum Teil daran liegen, dass sich viele Unternehmenshistoriker zuvor die analytischen

Werkzeuge und Sichtweisen der Ökonomen und Wirtschaftshistoriker angeeignet hatten, die beide quantitativ arbeiteten und sich an einem vermeintlich strikt „wissenschaftlichen" Forschungsbegriff orientierten. So kam es, dass beide einem Strukturalismus und mathematischen Ansätzen verpflichtet blieben. So wie die Wirtschaftshistoriker makroökonomische Entwicklungen weiter mit Hilfe von „harten" Daten untersuchten, so konzentrierten sich vornehmlich Unternehmenshistoriker auf die konkreten Gewinn- und Verlustrechnungen und auf die Produktions- und Verkaufszahlen von einzelnen Firmen. Ausnahmen immer zugestanden, gingen sie grundsätzlich von der Annahme eines freien Spiels von Märkten aus, in denen sich kühl kalkulierende *homines oeconomici* bewegten. Es ging ihnen nicht darum, ob und wie unternehmerische Verhaltensweisen durch Tradition, Generationserfahrungen oder ein bestimmtes ökonomisches oder politisches Milieu geformt sein könnten. Und auch nicht darum, ob und wie Ideologien und die Sozialisierung in einer bestimmten Kultur vermeintlich rational kalkulierende unternehmerische Akteure vielleicht ebenfalls beeinflussten.[37]

In der Bundesrepublik wurde diese „kulturelle Wende" durch die institutionellen Besonderheiten der Geschichtswissenschaft noch weiter verzögert. Noch von ihren an der nationalsozialistischen Ideologie und Praxis orientierten Arbeiten aus der Zeit vor 1945 kompromittiert, wandten sich viele Mitglieder dieser Generation – wie erwähnt – dem 19. Jahrhundert und der Industriellen Revolution in Mitteleuropa zu, wenn sie nicht gar ihre von einer einst „braunen" Volksgeschichte gereinigten Untersuchungen von Landwirtschaft und vorindustriellen Gesellschaften fortsetzten. Unter diesen Umständen dauerte es in Westdeutschland länger, bis eine jüngere Generation nachgerückt war, die bereit war, die neuen Fragestellungen einer qualitativen Wirtschafts- und Unternehmensgeschichte anzupacken.

Dennoch hatte auch dort schon vor den neunziger Jahren eine Verschiebung in der Unternehmensgeschichte über die Nazi-Zeit eingesetzt. Obwohl weiterhin vielerorts von den „allgemeinen" Geschichtsabteilungen mit ihrer Hinwendung zur Sozial- und Kulturgeschichte getrennt, wandten sich auch Unternehmenshistoriker zunehmend der Erforschung von Erfahrung, Perzeption und Mentalität zu. Ein wichtiger Anstoß dazu ergab sich auch aus der Holocaust-Forschung, die eine wahrhafte Explosion erlebte. Es wäre wohl zu einfach, diese Entwicklung allein darauf zurückzuführen, dass Hollywood die jüdische Katastrophe entdeckte und das Schicksal der Opfer mit ihren Ängsten und ihrer Menschlichkeit als Individuen und Mitglieder von Familien darstellte.[38] Gleichwohl halfen die Bilder, ob durch Schauspieler repräsentiert oder auf Wochenschaumaterial basierend, den Blick der Historiker über die Analysen totalitärer Strukturen und gesichtsloser Bürokratien hinweg auf die konkreten Erfahrungen und Verhaltensweisen von Opfern und Tätern zu lenken. Mit den sich mehrenden Daten von historischen Jubiläen wurde auch das Studium von Erinnerungen an das Dritte Reich zu so etwas wie einer Wachstumsindustrie.

Dieser Trend beschleunigte sich mit dem Fall der Berliner Mauer und dem Zusammenbruch des Ostblocks. Damit schoben sich auch die Erinnerungen von Millionen von Menschen ins Rampenlicht, deren Stimmen bis dahin angesichts der offiziell gültigen Lehre über die faschistische Epoche nicht zu hören waren. Obwohl ihre Zahl über vierzig Jahre hinweg abgenommen hatte, gab es in den einst von der Wehrmacht besetzten Gebieten Osteuropas noch genügend ehemalige Opfer, die nicht nur Wiedergutmachungsansprüche gegen deutsche Unternehmen im Zusammenhang mit deren früherer Beschäftigung von Zwangsarbeitern stellten, sondern auch mit ihren öffentlichen Forderungen auf die Öffnung von Archiven drängten. Die von Peter Hayes und anderen gestellte Frage nach der Schuldhaftigkeit wurde damit nicht mehr primär auf anonyme Organisationen, sondern zunehmend auf einzelne Unternehmen und ihre Manager gerichtet.

Nach der Opferforschung rückte damit auch die Täterforschung stärker in den Vordergrund. Als erstes kamen die Organisatoren der „Endlösung der Judenfrage" auf den höheren und mittleren Ebenen der SS, der staatlichen Bürokratie und der Wehrmacht unter das Mikroskop.[39] Dann wandte man sich den „gewöhnlichen Deutschen" zu, einschließlich derjenigen die bei den Massenexekutionen lediglich zugeschaut hatten.[40] In diesem Zusammenhang wurden auch die deutschen Geschäftseliten in Industrie und Banken intensiv untersucht.[41]

Damit stellt sich die Frage nach Gebieten, auf denen weitere Forschungen wünschenswert wären, und zwar solche, die nicht allein die politische Verantwortung der Unternehmerschaft für den Aufstieg des Nationalsozialismus und dessen Konsolidierung nach 1933 zum Gegenstand haben, sondern auch nach der zaudernden oder willigen Kollaboration mit dem Regime und seinen Verbrechen fragen. Im Prinzip wird man dazu sagen können, dass die Aufgabe der Unternehmensgeschichte auf diesem Gebiet nicht als erledigt angesehen werden kann, bis nicht alle größeren Firmen in allen Branchen analysiert worden sind. Vor dem Hintergrund dieser Aufgabe dürften zwei Phasen in den Beziehungen zwischen den Nazis und der Geschäftswelt besondere Aufmerksamkeit lohnen, nämlich die von 1936 bis1939 und die von 1940 bis 1942.

Für ein Verständnis der Dynamik der ersten Phase und der Rolle der Industrie sollte man sich daran erinnern, dass Hitlers Ansichten über die Zukunft Deutschlands um bestimmte Dogmen kreisten. Fundamental waren und bleiben die rassistischen und sozialdarwinistischen Vorstellungen, die auch in seiner Umgebung vorherrschten. In dieser Sicht wurde die Weltgeschichte durch „Rassenkämpfe" bestimmt, wobei die angeblich überlegene „Rasse" die historische Mission hatte, die inferioren „Rassen" mit dem Ziel zu erobern, ihre Territorien und die Menschen in ihnen brutal auszubeuten. Daher das dauernde Gerede von dem angeblich unvermeidlichen Erwerb von „Lebensraum" für die „germanische Rasse", wobei der Blick zunächst auf den Osten gerichtet war, obwohl er letztlich wohl auf Weltherrschaft zielte.

Eine Lektüre von Hitlers Buch *Mein Kampf*, in dem die Grundsätze seiner

Weltanschauung zu finden sind, zeigt, dass er schon in den zwanziger Jahren zur Lösung der Ernährungsfrage an die Errichtung eines blockadefesten Ostraums dachte, der auf den Ruinen der „jüdisch-bolschewistischen“ Sowjetunion aufgebaut werden sollte.[42] Hier spielten auch die Erinnerungen an die Wirtschaftsblockade eine Rolle, die im Ersten Weltkrieg die Versorgung Deutschlands gefährdet und eingeschränkt hatte. Allerdings gehörte Hitler nicht zu den Agrarideologen um R. Walther Darré.[43] Er wusste, dass er eine moderne Industriewirtschaft und moderne Technologien brauchte. Nicht nur für seine geplanten „Eroberungen“, sondern auch um im Anschluss an die erwarteten Siege eine prosperierende Massenkonsumgesellschaft von saturierten „Ariern“ zu schaffen, von denen viele in neugebauten Städten in den eroberten Gebieten leben würden, umgeben von einer strikt verwalteten und ausgebeuteten Helotengesellschaft von „Untermenschen“, die zuvor während der Feldzüge durch Liquidation oder Hunger dezimiert worden waren. So ist es zu erklären, dass der „Führer“ unmittelbar nach der Machtergreifung mit einer Aufrüstung der Landstreitkräfte begann, die für die gewaltsame Eroberung von „Lebensraum“ unerlässlich waren. Hierfür erhielt er denn auch prompt die Unterstützung sowohl des Offizierkorps als auch vieler Unternehmer, wobei Letztere Rüstungsaufträge auch als einen Weg sahen, um mit Hilfe eines „militärischen Keynsianismus“ aus der tiefen Depression der frühen dreißiger Jahre herauszukommen.[44]

Vor dem Hintergrund dieser Kalkulationen, die Hitler den Unternehmern gleich im Frühjahr 1933 vorstellte, akzeptierten diese die nationalistischen und auch autarkistischen Ziele des nationalsozialistischen Wirtschaftsprogramms. Für die Schwerindustrie, deren Märkte hauptsächlich im Innern des Landes lagen, war es relativ einfach, auf diesen Kurs einzuschwenken. Für Unternehmen, deren Produktion mehr auf den Weltmarkt orientiert war und die eher internationalistisch ausgerichtet waren, war diese Strategie gewiss problematischer. Doch da die Weltwirtschaft zu diesem Zeitpunkt darniederlag, entwickelten auch diese Branchen und die Banken eine starke Neigung, sich der Hitlerschen Strategie anzuschließen.[45]

Allerdings kam es dann ab 1935 in dem Bündnis zwischen Industrie und Regime, das 1933 geschlossen worden war, zu erheblichen Spannungen. Damals stand man angesichts der schnellen Erholung der deutschen Wirtschaft und des rapiden Absinkens der Massenarbeitslosigkeit vor der Entscheidung, das Rüstungsprogramm entweder zurückzufahren und erneut zur Produktion von zivilen Gütern und zum Export überzugehen oder die Rüstung zu beschleunigen, auch wenn dies bedeutete, dass sich die schon bestehende riesige Reichsschuld weiter erhöhen würde. Es gab nur eine einzige Rechtfertigung für die zweite Lösung, nämlich die, dass man die Rüstung, die soviel Geld verschlungen hatte, in einem siegreichen Angriffskrieg einsetzte, aus dem das Reich dann die bisherigen Rüstungsausgaben wieder abdecken konnte, indem man die eroberten Gebiete innerhalb einer von Deutschland dominierten Neuordnung brutal ausbeutete.[46]

Bekanntlich optierte das Regime für die zweite Lösung. Sie wurde in dem berüchtigten Vierjahresplan von 1936 niedergelegt, mit dem geheimen Anhang, dass das Reich in vier Jahren für einen Krieg gerüstet sein müsse.[47] Die bisherige Forschung, die sich auf die Jahre 1935/36 konzentrierte, hat bereits gezeigt, dass sich nicht nur Reichsbankpräsident Hjalmar Schacht der Implikationen des Vierjahresplans bewusst war, sondern dass auch die Industrie, voran die Manager an der Ruhr, 1936 als einen Wendepunkt erkannte. Gleichwohl dürfte es sich lohnen, sich dieser Phase erneut zuzuwenden und dabei auch das Verhalten aller Großunternehmen, aber auch das der mittelständischen Unternehmen zu erforschen, und dies gerade auch unter soziologischer Perspektive. Was meine ich damit? Es sind in den letzten Jahren viele wertvolle Arbeiten über die „Arisierungen" und den Ausschluss der Juden aus der Wirtschaft entstanden.[48] Indessen waren die Jahre 1935/36 auch eine Zeit, in der sich Angehörige einer älteren Generation von nichtjüdischen Unternehmern und Managern zurückzogen und z. T. in die „innere Emigration" gingen, manchmal nachdem sie zuvor aus den Vorständen in die Aufsichtsräte ihrer Unternehmen „befördert" worden waren. Viele von ihnen waren entweder in einem tiefen Fatalismus versunken oder ganz gegen ein Regime eingestellt, das sich – wie sie jetzt erkannten – auf dem Pfad eines militärischen Expansionismus befand, um seine sozialdarwinistischen und rassistischen Ziele zu verwirklichen und zugleich einen selbstgemachten finanziellen Bankrott abzuwenden.

Sie wurden durch Männer ersetzt, deren „Energie" – wie Lutz Schwerin von Krosigk es später ausdrückte – „in Brutalität ausartete und die sich durch nichts imponieren ließen."[49] Diese Männer mochten zwar nicht die gewalttätigen außenpolitischen Methoden des Nationalsozialismus gutheißen, aber sie teilten dennoch die weit verbreitete Meinung, dass das Reich seine ökonomische Herrschaft nach Osten ausdehnen müsse. Nur nach Sicherung einer autarken Stellung Deutschlands auf dem europäischen Kontinent könnten wenigstens einige von ihnen planen, die früheren Beziehungen ihrer Unternehmen zum Weltmarkt wiederherzustellen. Wie der Nazi-Elite stellte sich auch ihnen die Zukunft der Weltwirtschaft in der Gestalt von Blöcken dar. Darin bestärkte sie die Beobachtung, dass die Briten bereits ihr Empire besaßen, die Japaner es auf dem asiatischen Kontinent ab 1931 aufzubauen begonnen hatten und die Amerikaner ihre *American Hemisphere* beanspruchten.[50]

Nach 1936 hatte diese neue Generation von Managern drei Jahre Zeit, um ihre Positionen innerhalb ihrer Unternehmen zu festigen and ihre mehr oder wenige freiwillige Bereitschaft zur Kooperation mit der politischen Führung, der Ministerialbürokratie und dem Offizierkorps zu demonstrieren, die mit der Realisierung des Vierjahresplans beauftragt waren. Dies war die Zeit, in der sie sich auch selbst zu nazifizieren begannen. In einer Rede hatte Hitler im November 1937 die großen Linien des bevorstehenden Konfliktes und der Expansion entwickelt. Darin argumentierte er, dass das Reich seine kontinentale Expansion bis 1944/45 abzuschließen habe, da es danach mit einer Konfrontation mit den Briten und Amerikanern rechnen müsse. Kurz darauf begann die Luftwaffe mit dem beschleunigten Bau von Bombern, von denen einige Typen einen Aktionsradius bis vor die amerikanische Ostküste und zurück besitzen sollten. Im Januar 1939 diskutierte die Marine dann den notorischen „Z-Plan", der den Bau einer „Weltmachtflotte" mit schweren Schlachtschiffen und Flugzeugträgern vorsah.[51]

Die Jahre 1936–1939 stellen daher auch den Hintergrund für die zweite Phase 1940–1942 dar, die ebenfalls eine vertiefte wirtschafts- und unternehmensgeschichtliche Forschung verdient. Waren dies doch nicht nur die Jahre, in denen das Regime seine Umsiedlungsprogramme und den Massenmord in die Tat umsetzte. Vielmehr wurde auch die deutsche Unternehmerschaft tiefer in die Kriminalität der Hitler-Diktatur hineingezogen. Dies waren die Jahre der „glänzenden Siege" der Wehrmacht und die Zeit, in der man glaubte, nach dem Angriff auf die Sowjetunion im Sommer 1941 stünde der Zusammenbruch des stalinistischen Regimes unmittelbar bevor. Diese Erwartung trug nicht nur zu der Entscheidung bei, die jüdische Bevölkerung Europas zu ermorden, sondern führte auch zu einer hektischen Tätigkeit der „energischen" Männer in der deutschen Industrie und Finanzwelt. Sie oder ihre Beauftragten reisten damals in den eroberten Gebieten herum in der Hoffnung, industrielle oder kommerzielle Pfänder an sich zu reißen. Gewiss waren nicht alle von ihnen so brutal wie einige, die in den Vorstandsetagen französischer oder osteuropäischer Firmen auftauchten und die schlichte Übernahme verkündeten. Es gab auch solche, die den Besetzten Zusammenarbeit und Teilhaberschaft in der „Neuen Ordnung" der europäischen Wirtschaft anboten.[52]

Ist auch schon mancherlei Forschung zu dieser Phase durchgeführt worden, es bleibt weiterhin ein Desiderat, ein genaueres Bild des Verhaltens und der Mentalitäten der Unternehmer und Manager zu gewinnen, einschließlich des schier grenzenlosen Optimismus, den sie zur Schau stellten, und der Selbstnazifizierung, die sie vollzogen. Was waren im Einzelnen ihre Einstellungen und Perzeptionen in jenen Jahren, nicht nur zur Frage der Zwangsarbeit, sondern auch gegenüber ausländischem Eigentum? Das Wichtige ist, dass in dieser Phase des Triumphs Blaupausen für die Behandlung der eroberten Gebiete nicht mehr nur in den Schubladen blieben. So, wie das Regime seine rassistischen Doktrinen in die Tat umsetzte, so machten sich damals auch das Reichswirtschaftsministerium und andere Behörden zusammen mit Industrie und Banken an die Verwirklichung ihrer ökonomischen Herrschaftsvorstellungen.[53] Es kann kein Zweifel daran bestehen, dass die Volkswirtschaften der eroberten Nationen den freilich nicht immer uniform definierten „Notwendigkeiten" der deutschen Vormacht dienen sollten.

Eine andere Frage, die Ludolf Herbst und andere angeschnitten haben und die eine weitere Klärung verdient, betrifft das Machtgleichgewicht zwischen dem Regime und der Industrie: Was für ein Wirtschaftssystem hätte sich entwickelt, wenn das Reich nicht ab 1942 der Niederlage ins Auge geschaut hätte?[54] Es dürfte sich auch lohnen, zur Frage der für den Fall des Sieges geplanten Wirtschaftsordnung Hypothesen zu entwickeln, so spärlich die Quellen dazu auch sein mögen – nicht zuletzt auch, um die Dynamik des Nationalsozialismus besser zu verstehen. Hitler war offenbar selbst 1941 in der Stunde der Siege im Osten nicht bereit, sich in die Karten sehen zu lassen. Es gibt lediglich einige Bemerkungen in seinen *Tischgesprächen*, die sich freilich eher um seine Gedanken zur „germanischen" Besiedlung des Ostraums drehen.[55] Er sprach auch darüber, wie er die enormen Reichsschulden begleichen wollte.

Auch sind diverse Dokumente über den Aufbau einer Verwaltung für ein geplantes afrikanisches Kolonialreich überliefert. Relevant sind auch die Aktivitäten von Albert Speer, dessen Modelle für die radikale Neugestaltung von Dutzenden von deutschen Städten überliefert sind. Noch 1943 wurde an der Erweiterung des Reichsparteitagsgeländes in Nürnberg gearbeitet.[56] Inzwischen fertigten Ministerialbürokraten und Experten in Forschungsinstituten Denkschriften über die Gestaltung der geplanten „Großraumwirtschaft" an. Hermann Göring und andere Nazis gaben gelegentlich auch Hinweise darauf, dass das Verhältnis der Privatwirtschaft zum Staat grundlegend umgeformt werden würde, wenn der Krieg erst gewonnen sei. Die Frage ist, wie die Unternehmerschaft auf solche Hinweise reagierte.

Was wir daher brauchen, ist ein Bild über derart fundamentale Probleme der NS-Gesellschaft, das sowohl umfassender als auch nuancierter ist als das zurzeit verfügbare. Was auch in dieses Bild integriert werden müsste, sind die „wissenschaftlichen" Beiträge dazu aus der Zeit 1940–1942 und auch die Kompetenzkonflikte, die in den oberen Etagen von Partei und Industrie tobten.[57] Liegen diese Forschungen vor, so dürfte auch die Frage nicht nur nach der politischen Verantwortung, sondern auch nach der moralischen und kriminellen Verstrickung in die Hitler-Diktatur in einem deutlicheren Licht erscheinen. Ging es doch dieser späteren Generation von Unternehmern und Managern nicht allein darum, das Überleben ihrer Firmen zu sichern. Vielmehr standen sie auch im Banne der imperialen Ideen des Nationalsozialismus. Es ist kein erbauliches Bild, und Hayes hatte daher völlig Recht, wenn er die Tätigkeiten dieser Männer als warnende Beispiele für einen totalen Bankrott darstellt, in den politische Unverantwortlichkeit, moralische Korruption und Teilnahme an Verbrechen unvermeidlich führen.

2. Elitenforschung und Unternehmensgeschichte – Rückblick und Ausblick

Die Geschichtsschreibung zu den deutschen Wirtschaftseliten und ihren Unternehmen hat nach dem Zweiten Weltkrieg einen langsamen, aber gleichwohl beachtlichen Wandel erfahren. Innerhalb dieser Entwicklung lassen sich mehrere Phasen erkennen, die zunächst untersucht werden sollen, bevor wir am Ende versuchen wollen, einige weitere Desiderata der zukünftigen Forschung zu umreißen.

Im Jahre 1991 begann Hans Pohl, der zusammen mit Wilhelm Treue dieses Genre maßgeblich beeinflusst hat, einen Aufsatz mit dem Titel „Betrachtungen zum wissenschaftlichen Standort der Wirtschafts- und Unternehmensgeschichte" mit der Feststellung, dass „das Verhältnis von Wirtschafts- und Unternehmensgeschichte" in der „wissenschaftlichen Literatur" umstritten sei.[1] Dafür sei „eine gewisse Undifferenziertheit bei der Verwendung der Begriffe Wirtschafts- und Unternehmensgeschichte" mitverantwortlich. Ähnlich wie die „benachbarten Wirtschaftswissenschaften" habe auch die Wirtschafts- und Unternehmensgeschichte unterschiedliche Ansätze, Methoden und Erkenntnisziele entwickelt.

Im Weiteren bemühte sich Pohl um eine Klärung und Abgrenzung der beiden. Wirtschaftsgeschichte, so meinte er, betrachte die „Gesamtheit aller Institutionen und Tätigkeiten, die seit Beginn der Menschheit zur planvollen Deckung des menschlichen Bedarfs an knappen Gütern gedient" haben. Es gehe darum, „Erkenntnisse über die Struktur und den Ablauf von Wirtschaftsprozessen in der Vergangenheit" zu gewinnen. Infolge ihrer Entwicklung als Disziplin seit dem 19. Jahrhundert stehe die Wirtschaftsgeschichte „methodisch zwischen theoretischer Nationalökonomie und empirischer Geschichtswissenschaft" und sei daher immer bemüht, „bei der Darstellung gesamtwirtschaftlicher Vorgänge und Erscheinungen [...], das Gleichgewicht zwischen der Einmaligkeit jeden historischen Vorganges und der notwendigen Zusammenfassung von Einzeldaten in Strukturanalysen zu wahren".

Demgegenüber seien „grundsätzlich alle privaten und öffentlichen Unternehmen sowie deren Zwischenformen" Objekte der Unternehmensgeschichte, wobei das Unternehmen „als soziales und wirtschaftliches Gebilde" verstanden werde. Dabei gehe es einmal um die Analyse der Organisation und der Arbeits- und Entscheidungsprozesse innerhalb der Unternehmen. Doch wolle die Unternehmensgeschichte auch „die Geschichte der Menschen untersuchen, deren Entscheidungen die Entwicklung der Unternehmen prägten". In historiographischer Perspektive habe sich langfristig „der Akzent mit zunehmender Gegenwartsnähe von der Unternehmerbiographie auf die Unternehmensgeschichte", die Geschichte des Managements mit seiner „Geschäftspraxis, der Geschäftsinstitutionen und des Geschäftsdenkens" verschoben.

Der überbetriebliche Bereich sei insofern relevant, als sich die Unternehmensgeschichte auch mit den „äußeren Rahmenbedingungen, unter deren Einfluss die Unternehmen und ihre Mitarbeiter stehen", zu beschäftigen habe. Im Weiteren versuchte Pohl zwischen zwei methodischen Ansätzen zu unterscheiden: „Der möglichst wertungsfreie, deskriptive Ansatz und der analytische, abstrahierende Ansatz". Letztlich neigte er wohl eher zu dem ersten Ansatz. Müsse es doch „immer das Ziel sein, wertfrei formulierte Aussagen über Ursachen und Wirkungszusammenhänge zu treffen, will die Unternehmensgeschichte praxisorientiertes Handlungswissen" anbieten.

Auf das Verhältnis von Wirtschafts- und Unternehmensgeschichte eingehend, wies Pohl darauf hin, dass die letztere von einigen „als untergeordneter Teilbereich der Wirtschaftsgeschichte betrachtet" werde. Andere wiederum postulierten „zwei voneinander verschiedene, gleichrangige Forschungsrichtungen". Zwar bezog er in dieser Debatte keine klare Position, neigte aber wohl doch der zweiten zu. Jedenfalls hielt er „eine Zusammenarbeit zwischen beiden Disziplinen nicht nur [für] sinnvoll, sondern [auch für] notwendig", und bedauerte zugleich den immer noch geringen „Einfluss der Unternehmensgeschichte auf die Wirtschaftsgeschichte".

Wir werden weiter unten zu prüfen haben, welche Transformationen die Forschung auf diesem Gebiet durchgemacht hat und in welche neuen Richtungen sie schritt. Doch beginnen wir zunächst mit einem historischen Rückblick auf die besonderen Umstände, unter denen die deutschen Universitäten nach dem Zweiten Weltkrieg ihre Arbeit wieder aufnahmen. Die erste Besonderheit betrifft den institutionellen Rahmen. Sofern vor und nach 1945 überhaupt eine Unternehmensgeschichte in dem von Pohl umrissenen Sinne betrieben wurde, fand sie in den volks- und betriebswirtschaftlichen Abteilungen statt. Eigenständige *Business Schools*, wie sie sich in den Vereinigten Staaten in der Zwischenkriegszeit an den Hochschulen ausbreiteten, gab es bis auf Weiteres nicht.[2]

In dem Bestreben sich von dem zu unterscheiden, was derweil in den *Economics Departments* der amerikanischen Universitäten gelehrt wurde, hatten diese *Business Schools* eigene Ansätze und Methoden für das Studium von Industriewirtschaften und der in ihnen agierenden Unternehmen entwickelt. Im Mittelpunkt standen Fallstudien, anhand derer man das Verhalten von Firmen vor allem in der amerikanischen Volkswirtschaft untersuchte und einordnete. Dabei spielten unvermeidlich auch die politischen und gesellschaftlichen Bedingungen eine Rolle, unter denen die einzelnen Unternehmen operierten. Ein weiteres Merkmal der amerikanischen *Business Schools* war es, dass sie stark auf die Praxis hin orientiert waren. Kapitalismustheoretische

Seminare standen, sofern sie überhaupt angeboten wurden, hinter einer Ausbildung zurück, die dem Pragmatismus verpflichtet war.[3]

Auch in der historischen Forschung machte sich eine langsame Abnabelung von der Volkswirtschaft bemerkbar. Im Jahre 1948 wurde an der Harvard Universität mit Unterstützung der Rockefeller-Stiftung ein „Center for Entrepreneurial History" gegründet. *Business History* etablierte sich als ein selbstständiges Genre mit eigenen Fragestellungen, verfeinerten analytischen Werkzeugen und Interessenvertretungen. Der Aufstieg der Ökonometrie in den Wirtschaftswissenschaften wurde von der amerikanischen Unternehmensgeschichte insgesamt nicht mitgemacht. Allerdings wandte man sich von einem biographischen Ansatz ab und beschäftigte sich mit Managementfragen im Rahmen der großen strukturellen Veränderungen, die die westliche Welt im Zuge der Industriellen Revolution erfasst hatten.

Der Unterschied zwischen der deutschen und der amerikanischen Entwicklung lässt sich gerade daran ablesen, dass es in Deutschland lange weder *Business Schools* noch besondere unternehmensgeschichtliche Forschungsschwerpunkte und -zentren gab. Als Erstere in den fünfziger Jahren schließlich gegründet wurden, entwickelten sie sich durchweg außerhalb der Universitäten. Wer in die Wirtschaft gehen wollte, studierte an einer Universität oder z. T. auch an einer der Handelshochschulen Volks- und Betriebswirtschaft, oder man erhielt seine akademische Ausbildung an einer der Technischen Hochschulen oder vor allem für eine Karriere in der Schwerindustrie an einer Bergakademie. So gab es in den Unternehmen an der Ruhr auch nach 1945 noch viele in der Zwischenkriegszeit ausgebildete Bergassessoren a. D., wie das Beispiel des ehemaligen GHH-Vorstandsvorsitzenden Manfred Lennings zeigen mag, der in Clausthal-Zellerfeld studiert hatte: so öffnete das Studium an einer Bergakademie auch für die Nachkriegsgeneration die Tür zu Führungspositionen in dem noch lange tonangebenden Ruhrrevier.[4]

Aber auch in der verarbeitenden Industrie stiegen viele Vorstandsmitglieder mit einer technischen oder naturwissenschaftlichen Ausbildung auf. Auf den verschiedenen Ebenen der Management-Hierarchie von Siemens war es beispielsweise ein fest verankertes Prinzip, einen technischen Vorstand gleichberechtigt neben einem kaufmännischen zu haben. Zählt man schließlich die Juristen in den Unternehmensleitungen hinzu, werden die damals bestehenden Unterschiede zu Amerika recht deutlich.

Mit dem Aufstieg der Vereinigten Staaten zur westlichen Hegemonialmacht kam es von dorther zu einer noch zu schildernden Einflussnahme, die sich in unterschiedlichen Graden in allen Volkswirtschaften Westeuropas bemerkbar machte. Dazu zwei für unseren Zusammenhang symptomatische Beispiele: Im Jahre 1952 riet der bekannte Politologe Carl Joachim Friedrich von der Harvard University seinem Bruder Otto, seines Zeichens Vorstandsvorsitzender der Phoenix AG in Hamburg-Harburg und Mitglied des Präsidiums des mächtigen Bundesverbandes der Deutschen Industrie (BDI), seinen Managernachwuchs regelmäßig an die *Harvard Business School* zu schicken.[5]

Ein paar Jahre zuvor hatte Ludwig Vaubel, der spätere Vorstandsvorsitzende der Vereinigten Glanzstoff AG, wohl mit Unterstützung seiner Firma, diese Idee für sich selbst bereits verwirklicht, als er sich für den *Advanced-Management*-Kurs an der Harvard *Business School* einschrieb. Nach seiner Rückkehr wurde er einer der prononciertesten Fürsprecher der Einrichtung solcher Hochschulen in der Bundesrepublik.[6] Und da sich die Professorenschaft – angeführt von einflussreichen Fraktionen der volks- und betriebswirtschaftlichen Abteilungen – gegen die Gründung von *Business Schools* innerhalb der Universitäten mehrheitlich sträubte, wurden diese schließlich außerhalb des staatlichen Hochschulbetriebs auf Privatinitiative hin aufgebaut. Soweit es das späte Entstehen von *Business Schools* betrifft, entwickelten sich die Dinge in Frankreich und Belgien ähnlich. Dort waren es Wissenschaftler wie Pierre Tabatoni, die nach Erfahrungen in Harvard und anderswo in den Vereinigten Staaten u. a. mit Hilfe der Ford-Stiftung so einflussreiche Institutionen wie INSEAD als der ersten europäischen *Business School* eröffneten.[7]

Im Ausbildungssystem der Wirtschaftseliten bildete in der Frühphase der Bundesrepublik nur die Harzburger Akademie eine Ausnahme.[8] Sie erwuchs aus der privaten Initiative ihres Leiters, Reinhard Höhn, der im Dritten Reich eine Professur für öffentliches Recht an der Humboldt-Universität innegehabt hatte und später zum SS-Gruppenführer aufstieg. Nach dem Kriege wegen seiner Karriere im Dritten Reich schwer kompromittiert, veröffentlichte er zwei Bücher über die preußisch-deutsche Armee vor 1914, empfahl der deutschen Wirtschaft das aus dem preußischen Generalstab stammende „Linie-Stab"-Prinzip zur Unternehmensführung und gründete die Akademie. Bedenkt man, dass der Widerstand gegen amerikanische Ideen in der Ruhrindustrie anfangs noch sehr stark war und ein so einflussreicher Mann wie Hermann Reusch noch 1961 das Führerprinzip für die Industrie pries, so ist es nicht verwunderlich, dass viele Absolventen der Akademie aus der sehr konservativen Schwerindustrie geschickt wurden.

Aber auch Unternehmer aus Branchen, bei denen man an sich ein Interesse an amerikanischen Vorbildern hätte erwarten können, entsandten ihren Nachwuchs nach Bad Harzburg. Das galt beispielsweise für den langjährigen Personalchef des Essener Kaufhauskonzerns Karstadt. Bei ihm mögen die Gründe für seinen festen Glauben an die Vorteile des Harzburger Modells wohl auch darin zu suchen sein, dass er im Kriege ein begeisterter und dekorierter Jagdflieger gewesen war, der das Parkett in seinem Haus in Essen mit besonders hartem Propellerholz auslegen ließ. „Mars und Minerva" pflegten in der frühen Bundesrepublik noch ein inniges Verhältnis und der Widerstand gegen Neuerungen war nicht nur in den volks- und betriebswirtschaftlichen Fakultäten, sondern auch in der Wirtschaft groß, besonders, wenn es um aus Amerika kommende Konzepte ging.[9] Das änderte sich in Harzburg und anderswo erst in den nachfolgenden Jahrzehnten.

Auch im geschäftlichen Sprachgebrauch lässt sich dies feststellen. So war das Wort „Manager", wie es heute ganz selbstverständlich im Deutschen benutzt wird und sogar im Titel eines Magazins erscheint, zunächst noch verpönt. Zwar verschwand das im Dritten Reich gebräuchliche Wort „Betriebsführer" nach 1945. Jetzt gab es wieder Direktoren und Generaldirektoren. Im Jahr 1952 kam es sodann im *Arbeitgeber*, der Zeitschrift der Bundesvereinigung deutscher Arbeitgeberverbände, zu einer Diskussion über die Zulässigkeit des Begriffs „Manager", in der die Widerstände gegen den Gebrauch dieses Wortes an die Oberfläche kamen.[10] Stattdessen sah man sich – Eigentümer und leitende Angestellte der großen Gesellschaften – vorzüglich als „Unternehmer". Hier gerann Joseph Schumpeters Bild vom dynamischen Unternehmer des 19. Jahrhunderts, der als ruheloser Innovator tätig war, zum frühen Selbstbild der bundesdeutschen Wirtschaft.

Diese Beobachtungen aus dem weiteren Umfeld der deutschen Wirtschaft und der unternehmerischen Praxis, wie sie nach dem Zweiten Weltkrieg wieder erstand, sind für ein Verständnis der Entwicklung der Wirtschafts- und Sozialgeschichte relevant, die seit ihrer Entstehung im späten 19. Jahrhundert nicht in die geschichtswissenschaftlichen Fakultäten integriert worden war, sondern angesichts der Feindseligkeit der orthodoxen Politik- und Diplomatiehistorie ihre Heimat bei der Volks- und Betriebswirtschaft gefunden hatte.[11] Wirtschaftsgeschichte, wie sie in Deutschland betrieben wurde, fand mithin unter diesem Dach statt und mit ihr auch eine oft biographisch ausgerichtete Unternehmensgeschichte. Da sich an diesem institutionellen Arrangement nach 1945 nichts änderte, ist es nicht weiter erstaunlich, dass auch die thematischen und methodischen Orientierungen bis auf Weiteres bestehen blieben.

Zu dem bevorzugten analytischen Instrumentarium kam eine ideologische Komponente. Ebenso wie das Milieu, in dem sich die westdeutsche Unternehmerschaft in der Gründungsphase der Bundesrepublik bewegte und weiterhin stark von den konservativen Bergassessoren a.D. an der Ruhr geprägt wurde, herrschte auch an den Universitäten die Neigung vor, nach der nationalsozialistischen „Katastrophe" Traditionen und Strukturen zu bewahren, von denen man meinte, dass sie nicht durch die Perversionen des Dritten Reiches belastet seien. Auch fand kein umfangreicher Personalwechsel statt und wer sich in der Professorenschaft nicht allzu öffentlich mit den Nationalsozialisten eingelassen hatte oder ihnen eine schnelle Beförderung vor 1945 verdankte, konnte sein Lehramt in einer der westlichen Besatzungszonen schon bald erneut wahrnehmen.[12]

Das galt auch für die Wirtschaftswissenschaftler, die vor 1933 politisch-ideologisch meist im nationalkonservativen Lager gestanden hatten und anschließend einen mehr opportunistischen Frieden mit dem Hitler-Regime geschlossen hatten. Ihnen gelang es, ihre Forschungsinteressen oft ohne größere Schwierigkeiten mit der Geschichtsideologie des Regimes in Einklang zu bringen. Das traf gerade auch auf die Agrargeschichte zu, wobei die Schriften und die Karriere von Günter Franz ein besonders betrübliches

Beispiel abgeben. Denn so innovativ die Arbeiten etwa eines Otto Brunner in methodischer Hinsicht auch sein mochten, in ihrer Substanz kamen sie den Blut-und-Boden-Vorstellungen der nationalsozialistischen Agrarideologen durchaus entgegen. Gleiches galt für die etwa in Königsberg und Breslau betriebene sogenannte Ostforschung um Hans Rothfels und Hermann Aubin sowie ihren westforscherischen Gegenpol, der nach 1940 vor allem in Straßburg entstand.[13] Hier wie dort widmete man sich nicht nur der Siedlungsgeschichte, sondern verfasste auch Expertisen zur ethnischen Flurbereinigung, wie sie von Hitler dann in den eroberten und besetzten Ländern praktiziert wurde. Derweil engagierten sich viele Wirtschaftswissenschaftler bei der Erstellung von Denkschriften, in denen über die Errichtung einer von Deutschland dominierten europäischen Großraumwirtschaft fabuliert wurde. Diese wurde ab 1940/41 ebenfalls von den Praktikern in den Ministerien, der SS und Teilen der deutschen Industrie und der Banken in Angriff genommen.[14]

Es hat nach dem Kriege lange gedauert, bis die damals entstandenen Forschungsarbeiten von einer nachfolgenden Generation systematisch und kritisch durchleuchtet wurden. Galt für die Generation der Beteiligten, die Historiker und Wirtschaftswissenschaftler eingeschlossen, doch das, was auch in der westdeutschen Unternehmerschaft zu beobachten war: Man distanzierte sich von den Gräueln und Verbrechen des Hitler-Regimes und zog sich auf den vermeintlich guten Kern der eigenen Forschungsleistungen und ihre unversehrte Methodologie zurück, die man gegen die oft scharfe Kritik des Auslands verteidigte. Wurden allzu brenzlige Fragen gestellt, hüllte man sich in Schweigen oder behauptete, entweder nichts gewusst oder politisch naiv den wahren Charakter des Nationalsozialismus verkannt zu haben.

Man muss sich dieses breitere ideologische Milieu, in dem außer der Wirtschaft auch die Wirtschaftswissenschaften und die Wirtschafts- und Unternehmenshistorie nach 1945 operierten, vor Augen führen, will man verstehen, warum es in den Fakultäten nicht zu einer offenen und ehrlichen Auseinandersetzung mit ihrer Rolle vor 1945 kam. Nur vor diesem Hintergrund ist auch zu erklären, dass ein durch sein Engagement in der Ostforschung erheblich belasteter Mann wie Aubin, der 1933 der alleinige Herausgeber der *Vierteljahrschrift für Sozial- und Wirtschaftsgeschichte* (VSWG) wurde, bald nach Kriegsende zur Schlüsselfigur dieser 1903 gegründeten Zeitschrift werden konnte und sie bis 1966 leitete.[15]

Da die VSWG auch firmengeschichtliche Themen abdeckte, dauerte es bis 1956, bis sich die Unternehmenshistorie wenigstens soweit aus ihrer Abhängigkeit von der Wirtschaftsgeschichte befreien konnte, dass sie sich ein eigenes Organ schuf. Die treibende Kraft hinter dieser Zeitschrift war Wilhelm Treue, dessen Karriere sich gut in das bisher gezeichnete ideologische Bild einpassen lässt.[16] Treue hatte seine Dissertation über die Landwirtschaftspolitik von Reichskanzler Leo von Caprivi während der neunziger Jahre des 19. Jahrhunderts geschrieben und habilitierte sich dann Ende der dreißiger Jahre mit einer Arbeit über „Wirtschaftszustände und Wirtschaftspolitik in

Preußen, 1815–1825". Im Kriege war Treue Marineartillerist – ein Dienst, der ihm genug Zeit ließ, 1942 eine „Kleine Kulturgeschichte des deutschen Alltags" zu veröffentlichen. Im Jahre 1947 wurde der Göttinger Privatdozent sodann auf eine Professur und bald darauf auf ein Ordinariat an der Technischen Hochschule Hannover berufen. Von dort aus leitete er auch jenes einflussreiche Sprachrohr der westdeutschen Unternehmensgeschichte, das er mit dem bezeichnenden Titel „Tradition. Zeitschrift für Firmengeschichte und Unternehmer-Biographie" versah. Erst 1977 wurde sie von der Gesellschaft für Unternehmensgeschichte, deren Mitbegründer er war, übernommen und mit dem Titel „Zeitschrift für Unternehmensgeschichte" weitergeführt.

Nach Beginn der fünfziger Jahre bewegte er sich mehr und mehr auf das Gebiet der Wirtschaftsgeschichte. Durch einen Schraubenfabrikanten aus dem Harz gefördert und wohl auch durch das Milieu der Hannoveraner Technischen Hochschule angeregt, machte er ab 1952 die Unternehmens- und Technikgeschichte zu einem Hauptinteresse. Indessen wäre es falsch, hinter dieser Entwicklung eine Abspaltung der Unternehmensgeschichte von der Wirtschaftsgeschichte zu vermuten. Ausdrücklich sah er die Erstere als Teil der Letzteren.[17] Auch Treues eigene Forschungen bewegten sich weiterhin im Dreieck von der Beschreibung größerer wirtschaftshistorischer Entwicklungen, einer von ihm vorangetriebenen Technikgeschichte und einer ebenfalls eher narrativen Unternehmerbiographie. Seine letzte Studie über das Leben und Werk des Automobil- und Motorenpioniers Karl Maybach erschien nach seinem Tode im Jahre 1992. Ökonometrische Ansätze, wie sie sich in den Wirtschaftswissenschaften bald nach dem Kriege ausbreiteten und vor allem auch in die amerikanische Wirtschaftshistorie hinein wirkten, waren nicht sein Metier. Gleiches gilt für die Theorie. Nicht komplexe mathematische Gleichungen sind in seinen Büchern zu finden, sondern einige leicht zu erfassende Tabellen und eine unkomplizierte Prosa.

Durch faktenreiche, erzählende Darstellungen zeichneten sich auch viele andere Studien aus, die in der frühen Nachkriegszeit erschienen. Hier wäre etwa Hermann Kellenbenz zu nennen, der sich im Dritten Reich mit einer Arbeit über die wirtschaftliche und politische Bedeutung der sephardischen Juden an der Unterelbe habilitiert hatte und der nach dem Kriege – immer sehr quellennah arbeitend – meinte, dass „Wirtschaftsgeschichte als Geistesgeschichte" betrieben werden müsse.[18] Bemühte man sich um eine Periodisierung, ließ man sich eher von den großen politischen Einschnitten leiten. Die deutsche Geschichte bildete den Schwerpunkt des Interesses. Die Betonung lag auf der Produktion und der Technik – auf dem, was Christian Kleinschmidt als *hardware* der Disziplin bezeichnet hat.[19] Die *software* kultureller Fragestellungen fehlte bis auf Weiteres.

Allerdings stellt in diesem Zusammenhang das Aufkommen einer modernen Sozialgeschichte und ihre Ausstrahlung auf die Wirtschafts- und Unternehmensgeschichte eine wichtige neue Stufe dar. Für sie trat in den fünfziger Jahren Werner Conze besonders nachdrücklich ein. In seinem Heidelberger

Arbeitskreis bemühte er sich, ökonomische Entwicklungen mit dem Studium von aufkommenden und nach Klassen geschichteten Industriegesellschaften in Europa zu verbinden. Durch Conze und seinen Kreis kamen vor allem in den sechziger und siebziger Jahren viele Anregungen zu Forschungen, die sich von den großen sozialen Bewegungen, ihren Organisationen und Institutionen hinweg bewegten und auf die Geschichte der Arbeiterschaft, des Bürgertums, des Adels, von Familie, Jugend und Alter konzentrierten.[20]

Waren die Heidelberger durch die Perspektiven der französischen *Annales*-Schule beeinflusst, entstand vor allem an der Universität Bielefeld etwas später eine Sozial- und Wirtschaftsgeschichte, die anfangs mit marxistischen Kategorien (ohne dass ihre Protagonisten freilich selber Marxisten waren) und mit Max Webers Vorstellungen über kapitalistische Industriegesellschaften im Zeitalter der Rationalisierung und Bürokratisierung arbeitete. Mit diesen Ansätzen hofften sie, die soeben beschriebene Theoriearmut der westdeutschen Geschichtsschreibung der frühen Nachkriegszeit zu überwinden, unter der im Grunde auch die *Annales*-Schule und folglich auch die Heidelberger laboriert hatten.[21] Damit einher ging ein Interesse an Kontinuitäten und Diskontinuitäten in der deutschen Geschichte, bei dem das Problem eines deutschen Sonderwegs in die Moderne ins Zentrum von zum Teil heftig geführten Debatten rückte.[22]

Den meisten der daraus hervorgehenden Forschungen aus jener Zeit war gemeinsam, dass sie sich einem Strukturalismus verpflichtet fühlten, der die anonymen makroökonomischen und makrogesellschaftlichen Prozesse historischer Entwicklung betonte. Sofern Akteure in den Blick kamen, waren es nicht Individuen, sondern Eliten und strategisch platzierte Gruppen. Selbst ein Bismarck, der die vorherige Historikergeneration auch über 1945 hinaus noch als „Staatsmann" fasziniert und den sie als weisen Schicksalslenker gefeiert hatte, erschien jetzt mehr als ein Individuum, das den Strom der Industrialisierung, Urbanisierung, Organisierung und Demokratisierung verzweifelt aber letztlich erfolglos zu kanalisieren suchte. Bei genauerem Hinsehen handelte es sich um eine „Sozialgeschichte der Politik", die in einer „Wirtschaftsgeschichte der Politik" ihr Pendant fand, wie sie in der Debatte um Knut Borchardts Thesen über die Ursachen des Verfalls der Weimarer Republik ihr Paradebeispiel fand.[23]

Inzwischen hatten aber vor allem in der Wirtschafts- und Sozialgeschichte in England und Amerika, aber auch in Frankreich diejenigen das Feld erobert, die moderne Industriegesellschaften nicht als eine Formation betrachteten, die lediglich in einem strukturalistischen Korsett der Sachzwänge existierte. Ihre Vertreter verfolgten anfangs noch das Ziel, den großen sozialen Parteiungen der historischen Entwicklung seit dem 18. Jahrhundert ihre Handlungsspielräume zurückzugeben. Das galt vor allem für die Arbeiterklasse, wenn man etwa an das Hauptanliegen der so einflussreichen Arbeiten von Edward P. Thompson denkt.[24] Doch je mehr man sich in die Bestrebungen einzelner Gruppen vertiefte, desto mehr wurde man sich der Auffächerungen dieser Bewegungen bewusst und desto vielfältiger und fragmentierter wurde das Bild.

Zu der Entdeckung der Komplexitäten der europäischen und amerikanischen Arbeiterschaften kam bald die „Sichtbarmachung" der „anderen Hälfte" der Menschheit durch die Frauen- und Geschlechtergeschichte. Zugleich wandte man sich der Untersuchung der Lage von Minderheiten zu. Anfangs waren es noch die relativ großen Minoritäten, in Deutschland vor allem die Katholiken und Juden, die im Mittelpunkt standen. Doch bald schon gab es auch auf diesem Gebiet keine Sozialgruppe mehr, deren ökonomische und soziale Lage nicht aus den Randzonen der Gesellschaft geholt und in Dissertationen und Zeitschriftenaufsätzen analysiert wurde. Nicht die großen Strukturen und die *forces profondes* standen im Mittelpunkt des Interesses, sondern die „Erfahrungen" – das Leiden wie auch die Triumphe – im gelebten Leben einzelner oder kollektiver Akteure.

Die daraus gewonnenen neuen Perspektiven wurden bald ergänzt durch die Erforschung der dahinter stehenden Mentalitäten und Weltanschauungen sowie deren Verwurzelung in Traditionen und gesellschaftlichen Normen. Die Sozialgeschichte, die sich mehr und mehr zu einer Geschichte des Alltags in allen ihren Dimensionen ausgeweitet hatte, trat in ihre „kulturalistische Wende" ein.[25] In Frankreich lässt sich diese Wende an einem Vergleich der Arbeiten Fernand Braudels mit denen Alain Corbins erfassen, der sich zwar der *Annales*-Schule verpflichtet fühlte, sich zugleich aber zum Beispiel mit seiner Untersuchung über Gerüche und schöne Düfte im Paris des 18. Jahrhunderts von dem großen ökonomischen und geographischen Panorama der Braudelschen Mittelmeer-Studie mit ihrem quantitativen Ansatz weit entfernt hatte.[26] Mit dem Einbringen anthropologischer Fragestellungen schlug die Sozialgeschichte in Amerika eine ähnliche Richtung ein. Dort hatte man nach einem Flirt mit der Quantifizierung und der Ökonometrie in den siebziger Jahren inzwischen auch in der Wirtschafts- und Unternehmensgeschichte mit kulturalistischen Ansätzen zu experimentieren begonnen.[27]

Diese Entwicklungen wurden schließlich auch in der (west)deutschen Wirtschafts- und Unternehmensgeschichte aufgenommen und zeitigten dann eine reiche Ernte an neuen Ergebnissen und Einsichten.[28] Es entstanden Studien zum intergenerationellen Wandel der deutschen Wirtschaftseliten und deren sozialer Homogenität. Die vor allem von der Soziologie entwickelte Netzwerke-Analyse brachte neue Einsichten über Mobilität und Geschäfts- und Familienkontakte sowie über Kontinuitäten und Diskontinuitäten über die großen politischen Umbrüche in der deutschen Geschichte hinweg, vor allem die von 1918, 1933 und 1945. Sehr interessante Arbeiten erschienen auch über den „Wertehimmel", das Selbstbild und den Habitus dieser Eliten und deren Stabilität und langfristige Erosion nach 1945 im Zeichen einer zunehmenden Globalisierung. Damit zusammen kam die Frage nach dem unterschiedlichen Wandel in einzelnen Branchen und Sektoren auf.

Von hier aus war es dann kein großer Schritt zu Studien über Minderheiten in diesem Milieu, wobei zunächst die Rolle von jüdischen Industriellen und Geschäftsleuten und deren Integration in die nationale Kultur und spätere Verdrängung unter der Hitler-Diktatur im Vordergrund standen. Angeregt auch durch den Aufstieg der Frauen- und Geschlechtergeschichte kam bald die Analyse von Unternehmerinnen und deren langsame Integration in das Wirtschaftssystem und seine professionellen und sozialen Organisationen hinzu. Lag der Schwerpunkt der Forschung bisher eher auf der Rekonstruktion von Tätigkeiten, Entscheidungen und Mentalitäten im geschäftlichen und öffentlichen Bereich, so wurde schließlich auch die Familiensphäre einbezogen und zwar nicht nur hinsichtlich der tatsächlichen Beziehungen sondern auch der Vorstellungen von Familie, Ehe und Kindererziehung.[29] Kurzum, am Ende blieb kein Bereich, der für die qualitativen Aspekte der Welt des Unternehmertums und seiner Beziehungen zur Umgebung im engeren und weiteren Sinne relevant zu sein schien, ausgespart. Die zahlreichen neuen Quellen, Ansätze und Einsichten, die in allen diesen neueren Forschungen enthalten sind, regen zu zwei abschließenden Überlegungen an. Da ist erstens die Frage, wie weit die deutsche Wirtschafts- und Unternehmensgeschichte in die internationale Forschung integriert ist oder Merkmale aufweist, die es uns erlauben, von Perspektiven zu sprechen, die mehr aus der speziellen deutschen historischen Erfahrung und historiographischen Tradition zu erklären sind. Zum zweiten ergibt sich die Frage nach den Themen, die die deutsche Wirtschafts- und Unternehmensgeschichte in der Zukunft in fruchtbarer Weise in ihre Arbeit aufnehmen könnte.

Soweit es die Frage nach dem Spezifischen betrifft, ist es auffällig, dass die „kulturalistische Wende“ nicht durchgehend vollzogen worden ist. Wohl mit Recht wird die Meinung vertreten, ohne eine feste quantifizierende Basis bei der Analyse von Wirtschaftsentwicklungen, aber auch bei der Elitenrekrutierung und -zirkulation, nicht auskommen zu können. Auch die Netzwerk-Analyse versucht, eine solche Basis zu erstellen. Kurzum, sofern Anleihen bei anderen Disziplinen gemacht werden, sind es in starkem Maße die Ökonomie und Soziologie, weniger die Anthropologie und noch weniger die Kulturwissenschaften. Pierre Bourdieu erscheint implizit oder explizit als der Vordenker. „Habitus“ ist ein sehr häufig auftauchender Schlüsselbegriff.[30]

Auffällig ist in diesem Zusammenhang, wie oft auch die einst vor allem in Bielefeld vorangetriebene Forschung über Bürgertum und Bürgerlichkeit auftaucht.[31] Von den damals im Bielefelder Sonderforschungsbereich entwickelten Kategorien her nähern sich viele Autoren ihrem jeweiligen Spezialthema, sei es nun das Groß- oder das mittelständische Kleinbürgertum, seien es die Wertvorstellungen der Generaldirektoren und Vorstandsvorsitzenden einzelner Unternehmen und Branchen.

Ist damit die eine Richtung markiert, in die sich die künftige Unternehmens- und Wirtschaftsgeschichte bewegen könnte, so gibt es noch zwei weitere Entwicklungsmöglichkeiten. Da ist einmal die Frage, wie weit das internationale Umfeld in die deutsche Wirtschaft hinein gewirkt hat. Es ist allgemein akzeptiert, dass diese Wirtschaft mit der übrigen Welt schon vor 1914 eng verflochten war und dass selbst die starken Autarkiebestrebungen des Dritten Reiches bis zum Zweiten Weltkrieg diesen Prozess nicht völlig umzukehren vermochten. Über die quantitativen Aspekte dieser Verflechtung gibt es eindrucksvolle Zahlen. Auch gibt es viele Studien, die zeigen, wie die Briten im 19. Jahrhundert und die Amerikaner im 20. Jahrhundert in die deutsche Wirtschafts- und Unternehmensgeschichte, ja in die Gesellschaft insgesamt hineingewirkt haben.[32]

Indessen hat sich die deutsche Historiographie nur sehr zögerlich mit den Argumenten auseinander gesetzt, die vor allem im Zusammenhang mit der „Amerikanisierung" der deutschen Wirtschaft vorgebracht worden sind.[33] Es überwiegt die Innensicht. Arnold Sywottek legte vor Jahren eine These vor, die dem Problem externer Einflüsse auf die deutsche Wirtschaft und Gesellschaft auf eine andere Weise auswich. Er meinte, dass das, was in dieser Wirtschaft und Gesellschaft geschah, Teil eines allgemeinen Modernisierungsprozesses gewesen sei, der alle Nationen früher oder später erfasse.[34] Diese Modernisierungsthese erscheint gelegentlich auch im Mantel des Globalisierungsbegriffs, der in den letzten Jahren viel diskutiert worden ist. Inzwischen haben sich gegen die Brauchbarkeit dieses Begriffs mancherlei kritische Stimmen erhoben. Nicht zuletzt – so die Kritik – ignorierten die Anhänger des Begriffs, dass die ursprüngliche Quelle in den Vereinigten Staaten liege;[35] dass die Anstöße gerade auch in der deutschen Wirtschaft von dorther kamen.

Mit anderen Worten, es ist nicht ersichtlich, warum man sich mit dem, was gewissermaßen von außen in die deutsche Entwicklung hinein schwappte, nicht stärker auseinandersetzen und seit langem bestehende Thesen anhand der Quellen überprüfen sollte. Es reicht einfach nicht mehr aus, den Amerikanisierungsansatz schlicht als falsch zu bezeichnen. Wünschenswert wäre es auch, die ausländische Literatur stärker in die eigene Forschung zu integrieren, selbst wenn die einschlägigen nicht-deutschsprachigen Bücher und Zeitschriften in den deutschen Universitätsbibliotheken nicht immer sofort greifbar sind.

Schließlich fällt beim Blick auf die gegenwärtige deutsche Wirtschafts- und Unternehmensgeschichte überhaupt auf, wie stark sie auf die Produktion, auf Produzenten und z. T. auch auf die Technik und deren Entwicklung hinorientiert ist. Heidrun Homburg verweist in kritischer Absicht ausdrücklich auf diese „Produktionslastigkeit", wenn sie die Warenhausbranche in die Diskussion einbringt.[36] Der Produktionsbereich ist aber nur die eine Seite der Medaille. Die andere umfasst das weite Gebiet des Konsums. Über Phänomene des Massenkonsums und damit zusammenhängend der „Massenkultur" ist in den letzten zehn Jahren gerade in den angelsächsischen Ländern viel gearbeitet worden, und neuerdings auch in der Bundesrepublik.[37] Jetzt gilt es die beiden Forschungsfelder zu integrieren und diejenigen, die Unternehmensgeschichte aus Sicht der Produzenten betreiben, mit ihren Kollegen in den

Kulturwissenschaften, die sich für die Geschichte des Konsums, der Werbung und der Medien interessieren, in einen Dialog zu bringen.

Dass dieser Zusammenhang heute auch in Deutschland wahrgenommen wird, mag man aus dem Programm der 20. Arbeitstagung der Gesellschaft für Sozial- und Wirtschaftsgeschichte im April 2003 ersehen, die ganz der „Geschichte des Konsums" gewidmet war.[38] Vielleicht wird die nächste Tagung die dynamische Interaktion von Produktion, Werbung und Konsum thematisieren, wobei es sich natürlich nicht nur um die Produktion, Vermarktung und den Verbrauch von materiellen Gütern handelt, sondern auch um solche kulturellen Inhaltes. Und soweit es die letzteren betrifft, interessieren nicht nur die Güter einer Elitenkultur, sondern auch die, die im angelsächsischen Sprachraum zur „popular culture" gezählt werden. Auch hier greift ein reiner Elitenansatz, der die Interaktion von Eliten und „Massen" nicht gebührend beachtet, einfach zu kurz.

Indessen darf die internationale Wirtschafts- und Unternehmensgeschichte heute nicht als Einbahnstraße gesehen werden. Die deutsche Unternehmensgeschichte stellt heute Fragen, die in angelsächsischen Ländern in dieser Form weitaus seltener zu finden sind. Das betrifft gerade auch das Problem, wie weit diese beiden Genres im breiteren Rahmen des Aufstiegs und der durchaus eindrucksvollen Entwicklung von kapitalistisch organisierten, bürgerlichen Gesellschaften und ihrer „Wertehimmel" gesehen werden müssen.

Doch gibt es selbst in den *Economics Departments* der USA Anzeichen dafür, dass man nicht mehr ganz so fest wie noch in den neunziger Jahren davon überzeugt ist, die Dynamik menschlicher Wirtschaft und Gesellschaft mit Hilfe von universalen, mathematischen Formeln erfassen zu können. Regionale und historische Unterschiede sowie kulturelle Faktoren sind einzubeziehen. Setzt sich diese Erkenntnis weiter durch, wird sich die „kulturalistische Wende" in der Unternehmensgeschichte vielleicht eines Tages methodisch auch auf die Volkswirtschaft und Wirtschaftsgeschichte auswirken und die wirtschaftswissenschaftlichen Disziplinen im Sinne Pohls in ein neues Gleichgewicht bringen.[39]

3. Ausländische Einflüsse auf die deutsche Sozial- und Wirtschaftsgeschichte

A. Einleitung

Dieser Beitrag zu einem Band, der zum 100. Jahrestag der Gründung der *Vierteljahrschrift für Sozial- und Wirtschaftsgeschichte* (VSWG) erschien, war für mich deshalb besonders reizvoll, weil er mir Gelegenheit gab, eine Reihe von Fragen anzuschneiden, die sowohl die Entwicklung der deutschen Wirtschaft und Gesellschaft als auch deren Behandlung durch deutsche Wirtschafts- und Sozialhistoriker über ein Jahrhundert hinweg betreffen. Freilich erhebt sich unter dem Titel auch sofort die Frage nach den Definitionen. Was verstehen wir unter „ausländischen Einflüssen" und was unter „deutscher Sozial- und Wirtschaftsgeschichte"?

Die Probleme, die sich bei der Frage nach den Einflüssen stellen, wurden auf einer Tagung, die im November 1988 in Berlin stattfand, debattiert, deren Beiträge Hans Pohl vier Jahre später in einer Sammlung veröffentlichte.[1] Betrachtet man diesen Band insgesamt, so ist zunächst bemerkenswert, wie eng Wirtschaftsgeschichte und Unternehmensgeschichte in der Bundesrepublik weiterhin verzahnt waren. Doch war auch interessant, wie weit die Referenten noch von jenem *culturalist turn* entfernt waren, auf den hier am Ende einzugehen sein wird. So erwähnte etwa Gerhard Adelmann in seinem einleitenden Überblick kurz die Vorbildwirkung, die ausländische Unternehmen auf deutsche Firmen, auf ihre Managementpraxis, ihre Fabrikorganisation und ihr Marketing gehabt haben. Doch danach konzentriert er sich auf die Bedeutung ausländischer Beteiligungen und Direktinvestitionen. Er rechtfertigt diese Selbstbeschränkung damit, dass es zuerst darum gehe, verstreutes Quellenmaterial zusammenzutragen und sich im durch die anderen Konferenzbeiträge gesetzten Rahmen zu halten.

In einem späteren Kommentar bekannte sich Andreas Kunz dazu, ein großer Anhänger von Statistiken zu sein. Gewiss, da war auch Peter Herkners Aufsatz, der sich mit italienischen Firmen und Unternehmern in Deutschland und deren Einflüssen auf die deutsche Wirtschaft von der Frühneuzeit bis in die Gegenwart auseinandersetzte. Herkner meinte, dass es nicht nur darauf ankomme, den Austausch von Technologie und Humankapital in Gestalt von Geschäftsleuten und Ingenieuren über nationale Grenzen hinweg zu studieren. Darin wurde er von Hans J. Teuteberg und Adelmann sekundiert, doch drehte Letzterer dann die Frage nach Einflüssen in eine andere Richtung. Er wies darauf hin, wie die britische Textilindustrie ihre Vormachtstellung gegen die ausländische Konkurrenz benutzt habe. „In extremis", so meinte er, könne man sogar sagen, dass die Einflüsse ausländischer Unternehmer spürbar gewesen seien, selbst wenn sie nicht einen einzigen Pfennig in Deutschland investiert hätten.

Geoffrey Jones wandte sich schließlich ganz direkt britischen Unternehmen in Deutschland seit dem 19. Jahrhundert zu. Er unternahm zwar einige kleine Ausflüge in kulturelle Gefilde und diskutierte an einer Stelle die britischen Geschäftserfahrungen in Deutschland. Dabei ging er nicht nur auf die Politik der deutsch-britischen Beziehungen ein und auf die kulturellen Nachteile, die Martin Wiener in seinem Buch *English Culture and the Decline of the Industrial Spirit* umrissen hatte, sondern auch auf die Schwierigkeiten, die britische Unternehmer mit der deutschen Sprache gehabt hätten. Allerdings meinte er am Ende dann doch, dass die Probleme, die kulturellen Merkmale verschiedener Länder wissenschaftlich zu erörtern, so enorm seien – nicht zuletzt weil sie sich obendrein wandelten –, dass auch er sich auf das engere Gebiet der Direktinvestitionen zurückzieht. Und so geht es praktisch durch den ganzen Band hindurch weiter.

Die folgende Untersuchung schlägt sich auf die Seite jener Beiträge in der Sammlung von Pohl, die für einen breiteren Ansatz plädierten, selbst wenn sie die kulturellen Fragen, die sie antippen, nicht im Einzelnen verfolgen. Ich interessiere mich nicht nur für ausländische Einflüsse auf die deutsche Wirtschafts- und Sozialgeschichte, die quantifizierbar sind, sondern auch für die weniger greifbaren, die sich auf Mentalitäten und Praktiken, auf Traditionen und Haltungen auswirkten. Zudem betrachte ich auch die deutsche Wirtschafts- und Sozialgeschichte in einem ähnlich umfassenden Rahmen. Sie wird zum einen verstanden als Struktur und Prozess und zum anderen als eine wissenschaftliche Disziplin, die sich die Rekonstruktion und Analyse eben dieser Geschichte zur Aufgabe gemacht hat. Aus diesem Grunde ist das Folgende in zwei Teile geteilt. In den ersten beiden Teilen werden ausländische Einflüsse als Geschichte im ersteren Sinne diskutiert. Danach geht es um ausländische Einflüsse auf die Wirtschafts- und Sozialgeschichts*schreibung*, ehe ich am Ende auf die Frage eingehe, welche Einsichten aus alldem für die zukünftige Forschung gewonnen werden könnten.

B. Ausländische Einflüsse auf die deutsche Wirtschaftsgeschichte als Geschichte

Neben vielen anderen Gründen waren die Ökonomien Zentraleuropas schon lange vor der Neuzeit allein aufgrund ihrer geographischen Lage ausländischen Einflüssen ausgesetzt. Allerdings wird man von einer „deutschen

Wirtschaft" erst seit den 1860er Jahren sprechen können und ab 1871 wurde das Kaiserreich schließlich in eine feste konstitutionelle Form gegossen.

Zugleich kam es in diesen Jahren zu größeren wirtschaftlichen Veränderungen, als Industrie und Handel rapide anwuchsen und beide den Agrarsektor, relativ gesprochen, hinter sich ließen. Und bis zur Jahrhundertwende entwickelte sich das Land neben Großbritannien und den Vereinigten Staaten zu einer der führenden und mit dem Weltmarkt verbundenen Handelsnationen, sei es im bilateralen Austausch oder durch die Ausbeutung von Kolonien. Obwohl auch nach Asien, Lateinamerika und Afrika wichtige Handelbeziehungen bestanden, nach Volumen und Wert entwickelte sich der stärkste Austausch an Gütern und Dienstleistungen eindeutig mit den europäischen Nachbarn und zunehmend auch mit den USA. Vor 1914 waren Deutschland und Großbritannien ihre besten gegenseitigen Kunden, auch wenn die diplomatischen Spannungen zwischen ihnen bis 1914 stiegen. Auch die Niederlande, Belgien und die Schweiz hatten gute Wirtschaftsbeziehungen mit dem Kaiserreich.[2]

Ende des 20. Jahrhunderts war häufiger das Argument zu hören, dass die Weltwirtschaft erst in den 1990ern wieder einen Grad der Globalisierung und der Offenheit erreichte, wie sie bereits vor 1914 bestanden hatten. Manches spricht für dieses Argument, wenn wir Beginn und Ende des 20. Jahrhunderts mit den Jahrzehnten eines extremen Nationalismus und Protektionismus nach 1918 vergleichen sowie mit der langsamen Rückkehr zu einem multilateralen Welthandelssystem nach 1945.[3] Dies sollte man im Auge behalten, wenn wir weiter unten auf die Geschichte der VSWG zu sprechen kommen werden. Doch spiegelten sich diese Entwicklungen nicht nur in den Handelsstatistiken und dem damit einhergehenden Wachstum ausländischer Einflüsse wieder, sondern auch im Verhalten deutscher Unternehmen und Unternehmer. In dieser Beziehung hinterließ England, die Hegemonialmacht des 19. Jahrhunderts, zunächst die tiefsten Spuren.[4] Während der Ersten Industriellen Revolution kamen außer Exportgütern auch englische Technologien nach Deutschland. Damals stellten britische Ingenieure Maschinen auf, die jenseits des Ärmelkanals entwickelt worden waren, und setzten sie in Gang. Heinz Hartmann hat überzeugend argumentiert, dass der Export von Technologien nie in einem kulturellen Vakuum erfolgt. Was ebenfalls exportiert wird, sind die Muster der Fabrikorganisation und die Einstellungen, die hinter moderner Industrieproduktion, Finanzverwaltung, Werbung und Auslieferung stehen.[5]

Obwohl die britische Präsenz in der deutschen Wirtschaft in der zweiten Hälfte des 19. Jahrhunderts greifbar blieb, und zwar sowohl als Handelspartner als auch als Vorbild, ist um die Jahrhundertwende eine Verschiebung zu erkennen. Seitdem tauchten die USA mehr und mehr als Handelspartner, Konkurrent und Wirtschaftsmodell am Horizont der deutschen Unternehmerschaft auf. Deutsche Geschäftsleute interessierten sich zunehmend für amerikanische Technologien und Arbeitsorganisation, vor allem für die Ideen von Frederick Taylor, der Scientific Management-Bewegung und später für die von Henry Ford. Man reiste damals nach Pennsylvanien, Ohio und Michigan um sich Produktionsanlagen anzusehen. Die Besucher hatten dabei die Frage im Hinterkopf, ob und wie weit amerikanische Produktions- und Managementmethoden in die deutsche Wirtschaft transferiert werden könnten.[6]

Der Erste Weltkrieg unterbrach diese ausländischen Einflüsse. Auch die ersten Nachkriegsjahre waren keine günstige Zeit für die Wiederbelebung der Geschäftsbeziehungen. Die USA zogen sich damals aus der internationalen Politik weitgehend zurück und die deutsche Wirtschaft durchlief eine sich immer mehr verschärfende Krise, die schließlich in der großen Inflation und dem Zusammenbruch von 1923 gipfelte, was auf den Handel und Direktinvestitionen abschreckend wirkte. Dies änderte sich Mitte der zwanziger Jahre, nachdem die Amerikaner im Ersten Weltkrieg zu einer erstrangigen Wirtschaftsmacht aufgestiegen waren. Danach waren es die Bankiers von der Wall Street, die in Deutschland auftauchten und mit Hilfe des Dawes-Plans die dornige Reparationsfrage lösten, die zusammen mit Ideen von internationalem Frieden und Zusammenarbeit der früheren Jahre so vieles vergiftet hatte.[7]

Der Dawes-Plan ermöglichte das erneute Engagement amerikanischer Privatinvestitionen und die Auflage von Anleihen durch US-Banken. Die Weimarer Wirtschaft wurde – in den Worten von Werner Link – zu einem „ökonomisch begründeten ‚penetrierten politischen System'".[8] Erneut reisten deutsche Unternehmer und Ingenieure, und diesmal auch Gewerkschafter, nach Amerika, nicht nur um Investoren für ihre Firmen zu interessieren und Geschäfte abzuschließen, sondern auch um amerikanische Produktions- und Geschäftsmethoden zu studieren. Unter ihnen war auch Wichard von Moellendorff, der von der IG Farben im Auftrage von Carl Bosch entsandt wurde, um umfassende *Volkswirtschaftliche Elementarvergleiche zwischen [den] Vereinigten Staaten von Amerika, Deutschland, Großbritannien, Frankreich, Italien* anzustellen und 1930 in zwei Bänden niederzuschreiben.[9] Dabei ging es erneut um die Frage der „Übertragbarkeit von Erfahrungen auf Deutschland". Freilich sollte man andere ausländische Einflüsse nicht unterschätzen, vor allem soweit sie die Kartellisierung betrafen, in der man besonders an der Ruhr stark nach Frankreich als Partner schaute.[10] Insgesamt gilt daher, dass man, wann immer man die Einfluss-Frage studiert, nicht nur die zugänglichen Handelsstatistiken betrachten, sondern auch die weniger sichtbaren „Exporte" besonders aus den USA berücksichtigen sollte, die in Form von Produktions- und Management-Praktiken in der deutschen Industrie verarbeitet wurden.

Obwohl die Nationalsozialisten dem Dogma ökonomischer Autarkie anhingen und sich bei gleichzeitiger militärischer Eroberung von „Lebensraum" und der brutalen Ausbeutung der besetzten Länder von der Weltwirtschaft weitgehend abhängen wollten, wurden bestehende internationale Wirtschaftsbeziehungen nach 1933 nicht sofort gekappt.[11] Das geschah weitgehend im Herbst 1939 mit dem deutschen Angriff auf Polen und dem Ausbruch des Zweiten Weltkriegs. Doch selbst nachdem Hitler den Vereinigten Staaten im

Dezember 1941 den Krieg erklärt hatte, endeten die unternehmerischen Verbindungen nicht völlig. Gleichwohl wird man für diese Jahre kaum von ausländischen Einflüssen auf die deutsche Wirtschaft im herkömmlichen Sinne sprechen können. Allenfalls waren es die alliierten Erklärungen, die im Voraus eines erwarteten Sieges veröffentlicht wurden und die sich auch auf die geplante Nachkriegsorganisation der Weltwirtschaft bezogen, die auch bei einigen deutschen Unternehmern die Frage aufkommen ließ, welche Rolle die deutsche Wirtschaft in der amerikanischen Neuordnung spielen würde.[12]

Die Niederlage und die bedingungslose Kapitulation des Dritten Reiches im Mai 1945 verschob das Bild erneut. Als Besatzungsmächte in einem Land, das seine Souveränität verloren hatte, besaßen die Siegermächte fast unbegrenzte Möglichkeiten, die kriegszerstörte deutsche Wirtschaft zu beeinflussen. Der sowjetische Einfluss bestand in ihrer Besatzungszone vor allem darin, dass Moskau nach einer kurzen Periode des Zögerns und Experimentierens mit einer Enteignungs- und Sozialisierungspolitik begann.[13]

Im Westen waren es vor allem die Briten, die ebenfalls an eine Sozialisierung, vor allem der in ihrer Zone liegenden Ruhrindustrie dachten, bis die Amerikaner diese Pläne energisch blockierten. So blieben die Wirtschaftsstrukturen der Westzonen grundsätzlich kapitalistisch. Zudem wurden sie bald in die Marshallplan-Hilfe eingeschlossen, mit der sich die Vereinigten Staaten, anders als nach dem Ersten Weltkrieg, schon bald nach Ende der Kämpfe offiziell für den Wiederaufbau Westeuropas engagierten.

Dies war auch die Zeit, in der Washington damit begann, das deutsche Industriesystem umzubauen. Dieser Umbau wurde als eine Voraussetzung dafür angesehen, die drei Westzonen in das multilaterale Weltwirtschaftssystem zu integrieren, das die Amerikaner fest entschlossen waren, nach 1945 aufzubauen. Das hieß, dass das deutsche Kartellsystem aufgelöst wurde und eine Reihe von praktischen Monopolpositionen, wie sie etwa die IG Farben erlangt hatte, entflochten wurden. Und mit dem Engagement Washingtons fühlten sich auch private Investoren und Firmen ermutigt, mit Beteiligungen und Direktinvestitionen erneut nach Westdeutschland zu kommen, um an der Modernisierung der Industrie mitzuwirken.[14]

Allerdings erfuhr die westdeutsche Industrie durch die alliierten Interventionen nicht nur strukturelle Veränderungen. In Washington und unter den Wirtschaftseliten der amerikanischen Ostküste war man auch davon überzeugt, dass der Umbau auf Dauer nur dann Erfolg haben würde, wenn man gleichzeitig einen Wandel der Mentalitäten und Praktiken der westdeutschen Unternehmerschaft bewirkte. Die Aufgabe war, westdeutsche Unternehmer von den Vorteilen der amerikanischen Praxis der Führung moderner Unternehmen zu überzeugen. Aus diesem Grunde begann Paul Hoffman, einst Präsident der *Studebaker Corp.*, eines Automobilkonzerns, und jetzt Administrator des Marshallplans in Europa, westdeutsche Geschäftsleute und Gewerkschafter zu Studienreisen in die USA einzuladen. Diejenigen, die nicht über den Atlantik fahren konnten, erhielten Gelegenheit, sich indirekt durch das TWI-Programm (*Training Within Industry*) in Vorträgen und Seminaren zu informieren.[15] Diese Programme trugen mit dazu bei, dass sich die deutschen unternehmerischen Traditionen langsam veränderten. Das amerikanische System wurde nicht direkt kopiert. Es gab auch Widerstand und Ablehnung, an deren Ende eine Mischung stand, eine „Kreolisierung", wie der holländische Kulturhistoriker Rob Kroes es formuliert hat.[16] Diese Art von wirtschaftlicher Penetration lässt sich nur schwer quantifizieren. Gleichwohl hat sich – wie noch zu zeigen sein wird – eine wachsende Zahl von Wirtschafts- und Unternehmenshistorikern in den letzten Jahren diesem Fragenkomplex zugewandt. Hier mag es daher vorläufig genügen, festzustellen, dass – während sich die ostdeutsche Wirtschaft hinfort auf einem Pfad der Stalinisierung befand – das Ende der Besatzungsherrschaft in den Westzonen auch das Ende der ganz direkten Interventionen in den Westzonen mit sich brachte. Erneut trat die Frage nach den weniger greifbaren Einflüssen in den Vordergrund, die sich diesmal allerdings tiefer auswirkten als in den zwanziger Jahren. Es war dieses ausländische Engagement, vor allem das der Amerikaner, das es der Bundesrepublik ermöglichte, ihre „Rückkehr zum Weltmarkt" zu erreichen.[17]

C. Ausländische Einflüsse auf die deutsche Sozialgeschichte als Geschichte

Während ausländische Einflüsse auf die deutsche Wirtschaftsgeschichte relativ leicht zu erkennen sein mögen, ist diese Frage für die deutsche Sozialgeschichte schwerer zu beantworten. Zu einer Zeit vor 1914 und auch in der Zeit danach, als viele Deutsche mehr und mehr national, wenn nicht gar nationalistisch gesinnt waren, schwächten sich ausländische Einflüsse unvermeidlich ab. Das galt umso mehr, als auch generationelle, regionale und klassenspezifische Faktoren berücksichtigt werden müssen.

Im 19. Jahrhundert war Großbritannien nicht nur für die Wirtschaft das Vorbild gewesen, sondern auch für Gesellschaft und Kultur. Das war besonders in den Hansestädten Hamburg und Bremen der Fall, schwächer im Rheinland und überhaupt nicht im ländlichen Südbayern oder Franken.[18] Aber selbst in Norddeutschland ist für die Jahre vor 1914 eine Verschiebung zu entdecken. Die „Weltpolitik" Wilhelms II., der wachsende Nationalismus und die Anglophobie der Mittelklassen hatten eine Distanzierung von England auch in sozio-kultureller Hinsicht zur Folge. Nur in der Arbeiterbewegung Nordwestdeutschlands blieb eine verhältnismäßig starke Anglophilie erhalten. Da der Franzosenhass im 19. Jahrhundert relativ groß blieb, bildete Paris weiterhin die negative Folie in der besseren Gesellschaft und ihrer Kultur. Auch die ca. 400.000 Polen, die vom Osten her vor allem ins Ruhrgebiet gewandert waren, stellten eine Herausforderung dar, die in einer Reihe von Studien untersucht worden ist.[19]

Soweit es generationelle Unterschiede betrifft, ist die Forschung für die Zeit von 1914 weiterhin unterentwickelt. Klarere Schlüsse lassen sich für die zwanziger Jahre ziehen und noch deutlicher für die Zeit nach 1945. Größere Teile der damaligen jungen Generation reagierten gewiss positiver auf ausländische sozio-kulturelle Einflüsse als die ihrer Großeltern. Und ebenso wie auf dem Gebiet der Wirtschaft kamen diese Einflüsse zunehmend aus den USA. Vor dem Hintergrund des soeben erwähnten Reparationsabkommens (Dawes-Plan) und der amerikanischen Anleihen und Direktinvestitionen kamen Mitte der zwanziger Jahre Hollywood-Filme, der Jazz und der Charleston nach Deutschland, die jeweils große Scharen junger Menschen während der „Goldenen Jahre" der Weimarer Republik begeisterten. Amerikanische gesellschaftliche und kulturelle Vorbilder begannen auch die Geschlechterbeziehungen und die Einstellungen zum Konsum zu beeinflussen.[20]

Freilich gab es ebenso auch Widerstände gegen diese Importe, besonders in einer älteren Generation, die traditionsbewusster blieb. Wenn wir darüber hinaus den Weimarer Wohlfahrtsstaat mit seinen Wurzeln im 19. Jahrhundert und seinen erneuten, im Ersten Weltkrieg zu suchenden Antrieben als zentralen Teil der deutschen Gesellschaftsgeschichte begreifen, so stellen wir fest, dass dieser Faktor bei den Nachbarn in dieser Form nicht zu finden ist – und in den Vereinigten Staaten noch weniger. Insgesamt wird man daher sagen müssen, dass die Entwicklung der deutschen Gesellschaft und Kultur noch stärker von einheimischen Mentalitäten und Traditionen, ob regionaler oder nationalistischer Art, geprägt wurde als die Entwicklung des ökonomischen Bereichs.

Diese Tendenzen erlebten nach 1929 eine weitere Steigerung, als die Weltwirtschaftskrise zu einem zum Teil rücksichtlosen Protektionismus und Nationalismus führte und in Deutschland 1933 in die faschistische Hitler-Diktatur mit ihren zahlreichen Anhängern mündete. Denn je mehr sich das Nazi-Regime festigte, umso mehr bestanden dessen Anhänger, die durch Xenophobie und Doktrinen von rassischer Reinheit mobilisiert wurden, darauf, dass „fremde Einflüsse" ausgeschaltet werden müssten.[21] Selbst wenn dies nie vollständig erreicht wurde und zum Beispiel Jazz weiterhin populär blieb, die dreißiger Jahre und der Zweite Weltkrieg waren eine Zeit, in der allzu viele Deutsche ihrem „Führer" auf dem immer horrenderen Weg einer gesellschaftlichen und kulturellen Transformation folgten, der von dem Wertesystem der Westmächte, die jetzt die Todfeinde waren, abwich.

Als dieser Weg in der Niederlage von 1945 endete, begann die erneute Suche nach sozio-kulturellen Modellen, die für den Wiederaufbau gültig sein sollten. Während Stalin nach einer kurzen Periode relativer Offenheit ab 1946/47 der sowjetischen Zone seine Vorstellungen von einer „sozialistischen" Gesellschaft, die sich auf dem Wege zu einer kommunistischen Gesellschaft befinde, aufzwang, boten die Briten, Franzosen und Amerikaner in ihren jeweiligen

Besatzungszonen ihre eigenen Vorstellungen von gesellschaftlicher Organisation an. Es war dabei nicht verwunderlich, dass Washington im Vergleich zu London und Paris bald über die größte Hebel- und Anziehungskraft verfügte, nicht nur soweit es – wie gezeigt – den wirtschaftlichen Wandel, sondern auch den sozialen Wandel betraf. Gewiss, wie schon in den zwanziger Jahren spielten regionale und klassenspezifische Unterschiede auch nach 1945 eine Rolle, wenn es darum ging, amerikanische Vorstellungen von Gesellschaft, Politik und Kultur anzunehmen oder abzulehnen. Insgesamt wird man sagen können, dass größere Teile der jungen Generation gegenüber dem, was die USA gerade auch auf dem Gebiet der *popular culture* anboten, aufgeschlossen waren und diese in einheimische Traditionen und Praktiken zu integrieren suchten. Die ältere Generation blieb hingegen meist skeptisch oder war gar gänzlich ablehnend gegenüber Importen aus einem Land jenseits des Atlantiks, dass für sie eine *Unkultur* repräsentierte.[22]

Alles in allem ist nicht zu bezweifeln, dass ausländische Einflüsse sowohl auf die deutsche Wirtschaft als auch auf Gesellschaft und Kultur nicht marginal waren und insofern ein ernsthaftes Studium verdienen. Die Frage ist allerdings auch, als wie dauerhaft sich diese deutschen Traditionen gegenüber dem, was aus dem Ausland kam, erwiesen. Die empirische Sozialforschung hat gezeigt, dass sich soziokulturelle Verhaltensweisen im Vergleich zu wirtschaftlichen oft nur langsamer wandeln bzw. wandeln lassen. Das mag auch damit zusammenhängen, dass die Elitenzirkulation in Deutschland viel geringer war, als man angesichts der Wirren, die die Gesellschaft in der ersten Hälfte des 20. Jahrhunderts durchgemacht hatte, zunächst vermutete.[23] Und dennoch waren die Sozialstrukturen sicherlich nicht dieselben, wenn man etwa die von 1900 mit denen von 1970 vergleicht. Das gilt auch für Mentalitäten und soziokulturelle Normen, die in dieser Zeit ebenfalls einen erheblichen Wandel durchmachten. Freilich hat es sich als schwierig erwiesen, das Ausmaß dieses Wandels exakt festzumachen. Und um das Problem noch weiter zu komplizieren: Es hat unter Historikern erhebliche Meinungsverschiedenheiten darüber gegeben, welche Rolle ausländische Einflüsse in diesem Wandlungsprozess gespielt haben. Der nächste Abschnitt versucht dies zu verdeutlichen.

D. Ausländische Einflüsse auf die Geschichtsschreibung zur deutschen Wirtschafts- und Sozialgeschichte

Zu Beginn unserer Untersuchung erwähnten wir kurz die Frage der Internationalisierung der deutschen Wirtschaft zu Beginn und am Ende des 20. Jahrhunderts. Die Entwicklung der Geschichtsschreibung zeigt in einem erstaunlichen Maße die Verschiebungen von einem Internationalismus hin zu einem Nationalismus und vom Nationalismus wieder zurück zu einer langsamen Wiedererholung des Internationalismus nach dem Zweiten Weltkrieg. In ihren Anfängen zeichnete sich die deutsche Wirtschafts- und Sozialhistoriographie durch eine Offenheit nach außen aus, die – nach dem Abstieg des Landes in den Chauvinismus und schließlich in den Nationalsozialismus – erst in den achtziger und neunziger Jahren wiedererreicht wurde. Das lässt sich an der *Vierteljahrschrift für Sozial- und Wirtschaftsgeschichte* gut verfolgen.

Die Ursprünge dieser Disziplin oder Subdisziplin und ihre damals führende Stellung im Kreise der europäischen und amerikanischen Geschichtswissenschaft ist – ebenso wie die Geschichte der VSWG – wiederholt untersucht worden und auch in dem Band zum hundertjährigen Jubiläum der Zeitschrift gut zusammengefasst. Betrachten wir die Themen, die in der ersten Phase vor 1914 aufgenommen wurden, so ist ganz deutlich, dass man ganz bewusst die damals ganz auf Politik, Diplomatie und Militär sowie auf die „großen Männer" der Geschichte ausgerichtete Historiographie herausforderte.[24] Dementsprechend enthielt der erste Jahrgang der VSWG von 1903 einen sozialstatistischen Artikel über die Bevölkerung von Zypern im 15. Jahrhundert.[25] Es folgte ein Aufsatz zur Kolonisierung von Sizilien im 16. und 17. Jahrhundert, über die *Compagnie Royale d'Afrique* im Jahrhundert darauf und schließlich eine Studie über Bernard de Mandeville und die Anfänge des Wirtschaftsliberalismus. Weitere Beiträge analysieren Lohn- und Preisfragen, den internationalen Arbeitsschutz und die französischen Finanzen während der Französischen Revolution. Rezensionen und Rezensionsartikel über alle Teile Europas beschließen den ersten Band.

Band 2 (1904) enthielt einen Aufsatz über englische Klöster und den Wollhandel im 13. Jahrhundert und einen weiteren über den *bourgeoisen* Tuchmacher Jehan Boine Brooke. Der dritte Band von 1905 setzte eine offensichtlich unorthdoxe Redaktionspolitik fort mit einem Aufsatz von „Miss Lodge" über Leibeigenschaft in den Pyrenäen. Nicht weniger bemerkenswert als die Themen selbst war die Tatsache, dass die erwähnten Artikel im Band 3 von französischen und belgischen sowie einem italienischen Historiker stammten, die alle in ihrer Muttersprache schrieben. In der Tat war der allererste Aufsatz nicht auf Deutsch, sondern auf Französisch verfasst und stammte von dem bekannten belgischen Historiker Henri Pirenne. Auch unter den insgesamt sechs Miszellen des Bandes waren zwei in französischer Sprache und eine dritte wiederum auf Italienisch geschrieben. Der schon erwähnte Beitrag über die englischen Klöster in Band 2 stammte von Robert Whitwell in englischer Sprache, gefolgt von dem über Brooke auf Französisch. Von den neun Miszellen in diesem Band kamen drei in französischer Sprache und einer in italienischer Sprache heraus. Der Beitrag von Lodge im dritten Band war auf Englisch, gefolgt von zwei Artikeln auf Französisch und zwei ebenfalls fremdsprachliche Miszellen.[26]

Aus Platzgründen kann hier nicht auf die weiteren Bände bis 1914 eingegangen werden. Es genügt festzustellen, dass die Internationalität der ersten

Bände sowohl nach Inhalt, nichtdeutschen Autoren und anderen europäischen Sprachen aufrechterhalten wurde. Erst in den letzten Jahren vor dem Weltkrieg erfuhr die VSWG eine Einengung ihres Autorenkreises, die zum Teil an einer „Nationalisierung" der Disziplin gelegen haben mag. Hinzukam ein wachsendes Zögern ausländischer Historiker, vor allem wohl der französischen, ihre Arbeiten zu einer Zeit wachsender politischer Spannungen und eines Anstiegs des Nationalismus in einer deutschen Zeitschrift zu veröffentlichen.

Der Erste Weltkrieg wurde sodann zu einer großen Scheide, nicht nur – wie wir gesehen haben – in der Wirtschafts- und Sozialgeschichte Deutschlands an sich, sondern auch in der Geschichtsschreibung über sie. Viele deutsche Historiker, darunter auch Georg von Below, einer der Herausgeber der VSWG, hatten sich bald nach 1914 zu einem extremen Nationalismus und Annexionismus bekannt. Das wirkte sich auf ihre Kollegen in Westeuropa und Nordamerika nach 1918 sehr negativ aus.[27] Es war auch einer Wiederannäherung nicht förderlich, dass sich die meisten führenden Leute der deutschen Zunft in der Kriegsschulddebatte engagierten und in Vorlesungen und Büchern sehr einseitig gegen den Frieden, der auf der Pariser Konferenz verhandelt worden war, und gegen den Versailler Vertrag wetterten. Nach dem großen Blutvergießen und dem Aufpeitschen nationalistischer Gefühle ließ sich die internationale Gemeinschaft der Historiker, die die VSWG vor 1914 so nachdrücklich repräsentiert hatte, in den ersten Nachkriegsjahren einfach nicht wiederbeleben.

Zum Teil war dies auf die Einstellung der Franzosen zurückzuführen, die sich weigerten, bei internationalen Kongressen mit deutschen Kollegen auf dem gleichen Podium aufzutreten, selbst wenn die Briten und die Amerikaner zunehmend für die Wiederzulassung der einstigen Feinde eintraten.[28] Historiker wie Hermann Oncken erhielten Einladungen, an amerikanischen Universitäten zu lehren, und die großen Stiftungen unterstützten oft solche Besuche. Derweil trugen amerikanische Kollegen wie Sidney Fay und Elmer Barnes ihre eigenen revisionistischen Thesen zu den Ursprüngen des Ersten Weltkriegs vor, die den Deutschen gegenüber weniger kritisch waren. Dass die Gemeinschaft der Historiker weiterhin eine Chimäre blieb, lag auch daran, dass die Deutschen sich bewusst selbst isolierten und in einer Pose unbeweglicher Apologie verharrten, wenn es um die Frage nach der Verantwortlichkeit für den Ausbruch des Ersten Weltkriegs ging.[29]

Nach 1933 zeigte die Hitler-Diktatur dann die aggressive Seite der nationalkonservativen Positionen der Historiker. Die Affinitäten, die zwischen dem Deutschnationalismus und dem Nationalsozialismus bestanden, machten es für viele leichter, mit dem Regime Frieden zu schließen, mochten sie anfangs auch elitäre Reservationen gegenüber dem demagogischen Volkstribun Hitler gehabt haben. Schließlich versprach er der Nation eine neue Ära außenpolitischer Größe und innenpolitischer Stabilität. Nach dem Tode von Belows fungierte Hermann Aubin zusammen mit St. Bauer (Basel) und K. Kaser (Graz) als Herausgeber der VSWG, bis er 1933 diese Stellung dann allein einnahm. Obwohl es ihm gelang, die völlige Gleichschaltung der Zeitschrift zu verhindern, bewegte sich die deutsche Wirtschafts- und Sozialgeschichte jetzt insgesamt mehr und mehr unter das Dach einer „Volksgeschichte", die sich auf das Mittelalter und die Frühe Neuzeit konzentrierte und Agrargeschichte und Demographie zu ihrem Schwerpunkt machte. Da auch in der Gesellschaft insgesamt organizistische Vorstellungen von Gesellschaft die Oberhand gewannen, degenerierte die Volksgeschichte schnell zu einer verdeckten oder auch offenen Blut-und-Boden-Propaganda. Ihre Protagonisten wurden nach längerem Schweigen in den ersten Jahrzehnten nach 1945 schließlich von ihren „Enkeln" und „Enkelinnen" kritisch unter die Lupe genommen, so dass wir heute ein sehr viel klareres Bild von prominenten Historikern der Nachkriegszeit wie Theodor Schieder, Hermann Aubin oder Werner Conze haben.[30]

Angesichts dieser Entwicklungen in der deutschen Wirtschafts- und Sozialgeschichtsschreibung ist es nicht erstaunlich, dass auch die Appelle von Mitgliedern der französischen *Annales*-Schule unbeantwortet blieben, obwohl deren Zeitschrift mit dem gleichen Titel durch die ursprüngliche Mission der VSWG inspiriert war. Gerade auch Marc Bloch, einer der führenden Köpfe der *Annales,* versuchte verzweifelt, eine Geschichtswissenschaft zu bewahren, die den Prinzipien von Rationalität und Humanität verpflichtet war. Aber auch er wurde von einer Epoche überwältigt, in der Irrationalismus und Barbarei zu triumphieren schienen und zu der deutsche Wirtschafts- und Sozialhistoriker mit ihren nationalistischen und biologistischen Vorstellungen von Gesellschaft einen unseligen Beitrag leisteten. Sie marschierten in eine Richtung von „Wissenschaft", die den Ideen Blochs völlig entgegengesetzt war. Am Ende sah Bloch keinen anderen Ausweg, als sich der französischen Widerstandsbewegung anzuschließen. Verfolgt sowohl wegen seiner jüdischen Herkunft als auch wegen der Werte, die er aufrechterhalten wollte, bestand eine gewissen tragische Logik darin, dass dieser brillante Historiker im besetzten Frankreich von den Deutschen ermordet werden sollte, während einige seiner Kollegen in Königsberg und anderswo Denkschriften fabrizierten, in denen die „Herauslösung des Judentums" in Osteuropa empfohlen wurde.[31]

Als die Alliierten schließlich das Dritte Reich niedergerungen hatten, debattierten sie eine Zeit lang, ob die Deutschen angesichts der massiven Verbrechen, die in ihrem Namen begangen worden waren, für längere Zeit aus der Völkergemeinschaft ausgestoßen werden sollten. Der Beginn des Kalten Krieges veränderte dann allerdings den ursprünglichen Zeitrahmen und führte zu der beschleunigten Reintegration der Westzonen in die westliche Allianz. Diese Entwicklung hatte auch auf die westdeutschen Universitäten und die Historikerschaft weitreichende Rückwirkungen. Sie ermöglichte das Überleben herkömmlicher Strukturen und hierarchisch organisierter Verwaltungen, so dass viele Professoren den „Zusammenbruch" von 1945 beruflich recht glatt überlebten.[32] Sofern sie sich nicht zu sehr mit dem Nationalsozialismus eingelassen hatten, konnten sie schnell auf ihre Lehrstühle zurückkehren. Bald veröffentlichten sie auch schon wieder Aufsätze und Bücher zu den hochspezialisierten und oft arkanen Themen, über die sie in den Jahren zuvor geforscht hatten, und offerierten ihren interessierten Studenten, von denen viele gerade aus dem Krieg zurückgekehrt waren, Interpretationen der Vergangenheit. Auch die Wirtschafts- und Sozialgeschichte kam auf diese Weise wieder in Gang, einschließlich der VSWG, die 1951 erneut erschien, so, als sei nichts gewesen, immer noch mit Hermann Aubin, der im Kriege an der Universität Breslau als „Ostforscher" lehrte, als Herausgeber.

Die Reintegration Westdeutschlands in das westliche Bündnis gab auch den westdeutschen Historikern die Gelegenheit, aus der bis in die zwanziger Jahre zurückreichenden Isolierung herauszukommen. Schon 1947/48, als das Reisen ins Ausland für Westdeutsche noch sehr schwierig war, erschienen Historiker aus England und Nordamerika in den Westzonen, um mit ihren Kollegen zu sprechen. Es war, wie kaum anders zu erwarten, eine schwierige Begegnung. Denn unvermeidlich stand die Frage im Raum, was die deutschen Kollegen wohl im Dritten Reich gedacht und getan hatten, selbst wenn diese Frage nicht so direkt artikuliert wurde. Wenn Konservative wie Gerhard Ritter – nach dem Tode von Friedrich Meinecke der Doyen der historischen Zunft – seine Kollegen als Opfer einer totalitären Diktatur vorstellte, war die Reaktion zumindest skeptisch. Derweil waren ihre amerikanischen oder britischen Gesprächspartner durchaus gut über die Publikationen und Stellungnahmen der Westdeutschen aus der Frühzeit des Nationalsozialismus informiert.[33] Schieder und Conze etwa waren tiefer in die Nazi-Zeit verstrickt als Ritter. Deren Ostforschungs-Memoranden sollten allerdings erst sehr viel später publik werden, und so hüllten sie sich hinsichtlich ihrer Vergangenheit weiter in Schweigen, während sie sich zugleich darum bemühten, persönlich und beruflich einen Neuanfang zu machen. Und das bezog sich gerade auch auf die Methoden der Disziplin.

Während Ritter sich gegenüber den Appellen etwa seines französischen Kollegen Jacques Droz taub stellte, der die Westdeutschen fast anflehte, aus dem Ghetto nationaler Apologetik herauszutreten und sich auch gegenüber den Sozialwissenschaften zu öffnen, nahmen andere, wie etwa Hermann Heimpel, die Anregungen auf.[34] Gleichwohl bleibt die Frage, in welche Richtung sich die Öffnung der Forschung für ausländische Einflüsse in den fünfziger und sechziger Jahren bewegte und welche Rolle die VSWG in dieser Entwicklung spielte. Obwohl es sehr schwierig ist, eine Taxonomie zu entwickeln, in die die große Zahl westdeutscher Historiker umstandslos eingeordnet werden könnte, scheint es dennoch möglich, zwei Gruppen zu identifizieren, wobei bei einzelnen Personen Überschneidungen immer vorkommen können.

Die erste Gruppe war stärker von der amerikanischen Modernisierungstheorie beeinflusst, über die sich ihre Mitglieder während ihrer Besuche in den USA näher informieren konnten. Auch amerikanische Historiker, die als Gastprofessoren in die Bundesrepublik kamen und unter denen viele waren, die Deutschland nach 1933 verlassen hatten, spielten hierbei eine Rolle, wobei als weitere Komplikation hinzukam, dass die ersten Debatten über Modernität und Modernisierung in Europa schon vor ihrer Flucht ausgetragen worden waren. Sie waren vor dem Hintergrund der Erfahrungen der Zwischenkriegszeit besonders an den Verbindungen zwischen Wirtschaftsgeschichte und politischer Kultur interessiert, an deren Vermittlung und Rückvermittlung beispielweise Gerhard A. Ritter oder Jürgen Kocka wirkten. Die zweite Gruppe nahm die Ideen des französischen Strukturalismus und der *Annales*-Schule auf und blickte daher weniger über den Atlantik hinweg. Ihr Schwerpunkt war eher die Sozialgeschichte, von der aus sie dann, wie die *Annalistes* auch, zu soziokulturellen Fragen vordrangen.

Obwohl beide Gruppen dem Marxismus-Leninismus als Ansatz zum Verständnis historischer Probleme ablehnend gegenüberstanden, bestanden noch andere Unterschiede zwischen ihnen. So war die erste Gruppe nicht nur mit der englischen Sprache besser vertraut, sondern verkörperte auch eine mehr atlantische Konzeption des Westens, in der die USA zumindest politisch, militärisch, ökonomisch und technologisch die Hegemonialstellung einnahm. Die andere Gruppe war nicht nur sprachlich stärker frankophon, sondern hing auch einer eher abendländisch-europäischen Idee der Nachkriegswelt an. Diese Idee schloss zwar auch die Vereinigten Staaten ein, aber betrachtete Westeuropa als das Gravitationszentrum, soweit es die geistige und kulturelle Führung betraf.[35]

Schließlich wird man aus der Rückschau auch sagen können, dass die erste Gruppe für Experimente und methodische Innovation offener war. Die Universität Bielefeld, an der man eine theoriegeleitete Historische Sozialwissenschaft zu entwickeln versuchte, reifte zu einem wichtigen Zentrum dieser Arbeit heran. Dies brachte die Bielefelder in ein fruchtbares Konkurrenzverhältnis mit den französisch-strukturalistischen Sozialhistorikern, die sich in Heidelberg um Conze sammelten.[36]

Erst am Ende des 20. Jahrhunderts, als die teils heftigen Diskussionen der sechziger und siebziger Jahre über diese unterschiedlichen Ansätze langsam ausklangen, ist noch ein anderer Gesichtspunkt deutlicher geworden: Der Wettbewerb zwischen diesen beiden Gruppen war nie so grundsätzlich, wie es in ihrer Polemik manchmal erschien. Der Hauptgrund dafür dürfte darin liegen, dass die Bielefelder viel für das *Vorstellen* der angelsächsischen Entwicklungen in der Wirtschafts- und Sozialgeschichte in der Bundesrepublik getan haben. Mit den neuen Ansätzen mögen sie auch gespielt haben, doch auf eine systematische Weise haben sie sie nie verfolgt. Dazu ein Beispiel: Die *New Economic History* machte in Amerika zeitweise Schlagzeilen und gewann dort manche begeisterte Anhänger. Hans-Ulrich Wehler stellte zwar die Arbeiten von Fogel, North u. a. im Einzelnen vor, empfahl seinen westdeutschen Kollegen am Ende aber nicht, auf diesen Zug aufzuspringen. Stattdessen neigte er mehr den Fragestellungen eines Hans Rosenberg zu, der von Berkeley aus häufiger in die Bundesrepublik kam und dessen Arbeiten die großen Schwingungen in der europäischen und deutschen Wirtschaftsgeschichte mit dem politischen Wandel in der Gesellschaft zu verknüpfen suchten. Da die *New Economic History* auch so prominenten Wirtschaftshistorikern wie Richard Tilly und Wolfram Fischer methodisch und theoretisch problematisch erschien, gewann dieses Genre nie die Bedeutung, die es in den USA errang, wo es zu höchsten akademischen Ehren und gar zu einem Nobelpreis kam.[37]

Das Vorstellen psychohistorischer Ansätze durch Wehler u.a. erlitt ein ähnliches Schicksal. In Großbritannien und Amerika erschien eine ganze Reihe von Biographien, die diesem Ansatz verpflichtet waren; in der Bundesrepublik hinterließ dies so gut wie keine Spuren.[38] Das trifft wohl auch auf den *linguistic turn* und den Postmodernismus zu, der vor allem in den USA aufgegriffen wurde. Kurzum, die Diskussion der Verbindungen zwischen Geschichte und Volkswirtschaft oder Geschichte und Soziologie war ungleich intensiver als die der Beziehungen zu den Literaturwissenschaften. Dennoch erhebt sich selbst hier und gerade auch angesichts der Tatsache, dass sich die Wirtschaftswissenschaften auch in der Bundesrepublik immer eindeutiger dem Bau mathematischer Modelle zuwandten, die Frage, wie weit ausländische Einflüsse halbwegs deutlich zu erkennen wären.

Schließlich stellt sich als letztes Problem das der Verbindungen zwischen der angelsächsischen Sozialgeschichte und den westdeutschen Sozialhistorikern. Die Bielefelder waren anfangs zweifellos von einer „Sozialgeschichte der Politik“ sehr angezogen, weil diese am ehesten mit ihrer Wiederentdeckung von Max Weber und m.E. auch von Karl Marx in Einklang zu bringen war. Die „Geschichte von unten“, zu deren einflussreichsten Repräsentanten der britische Historiker Edward Thompson zählte und die dessen Kollegen Geoff Eley, David Blackbourn und Richard Evans in die Geschichtsschreibung über Deutschland einzubringen versuchte, wurde in Bielefeld und anderswo eher sehr kritisch betrachtet. Wehler gab keinen Sammelband heraus, in dem die Vor- und Nachteile der Alltagsgeschichte zusammengefasst waren. Stattdessen entwickelten Eley und Blackbourn ihre Argumente zu diesem Thema in einem Band, der zuerst auf Deutsch erschien und den sie mit dem bewusst provokativen Titel *Mythen der deutschen Geschichtsschreibung* versahen.[39]

Die Perspektiven der Thompson-Schule wurden bald auch verstärkt von einer jüngeren Generation aufgenommen. Es entstanden sogar eine Reihe von Zentren, die sich den Bielefeldern gegenüber als stark genug erwiesen, um Sozialgeschichte als Alltagsgeschichte nach verschiedenen Richtungen zu erforschen. So legte der Kreis um Lutz Niethammer in Essen eine ganze Reihe von Untersuchungen vor, die nicht nur von der britischen Arbeitergeschichte ganz allgemein, sondern insbesondere auch von Paul Thompsons *Oral History Project* an der University of Essex inspiriert waren.[40] Am Münchener *Institut für Zeitgeschichte* begann Martin Broszat, durch Besucher aus Großbritannien und auch durch einen Forschungsaufenthalt am St. Antony's College in Oxford ermutigt, mit seinem Bayern-Projekt.[41] Auch am Göttinger Max-Planck-Institut für Geschichte formierte sich mit Peter Kriedte, Hans Medick und Jürgen Schlumbohm eine Gruppe, die sich über das große Protoindustrialisierungsprojekt immer mehr einer „Geschichte von unten" zuwandte.[42] Hier war der Kontakt mit dem amerikanischen Historiker David Sabean offenbar wichtig. Aber da war auch der Einfluss der in Italien von Giovanni Levi und Carlo Ginzburg vorangetriebenen Mikrohistorie sowie der der *Annales*-Schule, die sich inzwischen ebenfalls über die großflächigen Analysen eines Fernand Braudel auf eine sozio-kulturelle Geschichtsschreibung hinentwickelt hatte, für die hier beispielhaft nur auf die Bücher von Alain Corbin hingeweisen sei. Hier bewirkte Wehlers oft sehr scharfe Kritik besonders der Göttinger am Ende nur das Gegenteil, indem sie Solidaritäten schuf, sowie aus dem Ausland kommende Ermunterungen hervorrief.[43]

Wenn wir über die Anstrengungen der Bielefelder zu einer Erneuerung der deutschen Sozial- und Wirtschaftsgeschichte hinaus jetzt noch auf die Unterschiede zwischen ihnen und dem eingehen, was in diesen Jahren in der VSWG erschien, so ist hier der Kontrast sehr viel weniger auffallend. Das gilt gewiss für die Zeit ab 1976, als Conze in das Herausgeberteam aufgenommen wurde. In diesem Urteil sollten wir uns auch nicht durch die Tatsache verunsichern lassen, dass Wehlers Zeitschrift *Geschichte und Gesellschaft* ursprünglich als Kontrapunkt gegenüber der VSWG konzipiert war.[44]

Zum einen nahmen auch die Bielefelder regelmäßig an den Diskussionen und Seminaren teil, die Conzes *Arbeitskreis für Sozialgeschichte* veranstaltete. Es ist wohl auch signifikant, dass Conze, der ursprünglich mehr zu Braudel hinneigte, eine Wandlung durchmachte, die der der französischen Kollegen ähnlich war. Auch seine „Strukturgeschichte" nahm jetzt die Ansätze der nach Braudel aufgestiegenen Generation auf. Sie wurde „weicher", selbst wenn er nie so weit ging wie Corbin. Letztlich blieb das Politische mit dem Sozialen vermischt. Conze, ganz ähnlich wie die Bielefelder, aber auch andere prominente Historiker wie Gerhard A. Ritter oder Hartmut Kaelble, schrieben nie eine Sozialgeschichte, welche die Politik ganz ausklammerte.

Diese Affinitäten sind auch in den Bänden der VSWG der siebziger und achtziger Jahre zu erkennen, sollten aber nicht mit der Orientierung der Zeitschrift in den fünfziger und sechziger Jahren verwechselt werden. Ja, man wird sogar sagen können, dass diese Orientierung von Wehler und einer damals jüngeren Generation so kritisch gesehen wurde, dass sie sich von ihr bewusst absetzen wollten. So hatte Aubin nach der Neugründung versucht, die Traditionen der Gründerjahre der VSWG wiederzubeleben. Das bedeutete zunächst, dass es ihm nicht allein um die Neuzeit ging, sondern um das Abdecken eines Zeitraums von gut tausend Jahren Sozial- und Wirtschaftsgeschichte. Er bemühte sich als Erstes, aus der Isolierung und Selbstisolierung herauszukommen, in der sich die westdeutsche Geschichtswissenschaft nach den unseligen zwanziger und dreißiger Jahren und der Nazi-Zeit auch in der frühen Bundesrepublik noch befand.[45]

Diese Bemühungen spiegeln sich in den europäischen Themen wider, denen sich die Zeitschrift widmete. Indessen erwies es sich weiterhin als schwierig, eine so große Zahl ausländischer Autoren anzuziehen, wie es vor

1914 gelungen war. So findet sich im 41. Band (1951) ein Aufsatz auf Deutsch, den ein Historiker aus Detroit über die Auflösung galizischer Dorfgemeinschaften verfasst hatte. Die Bände 43 und 44 enthielten jeweils einen Artikel in französischer Sprache.[46] Und 1950 erschien sodann auch auf Deutsch ein Aufsatz mit dem Titel „American Business History", den Fritz Redlich geschrieben hatte, der vor den Nazis hatte fliehen müssen und schließlich an der Harvard University untergekommen war.[47] Darin entwickelte er eine Reihe von Parallelen, die er zwischen amerikanischen Arbeiten und der wiederentstehenden Firmengeschichte in der Bundesrepublik sah. In den USA, so meinte er, sei die separate Entwicklung der Unternehmensgeschichte von der Wirtschaftsgeschichte ein „verhängnisvoller Schritt" gewesen. Zugleich gab er der Hoffnung Ausdruck, dass die Erstere aus ihrer engen Begrenzung heraustreten möge, da er glaubte, dass die einzige Differenz zwischen beiden ihre unterschiedlichen Ausgangspunkte seien: Die Unternehmensgeschichte betrachte die Wirtschaft aus der Perspektive des Unternehmens und des Unternehmers; die Wirtschaftsgeschichte komme aus der entgegengesetzten Richtung auf den Gegenstand zu.

Redlichs Appell zur Integration offenbar ernst nehmend, ergriff Wilhelm Treue im nächsten Band die Gelegenheit, eine Lanze für die Firmengeschichte zu brechen. Bekanntlich war er der Gründer und Herausgeber der ersten Zeitschrift dieser Art mit dem bezeichnenden Titel *Tradition*. Jetzt erklärte er in der VSWG, dass man dieses Genre am besten als Teil der Wirtschaftsgeschichte ansehen sollte.[48] Zugleich plädierte er dafür, Einzelunternehmen in dem größeren Umfeld zu untersuchen, in dem sie operierten. Das war zweifellos eine Divergenz zu den amerikanischen *Business Schools*, wo die Analyse der auf ein Unternehmen begrenzten Fallstudie dominierte. Und doch blickte Treue auch nach Amerika, wo die Unternehmensgeschichte viel weiter entwickelt war als in der damaligen Bundesrepublik. In den amerikanischen Universitäten – so stellte er wohl nicht ganz ohne Neid fest – seien ganze Abteilungen völlig auf die Firmengeschichte und das Studium von Unternehmen ausgerichtet. Er hoffte, dass diese Entwicklung bald auch einen positiven Einfluss auf Europa haben würde. In ähnlicher Weise verfasste auch Wolfram Fischer im 49. Band (1962) einen sehr ausführlichen Artikel über „Neuere Forschungen zur Sozial- und Wirtschaftsgeschichte der USA", in dem detaillierte Informationen über Forschungen geboten wurden, die auf der anderen Seite des Atlantiks betrieben wurden.[49] Soweit es die Wirtschaftsgeschichte betraf, meinte Fischer, dass wichtige Anregungen aus den Sozialwissenschaften kämen. Größere Schwerpunkte lägen beim Wirtschaftswachstum und seiner Dynamik ebenso wie bei der Geschichte des modernen Unternehmens. Indem er auf den Eurozentrismus der deutschen Kollegen verwies, hob er die größere Zahl an Amerikanern hervor, die über die moderne europäische Wirtschaftsgeschichte forschten. Er bedauerte, dass unter den deutschen Kollegen fast kein Interesse an amerikanischer Wirtschaftsgeschichte bestünde.

In der Tat waren die ersten Bände der VSWG nicht nur durch zahlreiche Aufsätze zur europäischen Wirtschaftsentwicklung, sondern auch durch Rezensionen und längere Rezensionsaufsätze markiert, die von westdeutschen Historikern verfasst waren. Erst in den letzten Jahren vor seiner Emeritierung konnte Aubin auch ausländische Beiträge veröffentlichen. So brachte Band 52 (1965) einen Aufsatz von Henri Dubled in französischer Sprache über das Elsass. Helen Liebel schrieb auf Englisch über „Laissez faire vs. Mercantilism", zusammen mit einer Miszelle von Arnold H. Price mit dem Titel „The Germanic Forest Taboo and Economic Growth". Band 54 (1967) enthielt einen Artikel von W. Brulez (Gand) über Antwerpen von 1585 – 1650. Ein weiterer Aufsatz kam von dem Pariser Wirtschaftshistoriker C. Fohlen über quantifizierende Ansätze in der Wirtschaftsgeschichte. Herman van der Wee schließlich legte in deutscher Sprache eine Untersuchung über Wachstum und Stagnation in der Wirtschaft von Antwerpen und Südholland im 16. Jahrhundert vor.[50]

Bis zu den frühen siebziger Jahren war die Re-Internationalisierung der VSWG mehr oder weniger komplett. Band 61 (1974) brachte Aufsätze der israelischen Sozialhistorikerin Shula Volkov sowie von Rudolf Notel (Genf/Oxford) und Richard Webster (Berkeley, Californien) und schloss mit einer Miszelle des Moskauer Historikers Boris M. Tupolev zur Historiographie der deutsch-russischen Beziehungen zwischen 1871 und 1914. Ab 1975 erschienen die Titel der veröffentlichten Artikel im Inhaltsverzeichnis mit einer englischen Übersetzung. Der letztere Band enthielt auch Beiträge von französischen, kanadischen, britischen, belgischen und argentinischen Autoren, zusammen mit einer von Redlich verfassten Miszelle über „Autobiographien als Quellen für die Sozialgeschichte. Ein Forschungsprogramm".[51]

E. Sozial- und Wirtschaftsgeschichte in Deutschland: Einige für die Zukunft gedachte Überlegungen

Betrachtet man die deutsche Wirtschafts- und Sozialgeschichte aus der Rückschau auf das hundertjährige Bestehen der VSWG, so braucht sie den Vergleich mit hervorragenden Forschungen in anderen Ländern nicht zu scheuen. Sie ist wieder bemerkenswert international und pluralistisch, wenn man die Inhaltsverzeichnisse nicht nur betrachtet, sondern auch neben die von *Geschichte und Gesellschaft* hält. Gleichwohl dauerte es eine ganze Generation, bis man wieder aus der Sackgasse der Jahre 1914 bis 1945 herausgekommen war. Erst durch die Rückkehr zu einem Herausgebergremium nach den Jahren von Aubins Alleinherrschaft konnte die VSWG einen Pluralismus und einen Internationalismus erreichen, den sich *Geschichte und Gesellschaft* – nicht zuletzt auch Dank der Gnade der späteren Geburt – von Anfang an sichern konnte. Bei dieser Renaissance erwies es sich als ein Glücksfall, dass die westdeutschen Sozial- und Wirtschaftshistoriker nicht jeder methodischen oder theoretischen Modeströmung folgten, die ihre amerikanischen Kollegen vorexerzierten.

Allerdings haben wir jetzt auch den Punkt erreicht, wo man jenseits aller Respekterweisungen gegenüber dem Erreichten auch die Frage nach der zukünftigen Marschrichtung der deutschen Wirtschafts- und Sozialgeschichte stellen sollte und zwar zu einer Zeit wachsender Internationalisierung, die durch die Brüsseler EU-Kommission und auch durch philanthropische Stiftungen auf beiden Seiten des Atlantiks vorangetrieben wird. Denkbar wäre natürlich die Weiterentwicklung in viele Richtungen. Dennoch scheint mir, dass die Disziplin oder Subdisziplin besonders vielversprechend belebt werden könnte, wenn sie sich breiter den Entwicklungen widmen würde, die in den letzten Jahren aus der Unternehmensgeschichte gekommen sind. Redlichs Auffassung aus dem Jahre 1954 gilt auch heute noch: Unternehmens- und Wirtschaftsgeschichte ergänzen sich gegenseitig, aber die wichtigen Impulse sind in den letzten Jahren aus der ersteren gekommen. Sie haben die deutsche Wirtschafts- und Unternehmensgeschichte jeweils für sich bereichert, aber sie vermögen auch die Verbindungen zwischen beiden zu stärken.

Insgesamt wird man sagen können, dass die deutsche Unternehmensgeschichte in den letzten dreißig Jahren vor allem mit strukturalistischen und institutionellen Elementen gearbeitet hat. Damit soll aber nicht gesagt werden, dass sie hochtheoretisiert war. Im Gegenteil, die Frühphase war durch einen starken Empirismus gekennzeichnet. Man untersuchte die Evolution einzelner Unternehmen oder Organisationen, wobei dann gelegentlich auch die Herausstellung des Unternehmers als der treibende Innovator im Sinne von Joseph Schumpeter hervorgehoben wurde. Treue hatte seine Zeitschrift ursprünglich mit dem Untertitel „Zeitschrift für Firmengeschichte und Unternehmer-Biographie" eingeführt und ist insofern vielleicht das beste Beispiel für diesen Ansatz. Zieht man zudem seine zahlreichen Veröffentlichungen heran, so kann man fast den Eindruck gewinnen, als gehörte die Unternehmensgeschichte zu den Geisteswissenschaften und nicht zu den Sozialwissenschaften.[52]

In dieser Beziehung lässt sich Treue auch gut mit Hermann Kellenbenz vergleichen, der sich einerseits eng an die einschlägigen Quellen hielt, zugleich aber ein schöngeistiger Autor war. Es machte ihm auch große Freude, Skizzen auszustellen, die er – der dauernd auf Reisen war – auf seinen Besuchen im Ausland entworfen hatte.[53] Auf diesen Reisen ging es ihm auch darum, erneut Brücken zu bauen, wenn er sich mit Kollegen in vielen Teilen der Welt traf. Dies war wohl seine Art und Weise, die deutsche Wirtschafts- und Sozialgeschichte und auch sich selbst ausländischen Einflüssen auszusetzen und zu beweisen, dass das neue Deutschland nicht mehr das von vor 1945 war, als er seine Habilitationsschrift über die wirtschaftliche und politische Bedeutung sephardischer Juden an der Unterelbe eingereicht hatte. So hob sich Kellenbenz' oder auch Treues Auffassung von Historiographie von der Jürgen Kockas gewiss stark ab, der in seiner Studie über Siemens einen theoriegeleiteten strukturalistischen Institutionalismus vertrat.[54] Insofern bildete Kockas Verständnis von Unternehmensgeschichte, und nicht das von Treue, die Brücke zur nächsten Generation, die durch die sozial- und wirtschaftsgeschichtlichen Milieus von Frankfurt und Bochum geprägt war.

Die Gründung des „Arbeitskreises kritische Unternehmens- und Industriegeschichte“ mit Sitz in Bochum zeigte den Beginn eines weiteren Wandels an. Wie Kocka den konservativen Empirismus von Treue und Kellenbenz durch neue Fragestellungen ersetzte, bedeutete die kritische Unternehmens- und Industriegeschichte in Bochum den Beginn eines weiteren Umschwungs.[55] Hofften doch auch die Mitglieder des Bochumer Arbeitskreises, die Unternehmensgeschichte aus der reinen Quantifizierung heraus in eine kulturgeschichtliche Richtung drängen zu können. Allerdings kam der Wandel nur sehr langsam. Denn wie die Alltagshistoriker am Göttinger Max-Planck-Institut stießen sie einerseits auf die Kritik der Bielefelder, blieben andererseits aber auch unter deren Einfluss. Dementsprechend überschatteten soziologische Perspektiven auch weiterhin solche, die inzwischen jenseits der Unternehmensgeschichte von Kulturhistorikern entwickelt worden waren. Ein kursorischer Blick durch *Akkumulation*, den Rundbrief des Arbeitskreises kritische Unternehmensgeschichte, zeigt den graduellen Übergang von institutionellen und soziologischen Ansätzen hin zu einer Geschichte der Unternehmenskultur und zu einem Interesse für Mentalitäten, bis diese Themen in den späten neunziger Jahren dann ausdrücklicher erforscht wurden.[56]

Was immer der Wert dieser Entwicklung sein mag, für die deutsche Wirtschaftsgeschichte blieb die Analyse von quantitativem Material weiterhin zentral, auch wenn man sich nie ganz der *New Economic History* zuwandte, die in Amerika den Ton angab. Gewiss waren harte Daten immer die Basis, ohne die die Erforschung der mehr qualitativen Aspekte moderner Industriewirtschaften nicht auskommt. Zu einer Zeit, zu der selbst Robert Fogel seine frühere Begeisterung für die *New Economic History* etwas dämpfte und wir vor allem in den Vereinigten Staaten den Aufstieg der *New Institutional History* erlebten, dürfte auch die Erforschung der kulturellen Aspekte zu neuen Einsichten führen.[57]

Die „kulturelle Wende“ in der Unternehmensgeschichte scheint noch einen weiteren Gewinn gebracht zu haben, indem durch sie die Verbindung zur Sozialgeschichte gefördert wurde, die die VSWG von Anfang an aufrecht zu erhalten sich bemühte. Eine der interessantesten Entwicklungen, die die soziokulturelle Geschichte in den letzten Jahren genommen hat, ist die Hinwendung zur Konsumgeschichte.[58] So sind diverse Arbeiten über den Aufstieg von Massenkonsumgesellschaften in den USA und Europa entstanden. Freilich haben diese nur selten die Produzenten von Massengütern betrachtet, während Unternehmenshistoriker sich umgekehrt weiterhin meist mit der Produktions- und Managementsphäre von Firmen beschäftigten.[59] Zwar traf man sich gelegentlich „in der Mitte“, wenn man auch die Werbung und die Vermarktung sowie die *Interaktion* zwischen den Konsumenten und den *Hidden Persuaders* einbezog.[60] Dennoch dürften durch das intensivere Studium der Verbindungen zwischen Produzenten und Konsumenten, zwischen Produktionismus und Konsumerismus in modernen Industriegesellschaften, weitere Einsichten zu gewinnen sein, die zugleich den Dialog zwischen Wirtschafts- und Sozialgeschichte intensivieren würden.

Allerdings würde dies auch eine ausdrücklichere Anerkennung auf beiden Seiten erfordern, dass Deutschlands Entwicklung im 20. Jahrhundert nicht verstanden werden kann, wenn man nicht einem besonders wichtigen ausländischen Einfluss, nämlich dem der Vereinigten Staaten, einen gebührenden Raum zugesteht, auch wenn man nicht klarer definiert, was unter „Amerikanisierung“ zu verstehen ist. Wir haben weiter oben gesehen, dass der Einfluss der USA auf die deutsche Sozial- und Wirtschaftsgeschichte unübersehbar ist. Und doch hat es allerlei Widerstand gegen den Gebrauch dieses Konzepts gegeben, gerade auch in der deutschen Wirtschaftshistoriographie.[61] Da es sich hier um einen langfristigen Prozess handelt, ist eine „Amerikanisierung“ allenfalls indirekt auch in der Statistik zu erkennen. Handelt es sich doch eher um die Einbringung nicht leicht greifbarer Faktoren, die sich auf einheimische Mentalitäten, Unternehmens- und Wirtschaftstraditionen und auf bestehende Unternehmenspraktiken auswirkten. Die Nichtberücksichtigung dieser Aspekte mag erklären, dass Werner Abelshauser, ein recht strikter Wirtschaftshistoriker, aufgrund seiner Statistiken zu seiner Hypothese kam, die USA hätten mit dem Marshallplan beim westdeutschen Wiederaufbau nach 1945 nur eine relative geringe Rolle gespielt.[62]

Inzwischen hat sich die Debatte um die „Amerikanisierung“ verschoben, wohl auch, weil klarer geworden ist, dass auch frühe Arbeiten nie davon ausgegangen sind, amerikanische kulturelle Importe hätten die einheimischen einfach eingeebnet. Vielmehr handelte es sich immer um einen Prozess des beiderseitigen Verhandelns und damit auch der Widerstände, die manchmal nicht gleich beseitigt wurden, und an dessen Ende eine Vermischung mit unterschiedlichen Gewichtungen stand.[63] Freilich scheint ein gewisser Skeptizismus nicht nur unter Wirtschaftshistorikern, sondern auch bei Sozialhistorikern fortzubestehen. Einige von ihnen haben begonnen, die Arbeiten amerikanischer Kollegen zu dieser deutsch-amerikanischen kulturellen Begegnung mit ins Boot zu nehmen. Andere hingegen hängen zwar nicht mehr einer deutschen Sonderwegsperspektive an, die für frühere Generationen galt, dafür aber der These von einem langen Weg zu einer europäischen Gesellschaft, auf dem amerikanische Einflüsse keine besondere Rolle spielen.[64]

Es gibt noch weitere Anzeichen dafür, dass die Disziplin sich über die nationalen Grenzen hinausbewegt, die so lange Zeit für sie bestimmend waren. Doch wenn deutsche Historiker langsam dazu übergegangen sind, Europa als ihr Forschungsfeld zu betrachten, sind die Amerikaner auch über diesen Rahmen bereits hinausgeschritten. Zumindest hat die Mediävistin Caroline

Bynum schon 1995 als Präsidentin der American Historical Association die Frage gestellt, ob sie vielleicht der „letzten eurozentrischen Generation" angehöre.[65]

In der Tat, wenn man Hartmut Kaelbles Arbeiten als Beispiel nimmt und auch mit einbezieht, was in den ersten Abschnitten dieses Artikels über Nationalität und Transnationalität gesagt wurde, nämlich dass sein Ansatz ohne das Einbeziehen der zahlreichen Spuren nicht zu verstehen ist, die die Vereinigten Staaten – in welchen Formen und Graden auch immer – über ein Jahrhundert hinweg in der deutschen Wirtschafts- und Sozialgeschichte als Geschichte hinterlassen haben. Und betrachtet man die neueste Forschung zum europäischen Kolonialismus, so gilt dies auch für die Wirkungen, die andere Teile der Welt auch auf Deutschland gehabt haben.[66] Von dorther, aber gerade auch aus dem europäisch-amerikanischen Verhältnis heraus, lassen sich dann die Verbindungen wieder stärker ziehen, die zur Gründungsidee der VSWG vor hundert Jahren gehörten.

Teil B:
Struktur und Evolution des deutschen Industriesystems und dessen „Amerikanisierung“ nach 1945

4. Deutsche Industrie und der Drang nach einer wirtschaftlichen Neuordnung Europas 1900 – 1950

A. Einleitung

Betrachtet man die Strategien der deutschen Industrie von der Jahrhundertwende bis in die 1990er Jahre, so stößt man auf eine Ironie der Geschichte: Zweimal während dieser Jahrzehnte unterstützten maßgebliche Teile der Unternehmer und Manager des Landes die Errichtung eines *formal empire*, d.h. eines Imperiums, das durch militärische Eroberung erworben und durch eine direkte Präsenz von deutschen Truppen und Bürokraten verwaltet werden sollte.[1] Beide Male, 1918 und erneut 1945, endeten diese Versuche in katastrophalen Niederlagen, die das zweite Mal sogar zur Teilung des Landes führten. Doch mit dem Zusammenbruch des Sowjetblocks und der Wiedervereinigung gewann Deutschland nicht nur seinen einstigen territorialen Umfang weitgehend zurück, sondern wurde auch zu einem *informal empire*, d.h. seine Wirtschaft erlangte nur durch indirekte friedliche Penetration der inzwischen entstandenen Europäischen Union eine Hegemonialstellung ohne Besatzungstruppen und Verwaltungen – und ohne einen einzigen Schuss abgegeben zu haben.

So sehr dieser Vergleich einen 1918 oder 1945 kaum für möglich gehaltenen Wandel in den Beziehungen der Europäer untereinander zeigt, in Bezug auf die Stellung Deutschlands in dieser Region und in der Welt ist er nicht weniger frappierend. Es war eine Stellung, von der – wie sogleich zu zeigen sein wird – eine andere Fraktion unter den deutschen Unternehmern, die den gleichzeitigen Bestrebungen nach einem *formal empire* skeptisch gegenüberstanden, schon vor 1914 geträumt hatte.

Die Erinnerung an die beiden Weltkriege ließ viele Europäer 1989/90 fürchten, man kehre zur Situation von vor hundert Jahren zurück, und sie stemmten sich daher gegen die Wiedervereinigung. In Frankreich gab es damals eine große Debatte über die „deutsche Frage“, mit der man sich über Jahrzehnte hinweg immer wieder auseinandergesetzt hatte. In England war der Widerstand nicht weniger groß. Nicholas Ridley, der konservative Minister für Handel und Industrie, meinte, dass ein wiedervereinigtes Deutschland innerhalb eines größeren Europas strategische Ziele verfolgen werde, die ihn an die des Dritten Reiches erinnerten. Premierministerin Margaret Thatcher versammelte in Chequers gar eine Reihe von Deutschlandexperten und renommierten britischen und amerikanischen Historikern, um mit ihnen die Frage zu diskutieren, ob ein wiedervereinigtes Deutschland sich wirklich von dem alten der Zeit vor 1945 unterscheiden werde.[2]

Bei der Beantwortung dieser Frage entstand nun freilich das Problem, das man zwar über die politische Kultur des Landes, über die Politiker und aufgrund von Meinungsumfragen über die Einstellungen der Durchschnittsbürger zu diesen und anderen Fragen relativ gut informiert war; doch über die Haltungen und Mentalitäten der Geschäftseliten war sehr viel weniger bekannt. Das galt auch für das historische Wissen über deren Verhalten in der ersten Hälfte des 20. Jahrhunderts. Es gibt viele Studien über die Strategien, die die deutsche Diplomatie in diesem Zeitraum entwickelte. Doch über die, die damals von der Unternehmerschaft entwickelt wurden, ist nicht so viel bekannt.

Bevor im Folgenden dieses Problem wenigstens in groben Umrissen untersucht wird, entsteht zunächst die Frage nach dem breiteren konzeptionellen Rahmen, in dem das Thema zu sehen ist. Einige Experten haben sie mit Hilfe des Hegemonie-Konzepts zu erfassen versucht. Zweimal, so argumentieren sie, habe Deutschland im 20. Jahrhundert dazu angesetzt, eine Hegemonialstellung zu erreichen, und sei dabei gescheitert. Hingegen sei der dritte Versuch innerhalb der Europäischen Union in Westeuropa zunächst erfolgreich gewesen, und nun nach 1989 setzten die Deutschen dazu an, eine ähnliche Position in Osteuropa einzunehmen.

Indessen stellt sich bei der Anwendung des Hegemonie-Konzepts heraus, dass es die unterschiedlichen *Methoden* nicht erfasst, mit denen Deutschland seine Ambitionen in der ersten Hälfte des 20. Jahrhunderts zu verwirklichen suchte. Bezieht sich das von Antonio Gramsci schon in der Zwischenkriegszeit entwickelte Konzept, mit dem Andy Markovits und Simon Reich in ihrem Buch arbeiten,[3] doch auf die eher indirekten Mittel, mit denen eine Klasse (im Falle Gramscis) oder ein Land (im Falle von Markovits und Reich) Macht und Einfluss über eine unterlegene Klasse bzw. Nation ausübt. Diese Macht wird nicht mit Mitteln der Gewalt, etwa des Militärs oder der Polizei, durchgesetzt, sondern durch Überredung und zum Teil auch, weil die Beherrschten von der größeren Attraktivität des hegemonialen Modells von Gesellschaft, Wirtschaft und politischer Organisation überzeugt werden. In diesem Sinne ist Hegemonie subtiler und „weicher". Joseph Nye hat dementsprechend zwischen der Anwendung von *hard power* und *soft power* in der internationalen Politik zu unterscheiden versucht.[4]

Nun ist wohl in der Tat nicht zu leugnen, dass das Verhalten Deutschlands in Europa in der ersten Hälfte des 20. Jahrhunderts zweimal alles andere als subtil war. Es hat vielmehr versucht, seine Herrschaft mit brutaler Gewalt und einer direkten militärischen Präsenz gegen den Willen seiner Nachbarn zu etablieren. Obwohl die Deutschen beide Male auch verkündeten, eine kulturelle Mission erfüllen zu wollen, war die Attraktivität dessen, was sie zu offerieren hatten, jeweils recht schwach und wurde zudem wiederholt durch die rücksichtslosen Methoden untergraben, mit denen sie ihre direkte Herrschaft verfolgten. Dass die Besetzung im Grunde ausbeuterische Ziele verfolgte, konnte durch die Kulturoffensiven nicht verschleiert werden. Die *hard power* war für die Nachbarn einfach zu spürbar. Angesichts dieser Erfahrungen scheint das Hegemonie-Konzept weniger geeignet zu sein, die deutsche Rolle in Europa in der ersten Hälfte des 20. Jahrhunderts zu beschreiben.

Dies gilt auch für die Nützlichkeit eines anderen Konzepts, das sich in der wissenschaftlichen Literatur über internationale Beziehungen findet. In dem Bemühen, in Regionen, die von einer Macht beherrscht wurden, eine stabile Ordnung zu sichern, bot das lateinische Wort für Frieden, *pax*, ein Konzept, mit dem man die Stellung einer Macht über andere Staaten oder Gesellschaften zu bestimmten Zeiten zu erfassen suchte. So habe es im 19. Jahrhundert, als die Engländer in der internationalen Politik den Ton angaben, eine *pax Britannica* gegeben. Nach dem Zweiten Weltkrieg fielen die osteuropäischen Länder unter eine *pax Sovietica*, während Westeuropa im Zeichen des Kalten Krieges unter der *pax Americana* Schutz fand. Hitler schließlich habe im besetzten Europa in den vierziger Jahren eine *pax Germanica* errichten wollen. Im Fernen Osten könnte man zur gleichen Zeit von einer *pax Nipponica* sprechen. Doch bleibt bei allen diesen imperialen „Friedensordnungen" die Frage unbeantwortet, mit welchen Methoden sie geschaffen und aufrechterhalten wurden.

Indessen gibt es ein Konzept, das eine Lösung für genau diese Frage bietet und das als Unterscheidung von unterschiedlichen Methoden von Herrschaft von John Gallagher und Ronald Robinson zur Charakterisierung und Analyse der Evolution des *British Empire* entwickelt wurde.[5] Die beiden beschrieben in ihrem seinerzeit einflussreichen Buch *Africa and the Victorians*, wie bis Ende des 19. Jahrhunderts unter dem Druck des Wettbewerbs um koloniale Besitzungen und auch durch Unruhen an der Peripherie ein *formal empire* entstanden sei. Zu dessen Merkmalen gehörte vor allem die direkte militärische und administrative Präsenz der Metropole in den über längere Zeiträume hinweg erworbenen Territorien. Gallagher und Robinson stellten dieser Entwicklung den Begriff des *informal empire* gegenüber, dem zugleich eine ökonomische Perspektive zugrunde liegt. Sie argumentierten, Historiker des *British Empire* hätten sich zu sehr auf die spätere Phase der Konsolidierung konzentriert und dabei übersehen, dass erhebliche Investitionen in die Bereiche gegangen seien, in denen informelle Formen des Einflusses der Londoner Metropole und ein Imperialismus des Freihandels vorgeherrscht hätten. Hier kam es nicht auf direkte Besetzung und Verwaltung an, sondern auf indirekte Machtausübung mit langem Arm und in Zusammenarbeit mit einheimischen Eliten.

Die ältere Forschung, so die beiden Historiker, habe die Größe und den Charakter des *Empire* wie einen Eisberg betrachtet, bei dem nur die sichtbaren Teile interessierten, nicht aber die Eismassen unterhalb der Wasserlinie. Tatsächlich aber sei es von Anfang an die bevorzugte Politik Londons gewesen, Kontrolle nur dort zu errichten, wo dies notwendig schien, und informell auszuüben, wo dies möglich war. Statt die Politik des Freihandelsimperiums wie bisher üblich als Handel anstelle von Herrschaft zu definieren, sollte man von „Handel mit informeller Kontrolle, wenn möglich, und von Handel mit [formeller] Herrschaft, wo nötig“ sprechen.[6] Mit dieser Definition sei es auch möglich zu erklären, warum es im Zuge der zunehmenden kolonialen Rivalität der europäischen Mächte gegen Ende des 19. Jahrhunderts mehr und mehr darum ging, die bisher informell mit Handel durchdrungenen überseeischen Gebiete unter direkte Herrschaft zu bringen, um sie klar als Eigenbesitz in Anspruch zu nehmen, sie gegenüber anderen Kolonialmächten abzugrenzen und notfalls mit dort stationierten Truppen zu verteidigen.

Die folgende Analyse greift die Unterscheidung zwischen formeller und informeller Herrschaft auf und versucht, eine soziologische Differenzierung hinzuzufügen, in der es darum geht, die sozialen und politischen Kräfte zu identifizieren, die hinter der jeweiligen Konzeption standen. Es wird sich zeigen, dass die in Deutschland entwickelten Ideen zum Thema mehreren Schwingungen unterworfen waren. Es gab Zeiten, zu denen das Pendel mehr in die Richtung informeller Herrschaftsausübung schwang, während es zu anderen in die entgegengesetzte Richtung ausschlug. Das war allerdings nicht auf eine mysteriöse anonyme Kraft zurückzuführen. Vielmehr spiegelten sich wechselnde Machtungleichgewichte einflussreicher ökonomischer und politischer Gruppen wider, die sich zum Teil erbitterte Auseinandersetzungen über ihre jeweilig bevorzugte Konzeption lieferten.

Schließlich ist noch ein letzter Faktor zu beachten, der zu Beginn des 20. Jahrhunderts konkretere Gestalt annahm. Obwohl die Konsolidierung der Kolonialterritorien der europäischen Mächte in der zweiten Hälfte des 19. Jahrhunderts fortschritt, ging dieser Prozess nicht so weit, dass festungsgleiche Blöcke geschaffen wurden, von deren Märkten andere Handelsnationen ganz ausgeschlossen waren. Mochte die Große Depression von 1873 – 1896 auch verstärkte protektionistische Maßnahmen hervorgebracht haben, der Gedanke des Freihandels und der Offenheit ausländischer Märkte erwies sich als mächtig genug, um ein System des internationalen Handels zu ermöglichen, das erst nach 1918 einem Denken und einer zunehmenden Praxis in abgeschlossenen Blöcken wich. Zwar gab es dieses Blockdenken schon vor 1914 mit Spekulationen, dass das 20. Jahrhundert eine derartige Ordnung der Weltpolitik und Weltwirtschaft mit sich bringen würde, aber diese Ideen wurden vor dem Ersten Weltkrieg noch nicht in die Tat umgesetzt. Großbritannien und Deutschland beispielsweise blieben trotz wachsender diplomatischer Spannungen beste gegenseitige Kunden.[7]

B. Konflikte im deutschen Kaiserreich vor 1914: Formelle oder informelle Herrschaft?

Wie wurde in Deutschland um die Jahrhundertwende die Frage der zukünftigen Gestalt des internationalen Systems gesehen? Zu einer Zeit, als einige Kolonialreiche sich noch nicht zu undurchdringlichen Blöcken organisiert hatten und andere, wie etwa das portugiesische, aus innerer Schwäche vor dem langsamen Zerfall zu stehen schienen, lief im Kaiserreich eine Diskussion über die zukünftige Gestalt der Weltpolitik und des Welthandels. Mancherlei Publizisten und Politiker, darunter Reichskanzler Bernhard von Bülow, aber auch viele Unternehmer, wagten die Vorhersage, dass sich die bestehenden Kolonialreiche im 20. Jahrhundert zu stärkeren und teilweise protektionistischen Blöcken entwickeln würden. Sie glaubten, dass zum Beispiel die Amerikaner ihre Monroe-Doktrin strikter auf Lateinamerika anwenden würden.[8] Die Franzosen, Engländer und Russen, so hieß es, würden ebenfalls in diese Richtung gehen und nicht zuletzt die Konkurrenz eines sich rapide industrialisierenden Kaiserreichs einzudämmen suchen.

Die Entscheidung Wilhelms II. der späten neunziger Jahren, mit dem Bau einer großen Schlachtflotte zu beginnen, die der Marine-Staatssekretär Alfred von Tirpitz entworfen hatte, muss vor dem Hintergrund solcher Analysen gesehen werden. Denn die einmal fertiggestellte Reichsmarine von nicht weniger als sechzig Schlachtschiffen und Schlachtkreuzern sollte als Hebel benutzt werden, sobald es im 20. Jahrhundert nicht nur um die Erneuerung von Handelsverträgen gehen würde, sondern auch um die Neuverteilung von Kolonialreichen wie dem portugiesischen, von denen man annahm, dass sie früher oder später zusammenbrechen würden und ihr Besitz dann am Konferenztisch neu verhandelt werden würde. So wurde Tirpitz nie müde zu postulieren, Deutschland mit seinen blühenden Industrien sei ohne ein maritimes Machtinstrument in seiner Existenz bedroht. Für Tirpitz und seinen Monarchen war es daher eine Überlebensfrage, ein starkes militärisches Instrument in der Hand zu haben und das Land mit seinen Kolonialbesitzungen zu einem formellen Reich zu konsolidieren.[9]

Während viele konservative Geschäftsleute diese damals in politischen Kreisen vorgetragenen Vorstellungen über die zukünftige Gestalt des internationalen Systems guthießen, die von den Thesen des amerikanischen Marinestrategen Alfred Mahan inspiriert waren, gab es andere, die sie als falsch zurückwiesen. Sie fürchteten, dass die Tirpitzschen Ansichten zu einer sich selbst erfüllenden Prophezeiung werden könnten. Riesenblöcke, durch massive Rüstungen geschützt und durch Autarkie-Vorstellungen vorangetrieben, förderten lediglich den Ausbruch von zerstörerischen Kriegen unter den Großmächten und damit die Gefahr einer globalen Katastrophe. Zwar akzeptierten diese Stimmen ein gewisses Maß an militärischer und maritimer Machtbildung, aber im Prinzip favorisierten sie den friedlichen Handel, die diplomatische Verhandlung und die Beilegung von Konflikten als die besseren Garanten für Stabilität, Prosperität und Selbstbehauptung als scharfe politische Rivalitäten und sozialdarwinistische Machtpolitik unter Blöcken, die bis an die Zähne bewaffnet waren.

Auf britischer Seite vertrat z. B. der Geschäftsmann Norman Angell in seinem Bestseller *The Great Illusion* eine Stärkung informeller Besitzstrukturen im Sinne eines Freihandelsimperiums.[10] Die Haager Friedenkonferenzen von 1899 und 1907 waren ja gerade einberufen worden, um den Gedanken von Rüstungsbeschränkungen und diplomatischer Arbitrage zu fördern.[11] In Deutschland waren Männer wie Albert Ballin, Generaldirektor der großen Reederei Hamburg-Amerika-Paket-Aktiengesellschaft (HAPAG), tief beunruhigt von dem, was sie vor 1914 beobachteten, nämlich einen eskalierenden Trend zum nationalistischen Protektionismus und einen gefährlichen Rüstungswettlauf zur See und auf dem Lande. Das, so Ballin, führe nicht nur zu Einhegung bestehender Besitzungen, sondern auch zu einer geistigen Abschottung.[12]

Es ist bezeichnend für die Breitenwirkung dieser beiden entgegengesetzten Vorstellungen von der Zukunft des Weltsystems in Europa im allgemeinen und im Kaiserreich im besonderen, dass auch gemäßigte Sozialdemokraten Ballins Befürchtungen zu teilen begannen, während radikale Sozialisten, darunter auch Wladimir Lenin, Szenarien entwickelten, die eben diese bitteren Rivalitäten und Konflikte unter den nationalistisch-kapitalistischen Blöcken der industrialisierten und militarisierten Großmächte in der Erwartung vorhersagten, dass alles Bestehende dadurch in einer Weltrevolution zusammenbrechen würde.[13] Gewiss, die Utopien, deren Ankunft sie nach diesen selbstzerfleischenden Kriegen zwischen den Metropolen erwarteten, unterschieden sich fundamental von denen europäischer Konservativer. Indessen waren ihre Vorhersagen eines bevorstehenden Zeitalters mit riesigen Zusammenstößen in diesem Punkt sehr ähnlich.

In der Debatte unter deutschen Politikern, Publizisten und Geschäftsleuten gab es noch eine weitere Spaltung, die diesmal durch das Lager derjenigen lief, die sich für einen *formal imperialism* aussprachen. Hier gab es eine Fraktion, die glaubte, dass das Kaiserreich wie das britische *Empire* als Block mit überseeischen Besitzungen strukturiert sein werde. Sie dachten insbesondere auch an den Erwerb eines mittelafrikanischen Gürtels, der – fest mit dem Mutterland verbunden – die deutsch-westafrikanischen Kolonien mit denen in Ostafrika zusammenfügen würde.[14]

Die Alternative dazu war die Vorstellung von einem mitteleuropäischen Block, der in den neunziger Jahren besonders unter den Konservativen in der Schwerindustrie und unter den Agrariern populär war.[15] Diese Kreise hegten ein tiefes Misstrauen nicht nur gegenüber überseeischen Besitzungen, sondern auch gegenüber den sozio-ökonomischen Interessen, die auf Exportindustrie und Handel standen und deshalb den Ausgriff nach Übersee befürworteten. Es gibt ein sehr bezeichnendes Zitat aus einem Brief von Otto von

Völderndorff, der im November 1897 seinem Freund, Reichskanzler Clodwig von Hohenlohe-Schillingsfürst, Folgendes schrieb:[16]

„Wir müssen die Welthändel Welthändel sein lassen; wir müssen uns beschränken, die Sicherheit des Landes gegen die beiden Nachbarn [Frankreich und Russland] zu wahren. Höchste Sparsamkeit in allem (außer dem Landheer) und Wiedergründung des Reiches auf den einzigen Halt gewährenden Stand, [auf] die Landbevölkerung. Unsere Industrie ist ohnehin nicht viel wert. Sie ist in den Händen der Juden; sie produziert … ‚billig und schlecht'; sie ist die Brutstätte des Sozialismus …. Überdies kommen wir längst zu spät; alles, was wertvoll ist an überseeischen Besitzungen, ist schon in anderen Händen, die es festhalten. Wir sind auch nicht reich genug, um die seit 1870 eingeschlagene Großmachtpolitik durchzuführen."

Der zeitgenössische Kontrast zwischen dieser kontinentaleuropäischen Position und den Ambitionen, die Tirpitz zusammen mit den Nationalliberalen und der Geschäftswelt 1897 entwickelte, lässt sich kaum besser auf den Punkt bringen.

So blieben auch im Jahrzehnt vor 1914 noch die Meinungen gespalten, ob das Reich lediglich seine kontinentaleuropäische Stellung festigen und wenn möglich erweitern solle oder ob es den Blick nach Übersee wenden solle. Um es auf zwei damalige Schlüsselbegriffe zu verkürzen: Sollte „Mitteleuropa" das Betätigungsfeld des Landes sein oder „Mittelafrika"? In diesem Rahmen entwickelte sich die öffentliche Diskussion zunächst bis 1906.

Doch begann von diesem Zeitpunkt an das Tirpitzsche Seerüstungsprogramm auf immer größere Hindernisse zu stoßen, nachdem die Engländer – über die geheimen langfristigen Ziele dieses Programms immer misstrauischer geworden – sich unter Admiral John Fisher zu einer rapiden Vergrößerung und zur Reform der Royal Navy entschlossen.[17] Seitdem wurde immer deutlicher, dass die Deutschen im Wettlauf mit dem wohlhabenderen *Empire* nicht mithalten konnten. Es blieb schließlich nichts anderes übrig, als die kolonialen Ambitionen aufzugeben und sich stärker auf die Idee der inzwischen weiter entwickelten „Mitteleuropa"-Konzeption zu konzentrieren. Der erneute Ausbau der Landstreitkräfte, die bis dahin zehn Jahre lang bei den Ausgaben zugunsten der Marine ins zweite Glied geschoben worden waren, ist wohl das greifbarste Zeichen dafür, dass das Ziel der Ausdehnung nach Übersee hinter das der Festigung der deutschen Position auf dem europäischen Kontinent gestellt wurde. [18]

Mit dieser Verschiebung kam unter Politkern, Publizisten und Unternehmern auch die Debatte wieder in Gang, ob dieses „Mitteleuropa" als formelles oder informelles Imperium zu konstituieren sei. Doch blieb sie bis auf Weiteres unentschieden. Ein Grund für dieses Patt war, dass die Territorien, die für viele zwischen dem Rheinland und dem Bosporus lagen, keine Kolonien in Übersee waren, die einer anderen Macht abgehandelt oder abgerungen werden konnten. Vielmehr handelte es sich um eine Reihe von souveränen Staaten, unter denen Österreich-Ungarn zudem ein enger Verbündeter des Kaiserreichs war. Diese Gegebenheiten stärkten die Hand derjenigen, die meinten, dass es einfach keine Alternative gäbe zu dem Versuch, diese Regionen informell mit Hilfe der Industrie- und Finanzkraft Deutschlands zu durchdringen. Das bedeutete die Schaffung bzw. Stärkung von Handelsbeziehungen, unterstützt durch diplomatische und dynastische Zusammenarbeit. So sei die deutsche Stellung vor allem in Südosteuropa und auf dem Balkan langsam zu sichern, auch wenn dies den ökonomischen Einfluss der Habsburger Monarchie schwächte. Wichtiger war, die Gegner der beiden Zentralmächte, nämlich Serbien und seinen Protektor Russland, zurückzudrängen.

Eine der einflussreicheren Organisationen, die diese Strategie befürworteten, war der Mitteleuropäische Wirtschaftstag, der 1904 von dem Ökonomen Julius Wolf gegründet worden war als eine Assoziation von Einzelpersonen und Interessengruppen, die dem Gedanken der Schaffung einer umfassenderen, informellen mitteleuropäischen Wirtschaftssphäre anhingen. Doch auch hier gab es Meinungsverschiedenheiten, vor allem hinsichtlich der äußeren Grenzen dieses Raums. Einige, wie z. B. der Bund der Industriellen, der 1895 als Gegengewicht zu dem von der Schwerindustrie dominierten Centralverband Deutscher Industrieller als Lobby der verarbeitenden Industrie gegründet worden war, nahmen sich den Zollverein von 1834 zum Vorbild und orientierten sich an dessen geistigem Vater, Friedrich List. Andere, wie z. B. Julius Wolf, blickten über den Atlantik und vertraten die Ansicht, dass es Deutschlands Hauptproblem sei, im Vergleich zu anderen Großmächten, darunter auch den Amerikanern, einen zu kleinen Wirtschaftsraum zur Verfügung zu haben. Erforderlich sei die Schaffung eines „Großraums", der sich vom Ärmelkanal bis in den Balkan und das Schwarze Meer erstreckte.

Für diejenigen, die die Welt durch die Augen eines Geschäftsmanns sahen, war auch unzweifelhaft, dass Deutschland mit seinen dynamischen Industrien innerhalb dieses Großraums, der vor allem die landwirtschaftlichen Regionen Südosteuropas umfasste, besser positioniert sein würde als das Habsburgerreich. Auf jeden Fall glaubten Wolf und andere, die im Mitteleuropäischen Wirtschaftstag engagiert waren, dass diese Regionen deutsche Fertigwaren aufnehmen und im Gegenzug landwirtschaftliche Produkte und Rohstoffe nach Deutschland liefern würden. Es erhoben sich noch andere Stimmen, die noch weiter blickten. Robert Kauffmann zum Beispiel, der Führer der Jungliberalen, sprach von einer Zollunion, die von der Nordseeinsel „Borkum bis nach Baghdad" reichte.[19] Die *Deutsche Volkswirtschaftliche Correspondenz* drängte gar auf die Errichtung einer „pax Germanica" über die Balkanländer und Kleinasien. Albert Ritter veröffentlichte damals ein Buch, in dem er einen mitteleuropäischen Block Großrussland, dem Britischen Empire und „Pan-Amerika" zur Seite stellte. Und der Generalsekretär des Hansabundes, der die exportorientierten Industrien vertrat, riet zu engerer Zusammenarbeit innerhalb Europas. Dadurch werde dem Kaiserreich und seinen Nachbarn die Möglichkeit gegeben, Exportmärkte im Wettbewerb mit außereuropäischen Ländern und insbesondere mit den Vereinigten Staaten zu schützen.

Im Jahre 1913 zog Walther Rathenau, Vorstandsvorsitzender der AEG (Allgemeine Elektricitäts-Gesellschaft) und ein Mann, der sich gern mit den großen strategischen und philosophischen Fragen seiner Zeit auseinandersetzte, einen erneuten Vergleich mit Nordamerika. Soweit es Rohstoffe beträfe, seien die USA in einer sehr vorteilhaften Lage. Deutschland sei dagegen erheblich benachteiligt. Denn je mehr seine Industrien mit der Weltwirtschaft verflochten seien, desto mehr müssten ferne Länder ihre Rohstoffe liefern und desto gefährdeter werde es auch sein, weil Deutschlands Landbesitz in der Welt nur vergleichsweise gering sei. Rathenau sah eine mögliche Lösung dieses Handikaps in der Schaffung eines mitteleuropäischen Handelsblocks.[20] Seine Vorstellungen zu diesem Thema sind nicht zuletzt deswegen interessant, weil er einem Konzern vorstand, der für den Absatz seiner Produkte sehr stark vom Weltmarkt abhing. Kurzum, Rathenau dachte nicht an geschlossene autarke Blöcke, die sich – bis an die Zähne bewaffnet – gegenseitig von ihren jeweiligen Binnenmärkten ausschließen würden. Zwar sah auch er vor 1914 das Entstehen größerer territorialer und ökonomischer Einheiten voraus, doch sollten diese relativ offen bleiben und innerhalb eines multilateralen Welthandelssystems operieren.

Während diese Position innerhalb der Geschäftswelt einflussreich blieb, gab es andere Unternehmer, deren Firmen weniger stark vom Weltmarkt abhängig waren und deren konservativer Nationalismus sie mehr zum Protektionismus neigen ließ. Ebenso wie sie Produktions- und Preis-Kartelle gegenüber einem „halsabschneiderischen Wettbewerb“ auf dem Binnenmarkt favorisierten, so war auch ihre Einstellung zum Welthandel von jeher reservierter und wandelte sich in den Jahren bis zum Ausbruch des Ersten Weltkriegs zu einer mehr oder weniger offenen Ablehnung.[21] Danach sprachen sie sich dann für die Schaffung eines von Deutschland dominierten kontinentaleuropäischen Block aus, der weitgehend autark sein würde. Aber auch im Bund der Industriellen erhoben sich Stimmen für eine solche Lösung. Schon im Februar 1913 dachte Gustav Stresemann, Generalsekretär des Bundes und führendes Mitglied der Nationalliberalen Partei, an eine geschlossene Region zur Sicherung der deutschen Exporte und der Lieferung von Rohstoffen.

Unter den vielen Meinungen, die damals innerhalb dieses Lagers diskutiert wurden, nahm die der Alldeutschen die wohl extremste Stellung ein. Sie agitierten nicht nur für einen geschlossenen Wirtschaftsraum, sondern für die Sammlung aller Deutschsprechenden in einem nationalen Block unter einem zentralistischen autoritären Regime.[22] Obwohl auch sie von einer mitteleuropäischen Zollunion als dem „Rückgrat“ dieses Staates sprachen, fügten sie die Konzeption einer weiteren deutschen Besiedlung des Ostens und dessen rücksichtsloser Germanisierung hinzu. Diese Vorstellungen brachten sozialdarwinistisch-biologische und zunehmend auch offen rassistische Elemente in die öffentliche Diskussion um die zukünftige Gestaltung eines germanischen Imperiums auf dem europäischen Kontinent, gerade auch im Zusammenhang mit der Frage, nach welchen Prinzipien dies zusammenzuhalten sei.

Allerdings ist zu betonen, dass solche alldeutschen Ideen bis auf Weiteres in der Geschäftswelt nicht weit verbreitet waren. Dort stellten sich diese Fragen vor allem als solche der industriellen und kommerziellen Durchdringung und des Drucks, der zur Schaffung und Aufrechterhaltung eines deutschen Mitteleuropas aufgewendet werden sollte.

C. Weltkrieg und territoriale Expansion

Wir haben die divergierenden Meinungen zur Rolle der deutschen Industriemacht im Herzen Europas, so wie sie im Kaiserreich debattiert wurden, auch deshalb etwas ausführlicher behandelt, weil sie im Grunde schon alle Argumente enthielten, die zwischen 1914 und 1945 auf der Tagesordnung blieben. Es dürfte auch deutlich geworden sein, dass das Gewicht dieser Argumente von dem jeweils gegebenen Einfluss und von der Macht der verschiedenen wirtschaftlichen und politischen Gruppen im Gefüge des monarchischen Systems abhingen. Und da der Kriegsausbruch keinen Bruch, sondern eine Kontinuität in diesen Einstellungen bedeutete, müssen Erfolg oder Niederlage der jeweiligen imperialen Vorstellungen in Verbindung mit der relativen und sich im Laufe des Krieges verändernden Schwäche oder Stärke der hinter ihnen stehenden Kräfte gesehen werden.

Der Nutzen solcher Differenzierungen und der Verbindung von Konzeptionen mit identifizierbaren Gruppen, die sich ihrer im Kampf um Einfluss und Macht in einer bestimmten Gesellschaft bedienen, wird hier auch deshalb hervorgehoben, weil er von einigen Historikern als ein brauchbares Werkzeug zur Analyse politischer und wirtschaftlicher Strategien der deutschen Geschäftswelt in Frage gestellt worden ist. Am einen Ende des Spektrums steht etwa Gerald Feldman, der wiederholt eine eher monolithische Position vertreten hat.[23] Er sieht Unternehmer als Akteure in einem speziellen nationalen Kontext. Indem er die Sonderwegsthese des Verlaufs der modernen deutschen Geschichte verteidigt, plädiert er dafür, die Beziehung von Politik und Wirtschaft „als ein integrales Element in der Evolution der politischen Kultur Deutschlands" zu betrachten.

Am anderen Ende des Spektrums steht beispielsweise Peter Hayes, der meint, dass jeder Versuch einzelne unternehmerische Fraktionen zu identifizieren, zum Scheitern verurteilt sei, weil es zu viele Überlappungen zwischen den Branchen, Gruppen und Einzelpersonen gegeben habe, die krude Klassifizierungen unmöglich machten.[24] Obwohl mehr auf Meinungsunterschiede zu inneren Fragen denn auf Einstellungen zur Weltwirtschaft abhebend, glaubt er, dass „persönliche Determinanten und firmenspezifische und nicht sektorale Überlegungen" auf diesem Gebiet „entscheidend" gewesen seien. Nur der Ruhrindustrie gesteht Hayes insofern eine Sonderstellung zu, als dort eine „etwas größere Solidarität" unter den vermeintlichen Rivalen geherrscht habe. Später fügte er bestätigend hinzu, dass „wir den verzerrenden Effekt des außerordentlichen Phänomens der Ruhr" erkennen müssten. Wenn Feldman und Hayes jeweils Recht hätten, so lohnte es sich einerseits nicht, die Frage von formellem oder informellem Imperium weiter zu verfolgen bzw. andererseits, eine totale Fragmentierung und Individualisierung anzunehmen. Doch gibt es m. E. einen Mittelweg zum Verständnis der Entwicklungen im Kriege, der hier auch in seinen Schwankungen über diese Jahre hinweg verfolgt werden soll.

Die unterschiedlichen ökonomischen Konzeptionen über Mitteleuropa – formell oder informell, offen oder geschlossen – sind vor dem Hintergrund der berühmt-berüchtigten Denkschrift zu sehen, die Reichskanzler Theobald von Bethmann Hollweg im September 1914 auf der Grundlage von zahlreichen Eingaben zusammenstellte, die von diversen Gruppen, darunter auch Industrielobbies, verfasst worden waren. Fritz Fischer, der dieses Dokument als erster in den Archiven fand, machte es zum Ausgangspunkt einer detaillierten Analyse der Entwicklung der deutschen Kriegsziele bis 1918.[25] Diese Denkschrift stand auch am Anfang einer erneuten und sich bald immer schärfer polarisierenden Debatte zwischen denen, die einen deutschen Sieg zur Errichtung eines formellen kontinentalen Imperiums ausnutzen wollten, und denen, die vorschlugen, eine Region, die sich von der Atlantik- und Nordseeküste bis in den Balkan erstreckte, mit informellen Mitteln aufgrund des wirtschaftlichen Gewichts des Reiches zu durchdringen.

Die erste Fraktion, zu der auch der mächtige Ruhrindustrielle Fritz Thyssen gehörte, rief nach schlichter Annexion. Im Westen sollten Belgien und Teile Nordfrankreichs durch das Reich absorbiert werden. Im Osten dachte man an eine rücksichtslose Verschiebung der bisherigen Grenzen und entsprechende Landnahmen durch Deutschland. Nur wenige dachten bereits an eine Integration Österreich-Ungarns. Aber wenn es um die Gestaltung Mitteleuropas ging, hegten nicht einmal die gemäßigten Elemente in dieser breiten Bewegung einen Zweifel, dass die Deutschen in dieser Region den Ton angeben würden. Derweil stärkte die erfolgreiche Seeblockade der Engländer denen den Rücken, die schon vor 1914 und erst recht jetzt auf die Schaffung eines autarken Blocks hinarbeiteten, mit dem man sich gegenüber Großbritannien und den USA als den beiden Hauptrivalen würde behaupten können.

Wenn die September-Denkschrift auch Ansprüche auf ein Mittelafrika enthielt, so war dies eine Konzession, mit der man jene Kräfte zu beschwichtigen hoffte, die selbst nach dem Rückzug aus der wilhelminischen Weltpolitik in den letzten Vorkriegsjahren die Hoffnung auf den Erwerb weiterer überseeischen Territorien nicht aufgegeben hatten. Den erwarteten deutschen Sieg über Frankreich und Russland immer vorausgesetzt, sahen die Chancen für den Gewinn solcher Gebiete vielleicht ganz realistisch aus. Doch richtete sich die Hauptaufmerksamkeit im Krieg zweifellos auf den europäischen Kontinent. Dieser Schwerpunkt mochte auch erklären, warum Friedrich Naumanns Buch mit dem Titel *Mitteleuropa*, das 1915 erschien, sofort zu einem Bestseller wurde.[26] Darin sprach der bekannte Publizist das Problem an, dass „Mitteleuropa und Welthandel“ Alternativen waren, die nicht miteinander in Einklang zu bringen seien. Dass ein Mann, der vor dem Krieg einen liberalen Imperialismus vertreten hatte, jetzt an ein Entweder-Oder dachte, weist auf eine erste Verschiebung im Gleichgewicht der Kräfte zwischen denen hin, die einen geschlossenen germanischen Großraum im Sinn hatten und anderen, die an eine weniger festgefügte deutsche Einflussregion dachten, die weiterhin auch am Welthandel teilnehmen würde. Und je länger der Krieg andauerte, desto einflussreicher wurde die erste Fraktion. Im Januar 1918 gewann sie schließlich die Oberhand, und nichts zeigt dies deutlicher als der Abschluss des Vertrages von Brest-Litovsk mit der neuen bolschewistischen Regierung in Russland, durch den riesige Gebiete des einstigen Zarenreichs in deutsche Hände fielen.

Nicht weniger bedeutsam – auch als Hinweis auf künftige Entwicklungen – waren die Methoden, mit denen diese Gebiete seitdem verwaltet wurden: eine Million deutsche Soldaten blieben dort stationiert, um die Annexion durch ihre unmittelbare Präsenz zu sichern.[27] Deutschland hatte damit einen großen Schritt in Richtung auf den Bau eines formellen Imperiums getan, wobei die Organisation Westeuropas und des Balkans dem mit einer erfolgreichen Frühjahrsoffensive im Westen erreichten Sieg, den man im Kaiserlichen Hauptquartier erwartete, vorbehalten blieb. Mochten in einigen Teilen Europas informelle Arrangements auch noch denkbar sein, der entscheidende Punkt ist, dass die „harten“ Imperialisten über die „weichere“ Fraktion in diesem Augenblick den Sieg davon getragen hatten. Der prominenteste Sprecher dieser Fraktion war General Erich Ludendorff, der zusammen mit Feldmarschall Paul von Hindenburg zum „stillen Diktator“ der Hohenzollernmonarchie aufgestiegen war.[28] Da weite Gebiete des annektierten Landes aus landwirtschaftlichen Regionen bestand, ist es auch nicht erstaunlich, dass die Agitation der Gruppen, die ich als „Ludendorffianer“ bezeichnen möchte, eine erhebliche Dosis der alldeutschen Blut-und-Boden-Ideologie in sich aufnahmen. Doch indem er seinen Annexionismus vorantrieb, wusste Ludendorff auch, dass er die konservativen Nationalisten aus der Schwerindustrie auf seiner Seite hatte, deren Hauptinteresse es war, die für ihre Stahlproduktion benötigten ukrainischen Eisenerze sowie Mangane aus dem Kaukasus und der Ukraine ungehindert importieren zu können.[29]

Der Sieg der formellen Imperialisten war indessen nur von kurzer Dauer. Der Zusammenbruch der deutschen Westfront und die endgültige Niederlage nur wenige Monate nach dem Vertrag von Brest-Litovsk brachten alle imperialen Träume, ob formellen oder informellen Zuschnitts, völlig durcheinander.

Doch mochte die Niederlage auch Deutschlands Kraft, seine Macht nach außen in den europäischen Kontinent zu projizieren, zumindest zeitweilig geschwächt haben, dies hinderte größere Teile der Bevölkerung und auch die Geschäftswelt nicht daran, von dem Wiederaufstieg des Landes zu träumen. Der Gedanke an eine Revision des Versailler Vertrages und seiner territorialen

Klauseln wurden breit diskutiert. Meinungsverschiedenheiten bestanden in der Bevölkerung wie in der Industrie allerdings über die Frage, ob eine Revision dieser Klauseln mit friedlichen Mitteln auf dem Verhandlungswege betrieben werden solle oder durch Gewalt mit militärischen Mitteln. Allerdings war 1919 den meisten, außer einigen ganz radikalen Elementen, die den Krieg wiederaufnehmen wollten, klar, dass Deutschland nicht die Mittel besaß, den Siegermächten gegenüber aktiven Widerstand zu leisten. Man hatte bis auf Weiteres nur die Wahl zwischen einer Erfüllung der Vertragsbedingungen in der Hoffnung, auf diesem Wege Entlastungen zu erreichen, die der Wiederbelebung der Industrie und des Handels dienten, oder einer passive Weigerung, den alliierten Auflagen zu folgen, vor allem soweit es die Reparationszahlungen betraf, selbst wenn dies bedeutete, das Chaos in der durch den Krieg schwer geschädigten Wirtschaft noch zu erhöhen.

D. Die Revisionismusdebatte in der Weimarer Republik

Die Weimarer Industrie der frühen zwanziger Jahre war nicht nur durch den Krieg, sondern auch durch die bürgerkriegsähnlichen Unruhen, eine nicht mehr zu kontrollierende Inflation und die allgemeine wirtschaftliche Depression in Mitleidenschaft gezogen. Sie war daher auch nicht in der Lage, die Rolle Deutschlands in Europa und in der Welt mit starken Worten zu vertreten.[30] Wichtiger war es, die Wirtschaft wiederzubeleben, die Produktionsstätten zu modernisieren und zu versuchen, lukrative Auslandsmärkte wieder für deutsche Exporte zu öffnen. Gewiss gab es Meinungsverschiedenheiten. Doch bezogen sie sich nur sehr indirekt auf die Frage, ob man ein formelles oder informelles Imperium errichten solle.

An dem einen Ende des Meinungsspektrums standen Männer wie Rathenau, die eine Erfüllungspolitik vertraten als Schritt zur Reintegration Deutschlands in die Weltwirtschaft. Sie erwarteten von dieser Politik einen beschleunigten Wiederaufbau der deutschen Wirtschaft. Für sie war klar, dass eine Mobilisierung des vorhandenen Industriepotenzials den politischen und wirtschaftlichen Einfluss des Landes in Europa erneut stärken würde. Am anderen Ende standen Männer wie Hugo Stinnes, die gegen die Erfüllungspolitik waren und für den Aufbau einer antiwestlichen Position gar eine Zusammenarbeit mit den Sowjetrussen befürworteten. Indessen war die Frage, wie man nach 1919 mit den Regionen zwischen dem Reich und der Sowjetunion umgehen wollte, durch den Zusammenbruch des Habsburgerreiches und den Aufbau eines Gürtels von kleineren Staaten komplizierter geworden. Hinzu kam, dass die Tschechoslowakei, Polen und Jugoslawien sich mit Frankreich verbündeten. Mitteleuropa als Sphäre, in der die Deutschen dominierten, konnte daher bestenfalls als ein langfristiges Projekt informeller Durchdringung gedacht werden, es sei denn, man stimmte mit den Ludendorffianern auf der extremen Rechten überein. Diese Fraktion hegte vor allem Polen gegenüber einen tiefen Hass und erwog daher schon bald nach 1919 eine gewaltsame Veränderung der Grenzen und die Zerstörung und Einverleibung der im Versailler Vertrag verlorenen Gebiete im Osten. Darüber hinaus wurde besonders in diesen Kreisen eine Lektion diskutiert, die man aus dem Versagen der wilhelminischen Weltpolitik ziehen wollte.[31] Sollte nämlich ein erneuter Versuch gemacht werden, Deutschland als eine ihrer industriellen Bedeutung entsprechende Großmacht aufzubauen, so musste dies von einer vorher gesicherten starken Stellung auf dem europäischen Kontinent aus unternommen werden.[32] Ein überseeisches Imperium war erst im Anschluss daran ins Auge zu fassen. Und die Chance, erneut an ein Mittelafrika zu denken, lag, wenn überhaupt, realistischerweise in einer noch ferneren Zukunft, auch wenn es eine kleine Fraktion gab, die auch in den zwanziger Jahren für den Wiedererwerb von Kolonien, die man im Versailler Vertrag verloren hatte, agitierte. Für die Industrie wird man indessen sagen können, dass sie die Träume von einer aktiven überseeischen Kolonialpolitik, ob formeller oder informeller Art, weitgehend aufgegeben hatte.

Es lässt sich in der ersten Zeit des wirtschaftlichen Chaos auch nicht genau bestimmen, wer in der Industrie politisch das Übergewicht besaß. Dies wurde erst Mitte der zwanziger Jahre deutlicher, als die Republik sich stabilisierte und diejenigen an Boden gewannen, die die Kooperation mit dem Westen suchten. Die Lösung der dornigen Reparationsfrage durch den Dawes-Plan von 1924 und die Ankunft von amerikanischen Investoren und Unternehmern stärkte die mehr liberal-kapitalistisch gesinnten und auf den Weltmarkt hinorientierten Konzerne gegenüber den konservativen, zum Teil hochkartellisierten und auf dem Binnenmarkt tätigen Industriellen, vor allem an der Ruhr.[33] Erstere fühlten sich auch ermutigt durch die von Außenminister Stresemann verfolgte Politik, der seit 1924 die Westorientierung der deutschen (Wirtschafts-)Diplomatie repräsentierte. Zwar war er, der ausgebildete Ökonom und einstige Nationalliberale, im Kriege ein ziemlich radikaler Annexionist gewesen und hatte nach 1918 die zuerst antirepublikanische Deutsche Volkspartei gegründet. Doch unter dem Eindruck der katastrophalen Folgen der deutschen Politik bis 1923 und der Ruhrbesetzung durch die Franzosen und Belgier hatte er seine Meinungen geändert und war zu einem Befürworter einer deutschen Erfüllungs- und Kooperationspolitik mit dem Westen, vor allem den Amerikanern, geworden.[34]

Mochte er im Grunde seines Herzens weiterhin ein Nationalist sein, er war einsichtig genug um zu erkennen, dass der wirtschaftliche Einfluss des Landes nicht durch ein Verharren in der Isolation und in aggressiven Alleingängen vorangebracht werden konnte. Er wollte wieder in den Weltmarkt hinein, wobei es ihm auch gelang, die Spannungen mit Frankreich abzubauen, unter anderem durch die Unterzeichnung des Locarno-Vertrages im Jahre 1925, der den territorialen Status quo im Westen garantierte. Stresemanns Stellung als Weimars Außenminister und Förderer der Exportindustrien des Reiches wurde noch dadurch gestärkt, dass die formellen Imperialisten, die ich weiter oben im Zusammenhang mit dem Brest-Litovsker Frieden als „Ludendorffianer" bezeichnet habe, Mitte der zwanziger Jahre an den Rand des politischen Spektrums gedrängt worden waren. Mochten die deutschen Direktinvestitionen auch gering sein, die Handelsverbindungen mit anderen Nationen wurden damals zumindest teilweise wiederhergestellt.

Inzwischen war vor allem die deutsche Stahlindustrie damit beschäftigt, internationale Kartelle zu errichten. Sie waren auch niemals festgefügt, teils weil die mächtigen deutschen Mitglieder versuchten, diese wettbewerbsfeindlichen horizontalen Abmachungen zwischen unabhängigen Firmen zu dominieren, teils weil die nichtdeutschen Produzenten sich auf ihre Nationalregierungen verließen, sie gegen ausländische Konkurrenten zu stützen. Kartelle, so scheint es in der Rückschau, waren einfach nicht dazu geeignet, eine Zusammenarbeit unter Gleichen zu fördern.[35] Es ist unter diesen Umständen nicht verwunderlich, dass die Industrie unter Hitler Kartelle für besonders gute Vehikel hielt, mit denen man den europäischen Wirtschaftsgroßraum im Zweiten Weltkrieg neu zu organisieren hoffte.

Gleichwohl sollte man die Macht der konservativ-nationalistischen Fraktion in der Industrie auch zur Zeit Stresemanns nicht unterschätzen. Eine negative Vetomacht gegenüber den exportorientierten Industrien hatte sie auf jeden Fall, durch die es wiederholt gelang, dem „Siemens-Lager" Bremsen anzulegen. Und mit dem Beginn der großen Depression schlug das Machtgleichgewicht endgültig zugunsten der Schwerindustrie um. Die Internationalisierung der Vorjahre ging zu Ende. Die Befürworter von imperialen Blöcken erhoben jetzt ihre Stimmen lauter als zuvor. Wenn der Handel mit dem Westen jetzt zusammenbrach, wohin sollte sich die deutsche Industrie wenden? So wurde der Mitteleuropa-Gedanke mehr und mehr für solche Unternehmer attraktiv, die schon früher für einen Ausbau der deutschen Stellung im Osten und Südosten plädiert hatten. Ein früher Bote späterer Entwicklungen war die Wiederbelebung des Mitteleuropäischen Wirtschaftstages im Jahre 1927, der es sich nun zur Aufgabe machte, „die wirtschaftlichen und kulturellen Bedingungen der mitteleuropäischen Staaten" zu erforschen.[36] Mit Unterstützung der Industrie verfolgte die Reichsregierung 1931 dann das Projekt einer deutsch-österreichischen Zollunion, das dann freilich am Veto der Franzosen scheiterte. Konzeptionen für den Bau von Wirtschaftsblöcken wurden jetzt wieder diskussionswürdig. Die offene Tür wurde überall zugeschlagen. Die jetzt einsetzende Debatte war in erster Linie der Frage gewidmet, wie autark der Großraum sein solle. Diese Entwicklungen wurden durch den Wirtschaftsnationalismus und Protektionismus anderer Länder und gerade auch der Vereinigten Staaten verschärft.

So kam es, dass der IG-Farben-Vorstand Carl Duisberg, dereinst ein Befürworter einer internationalistischen Strategie, im März 1931 meinte:[37]

„Aus der Enge des nationalen Wirtschaftsraumes streben kräftige Industriestaaten ebenso wie absatzsuchende Agrarstaaten nach größeren übernationalen Wirtschaftsräumen, die für einen größtmöglichen Anteil der Produktion Ausgleich in sich bieten und nach außen hin als starke Handelsvertragspartner auftreten können. Begonnen wurde diese Tendenz äußerst zielbewusst in den Vereinigten Staaten, die mit Dollar und Gewehr nach Norden und insbesondere nach Süd- und Mittelamerika ihre Einflusssphäre ausbreiten. Als Ziel zeichnet sich der panamerikanische Wirtschaftsraum von Alaska bis Kap Horn ab. Auch in Europa scheint dieses Ziel des regionalen Wirtschaftsraumes allmählich festere Formen anzunehmen. Für die südosteuropäischen Staaten, wie Jugoslawien, Rumänien und Ungarn, wird die Absatzfrage für ihre landwirtschaftlichen Produkte zu einer existenziellen Angelegenheit. Den notwendigen Absatz finden sie zum überwiegenden Teil in Deutschland. Was liegt für diese Staaten näher, als mit Deutschland, dem kräftigsten Partner, eine Verständigung auf wirtschaftlichem Gebiet zu suchen? Deutschland auf der anderen Seite hat mit Österreich erhebliches Interesse an der Entwicklung des südosteuropäischen Absatzmarktes für industrielle Produkte. ... Durch diese regionale Kombination kann das europäische Problem von der Südostecke aus aufgerollt werden. Selbst wenn es gelingt im Südosten zu einer tragbaren Regelung zu kommen, bleibt doch für eine endgültige Regelung des europäischen Problems die Frage einer wirtschaftlichen Verständigung mit Frankreich zu lösen. Erst ein geschlossener Wirtschaftsblock von Bordeaux bis Sofia wird Europa das wirtschaftliche Rückgrat geben, dessen es zur Behauptung seiner Bedeutung in der Welt bedarf. ... Die Völker Mitteleuropas werden bald zu wählen haben, ob sie in vertrauensvoller wirtschaftlicher Zusammenarbeit eine neue Zukunft aufbauen wollen oder ob sie in ihrer Zerrissenheit eine willkommene Angriffsfläche, wirtschaftlich und politisch, fremden Rassen und fremden Mächten bieten wollen."

E. Die Diskussion um die Etablierung einer Großraumwirtschaft

Seitdem wurde der Gedanke einer Großraumwirtschaft in Geschäftskreisen der dreißiger Jahre immer wieder in zwei Versionen debattiert, die uns schon vertraut sind. Grundsätzlich war es jetzt keine Frage mehr, dass es nicht nur wünschenswert, sondern sogar eine Notwendigkeit sei, dass Deutschland ein mitteleuropäisches Imperium errichte. Ungelöst blieb nur, wie formell es sein würde, d. h. wie direkt man die politische und militärische Macht des Landes in die weitere Region projizieren und wie offen diese in ihrem Verhältnis zur übrigen Weltwirtschaft sein sollte. Mit der Zeit wurde der Ruf nach Autarkie lauter und lauter und erreichte schließlich einen Punkt, an dem es kein Zurück mehr gab. Es mag dabei nicht erstaunen, dass die Nationalsozialisten und ihnen nahestehende Unternehmer die radikalsten „ludendorffianischen"

Vorstellungen für die Schaffung eines formellen Imperiums entwickelten. Großraumwirtschaft war für sie gleichbedeutend mit einem geschlossenen Block, der sich über die deutschbesiedelten Regionen hinaus bis in die Sowjetunion und den Ural erstreckte. Für sie war der Begriff zudem weitgehend synonym mit dem von Hitler so oft zitierten „Lebensraum“ mit allen seinen rassistischen und alldeutschen Vorstellungen von Umsiedlung und direkter Beherrschung. Gewiss gab es zu diesem Thema zum Teil heftige Debatten zwischen der Nazi-Bürokratie und den Wirtschaftseliten, die mitten im Krieg 1942 schließlich ihren Höhepunkt erreichten.[38]

Eine Rekonstruktion dieser Debatte ist für ein Verständnis der Zukunftserwartungen dieser Kreise wichtig. Entstehen dadurch doch die Konturen einer Wirtschaft, die auf dem europäischen Kontinent bis tief nach Asien hinein entstanden wäre, wenn Hitler den Krieg gegen Stalin 1941/42 gewonnen hätte, so wie er es im Sommer 1941 fest erwartete. Soweit es die alte Frage betrifft, wie offen der Großraum gegenüber dem Rest der Welt sein würde, wird man sagen können, dass die dogmatischen Autarkisten in den dreißiger Jahren noch in der Minderheit waren. Diejenigen, die sich für einen Block einsetzten, der von der übrigen Welt ganz abgeschottet war, fanden sich zumeist auf dem agrarischen Flügel der NSDAP. Die Wirtschaft favorisierte meist eine offenere Struktur, die einen, wenn auch nicht sehr intensiven Handel mit dem Westen erlaubte. Hätte Hitler sich schon damals auf die zukünftige Gestalt des besetzten Europas festgelegt, so wären die Würfel für die eine oder die andere Lösung schon vor 1939 gefallen. Doch wie auch in anderen Fragen vermied er eine klare Entscheidung und meinte, dass das umfassendere Problem des Verhältnisses von Politik und Wirtschaft warten müsse, bis der Krieg für das Reich auf dem europäischen Kontinent gewonnen sei. Indem der „Führer“ alles Grundsätzliche offen ließ, befand er sich zudem in der vorteilhaften Lage, dass es keine Verlierer gab, die die Durchführung seiner Entscheidungen hätten sabotieren können, wie es auf anderen Gebieten immer wieder geschah. Aus diesem Grunde stoppte Hitler auch nicht die ebenfalls sehr alte Diskussion über die Errichtung eines mittelafrikanischen Imperiums, die während der dreißiger Jahre durch die Koloniallobby weitergeführt worden war und schließlich 1940 zur Einrichtung eines Kolonialministeriums führte, in dem die Vorbereitungen für eine Kolonialverwaltung getroffen wurden, bis hin zur Ausbildung von Beamten in Suaheli, der in Ostafrika verbreiteten einheimischen Sprache.[39]

Obwohl Hitler im Grunde seines Herzens ein „formeller Imperialist“ war, hatte er auch recht, wenn er glaubte, dass es müßig sei, die Wirtschaftsbeziehungen Deutschlands mit dem übrigen Europa zu zementieren, solange die eroberten Gebiete noch nicht fest in seinen Händen lagen. Im Oktober 1941 formulierte er in seinen „Tischgesprächen“ wie folgt:[40]

„Für mich ist das Ziel, die Vorteile einer kontinentalen Vorherrschaft auszubeuten. Es ist lächerlich, an eine Weltpolitik zu denken, solange man nicht den Kontinent beherrscht. … Wenn wir die Herren Europas sind, haben wir die Vormacht in der Welt. Einhundert und dreißig Millionen Menschen im Reich, achtzig in der Ukraine. Man füge dem die anderen Staaten des Neuen Europas hinzu und wir werden vier hundert Millionen sein, im Vergleich zu einhundert und dreißig Millionen Amerikanern."

Vier Wochen zuvor, in der Nacht vom 17. zum 18. September, hatte er die Ansicht vertreten, dass „der Kampf um die Vorherrschaft sich zugunsten Europas ergibt infolge des Besitzes des russischen Raums. So wird Europa eine undurchdringliche Festung sein, sicher vor allen Blockadedrohungen. […] Im Moment ist Eroberung das Wesentliche. Danach ist alles einfach eine Frage der Organisation."[41]

Allerdings stellte sich um die gleiche Zeit herum dann doch heraus, dass die Pläne nicht so leicht auf die lange Bank geschoben werden konnten. Die „normative Kraft des Faktischen", die infolge der barbarischen Eroberungsmethoden des Regimes und seiner Streitkräfte vor allem im Osten entstanden war, untergrub Hitlers Verzögerungstaktik.[42] Denn unvermeidlich beeinflussten diese Methoden auch die Gestalt der zukünftigen Neuordnung der Region und waren Wasser auf die Mühlen der Ludendorffianer, die seit langem auf ihren Auftritt warteten. Hatten sie doch schon seit langem die direkte Besatzung und Beherrschung der eroberten Territorien befürwortet, und es war ihnen auch nie in den Sinn gekommen, dass man dabei mit Samthandschuhen vorgehen würde. Hatten sozialdarwinistische Vorstellungen in den dreißiger Jahren schon in der Heimat gegolten, so wurden sie jetzt exportiert. Sie schienen für Osteuropa besonders geeignet, wo die Rassisten ohnehin von der Annahme ausgingen, dass die einheimischen Bevölkerungen zu „primitiv" seien, um sich selbst zu regieren und zu verwalten. So begann Heinrich Himmler damit, Umsiedlungspläne nicht nur für Westpolen zu entwickeln, das Gauleiter Arthur Greiser nach den Vertreibung der Polen von ihren Höfen zu einer Musterprovinz aufbauen wollte, sondern auch für die Ukraine. Dort sollten die deutschen Volksgenossen in sauberen und modernen Städten leben, umgeben von den slawischen „Massen", die als Heloten ausgebeutet und deren Lebensstandard auf einem Minimum gehalten werden sollte. Zugleich begann die Ermordung von Millionen von Juden, Roma, Slawen im Zuge jener „ethnischen Flurbereinigungen", die mitten im Kriege in den rückwärtigen Heeresgebieten begannen.[43]

Die Einstellungen des Regimes zu den Bevölkerungen Westeuropas mögen insofern anders gewesen sein, als man die Holländer und Skandinavier ebenfalls für „arisch" hielt. Doch dann entwickelte der Rassismus im Osten eine Eigendynamik, die schließlich auch Westeuropa erreichte. Zudem stieg auch in diesen Ländern nach 1941 die Zahl der Untergrundkämpfer an, so dass man bald zu Formen der Besetzung überging, die ebenfalls auf ein formelles Imperium hinausliefen. Dementsprechend nahm auch der „Normalkrieg" im Westen immer brutalere Formen an. All dies wirkte sich auch auf den Verlauf der Diskussionen um die wirtschaftliche Organisation des europäischen

Großraums aus. Nachdem die Duisbergs schon in den dreißiger Jahren von jüngeren Managern in den Ruhestand gedrängt worden waren, wurden die IG Farben wie auch andere Konzerne mehr und mehr von Männern geleitet, die aus einem ganz anderen Holz geschnitzt waren.[44] So kam es, dass auch diejenigen beiseite geschoben wurden, die für eine weniger hemdsärmelige Behandlung plädierten, immer auch mit dem Argument, dass man durch Kooperation bessere Geschäftsergebnisse erzielen würde und damit auch das Klima beeinflusst würde, in dem man auch nach dem erwarteten Sieg der Deutschen gegenseitige Beziehungen pflegen würde.

Die IG Farben bietet ein gutes Beispiel für das Minenfeld, in dem sich ihre Manager bei der Organisierung des europäischen Großraums bewegten. Angesichts ihrer weiterhin bestehenden globalen Interessen entschieden sie sich in den dreißiger Jahren nicht eindeutig für die Errichtung eines autarken Blocks. Doch stand im Hintergrund immer wieder die Frage, wer in der Neuordnungspolitik das gewichtigste Wort haben würde. War dies die Privatwirtschaft oder waren es die staatlichen Stellen und die NS-Führung? Direkt spruchreif wurde das Problem zum ersten Mal im Zusammenhang mit dem „Anschluss" Österreichs an Deutschland im März 1938 und der Zerstörung der Tschechoslowakei ein Jahr später. Damals blieb die Behandlung der einheimischen Industrien noch weitgehend in den Händen der Unternehmer, deren Vertreter ausschwärmten, um Firmen entweder ganz zu schlucken oder mit deren Vorständen Kooperationsabkommen zu schließen bzw. Beteiligungen zu vereinbaren. Doch von Anfang an gab es auch staatliche Stellen, deren Führer einen „anarchischen" Kapitalismus dieser Art ablehnten. Zu ihnen gehörte auch Hermann Göring.

Genau wie er 1936 die Reichswerke in Salzgitter als eine staatseigene Alternative zu den privaten Stahlkonzernen aufgebaut hatte,[45] begann er nach Kriegsbeginn darauf zu drängen, dass das Regime bei der wirtschaftlichen Reorganisation des besetzten Europas eine Hauptrolle spielen müsse.[46] Auf der anderen Seite hatte die Industrie vor allem in Walter Funks Wirtschaftsministerium ihre Unterstützer, wobei Staatssekretär Gustav Schlotterer eine Schlüsselrolle zukam. Im Außenministerium war es Carl Clodius, der – selber ein Befürworter eines informellen Imperiums – davor warnte, nicht die „Fehler von Versailles" zu wiederholen. Auf jeden Fall wollte er Zwang vermeiden, wenn es darum ging, eine gerechtere Verteilung der Rohstoffe der Welt zu erreichen.[47] Solange Göring und seine Verbündeten von ihren Rivalen innerhalb der NS-Bürokratie daher in Schach gehalten wurden, hatte die private Wirtschaft 1940 in West- und Nordeuropa erhebliche Aktionsfreiheit.

So kam es zu denselben Verhaltensmustern, die schon 1938/39 zu beobachten waren: Einige deutsche Manager verhielten sich gegenüber den sie interessierenden französischen, holländischen oder norwegischen Firmen wie Kolonialherren. Sie erklärten den Eigentümern unverblümt, dass jetzt deutsche Unternehmer verantwortlich seien. Eigentumsrechte und Aktienbesitz wurden ohne weitere Umstände übertragen. Doch gab es auch solche, die ein gleichberechtigtes Verhältnis anstrebten, das sich von Kooperationen, die in den zwanziger Jahren abgeschlossen worden waren, nicht direkt unterschied. Freilich, so konziliant diese west- und nordeuropäischen Unternehmer ihren deutschen Kollegen gegenüber auch waren, in den vierziger Jahren war das Gewicht deutscher militärischer Macht täglich zu erkennen, so diplomatisch sich die Deutschen auch verhielten.[48] Es war auch kaum zu übersehen, dass der kontinentaleuropäische Block, der seit 1940 Gestalt annahm, ganz auf die Interessen des Reiches zugeschnitten war und in dem die Deutschen den Ton angaben.

So wichtig es ist, zwischen radikalen und gemäßigten Imperialisten zu unterscheiden, es sollte darüber nicht vergessen werden, dass die Anstrengungen von Männern wie Göring und Himmler auch Früchte zu tragen begannen. Soweit es die Rolle des Staates in der Wirtschaft betraf, verschob sich nun das Gewicht zugunsten derjenigen, die für mehr Intervention und Kontrolle auch der Wirtschaft standen. Dies setzte wiederum die Industrie unter Druck, nicht nur ein ziemlich anarchisches Programm von Firmenübernahmen und Teilhaberschaften zu verfolgen. Folglich begann jetzt eine Debatte, in der die Reichsgruppe Industrie als der Spitzenverband mit Ermunterung des Reichswirtschaftsministeriums eine stärkere Rolle übernahm.[49] Schlotterer und seine Kollegen drängten die Reichsgruppe, konkretere Vorschläge zur Organisation des eroberten Großraums zu machen. Als diese zu Papier gebracht worden waren, wurde klar, wie tief das Kartelldenken inzwischen verwurzelt war. Was in der Weimarer Republik schon weit verbreitet war und dann im Dritten Reich zu der praktischen Totalkartellisierung der Wirtschaft geführt hatte, wurde jetzt für die europäische Region insgesamt angeboten. Dabei war nicht zuletzt besonders attraktiv, dass die Mitgliedsunternehmen – egal ob sie nun deutsch oder ausländisch waren – formell gleichberechtigt waren. Insofern roch der Vorschlag nicht nach einem direkten Imperialismus des Reiches.

Allerdings ist auch die deutsche Erfahrung mit den internationalen Kartellen der zwanziger Jahre in Betracht zu ziehen. Zu deren Instabilität hatte beigetragen, dass sie in einer Welt von Nationalstaaten operierten, die ihre eigenen Interessen und Währungssysteme besaßen. Genau dies sollte nun vermieden werden, so dass sich das neue „germanische" Europa gerade hierin von dem der zwanziger Jahre unterschied. Nach den Vorstellungen der deutschen Wirtschaft in der Frühphase des Zweiten Weltkriegs, als der deutsche Sieg ganz nahe schien, nahm man als selbstverständlich an, dass die Reichsmark die Leitwährung sein würde. Auch hinsichtlich des Patent- und Handelsrechts sowie auf anderen Gebieten war der gesetzliche Rahmen so konstruiert, dass die deutsche Vorherrschaft gesichert war. Wie die Reichsgruppe und andere Verbände machten sich auch die Banken daran, ein entsprechendes System aufzubauen.

Einen wichtigen Beitrag zu diesen Diskussionen leisteten 1940/41 diverse Forschungsinstitute. Dort war es ebenso akzeptiert wie in der Industrie und dem Wirtschaftsministerium, dass sich die Zukunft in Form von Großraum-Blöcken entfalten würde. Einer der detailliertesten Entwürfe zu diesen Planungen leistete Arno Sölter, der 1941 ein Buch mit dem sehr bezeichnenden Titel *Großraumkartell* veröffentlichte.[50] Darin bestand er als erstes darauf, dass die Industrie ihr Recht auf Selbstorganisation behalten müsse. Im Weiteren schrieb er unter Berufung auf Funk, dass Autarkie und Weltmarkt sich nicht gegenseitig ausschlössen. Hier stimmte Sölter mit Andreas Predöhl vom Kieler Weltwirtschaftsinstitut überein, in dem sich auch Max Ilgner von den IG Farben dafür einsetzte, dass auch das von Deutschland dominierte Europa im Prinzip gegenüber der Welt offen bleiben müsse. Zu erwähnen wären schließlich die Arbeiten von Werner Daitz, der sich schon seit längerem für die Schaffung eines Großraums aussprach, der sich weit über die Grenzen Deutschlands hinaus erstrecken sollte und in dem das Reich die Vorherrschaft besaß.[51] Daitz verfasste ebenfalls mehrere Beiträge zu der Debatte über die wirtschaftliche Organisation der Region. In Reden und Artikeln betonte er die Zusammenarbeit der europäischen Unternehmen, auch wenn dabei immer wieder das Germanozentrische aller dieser Konzeptionen durchschimmerte. Daitz gehörte auch zu den Experten, die zu dem Problem Stellung nahmen, ob und wieweit der vornehmlich agrarische Osten und Südosten Europas ermutigt werden solle, eigene Industrien zu entwickeln.

Einige Konzerne, die für diese Regionen einen gewissen Grad an industrieller Entwicklung befürworteten, dachten dabei auch an die Erweiterung ihrer Märkte. Daitz meinte ebenfalls, dass die Bevölkerung westlicher Technologie und Expertise bedürfe, allerdings wohl nicht über eine Stufe hinaus, durch die sich ihre Hauptfunktion als Lieferanten von Rohstoffen und Handwerklichem verändert hätte. Es wird nicht erstaunen, dass keines dieser Konzepte – ob sie nun von der Reichsgruppe Industrie, von Schlotterer oder von den Großraumtheoretikern in den Wirtschaftsforschungsinstituten kamen – für die Unternehmen der besetzten Länder besonders attraktiv war. Indessen waren sie fast liberal im Vergleich zu denen der „Ludendorffianer", die inzwischen ihre Angriffe auf die „weichen" Vorstellungen von 1940 verstärkt hatten. Mehr denn je strebten sie jetzt ein formelles Imperium an, das aus der Weltwirtschaft ganz herausgenommen war und vor allem den Osten auf verbrecherische Weise ausbeuten wollte. Einer von ihnen war Herbert Backe, ein Anhänger der nationalsozialistischen Blut-und-Boden-Ideologie und eine Schlüsselfigur in der Organisation der Landwirtschaft in den besetzten Gebieten der Sowjetunion. Er veröffentlichte 1942 ein Buch, wie Europa in seinen Nahrungsmitteln autark werden würde, das den bezeichnenden Untertitel trug *Großraumwirtschaft oder Weltwirtschaft*.[52]

Auch der agrarische Flügel des NS-Bewegung sowie Himmlers SS mit ihren brutalen Umsiedlungsplänen waren sich mit Göring gegen Schlotterer darin einig, dass man die Neuorganisation der europäischen Wirtschaft nicht der Privatwirtschaft mit ihren Kartellisierungsplänen überlassen dürfe. Sie sprachen sich für eine Vormacht staatlicher Stellen aus, und je mehr die eroberten Gebiete im Osten 1941/42 diesen Kräften als Experimentierfeld für ihre rassistischen Mord- und Umsiedlungsrezepte in die Hände fielen, desto stärker verschob sich auch das Machtgleichgewicht weg von Schlotterer, der Reichsgruppe und den Konzernen. Obwohl für Backe und andere in dieser Fraktion letztlich zu wenig Zeit war, ihre Neuordnungspläne durchzusetzen, wurden ihre Aktivitäten zweifellos immer barbarischer. Ausbeutung und Germanisierung überspielten langsam alle eher indirekten Ansätze einer wirtschaftlichen Zusammenarbeit mit den europäischen Nachbarn. Rein biologistische Vorstellungen von Wirtschaft verdrängten die Visionen der Reichsgruppe, in denen – bei aller Brutalität – vielleicht doch ein rationales Kalkül zu erkennen war.

Man sollte diese Entwicklungen immer mit den amerikanischen Plänen für eine Neuordnung der Weltwirtschaft vergleichen, die nach einer Phase des Protektionismus in den frühen dreißiger Jahren in Washington und in Wirtschaftskreisen zur gleichen Zeit 1940/42 diskutiert wurden und die schließlich in der Atlantic Charter ihren ersten Niederschlag fanden.[53] Das war gewiss der Kontrast zwischen den rassistischen Dogmen und den machtpolitischen Konzeptionen der Achsenmächte gegenüber den Westalliierten. Doch sollte man den Zweiten Weltkrieg auch als ein gigantisches Ringen zwischen zwei diametral entgegengesetzte Ansichten über die zukünftige Organisation des Weltmarktes betrachten, nämlich zwischen der Offenen Tür und dem autarken Block.

Die zweite Konzeption lag mit der Niederlage des Dritten Reiches buchstäblich in Schutt und Asche. Dasselbe Schicksal ereilte 1945 die japanische „Groß-ostasiatische Sphäre Gemeinsamen Wohlstands", die den deutschen Großraumideen in vielem ähnelte, und schon 1943 das noch wackligere formelle Imperium von Benito Mussolini. Alle drei Länder bauten in den folgenden Jahren ihre Ökonomien zu liberal-kapitalistischen Marktwirtschaften um, die zwar keine exakten Kopien des amerikanischen Modells waren, aber unter dem Dach der westlichen Hegemonialmacht USA doch entscheidende Elemente davon mit einheimischen Geschäftskulturen vermischten, wobei Washington ihnen teils mit Nachdruck, teils mit sanfter Überredung, die Marschrichtung zeigte. Rückblickend wird man sagen können, dass diese Hilfe nicht nur den Wiederaufbau gerade im Vergleich mit der Zeit nach dem Ersten Weltkrieg erheblich beschleunigte und dass die Bundesrepublik dabei recht gut gefahren ist, auch wenn man ihre Stellung in einem friedlichen Europa mit der früheren eines formellen Imperiums in einem Europa der Weltkriege kontrastiert.

5. Zirkulation und Solidarität der westdeutschen Industrieeliten

Als das NS-Regime Anfang Mai 1945 durch die alliierten Streitkräfte endlich beseitigt worden war und Deutschland bedingungslos kapituliert hatte, bot sich in weiten Teilen des Landes ein Bild totaler Zerstörung und des sozialen Chaos. Millionen von Flüchtlingen befanden sich auf den Straßen auf dem Weg nach Westen oder in Notlager. Evakuierte Mütter versuchten, mit ihren Kindern an ihre einstigen Wohnorte zu gelangen. In ihren Wohnungen waren, sofern diese nicht unter Trümmern lagen, inzwischen weitere Hunderttausende einquartiert worden, die Hab und Gut durch die Bombardierungen verloren hatten. Außer ehemaligen Wehrmachtangehörigen irrten nicht zuletzt auch mehrere Millionen ehemalige Zwangsarbeiter, KZ-Häftlinge und andere *Displaced Persons* (DPs) umher. Ein Soziologe, der seinerzeit eine Untersuchung über die Schichtung der deutschen Gesellschaft hätte beginnen wollen, wäre angesichts der damaligen Zustände vermutlich von der Hypothese ausgegangen, dass die Sozialstruktur völlig zusammengebrochen sei. Ein Oben oder Unten schien es nicht mehr zu geben, und in der „Stunde Null" schienen alle Deutschen „gleich". Sicher ist, dass die Not und die Verzweiflung in diesen Monaten sehr groß war. Doch weckte das Ende des Dritten Reiches auch große Hoffnungen auf einen Neuanfang.[1]

Rückschauend lässt sich erkennen, dass es ebenso wenig gerechtfertigt war, in tiefe Niedergeschlagenheit zu verfallen wie hohe Zukunftserwartungen für ein gänzlich neues Deutschland zu hegen. Das gilt zumindest für die westlichen Besatzungszonen. Zeigt doch das Beispiel ihrer Entwicklung in den späten vierziger Jahren, dass selbst ein totaler Krieg und eine bedingungslose Kapitulation zwar eine Umwälzung des politischen Systems nach sich zieht, nicht notwendigerweise aber eine soziale Revolution. Es wurde allenfalls die *Chance* für eine tiefgreifende Umwälzungen geschaffen, die freilich damals nur in der sowjetisch besetzten Zone durch die Siegermacht und die von ihr politisch gestützten Kräfte ausgenutzt wurde. Bei den Westalliierten gab es auch Stimmen, die weitergehende Strukturveränderungen in Erwägung zogen, aber unter der Führung der tonangebenden amerikanischen Besatzungsmacht wurden radikalere Bestrebungen de facto von Anfang an zur Seite gedrängt. Es war lediglich beabsichtigt, die politischen Institutionen und Organisationen des NS-Regimes durch ein liberal-demokratisches Repräsentativsystem nach angelsächsischem Vorbild zu ersetzen. Unter diesen Umständen erwies sich die herkömmliche Gesellschaftsstruktur der Westzonen trotz mancher Risse als erheblich resistenter, als es manchen Zeitgenossen bei Kriegsende erschien.

Dass die deutsche Gesellschaft 1945 keineswegs in einem völlig desolaten Zustand war, haben inzwischen einzelne Untersuchungen über soziale Mobilität bestätigt.[2] Sie zeigen, dass der Übergang vom Dritten Reich zur Bundesrepublik ohne größere Mühe in ein langfristiges Muster gesellschaftlichen Wandels seit dem späten 19. Jahrhundert eingeordnet werden kann. Was dieses Muster auszeichnet, ist eine kontinuierliche und ohne extreme Ausprägungen verlaufende langzeitliche Umschichtung, die auf den Übergang vom „Agrarstaat", zum „Industriestaat", sowie auf die Veränderungen innerhalb des sich zunehmend organisierenden und differenzierenden Kapitalismus zurückzuführen ist. Damit zusammenhängend wurde auch die unaufhaltsame Ausdehnung und Auffächerung der öffentlichen Verwaltung – des Staates im weitesten Sinne – zu einem Motor für soziale Mobilität. Anders formuliert: es gibt nach den bisherigen Forschungen und trotz gelegentlicher Spekulationen über „Hitlers soziale Revolution"[3] keine eindeutigen Anhaltspunkte dafür, dass die kontinuierlichen Bewegungen seit dem Ende des 19. Jahrhunderts durch die Entwicklungen der dreißiger und vierziger Jahre deutlich und nachhaltig verzerrt wurden. Diese Feststellung betrifft vor allem das untere und obere Ende der Sozialskala. Wie neuere Arbeiten zeigen, waren die Aufstiegsmöglichkeiten für Angehörige der unteren Klassen auch über das Kriegsende hinaus sehr eingeschränkt, wahrscheinlich begrenzter als in anderen westeuropäischen Ländern und in den Vereinigten Staaten.[4] Ebenso blieb die Elitenzirkulation gering; angesichts der politischen Umwälzungen die Deutschland erlebte, ist man sogar versucht zu sagen: erstaunlich gering.[5]

Die Bedeutung dieses Befundes und die Frage der Elitenrekrutierung ist für unsere Zwecke deshalb wichtig, weil wir hier zunächst das Problem von Kontinuität und Diskontinuität in der sozialen Zusammensetzung der westdeutschen Industrieeliten zu untersuchen haben. Statistisch abgesicherte Erkenntnisse zur sozialen Herkunft und Mobilität dieser speziellen Gruppe gibt es zum einen für das 19. Jahrhundert und die Zeit der Industriellen Revolution, zum anderen für die fünfziger und sechziger Jahre.[6] Dagegen sind die vorliegenden Daten über die Entwicklung zwischen Kaiserreich und Bundesrepublik bisher wenig befriedigend. Hartmut Kaelble, der sich in historischer Perspektive am intensivsten mit der sozialen Herkunft der deutschen Unternehmer beschäftigt hat, konnte immerhin eine Tabelle zusammenstellen, die seine eigenen Erhebungen anhand der *Neuen Deutschen Biographie* mit den Ergebnissen der soziologischen Forschung verband.[7] Seine Untersuchungen ließen ihn zu dem Schluss kommen, dass sich „trotz gravierender wirtschaftlicher Strukturveränderungen ... die soziale Rekrutierung der Unternehmer zwischen Kaiserreich und Bundesrepublik nur in begrenztem Ausmaß" gewandelt habe.[8] Dennoch, so fährt er fort, seien zwei bedeutsame Veränderungen festzustellen:

„1. Die Selbstrekrutierungsrate nahm kontinuierlich ab. Während im Kaiserreich und in der Weimarer Republik noch mindestens jeder zweite Unternehmer von einem Unternehmer abstammte, schien in der Bundesrepublik der sechziger Jahre nur noch jeder dritte bis fünfte Unternehmer aus einer Familie dieser Sozialgruppe zu kommen. Gleichzeitig ging der Anteil der Unternehmer aus der oberen Mittelschicht etwas zurück, ohne dass freilich erkennbar ist, ob dieser Wandel schon am Ende der Weimarer Republik, während des NS-Regimes oder erst in der frühen Bundesrepublik einsetzte. 2. Aufsteiger aus der unteren Mittelschicht und gleichzeitig aus Arbeiterfamilien wurden häufiger – ein Abbau der Chancenungleichheit, der weitgehend auf die rasche Zunahme der mittleren Beamten unter den Unternehmervätern zurückgeht."

Und schließlich: „Die Erhebungen zu den Unternehmern der Bundesrepublik zeigen, dass die Rekrutierung sozial desto exklusiver war, je höher der Rang innerhalb der Hierarchie bzw. je bedeutsamer das Unternehmen war."

Helge Pross und Karl W. Boetticher befragten 1965 Vorstandsmitglieder, Direktoren, Geschäftsführer (einschl. Werksleiter, Betriebsleiter, Generalbevollmächtigte und Leiter zentraler Abteilungen) sowie die Prokuristen von 13 großen Kapitalgesellschaften. Die Antworten der 538 Personen ihres Sample ergaben, dass „fast jeder dritte ... einen Beamten zum Vater gehabt" hatte und jeder vierte „aus einem Angestellten-Elternhaus" kam.[9] Erst als die Berufe der Großväter mit erfasst wurden, zeichnete sich ein Bild höherer Mobilität ab. Auf der anderen Seite bleibt festzuhalten, dass nicht weniger als 40 Prozent der Großväter „einem kleinen oder einem bedeutenden Unternehmen" vorstanden. Ähnliche Wandlungen ließen sich auch bei der Analyse der Bildungsqualifikationen feststellen. In dieser Beziehung waren 1965 die leitenden Angestellten „ihren Vätern und Großvätern eindeutig überlegen". Über 73 Prozent von ihnen besaßen das Abitur. Sehr hoch war auch der Prozentsatz derjenigen, die studiert hatten: 77 Prozent der Vorstandsmitglieder, 62 Prozent der Direktoren und 58 Prozent der Prokuristen.

Die Untersuchung von Pross und Boetticher förderte schließlich noch ein weiteres Ergebnis zutage, das in unserem Zusammenhang relevant ist und sich auf die Altersgliederung des Befragtenkreises bezieht. Sie fanden heraus, dass nur 15,6 Prozent der Vorstandsmitglieder jünger als 50 Jahre waren. Diese Ziffer liegt nahe an den 14 Prozent, die Wolfgang Zapf errechnete, als er 1964 die Vorstandspositionen in 22 Großunternehmen untersuchte.[10] Ähnliches errechnete Manfred Kruk, der zugleich das folgende Schaubild anfertigte.[11]

Eine der detailliertesten Aufstellungen stammt schließlich von H.J. Fiedler, dem Leiter der Wirtschafts-Dokumentation der *Frankfurter Allgemeinen Zeitung*. Er wertete den Jahrgang 1965 des Handbuchs *Leitende Männer der Wirtschaft* aus und gelangte auf der Grundlage eines leicht modifizierten Gliederungsprinzips zu der unten ebenfalls wiedergegebenen Aufstellung.[12]

Auf die Pross-Boetticher-Skala umgerechnet, deren Prozentsätze in

Klammern angegeben sind, ergeben sich bei Fiedler für die Vorstandsmitglieder aus der Industrie folgende Werte:

	unter 40	41 – 50	51 – 60	über 60
Industrie	5,8 (3,8)	17,9 (12,8)	41,4 (55,2)	34,9 (28,2)

Die Diskrepanzen an beiden Enden des Spektrums dürften sich aus der Breite der jeweiligen Samples erklären. Pross und Boetticher erfassten nur 78 Vorstandsmitglieder von Großunternehmen, während Fiedlers Berechnungen fast 2.400 Personen aus einem breiteren Kreis von Aktiengesellschaften einbezogen. Dieses Ergebnis wird durch das einer anderen Studie bestätigt, die über 1.200 Unternehmen mittleren und größeren Umfangs erfasste und für die Vorstandsmitglieder unter 50 Jahren einen Prozentsatz von 20 feststellte.[13] Trotzdem wird insgesamt davon auszugehen sein, dass die Zahl der Vertreter der jüngeren Generation in westdeutschen Großunternehmen Mitte der sechziger Jahre insbesondere im Vergleich zu den USA gering war. Pross und Boetticher schlossen daraus, dass dieses Ungleichgewicht kaum und schon gar nicht hauptsächlich als „eine Folge der Kriegsverluste“ angesehen werden könne, die in jenen Jahrgängen besonders spürbar seien.[14] Denn „in den beiden niedrigeren Rangstufen gibt es genügend Männer unter Fünfzig, die lange genug in den Firmen tätig waren, um für die Vorstandsarbeit geeignet zu sein“. Vielmehr gelte „immer noch ... das Anciennitätsprinzip, der Glaube an das Beförderungsrecht dessen, der die längste Wartezeit hat“.

Diese Feststellung mag für die Mitte der sechziger Jahre zutreffen. Es fragt sich jedoch, ob demographische Faktoren nicht doch stärker berücksichtigt werden müssen, als Pross und Boetticher dies getan haben. Diese Frage stellt sich zunächst nach einem Blick auf die Darstellung Kruks. Sie ergibt sich auch

Alterskurve der Führungskräfte

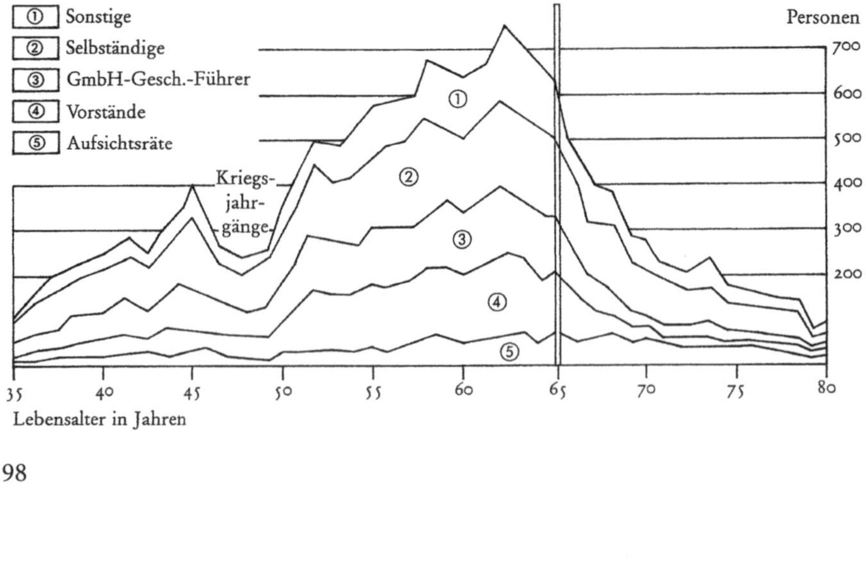

Vorstandsmitglieder von Aktiengesellschaften nach Wirtschaftsgruppen

Branche \ Alter	-35	36-40	41-45	46-50	51-55	56-60	61-65	66-70	71-75	76-80	80+	Summe	-45	46-55	56-65	65+
	Zahl der Unternehmer												%			
Industrie	21	117	208	218	441	543	552	184	62	21	12	2379	14,6	27,7	46,0	11,7
Banken	3	9	31	23	42	56	72	41	6	6	–	289	14,9	22,5	44,3	18,3
Versich.	6	23	37	25	65	63	80	19	9	1	–	328	20,1	27,4	43,6	8,9
Handel	–	1	6	6	6	15	15	3	2	–	1	55	12,7	21,8	54,6	10,9
Verkehr	–	6	10	11	24	36	31	15	2	2	1	140	12,8	25,0	47,9	14,3
Dienstleist.	–	11	11	15	30	48	39	24	4	3	2	187	11,8	24,1	46,5	17,6
Sonstige	–	–	1	1	1	3	3	1	2	–	1	13				
Summe	30	169	304	299	609	764	792	287	87	33	17	3391	14,8	26,8	45,9	12,5
V.-Vors.	2	10	19	24	58	95	116	44	12	8	5	393	7,9	20,9	53,7	17,3
V.-Mitgl.	18	102	222	236	483	606	642	229	70	23	12	2643	13,0	27,2	47,2	12,6
Stellv. V.-Mitgl.	10	57	63	39	68	63	34	14	5	2	–	355	36,6	30,2	27,3	5,9

aus einer Studie, die zwei internationale Personalberatungsfirmen, die Zürcher Egon Zehnder und Partner AG und die britische MSL Management Selection, 1971 anfertigten.[15] Darin wurde nicht nur den demographischen Verlusten des Zweiten Weltkriegs ein größerer Stellenwert eingeräumt, sondern auch der Tatsache, dass die Jahrgänge des Ersten Weltkriegs geburtenschwach waren. Stellt man diese Faktoren in Rechnung, dürfte aber auch Vorsicht angebracht sein bei einem Versuch, die statistisch wohl verlässlichen Angaben zur Altersstruktur der westdeutschen Unternehmer aus den sechziger auf die siebziger Jahre oder auf die *unmittelbare* Nachkriegszeit zu übertragen. Im ersteren Jahrzehnt scheint die Altersstruktur eine erhebliche Verjüngung erfahren zu haben. Ebenso spricht vieles dafür, dass die Situation der späten vierziger nicht mit der der sechziger Jahre zu vergleichen ist, wobei außer demographischen Gründen auch politische von Bedeutung waren. Mit anderen Worten, die soziologischen Studien der sechziger Jahre spiegeln eine Altersstruktur, die zu Beginn der Rekonstruktionsphase erheblich in die Jahrgänge der damals Dreißig- und Vierzigjährigen verschoben war, sich dann aber infolge der demographischen Auswirkungen zweier Weltkriege bis in die siebziger Jahre hinein nicht merklich verjüngte.

Innerhalb der männlichen Gesamtbevölkerung stellten die Dreißig- bis Vierzigjährigen 1939 mit 18 Prozent einen außerordentlich hohen Anteil, gefolgt von den Vierzig- bis Fünfzigjährigen mit 11,9 Prozent.[16] Die Altersklassen 20 bis 30 Jahre waren mit 14,9 Prozent geburtenschwächer, während der Anteil der Fünfzig- bis Sechzigjährigen, bedingt durch Weltkrieg und Lebenserwartung, auf 9,9 Prozent absank. Ein verfeinertes Bild ergibt sich, wenn die Zahlen für die männlichen Angestellten in Industrie und Handwerk aus der „Berufszählung von 1939" herausgezogen werden. Diese beliefen sich damals für die Zwanzig- bis Dreißigjährigen auf 242.155; für die Dreißig- bis Vierzigjährigen auf 410.988; für die Vierzig- bis Fünfzigjährigen auf 291.330; für die Fünfzig- bis Sechzigjährigen auf 185.822 und für die Altersgruppe 60 bis 65 Jahre auf 48.290. Diese Umstände gaben den „dynamischen Männern" der mittleren Generation in der Industrie verbesserte Möglichkeiten, in Führungspositionen aufzusteigen. Hinzu kam der politisch bedingte Faktor der enormen Expansion der Rüstungsindustrie, zuerst im Rahmen der Kriegsvorbereitung und später der totalen Mobilisierung. Eine vorläufige Auswertung biographischer Daten von 94 Ruhrindustriellen, über die vor Jahren an der Universität Bochum Material gesammelt wurde, ergab, dass 1939 in folgendem Alter die Vorstandsstufe erreicht wurde:

Alter	25 – 29	30 – 34	35 – 39	40 – 44	45 – 49	40 – 54	55 – 59	60 – 64	65+
v. H.	2,1	5,3	26,6	18,1	19,2	20,2	5,3	2,1	1,0

Allerdings erklommen nur wenige Angehörige der mittleren Generation wirklich exponierte Spitzenpositionen innerhalb der Wirtschaft des Dritten Reichs. Nicht weniger bedeutsam ist, dass sich diese Gegebenheiten zusammen mit den demographischen Verlusten des Zweiten Weltkrieges nach 1945 gewissermaßen zum zweiten Mal zugunsten der in dem Jahrzehnt vor und nach der Jahrhundertwende Geborenen auswirkten, da von den Männern der Jahrgänge 1911 bis 1926 25 Prozent gefallen waren. Die Lücke wurde noch dadurch vergrößert, dass viele der bekannten Namen der Wirtschaft des Dritten Reichs das Kriegsende und die frühe Besatzungszeit politisch oder persönlich nicht überlebten. Theoretisch hätte diese Lücke auch mit Hilfe einer Verbreiterung der sozialen Basis der westdeutschen Unternehmerschaft gefüllt werden können. Sofern jedoch die zitierten Mobilitätsstudien einen Anhalt bieten, erfolgte eine Rekrutierung auf diesem Wege nicht. So dürfte es zu erklären sein, dass viele, die im Dritten Reich im zweiten Glied an durchaus einflussreicher Stelle gestanden hatten, nach gewöhnlich kurzer Zwangspause in den Jahren 1945/46 wieder in Vorstandspositionen auftauchten. Gleiches gilt für die Verbandsgeschäftsführer. Wie Ingo Tornow errechnete, waren von „48 (Haupt-)Geschäftsführern der [von ihm] zugrunde gelegten Verbände … mindestens 22 schon vor 1945 in Verbänden tätig, 14 schon in der Weimarer Zeit, 20 in der nationalsozialistischen Zeit und mindestens 14 kontinuierlich bis 1945“.[17] Damit ist nicht gesagt, dass die bekannten Namen unter der älteren Generation mit dem Zusammenbruch des Dritten Reiches vollständig ihren Einfluss verloren. Schon anhand der recht knappen Zusammenstellungen von Wolfgang Zapf zeigt sich, dass eine Reihe von ihnen bald nach dem Kriege Aufsichtsratspositionen einnahm.[18] Wieder andere traten als Berater im Hintergrund auf und in beiden Positionen erfüllten sie wichtige Funktionen, auf die noch eingegangen wird.

Nach dem gegenwärtigen Forschungsstand ist es nicht möglich, statistisch abgesicherte Aussagen über die Altersstruktur der deutschen Unternehmerschaft im Zweiten Weltkrieg und unmittelbar danach und damit über die personelle Kontinuität in den vierziger Jahren zu machen. Was von Zapf, Tornow u. a. an Datenmaterial zusammengetragen worden ist und hier mit

Hilfe der Ergebnisse späterer Zirkulationsstudien und der Demographie extrapoliert wurde, kann aber durch andere Informationen ergänzt werden. Zwar ist dieses Vorgehen mehr impressionistisch, aber es fördert doch einige aufschlussreiche Zusammenhänge zutage. Da ist zunächst das auf langjähriger Erfahrung beruhende Urteil Maximilian Schubarths, eines bekannten „Kopfjägers" und Vermittlers von Spitzenpositionen in der westdeutschen Wirtschaft. In der Manager-Zeitschrift *Capital* legte er vor einigen Jahren das folgende Geständnis ab:

> „Ich habe eine interessante Feststellung gemacht. Ich habe bei Freunden und vor allem bei verschiedenen Vorständen und Geschäftsführern einmal den Werdegang besprochen. Ich kann natürlich keine Namen nennen; das würde zu Unträglichkeiten führen. Aber ich habe ein paar Elitegruppen ausgemacht, die tatsächlich – zwar unsichtbar, aber doch evident – bis in die heutige Zeit existieren. Da ist einmal die Mars-Merkur-Gruppe[19] der ehemaligen Generalstäbler, die heute zum Teil führende Rollen in der Wirtschaft spielen. Dann Abkömmlinge der Adolf-Hitler-Schulen, der Reiter-SS und der Waffen-SS. [...] Damit meine ich Vorstände, Geschäftsführer, wirklich erste Leute. Die waren schon im Dritten Reich erfolgreich, begabt. Man kann nun nicht einfach hingehen und sagen, das waren Nazis oder Verbrecher."[20]

Will man die politische Beurteilung des von Schubarth genannten Führungspersonals ganz außer Acht lassen, dürfte andererseits das Urteil Lewis Edingers hinsichtlich der westdeutschen Wirtschaftseliten zu modifizieren sein. Er kam zu dem Schluss, dass die „Nazi-Elite" abgelöst wurde „von einer Elitenkoalition, deren Mitglieder sich hauptsächlich aus Personengruppen rekrutierten, die weder engagierte Mitglieder noch Gegner des totalitären Regimes waren".[21] Das mag auf die politische Elite zutreffen, bedarf im Hinblick auf die Industrie aber der Differenzierung. Sie gilt zunächst für kleinere und mittlere Unternehmen. In der britischen Besatzungszone, die die Ruhr einschloss, dürfte die personelle Kontinuität beim Mittelstand schon deshalb besonders groß gewesen sein, weil die Engländer in dem Bemühen, die Produktion bald wieder in Gang zu setzen, Direktoren und Familieneigentümer nach oft nur oberflächlichen Entnazifizierungsverfahren zurückholten. Komplizierter liegen die Dinge für die Großindustrie und vor allem für das Revier. Soweit es die alten Industriefamilien betrifft, wird man feststellen können, dass von diesen viele ihre einstigen Positionen zurückgewannen, nachdem sich die Westalliierten einmal für die Rückgabe beschlagnahmten Eigentums entschieden hatten. Über die verwandtschaftlichen und wirtschaftlichen Verflechtungen dieses Teils der westdeutschen Wirtschaftselite haben vor allem Kurt Pritzkoleit und Bernt Engelmann Material gesammelt, das auf eine Kontinuität über die Niederlage von 1945 hinaus hinweist.[22] Es ist zu vermuten, dass die alliierten Beschlagnahmungen und die Erfahrungen der vierziger Jahre die Industrie-Clans, vor allem an der Ruhr, enger zusammenrücken ließen. Andererseits ist die personelle Kontinuität bei ihnen deshalb weniger bedeutsam, weil mit dem Aufstieg der großen Kapitalgesellschaften im 20. Jahrhundert Einfluss und Macht über die in Familienbesitz befindlichen umfangreicheren Aktienpakete ausgeübt wurden. Ähnlich wie die Zirkulationsstudien der sechziger Jahre werden sich daher auch künftige quantitative Forschungen zur Industrieelite im Zeitraum der vierziger Jahre auf die Vorstands- und Aufsichtsratsmitglieder dieser großen Gesellschaften zu konzentrieren haben. Denn unter diesen leitenden Angestellten ist das Personalproblem offensichtlich von besonderem Interesse. Aufgrund seines Studiums dieser *Ersten Garnitur* kam H.O. Eglau, ein guter Kenner der Großindustrie, zu dem Schluss: „Der totale Zusammenbruch des Jahres 1945 bescherte Deutschland zwar einen Wechsel der politischen Elite, nicht jedoch der wirtschaftlichen Führungsschicht.“ Abgesehen von einigen überzeugten Nationalsozialisten seien die meisten Manager nach kurzer Internierung auf ihre alten Posten zurückgekehrt. Er fügte hinzu: „Vielfach noch länger als ein Jahrzehnt blieben die knorrigen Generaldirektoren im Amt, die im klassenbewussten Kaiserreich erzogen worden waren und ihr Handwerk nach der von den Nazis vom Militärischen ins Betriebliche übertragenen Einteilung in „Führer“ und „Gefolgschaft“ praktiziert hatten.“[23]

Unter diesem Blickwinkel lohnt es sich, die Memoirenliteratur zu verfolgen. Einen guten Einstieg bieten z. B. die Erinnerungen von Walter Rohland, der als diplomierter und promovierter Eisenhüttenfachmann 1933 im Alter von 34 Jahren Vorstandsmitglied der „Deutschen Edelstahlwerke AG“ in Krefeld wurde.[24] Im selben Monat trat er in die NSDAP ein. Seine Karriere im Dritten Reich verlief weiterhin steil. Im Mai 1941 rückte er in den Vorstand der „Vereinigten Stahlwerke“ (VSt) auf, und im November 1943 wurde er Vorstandsvorsitzender des Stahlgiganten in der Nachfolge des zurückgetretenen Ernst Poensgen. Auch in der nationalsozialistischen Kriegswirtschaft nahm Rohland wichtige Positionen ein. Im Jahre 1941 wurde er Vorsitzender des „Arbeitsausschusses Panzerfertigung“ (daher sein *nom de guerre: „Panzer-Rohland“)* und zwei Jahre später Leiter der „Abteilung Eisen und Stahl“ im Ruhrstab. Er war einer der engsten Mitarbeiter von Albert Speer.

Nach dem Kriege war er dann nach eigener Aussage „der einzige Hauptausschussleiter, der aus der Industrie stammte und der nicht wieder aktiv mit führenden Stellungen in der Industrie betraut wurde“.[25] Im Hinblick auf seine einstigen Kollegen im Speer-Apparat ist dies eine interessante Feststellung, welche die Kontinuitätsthese stützt. Nicht weniger bedeutsam sind jedoch die Gründe für Rohlands Ausschluss. Zunächst stellten sich die Engländer gegen sein Comeback. Jedenfalls erhielten die VSt auf Anweisung der britischen „North German Iron and Steel Control“ (NGISC) am 1. Oktober 1948 von der Stahl-Treuhandverwaltung seines früheren VSt-Vorstandskollegen Heinrich Dinkelbach ein Schreiben mit der Bitte, „bis auf weiteres davon abzusehen, Sie für eine offizielle Position in ihren Gesellschaften vorzuschlagen“.[26] Es stehe den VSt aber frei, „Sie als Berater einzustellen und entsprechend zu vergüten“. Auch in den Jahren darauf erhielt Rohland keine feste Anstellung in der westdeutschen Stahlindustrie, obwohl sich Poensgen für ihn einsetzte und im

Juli 1949 eine Besprechung mit den Stahl-Kontrolleuren arrangierte. Über dieses Treffen berichtete Rohland:

„Außer den Kommissionsmitgliedern Ascarelli und Eliot, alten Freunden von Poensgen, gehörten George Wolf [Präsident der US Steel Export Corp.], Mr. Clark und mein alter Bekannter King von der United States Steel Corp. zu meinen Gesprächspartnern. … In aller Herzlichkeit wurde ich von ihm [King] begrüßt; die Unterhaltung verlief in einer besonders vertrauensvollen Atmosphäre. G. Wolf kannte die deutschen Verhältnisse sehr gut, da er vor dem Kriege jahrelang die Generalvertretung von General Motors in Deutschland geleitet hatte.“[27]

Aber obwohl sich die Runde „in den wichtigsten Punkten eines Demontage-Stops bald einig“ gewesen sei, für ein Comeback reichten die internationalen Industriellen-Kontakte Rohlands nicht aus. Er konnte lediglich im In- und Ausland eine ausgedehnte Berater-Tätigkeit entwickeln. So wurde er u. a. „bei der Bearbeitung verschiedener Denkschriften“ herangezogen, die Hans-Günther Sohl damals anfertigte, im Kriege Vorstandskollege bei den VSt und zu diesem Zeitpunkt im Vorstand der „Vereinigten Stahlwerke in Liquidation“. Rohland zufolge gab es noch andere Gründe für seine Enttäuschung. So hätte die Befürchtung bestanden, „die russische Propaganda könne sich störend einmischen, falls der ‚Panzer-Rohland‘ wieder Verantwortung in der Stahlindustrie übernehmen würde“. Auch habe man Sorge gehabt, „ich könnte energische Versuche unternehmen, um die von verschiedenen Seiten betriebenen Pläne zur Entflechtung der Stahlindustrie zu durchkreuzen“. Dies habe „gerade auch bei jenen Deutschen“ Misstrauen erregt, „die an der Zerschlagung der Großkonzerne interessiert waren“. Schließlich habe die Ansicht bestanden, „ich könnte meinen Einfluss energisch geltend machen, um die immer stärker werdende Front zu unterstützen, die sich gegen den Wahnsinn der Demontagen zusammenfand“. Rohland erwähnte dann „nicht zuletzt“ noch drei „scheinbare Kleinigkeiten“, die möglicherweise dafür „ausschlaggebend gewesen“ wären, „dass ich bei meinen Versuchen, beruflich rehabilitiert zu werden, so erfolglos und relativ ohne Unterstützung blieb“: „Ich war kein Bergassessor, kein Montan-Corpsstudent oder Burschenschafter und kein Jäger.“

Mit diesen Hinweisen hatte er Aspekte der Sozialgeschichte des Reviers angeschnitten, die bisher kaum erforscht sind. Vor allem die letzten drei „scheinbaren Kleinigkeiten“ dürfen auch nach 1945 nicht unterschätzt werden, wenn man ein Verständnis für das Solidaritätsgefühl und den ideologischen Zusammenhalt unter den Führungsgruppen der Schwerindustrie gewinnen will. Allenfalls die alte Frage: „Wo hat er gedient?“ hatte an Gewicht verloren, obwohl ehemaligen Heeresoffizieren in den fünfziger und sechziger Jahren häufig Qualitäten zugesprochen wurden, die sie für Führungspositionen in der Industrie angeblich prädestinierten.[28] Glaubhaft dürfte auch Rohlands Angabe sein, dass nicht nur die Alliierten gegen seine industriepolitischen Vorstellungen Bedenken hatten. So gab es nicht nur in anderen

Branchen Unternehmer, die für eine Entflechtung zumindest der VSt eintraten. Auch an der Ruhr fragte man sich hier und da, ob nicht ein Aufbrechen alter Machtstellungen für das Wohl der westdeutschen Industrie von Vorteil sei, sofern die Zerstückelung nicht zu weit getrieben werde. Noch schwerwiegender dürfte indessen gewesen sein, dass Rohland eine „energische" Opposition gegen Entflechtung und Demontagen befürwortete; nicht, dass es diesem Widerstand an Nachdruck gefehlt hätte. Der zweimalige Gebrauch des Wortes „energisch" weist aber auf einen Zusammenhang hin, den Rohland bezeichnenderweise übergeht bzw. verharmlost: seine Rolle im Dritten Reich. Denn auf eine nicht leicht zu erfassende Weise waren Haltung und Tätigkeit in der NS-Kriegswirtschaft durchaus von Bedeutung für den Rang, den man nach 1945 unter seinesgleichen einnahm. Und im Rahmen dieser industriellen „Selbstjustiz" nahm Rohland eine Grenzstellung ein. Er war nicht so kompromittiert, dass er zu einem völligen Außenseiter degradiert wurde. Auf der anderen Seite war sein *track record* unter Hitler nicht gut genug, um ihm in den Augen seiner früheren Kollegen eine Rückkehr in Führungsstellungen zu ermöglichen. So war er, wie auch Hans Kehrl, lediglich als Berater akzeptabel. Ebenso ist zu vermuten, dass Willy Schliekers Schwierigkeiten mit dem Ruhr-Establishment und den mit ihm verbundenen Banken, die ihm später in der Stunde der Not nicht zu Hilfe kamen, mit seiner sozialen Herkunft, aber wohl gerade auch mit seiner kriegswirtschaftlichen „Hemdsärmeligkeit" und seiner zu engen Assoziation mit der Speerschen Rüstungspolitik zusammengehangen haben.

Was Rohland und Kehrl offenbar an der Ruhr nie ganz vergeben wurde, war, dass sie – wenn auch keine fanatischen Nationalsozialisten – zu eben jenen „dynamischen" Männern gehörten, „deren Energie in Brutalität ausartete und die sich durch nichts imponieren ließen".[29] Nicht zuletzt aber hatten sie sich zu stark und zu lange bei der totalen Mobilisierung der Industrie durch das Speer-Ministerium engagiert. Denn gerade das Verhältnis der Schwerindustrie zu Speer wurde in der zweiten Kriegshälfte zunehmend gespaltener. So sehr das damalige Rüstungsprogramm der Großindustrie auch anfangs den Vorteil einer verstärkten und gewissermaßen „kurzgeschlossenen" Beziehung zum Staat brachte und so sehr es aus diesem Grunde von der mittelständischen Unternehmerschaft und den Gauleitern als deren regionalen Fürsprechern bekämpft wurde, die zentralistischen Tendenzen des Speer-Systems wurden gleichwohl als bedrohlich empfunden. Auch gegen das Prinzip des rücksichtslosen Raubbaus an Maschinen und „Menschenmaterial" bestanden von Anfang an erhebliche Bedenken. Zudem wurde man im Revier schon zu einer Zeit von „dunklen Ahnungen" einer möglichen totalen Niederlage befallen, als Speer noch mehr oder weniger enthusiastisch daran glaubte, sein System werde den Endsieg bringen. So ging der Rüstungsminister erst Ende 1944 und nach Meinung vieler Großindustrieller allzu spät dazu über, zusammen mit Männern wie Schwerin v. Krosigk und Funk die Durchhalte- und Zerstörungspolitik des Führerhauptquartiers zu sabotieren. Über den Einfluss, den die damaligen Spannungen und Erfahrungen auf die Einstellung führender Industrieller zu Speer nach 1945 gehabt haben ist wenig bekannt. Unter den engsten Mitarbeitern und den Mitgliedern des „Speerschen Kindergartens" scheint der Zusammenhalt und der Kontakt mit dem in Spandau einsitzenden ehemaligen Rüstungsminister sehr eng gewesen zu sein. Auch außerhalb dieses Kreises hat man es ihm offenbar zugute gehalten, dass er überhaupt den Weg in eine „Widerstandstätigkeit" dieser Art fand und auf diese Weise noch größere Zerstörungen verhindert hat. Die späteren Dankeserweisungen dafür blieben aber begrenzt und beschränkten sich auf „menschliche" und materielle Unterstützung. Es scheint, dass dies nicht nur geschah, weil eine öffentliche Stellungnahme für Speer innen- und außenpolitische Schwierigkeiten bereitet hätte, sondern auch weil der spezielle Moralkodex der westdeutschen Industrieeliten nach 1945 sehr feine Linien zog zwischen Kollegen, die akzeptabel, *gerade noch* akzeptabel und *nicht mehr* akzeptabel waren. Wie die Fälle von Friedrich Flick und Alfried Krupp zeigen, war eine Aburteilung in Nürnberg keineswegs der Urteilsmaßstab für eine Ver- bzw. Entehrung.

In diesem eigenartigen Milieu wurde Rohland nach 1945 von seiner Vergangenheit „eingeholt". Denn seine Konflikte mit dem Führerhauptquartier und seine „Bemühungen um die Erhaltung des Reviers und die Beschleunigung der Kapitulation des Ruhrkessels"[30] wurden lediglich durch Beraterverträge honoriert. Jetzt war es ein Nachteil, dass er „im Ministerium Speer in bestem Ansehen" gestanden hatte[31], denn dies blockierte nicht zuletzt seine Wiederanstellung. Außer den erwähnten früheren Spannungen zwischen der Großindustrie und dem Speer-Apparat hat möglicherweise noch ein weiterer Faktor zu Rohlands Nachkriegsschicksal beigetragen, der die ganze Problematik des Telos und Ethos der NS-Diktatur und die Stellung der Unternehmerschaft zu ihr berührte: der Einsatz von Zwangsarbeitern in den rüstungswichtigen Betrieben. Über die Sozialgeschichte dieser Millionen von Ausländern, die ins Reich verschleppt wurden, wissen wir immer noch nicht genug und der Informationen suchende Leser kann weiterhin gut bei Heinrich Bölls *Gruppenbild mit Dame* beginnen. Durch die Arbeit von John Gillingham sind wir inzwischen detaillierter über die Verhältnisse im Bergbau informiert.[32] Es ist kein erfreuliches Bild, das sich aus den Akten ergibt – weder für die ersten Jahre des Krieges, als der Hochmut vieler Deutscher, Unternehmer nicht ausgeschlossen, auch sonst keine Grenzen zu kennen schien, noch in der zweiten Kriegshälfte. Die Menschlichkeit des „revierfremden" späteren Krupp-Bevollmächtigten Berthold Beitz, der sich als Rüstungsmanager im besetzten Polen mit der NS-Sklaverei konfrontiert sah, scheint eher die Ausnahme gewesen zu sein. Als dann aber immer größere Scharen von Zwangsarbeitern buchstäblich vor ihren Direktionsstuben zusammenbrachen und starben, wurde das Herz mancher Bergassessoren offenbar doch erschüttert. Rohland dagegen hatte auch in seinen Memoiren noch den Eindruck, dass es den „Fremdarbeitern" in der Rüstungsindustrie eigentlich recht gut gegangen sei, während Speer in seinem *Sklavenstaat* diese Fragen vernachlässigte und in erste Linie seine „Auseinandersetzungen mit der SS" untersuchte.[33] Kurzum, aus den hier angeführten Gründen war das Verhältnis der Großindustrie zur nationalsozialistischen Kriegswirtschaft im Allgemeinen und zum Speer-Apparat im Besonderen bei aller grundsätzlichen Kollaboration keineswegs spannungsfrei. So erklärt es sich auch, dass es im Krieg im Revier zu diversen Rücktritten kam, deren unmittelbare Wirkung gering war, welche nach dem Kriege aber eine umso größere Bedeutung erlangen sollten.

Das erste Signal wurde 1942 durch den Rückzug Paul Reuschs gesetzt, des Generaldirektors der „Gutehoffnungshütte" (GHH), Förderers von Oswald Spengler, Freundes von Paul Silverberg und Max Warburg, vor allem aber eines Mannes, der schon vor 1933 kein rechtes Verhältnis zu Hitler und seiner Bewegung hatte finden können. Mit Reusch legte auch sein Sohn Hermann sein Vorstandsamt bei der GHH nieder und ging bis Kriegsende als Bergbaubeauftragter nach Serbien, wo er vermutlich mancherlei über die auch dort recht brutale deutsche Besatzungspraxis erfuhr. Es blieb aber bei einem Einzelprotest und einem Kenner zufolge hat Paul Reusch bis zu seinem Tode im Dezember 1956 gegen seine Kollegen an der Ruhr einen Groll gehegt, dass sie sich seinerzeit nicht mit ihm solidarisiert haben. Im Jahre 1943 trat Poensgen als Vorstandsvorsitzender der VSt zurück, nachdem Reichswirtschaftsminister Funk ihn im Zuge einer Umwandlung der „Wirtschaftsgruppe Eisenschaffende Industrie" in die „Reichsvereinigung Eisen" als Leiter der Wirtschaftsgruppe abberufen hatte.[34] Bei den VSt fiel durch Poensgens Abgang dem Aufsichtsratsvorsitzenden Albert Vögler eine erhöhte Verantwortung zu, die er bis in die letzten Kriegswochen ausübte. Mitte April 1945 beging er in der Nähe seines Hauses bei Dortmund beim Abtransport durch amerikanische Soldaten Selbstmord. Auch andere prominente Großindustrielle überlebten das Kriegsende nicht, unter ihnen der schon 1940 verstorbene Peter Klöckner. Carl Friedrich von Siemens starb ein Jahr später im Juli 1941, woraufhin Hermann von Siemens den Aufsichtsratsvorsitz übernahm und über das Kriegsende hinweg bis 1955 mit Ausnahme der Jahre 1947 und 1948 weiterführte. Bis zum bitteren Ende harrte auch Wilhelm Zangen, Vorstandsvorsitzender der Mannesmann AG und Leiter der „Reichsgruppe Industrie", aus. In dieser Funktion gehörte er, zusammen mit seinem Stellvertreter Rudolf Stahl, zu den Förderern der industriellen „Friedensplanungen" in der zweiten Kriegshälfte. Über sie und den Geschäftsführer der „Reichsgruppe Industrie", Karl Guth, erstreckte sich das Netz von Verbindungen über die Schwerindustrie hinaus, und auf der Einladungsliste für die erste Sitzung des von Stahl inaugurierten „kleinen Sachverständigenausschusses" am 1. August 1944 standen Hermann Schmitz (Vorstandsvorsitzender der IG Farben) Fritz Jessen (Siemens & Halske), Philipp F. Reemtsma, Carl Goetz (Dresdner Bank), Heinrich Dinkelbach (Vorstandsmitglied der VSt) und Friedrich Flick. Diskussionsgegenstand sollten eine gekürzte Fassung einer Denkschrift, die Ludwig Erhard, Leiter des Nürnberger „Instituts für Industrieforschung", zum Thema *Kriegsfinanzierung und Schuldenkonsolidierung*[35] angefertigt hatte, sowie ein Korreferat von Günter Keiser, Leiter der statistischen Abteilung der „Wirtschaftsgruppe Privates Bankgewerbe", sein; Keiser mag mit Roland Risse für eine Reihe von Verbandsfunktionären stehen, die nach dem Kriege in Frankfurt und Bonn wichtige Ministerialpositionen einnahmen und von dort Verbindung mit der Industrie hielten.[36] Während Zangen 1945 seine Stellung verlor und erst 1948 zu Mannesmann zurückkehrte, sorgte bei der AEG ein anderes Mitglied der älteren Generation und prominenter Sprecher des RDI zu Weimarer Zeiten, Hermann Bücher, für Kontinuität über die Niederlage hinweg. Gleichfalls bis Ende 1945 blieb der GHH-Vorstandsvorsitzende Hermann Kellermann im Amt, ehe Hermann Reusch dann die Aufgabe übernahm, „das Werk seines Vaters in den Stürmen der Nachkriegszeit zu verteidigen".[37]

Mit Reusch Jr. sind wir jedoch bereits bei einem Personenkreis angelangt, der noch wenige Jahre zuvor im Dritten Reich durchaus einflussreiche Positionen eingenommen hatte und sie bald nach 1945 für die nächsten zwei Jahrzehnte erneut innehaben sollte. Über das Wie und Warum ihres Wiederaufstiegs kann man bis auf weiteres nur Vermutungen äußern. Bei einigen, z. B. bei Günter Henle, dem Schwiegersohn Peter Klöckners, lagen die Gründe in verwandtschaftlichen und wohl auch guten internationalen Beziehungen. Bei anderen wiederum war von Bedeutung, dass sie vor dem Kriege für amerikanische Firmen in Deutschland tätig gewesen waren. Die Faktoren, die hier ins Spiel kamen, lassen sich gut anhand der Karriere von Heinz P. Kemper illustrieren, der – 1903 geboren – die Hugo Stinnes GmbH wiederaufbaute. Er war als 23-jähriger in das Maschinenbauunternehmen Ipeg-Premag eingetreten, einer Tochtergesellschaft der „Chicago Pneumatic Tool Co.", die ihrerseits mit „Bethlehem Steel" zusammenhing. Nach einem Aufenthalt in den USA Anfang der dreißiger Jahre kehrte er als Verkaufschef der Ipeg-Premag nach Deutschland zurück und wurde noch vor Kriegsausbruch Vorstandsvorsitzender der Premag. Die Firma wurde aber als ausländische Gesellschaft 1939 beschlagnahmt, was offenbar zugleich zu Kempers Degradierung führte. Dieser Hintergrund machte ihn fast unvermeidlich für die amerikanischen Besatzungsbehörden interessant. Von ihnen wurde er zunächst zum Verwalter der von den Nazis eingezogenen ausländischen Vermögenswerte ernannt, ehe er – wahrscheinlich auf Veranlassung der „OMGUS Economic Division" – zum Treuhänder der Stinnes-Gruppe gemacht wurde. Ähnliche Faktoren sind bei Otto A. Friedrich evident, 1939 bis 1965 im Vorstand der Harburger Phoenix Gummiwerke AG. Er konnte nach dem Kriege – obwohl NSDAP-Mitglied und in der Kautschuk-Versorgung führend tätig gewesen – seine alten Kontakte zur amerikanischen Gummi-Industrie wiederbeleben. Zudem war sein in die USA emigrierter Bruder, der an der Harvard University lehrende Politologe Carl Joachim Friedrich, bei Lucius D. Clay Militärgouverneur der amerikanischen Besatzungsmacht, als Berater eingesetzt.

Weitaus schwerer ist zu ergründen, wie eine Anzahl von führenden Ruhrindustriellen der jüngeren Generation, die offenbar über keine direkten amerikanischen Beziehungen verfügten, nach dem Kriege erneut in Spitzenpositionen vordrangen. Dies umso mehr, als sie – so z. B. Ernst Wolf Mommsen, Willy Ochel, Hans-Günther Sohl, Fritz-Aurel Goergen u. a. – wie Rohland mit dem Speer-Apparat eng verbunden gewesen waren. Der 1906 geborene Sohl zumal gehörte „eigentlich nicht zu den Männern, die erst nach dem Kriege in wichtige Schlüsselstellungen der Ruhrindustrie gerückt sind".[38] Zuerst bei Krupp, seit 1941 im Vorstand der VSt, zwei Jahre später dort zum stellvertretenden Vorstandsvorsitzenden ernannt, war er zugleich mit der Organisation des Panzerbaus befaßt. Und doch ist der Wiederaufbau der „August-Thyssen-Hütte" (ATH) und der westdeutschen Stahlindustrie überhaupt ohne den Namen Sohls kaum denkbar. Zwar wurde er, wie andere Stahlindustrielle, Ende 1945 für 18 Monate interniert; Anfang 1948 saß er jedoch wieder zusammen mit dem ehemaligen Justitiar der VSt, Wolfgang Linz, im Vorstand des auf der Entflechtungsliste stehenden Konzerns. Zugleich wurde er Stellvertretender Aufsichtsratsvorsitzender der ATH, ehe er im Januar 1949 zu einem der vier Liquidatoren der VSt bestellt wurde. Den VSt-Aufsichtsratsvorsitz hatte 1948 Hermann Wenzel wieder übernommen, der seit 1942 diesem Gremium angehört hatte.

Das Problem personeller Kontinuität kann in diesem Rahmen nur kurz berührt werden. Sicherlich konnte keiner, der im Dritten Reich im Vorstand der Großunternehmen tätig gewesen war, ohne das Plazet der Westalliierten in seiner Stellung bleiben bzw. in sie wieder eingesetzt werden. Ebenso bedeutsam war aber auch, welche Reputation man sich in der nationalsozialistischen Kriegswirtschaft erworben hatte und wie man als Angehöriger der jüngeren Generation durch eine relativ kleine Zahl von älteren Industriellen beurteilt wurde. Damit soll nicht eine antikapitalistische Verschwörungstheorie konstruiert, sondern auf die Bedeutung von „Türhütern" (S.P. Huntington) hingewiesen werden. Ihre politischen und sozialen Urteile und Vorurteile spielten bei der Einstufung in die drei erwähnten Kategorien eine erhebliche Rolle. Wie Rohland zu seiner Verbitterung zu spüren bekam, waren die Maßstäbe, die vor allem im Revier angelegt wurden, andere als die der Alliierten. Aber sie drehten sich dennoch alle um die Stellung zur NSDAP. Für ein Verständnis dieser Auswahlmechanismen ist schließlich noch zu berücksichtigen, dass die „Türhüter"-Funktion der älteren Generation durch die patriarchalischen Traditionen und den vorherrschenden Führungsstil verstärkt wurde. Ob es sich um Poensgen, einen „Grandseigneur von distinguierter Erscheinung" mit „den Gesichtszügen eines Philosophen" und einer Verachtung für Bürokratismus und Formelkram handelte oder um den sehr viel weniger intellektuellen Zangen oder schließlich um den etwas poltrigen, aber dem Mäzenatentum verpflichteten Paul Reusch[39], die Senioren des Reviers genossen ein unverändert hohes Prestige. Es scheint sogar, dass zumindest im Falle von Flick auch dessen Haftzeit sein Ansehen, das er genoss, nicht mindern konnte.

Schon während der Weimarer Republik war der Kreis der Einflussreichen klein gewesen. Tod und andere äußere Umstände sorgten nach 1945 zusätzlich dafür, dass sich das nicht änderte. Poensgen lebte nach dem Krieg in der Schweiz. Aus der Ferne scheint sein Einfluss nicht sehr groß gewesen zu sein, zumal er bereits älter als 70 Jahre und herzleidend war. Er starb am 22. Juli 1949 und erhielt im *Arbeitgeber* (1.8.1949) einen verehrungsvollen Nachruf. Unter den älteren Ruhrindustriellen, die nicht durch längere Inhaftierung in ihren Möglichkeiten behindert wurden und die „richtige" politische Vergangenheit hatten, war Paul Reusch. „Als die treuen Paladine der Ruhrwirtschaft", (G. Henle) bewährten sich weiterhin Karl Jarres und der Kölner Bankier Robert Pferdmenges. Der Schwerindustrie seit langem eng verbunden (seit 1940 auch der Flick-Gruppe), war Pferdmenges 1944 von der SS unter Hausarrest gestellt worden. Nach dem Kriege wurde er u.a. Präsident der Kölner Industrie- und Handelskammer. Die britischen Besatzungsbehörden entließen ihn im September 1946 aus diesem Posten – zur gleichen Zeit, zu der sein Freund Konrad Adenauer den Stuhl des Kölner Oberbürgermeisters räumen musste.

Im Jahre 1945/46 wurden die Bemühungen um ein neues Netz von Beziehungen zunächst durch die verspätete Entscheidung der Westalliierten beschnitten, die Vorstände der Konzerne und andere führende Industrielle zu verhaften. Am 6. September 1945 wurden als erstes fast 40 Mitglieder des Rheinisch-Westfälischen Kohlensyndikats festgesetzt. Am 30. November und 1. Dezember wurden ca. 70 Stahlunternehmer im Internierungslager Bad Nenndorf eingeliefert, und im März 1946 ereilte schließlich etwa 33 Direktoren und Aufsichtssichtsräte von Großbanken das gleiche Schicksal. Obwohl die meisten bald wieder entlassen wurden und auch der Entnazifizierung entgehen konnten, dürfe die Internierungszeit nicht zuletzt insofern eine wichtige Rolle gespielt haben, als man alte Kontakte aus dem Dritten Reich erneuern konnte. Und sofern man sich nicht schon aus den Verbänden oder den Gremien des Speer-Apparats, sondern nur dem Namen nach kannte, gab es in jenen Monaten in Bad Nenndorf und anderen Lagern eine günstige Gelegenheit, Gedanken auszutauschen und sich wechselseitig einzuschätzen.

Nach der Entlassung war es nicht sehr schwer, diese Verbindungen weiter zu pflegen und mit Hilfe derer, die in der Gnade der Besatzungsbehörden standen, auszubauen. Dauerte es manchmal auch mehrere Jahre bis zur Wiedereinstellung, gegen Ende 1948 war es sogar einem so prominenten Industriellen wie Zangen gelungen. Später berichtete er über sein Comeback:

„Am 30. September 1948, meinem 57. Geburtstag, standen schon mehr Autos von Gratulanten vor der Tür meines zerbombten Hauses als 1947. Ich war ja nun entnazifiziert, und man konnte nicht wissen, ob entgegen der Auffassung mancher Männer des Konzerns meine Rückkehr nicht doch kommen würde. Man wusste nicht überall, dass ich schon mit den Stahltreuhändern, deren Vorsitzender Heinrich Dinkelbach war, ein wohlwollender alter Bekannter von mir aus der Zeit der Vereinigte-Stahlwerke-Demag-Transaktion, sowie mit der Combined Steel Group verhandelte. Das entscheidende Gespräch mit Hans Böckler, dem Vorsitzenden des Deutschen Gewerkschaftsbundes, fand am 18. November 1948 statt. ... Seit dem 1. Dezember 1948 war ich wieder, diesmal als Aufsichtsratsvorsitzer, bei Mannesmann tätig. Auch [Hermann] Winkhaus hatte ich in den Aufsichtsrat gebracht."[40]

Die Familie Reusch, der ihr „Widerstand" gegen Hitler vermutlich auch in den Augen der Alliierten sehr zugute kam, war gleichfalls bei der Stellenvermittlung behilflich. Dietrich von Menges, Hermann Reuschs Nachfolger in der GHH-Leitung, erreichte im Herbst 1946 dessen Aufforderung, nach Oberhausen zu kommen; über den bei der Hackethal AG tätigen Paul Reusch jr. wurde von Menges der Vorstandsvorsitz der Ferrostaal AG angeboten. Auch Martin Blank, Paul Reuschs einstiger Verbindungsmann in Berlin, konnte wieder im GHH-Bereich tätig werden.

Es wird vermutlich immer schwierig bleiben, das oft komplizierte Netz an Verbindungen und Querverbindungen im Fünfeck von britischen und amerikanischen Besatzungsbehörden, den von ihnen eingesetzten deutschen Treuhändern, den „Türhütern" an der Ruhr und Industriellen in den Vereinigten Staaten und in England zu rekonstruieren. Auf die Bedeutung der internationalen Kontakte wird noch eingegangen. An dieser Stelle müssen wir uns noch dem Wiederaufbau des Verbandswesens zuwenden, über das die westdeutsche Industrie gleichfalls politische und personalpolitische Einflussmöglichkeiten gewann. Dabei ist zu bedenken, dass die Spitzenverbände der Industrie schon zu Zeiten des Kaiserreichs erhebliche Machtfaktoren darstellten und vergleichsweise einflussreicher waren als die „Federation of British Industries" (FBI) oder die „National Association of Manufacturers" (NAM) in Amerika. Die Erinnerung an die Bedeutung einer kraftvollen Interessenvertretung war auch nach 1945 noch lebendig. Das Problem ist ebenfalls von soziologischem Interesse. Denn wir bemerkten bereits, dass es ebenso bei den Verbänden starke personelle Kontinuitäten gab, auch wenn die Zentralorganisationen 1945 zunächst zusammenbrachen. Karl Guth, Geschäftsführer der „Reichsgruppe Industrie", geriet in Berlin in russische Gefangenschaft. Über das Schicksal einiger Mitglieder seines Stabes geben die Erinnerungen von Karl Albrecht, Leiter der Abteilung Außenwirtschaft bei der Reichsgruppe, Auskunft.[41] Albrecht ging im Frühjahr 1945 auf Anraten Guths zusammen mit Risse, dem Leiter der Reichsgruppen Abteilung „Kartelle und Preise" nach Bayreuth. Dorthin war auch das „Institut für Industrieforschung" verlagert worden, mit dessen Direktor Ludwig Erhard er schon in den dreißiger Jahren Kontakt gehabt hatte. Albrecht hatte aus seiner Abteilung „recht umfangreiche Akten" mitgenommen, für die sich die Amerikaner verständlicherweise interessierten:

„Wiederholt kamen Offiziere der Besatzungsmacht. Einmal wollte man mich in ein Lager abtransportieren. Als Offiziere den Umfang meiner Akten sahen, bekamen sie Zweifel über den Sinn ihres Unterfangens, zumal farbige Besatzungssoldaten zahlreiche Akten ‚zweckentfremdet' verwendet hatten. Meine Erklärung, dass ich hinter

Stacheldraht nicht gut denken könne, nahmen sie ohne allzu scharfen Protest hin. Andere amerikanische Offiziere machten mir ein überraschendes Angebot. Sie schlugen vor, nach Berlin zurückzugehen und im Rahmen der Viermächteverwaltung außenwirtschaftliche Fragen zu behandeln. Mein Hinweis, dass, nachdem ich längere Zeit mit hoheitlichen Aufgaben betraut worden war, ich nunmehr das Bedürfnis hätte, gewissermaßen ‚auf die andere Seite', zu gehen, um innerhalb der Wirtschaft selbst mich gegenüber Behörden sachlich nützlich zu machen, fand ihr Verständnis, denn sie waren keine Berufssoldaten, sondern im Zivilberuf Unternehmer."

In der ersten Zeit fuhr Albrecht in Begleitung eines Bayreuther Arztes nach Jena, Wetzlar, Hannover, Frankfurt, Stuttgart und Tuttlingen, um bei „mir von früher her befreundeten Firmeninhabern" medizinisches Gerät herbeizuschaffen. Doch brachte diese Tätigkeit für ihn darüber hinaus „den großen Vorteil, persönliche Kontakte wiederaufleben zu lassen und Informationen über das zusammengebrochene Wirtschaftsleben in der amerikanischen und französischen sowie britischen Zone einzuholen. Die wiedergewonnenen Kontakte führten bald zu einem regen Gedankenaustausch mit dem früheren Präsidialmitglied des Reichsverbandes der Deutschen Industrie, Geheimrat Ludwig Kastl, den „ich in der Nähe des Tegernsees auf seinem Gut besuchen konnte", mit dem einstigen Präsidenten der Dresdner Bank Goetz und Abraham Frowein, schon vor 1933 ein bekannter Textilindustrieller aus Elberfeld, Mitglied des „Langnamvereins" und Vizepräsident der „Internationalen Handelskammer". Für Kastl, der nach dem Kriege teils im Kreditwesen, teils in der bayerischen Textil-, Chemie- und Maschinenbauindustrie tätig war, erhebt sich die Frage, wieweit er als Repräsentant der älteren Generation im süddeutschen Raum als „Türhüter" wirkte. Frowein halfen in den späten vierziger Jahren nicht nur die weitverzweigten internationalen Verbindungen seiner Unternehmen beim Wiederaufbau; vielmehr wurde er auch in der Verbandspolitik des Rhein-Ruhr-Gebiets aktiv und konnte vermutlich auch seine Beziehungen aus seiner Zeit in der „Internationalen Handelskammer" für die Wiederzulassung der Kammerbewegung in der britischen Zone einsetzen.

Sowohl die Engländer als auch die Amerikaner hatten schon bald nach der Kapitulation Zusammenschlüsse von Wirtschafts-Fachverbänden auf örtlicher Ebene erlaubt. Die daraufhin anlaufenden Organisationsbemühungen der Industrie nahmen im Spätsommer festere Formen an, und noch vor Jahresende kam es zur Bildung von Verbänden für einzelne industrielle Sachgebiete, die auf Zonenebene wirkten. Wie es damals im Rheinland zuging, schildert Gustav Stein, später ein einflussreicher Mann im BDI und vor 1945 als Justitiar bei den Tropon-Werken in Duisburg, aber auch in der „Reichsgruppe Chemie" tätig.[42] Als im Herbst 1945 ein chemischer Industrieverband Niederrhein gegründet werden sollte, bestanden die Engländer darauf, dass der Geschäftsführer aus einer kleinen Firma kommen müsse. Mit dem Einverständnis von Jost Henkel fiel die Wahl auf Stein, dessen Vater Syndikus der

Handelskammer Duisburg gewesen war und der als junger Mann nach 1933 zwar mit der NSDAP seinen Frieden gemacht hatte, aber ursprünglich der Deutschen Volkspartei (DVP) nahegestanden hatte. Im Oktober 1945 fand in einer Lagerhalle der Tropon-Werke eine erste Versammlung von rund 200 Unternehmern aus der chemischen und pharmazeutischen Industrie statt. Es wurde ein Gründungsausschuss gewählt, und im Februar 1946 wurde der Verband offiziell ins Leben gerufen. Der erste Vorsitzende war Theo Goldschmidt, Teilhaber der Feldmühle, Direktor der Kalichemie AG und auch sonst eine wichtige Figur in Essener Industriekreisen; Stein wurde Geschäftsführer. Im Süden nahm inzwischen die Gründung des „Vereins der Bayerischen Chemischen Industrie" einen recht ähnlichen Verlauf.

Auch die Eisenindustrie, die traditionell gut organisiert gewesen war, wurde im Herbst 1945 rührig. Ende Oktober wurde der „Wirtschaftsverband Eisen-, Blech- und Metallwarenindustrie" konstituiert, zu dessen Vorsitzendem wiederum einige Monate später der Hagener Metallfabrikant Fritz Berg gewählt wurde. Nach diesen Anfängen schien es nur natürlich, im August 1946 eine „Vereinigung der industriellen Wirtschaftsverbände" zu bilden, zu deren Gründern Frowein und Reusch gehörten und die über 20 Fachverbände zusammenzufassen versuchte. Allerdings waren die Besatzungsbehörden noch nicht bereit, eine so machtvolle Organisation zuzulassen; die Vereinigung wurde nicht genehmigt. Der Grundgedanke einer gesamtindustriellen Interessenvertretung konnte aber insofern Fuß fassen, als die Geschäftsführer der Fachverbände von Zeit zu Zeit gemeinsame Treffen abhielten. Mit der Gründung der Bizone am 1. Januar 1947 konzentrierten sich die Bemühungen sodann zunächst auf die Schaffung überregionaler Verbände, und seit Ende 1947 zeigten sich die Engländer und Amerikaner sogar bereit, eine sehr dehnbare Definition für die Grenzen eines industriellen Sachgebietes zu tolerieren, woraufhin am 24. Februar 1948 die „Arbeitsgemeinschaft Eisen und Metall" gegründet wurde. Die Konzeption dieser „Arbeitsgemeinschaft" war nicht allzu weit von einer Gesamtorganisation der westdeutschen Industrie entfernt, weil ihr „neben den bisherigen Fachverbänden der Eisen-, Blech- und Metallwarenindustrie auch die der Elektrotechnischen, der Feinmechanischen, Optischen und Nichteisen-Metallindustrie, der Gießereien, des Maschinenbaus, der Stahlverformung, des Stahl- und Eisenbaus sowie der Ziehereien und Kaltwalzwerke angehörten".[43]

Nicht weniger bedeutsam war es, dass Reusch den Vorsitz der „Arbeitsgemeinschaft" übernahm. Als Geschäftsführer trat ihm Wilhelm Beutler zur Seite, der – 1897 geboren – seit 1926 als Jurist in Industrieverbänden tätig gewesen war und 1946 die Hauptgeschäftsführung der „Wirtschaftsvereinigung Ziehereien und Kaltwalzwerke" innehatte. Beide blieben bis zur Gründung des „Bundesverbandes der Deutschen Industrie" (BDI) und weit darüber hinaus Schlüsselfiguren der westdeutschen Unternehmerpolitik. Im Rahmen der „Arbeitsgemeinschaft" vertieften sie während der folgenden 18 Monate die Beziehungen zu anderen Industriezweigen und Regionen, ohne jedoch die selbstverwalterische Führungsrolle der Ruhr dabei auch nur für einen Augenblick aus der Hand zu geben. Das zeigte sich schließlich auch anlässlich der Gründung des „Ausschusses für Wirtschaftsfragen der industriellen Verbände" am 19. Oktober 1949 in Köln, der seit Januar 1950 mit dem treffenderen Namen des „Bundesverbandes der Deutschen Industrie" auftrat und dessen Präsident Berg wurde. Als Vizepräsidenten fungierten W. Alexander Menne (Chemische Industrie) und der Textilindustrielle Otto A. H. Vogel; die übrigen Präsidialmitglieder waren Alexander von Engelberg (Steine und Erden), Otto A. Friedrich (Kautschuk), Franz Linsenhoff (Bauindustrie), Gustav Möllenberg (Maschinenbau) und Reusch. Neben Hauptgeschäftsführer Beutler trat als dessen Stellvertreter Stein. August Heinrichsbauer, von 1919 bis 1933 Herausgeber des *Rheinisch-Westfälischen Wirtschaftsdienstes* und zugleich als V-Mann zwischen dem Revier und der politischen Rechten aktiv, übernahm die Presseabteilung des Spitzenverbandes. Vermutlich hatte es ihm geholfen, dass er im Dritten Reich wegen seiner 1932 gepflegten Kontakte zum Strasser-Flügel der NSDAP unter Aufsicht gestellt worden war und schließlich in der schlesischen Montanindustrie tätig werden konnte. Vogel war als Präsident der IHK Augsburg der Repräsentant der süddeutschen Region, Friedrich der des Nordens, während Menne die Verbindung zu anderen Branchen herstellen sollte. Die feine Austarierung konnte aber nicht darüber hinwegtäuschen, dass das informelle Machtgleichgewicht eindeutig zugunsten der Schwerindustrie verschoben war und für lange Zeit blieb. Ebensowenig konnte ein Zweifel bestehen, dass das gesamte Weltbild der entscheidenden Männer im Präsidium und in der Geschäftsführung sehr konservativ, wenn nicht erzkonservativ war.

Noch schneller als die Fachverbände konstituierten sich die Industrie- und Handelskammern und durch sie konnten auf örtlicher und überörtlicher Basis alte Kontaktnetze über die Niederlage hinweg erneuert werden. Deutsche Gründungsinitiativen wurden in der britischen und französischen Zone dadurch erleichtert, dass dort die Weimarer Kammergesetze wieder in Kraft gesetzt wurden. Eine Folge davon war, dass diese Kammern – im Gegensatz zur amerikanischen Zone, wo sie bis 1957 reine Privatzusammenschlüsse blieben – öffentlich-rechtliche Aufgaben im Rahmen der gewerblichen Selbstverwaltung wahrnahmen.[44] Der ökonomische Hintergrund des IHK-Führungspersonals variierte unvermeidlich und hing mit der Gewerbestruktur des betreffenden Bezirks zusammen. So ist es nicht erstaunlich, dass in den Kammern des Rheinlandes und des Ruhrgebiets, in Essen, Düsseldorf und Köln, Vertreter aus den Konzernen in den Präsidien saßen. Im Jahre 1949 gelang es der Kammerbewegung schließlich, eine überregionale Dachorganisation zu schaffen, den „Deutschen Industrie- und Handelstag" (DIHT). Allerdings besaß der DIHT von Anfang an eine andere innere Machtverteilung als der BDI. Frankfurt bildete einen Schwerpunkt, wo bis Ende 1949 auch der Sitz der Spitzenorganisation war. Die ersten Präsidenten wie auch die Geschäftsführer stammten aus Norddeutschland, und an der Ruhr wurde der DIHT daher als

„Deutscher Industrie- und Hanseatentag" (A. Düren) geführt. Das Verhältnis zur Schwerindustrie und zum BDI war in der Tat nie unkompliziert.

Die Entstehung von Arbeitgeberorganisationen und schließlich die Gründung eines Spitzenverbandes, der „Bundesvereinigung deutscher Arbeitgeberverbände" (BdA), kam sehr viel langsamer voran als die Bildung von Fachverbänden und IHKn. Die Gründe für die wiederholten Verzögerungen bedürfen der weiteren Erforschung. In der britischen Zone gingen frühe Impulse von einem „Salzufler Kreis" aus. Wer hinter ihnen stand und warum sich die Besatzungsbehörden anfangs querstellten, bleibt unklar. Immerhin wurden schließlich doch örtliche „selbständige fachliche Arbeitgeberverbände mit eigenen Organen und eigener Tarifhoheit genehmigt".[45] Die nächsten Schritte waren Zusammenschlüsse auf Landesebene und die Konstituierung einer „Arbeitsgemeinschaft der Arbeitgeber in der britischen Zone". Nach der Schaffung der Bizone dauerte es aber immer noch bis zum Juni 1948, ehe ein „Zentralsekretariat der Arbeitgeber des Vereinigten Wirtschaftsgebietes" entstand. Weitere Monate vergingen, ehe schließlich zum 28. Januar 1949 die Einladung zu einer Gründungsversammlung der „Sozialpolitischen Arbeitsgemeinschaft der Arbeitgeber" versandt wurde. Der Grund für diese erneute Verzögerung scheint nicht so sehr bei den Alliierten gelegen zu haben als in Meinungsverschiedenheiten über den Umfang der Organisation und möglicherweise auch darüber, ob ein Dachverband überhaupt wünschenswert sei. Einer der frühen Initiatoren eines Zusammenschlusses, der Wuppertaler Unternehmer Wilhelm Vorwerk, hatte noch daran gedacht, lediglich die industriellen Arbeitgebervereinigungen einzubeziehen. Erst durch den Ende 1948 hinzutretenden Mannheimer Metallindustriellen Walter Raymond kam die Idee auf, alle Wirtschaftszweige zu vereinigen. Mochten zwischen den einzelnen Branchen in wirtschaftspolitischen Fragen vielerlei Differenzen bestehen, im Hinblick auf sozialpolitische Probleme dürfte es, meinte er, keine Unterschiede geben. Das war eine Harmonievorstellung die für ihn als dem ersten Präsidenten der BdA zwar typisch war, aber nicht überall auf Zustimmung stieß. Am Ende konnte ihre Realisierung und der Zusammenschluss aller Zweige nur dadurch erreicht werden, dass laut Satzung keiner von ihnen durch die Beschlüsse der Gesamtmitgliedschaft majorisiert werden durfte. Auf der unteren Ebene waren die inzwischen gefestigten Fachverbände selbst auf der Grundlage einer derartigen Rückversicherung nicht bereit, ihre Selbständigkeit zugunsten von einheitlichen gesamtgewerblichen Arbeitgeberorganisationen wieder aufzugeben. Immerhin entstand 1949 mit Zustimmung der Alliierten eine überregionale „Vereinigung der Arbeitgeberverbände", die im Jahr darauf in „Bundesvereinigung deutscher Arbeitgeberverbände" umbenannt wurde. Neben dem Präsidenten Raymond stand Gerhard Erdmann, der bis zu ihrer Auflösung 1933 bereits die Geschäfte der Weimarer VdA geführt und anschließend nach vorübergehender Tätigkeit bei der „Reichsgruppe Industrie" als Hauptgeschäftsführer in der Reichswirtschaftskammer gearbeitet hatte.

Betrachtet man die Gründerkreise der drei westdeutschen Spitzenverbände, ihre politischen Grundorientierungen sowie die Herkunft ihrer Geschäftsführungen, werden Erinnerungen an die alten Differenzen innerhalb der Weimarer Unternehmerschaft wach. In der BdA herrschte unter Erdmann und Raymond sowie dessen Nachfolger Constantin Paulssen die Idee einer Sozialpartnerschaft. Der DIHT war trotz aller Heterogenität insgesamt weltoffen und liberal-kapitalistisch ausgerichtet. Der BDI endlich repräsentierte die konservativen Traditionen der Großindustrie, aber auch die früheren Spannungen zwischen ihren Zweigen, die die Ruhr wiederholt durch Mobilisierung mittelständischer Unternehmer zu ihren Gunsten beseitigen konnte. Fragt man nach dem Gleichgewicht zwischen den drei Organisationen, war und blieb die Hegemonialstellung des BDI unübersehbar, in dem der Einfluss der Ruhr dominierte, bis er in den sechziger Jahren langsam zurückgedrängt werden konnte. Einer der wichtigsten Gründe für die Machtverhältnisse der späten vierziger und frühen fünfziger Jahre war, dass dem Revier im Rahmen des materiellen Wiederaufbaus eine zentrale Bedeutung zukam. Wie ein norddeutscher Industrieller im Dezember 1948 über eine Reise ins Rheinland berichtete: „Im Ruhrgebiet ... ist mit Händen zu greifen, welchen Mittelpunkt des Weltinteresses heute die Ruhr darstellt." Selbst für ihn sei „die Dynamik in einer Stadt wie Essen ... ungeheuerlich gewesen".

Der Nimbus der Ruhrindustrie war also durch die Niederlage von 1945 keineswegs zerstört. Ihr wirtschaftliches Potenzial erfüllte viele Franzosen und Engländer mit Furcht und Sorge und viele westdeutsche Unternehmer mit Ehrfurcht und Hoffnung, gelegentlich aber auch mit Unbehagen. Denn mit dem Wiederaufbau der Ruhr unter der Ägide von Männern, die schon vor 1945 in führenden Stellungen gestanden hatten, kehrte auch die alte Mentalität zurück. Noch schwieriger ist es, die Stärke des Zusammengehörigkeitsgefühls zu beschreiben. Es war ein Kreis mit seinem eigenen stolzen Traditionsbewusstsein, der dem, der von außen kam, als undurchdringlich erschien. Insofern hatte auch Rohlands Klage, dass er kein Bergassessor mit Schmissen sei, eine gewisse Berechtigung, wenn seine Nichtwiederaufnahme in den Zirkel der Schwerindustrie wohl auch mehr mit seiner beruflichen Vergangenheit zusammengehangen zu haben scheint sowie mit den speziellen Moralmaßstäben, mit denen eine Tätigkeit in der NS-Wirtschaft gemessen und klassifiziert wurde. Aber auch vielen Industriellen aus anderen Branchen blieb die Welt des Reviers fremd. So bekannte der in Bochum geborene Siegfried Balke, diplomierter Chemiker, späterer Präsident der BdA und Post- sowie Atomminister im Adenauer-Kabinett, er sei keineswegs ein „verkappter Bergassessor" und habe trotz seiner hohen Stellungen in der westdeutschen Industrie „eigentlich nicht dazugehört".[46] Immer wieder sei er in seiner Karriere nach 1945 auf die Vorherrschaft der Ruhr, das dichte Netz „familiärer" Beziehungen und die Probleme des Reviers gestoßen, sich an moderne Formen von Industrie- und Sozialpolitik zu gewöhnen und das autoritäre Prinzip abzulegen. Ähnlich erging es seinem

Nachfolger im Präsidentenamt der BdA, O. A. Friedrich, obwohl er schon lange vor seiner Bestellung zum Flick-Gesellschafter mancherlei Kontakte ins Rheinland hatte und von anderer Herkunft war als Balke, der Sohn eines jüdischen Schneidermeisters, der die Hitler-Diktatur nur dank der Standhaftigkeit seiner „arischen" Frau und einiger Freunde überlebt hatte. Schon aufgrund dieser Erfahrungen hegte Balke verständlicherweise andere Gefühle gegenüber der Ruhr als der Arztsohn Friedrich, der in Speers „Kindergarten" für den Endsieg gearbeitet hatte. Dennoch repräsentierte auch er einen Unternehmertypus, dem die Denkhaltungen und die Kultur der Bergassessoren zeitlebens fremd blieben.

Mehr als einmal stieß der engagierte Sozialpolitiker Friedrich im BDI-Präsidium mit den „Sozialistenfressern" Reusch und Berg zusammen. Dafür ließ sich Berg, besonders wenn er ein wenig getrunken hatte, über „seinen Freund Friedrich" aus, der „viel dummes Zeug" rede. Der Aufstieg Bergs zum mehrmals wiedergewählten und erst 1969 ausgeschiedenen BDI-Präsidenten ist an sich symptomatisch für die Macht und die Sondergesetzlichkeit des Reviers. Obwohl er ein „kleiner" selbständiger Fabrikant unter den angestellten Bergassessoren und Vertretern der Revier-Clans war, verkörperte er deren Einstellung zur Vergangenheit, zu den Gewerkschaften und zum „Staat" in einer besonders unverwässerten Form. Zugleich besaß er aber Attribute, die ihn in der speziellen Lage der Besatzungszeit für eine exponierte Stelle geeigneter machten als etwa Hermann Reusch. Berg war als junger Mann in den zwanziger Jahren für einige Zeit in den USA gewesen und hatte eine Kanadierin geheiratet. Ihm ging daher der Ruf voraus, die Mentalität der Amerikaner gut zu kennen. Für die Engländer, die ihn wegen angeblicher Bezugschein-Unregelmäßigkeiten nach dem Kriege für mehrere Monate in Untersuchungshaft nahmen, hatte er hingegen selten ein „gutes Wort" übrig, wofür letztere sich gelegentlich mit süffisanten Kommentaren über seine Englischkenntnisse revanchierten. (Sicherlich aber war sein Englisch besser als das der meisten Ruhrindustriellen.) Berg war im Dritten Reich zwar an der wehrwirtschaftlichen Organisierung der Fahrradindustrie beteiligt gewesen, galt aber nicht als exponiert. Zudem hatte er sich unmittelbar nach Kriegsende bereits Verdienste um den Zusammenschluss der rheinischen Metallindustrie und den Wiederaufbau der IHK Hagen erworben. Vor allem aber war er ein Mann, der bei aller Eigenwilligkeit die Meinungen seiner Mentoren – voran Reusch und Franz Horster (Alu-Werke) – sowie die Beutlers und seines Stabs beachtete. Seine Ansprachen wurden im BDI geschrieben; er war ein schlechter Redner, der gelegentlich „Dampf" abließ (G. Stein). Im Grunde jedoch war er ein zwar manchmal etwas lautes, aber doch williges Sprachrohr der Ruhrindustrie und es sollte lange dauern, bis sich an diesen internen Machtverhältnissen etwas änderte und neben der Chemie auch die Elektroindustrie und die süddeutsche metallverarbeitende Industrie das Übergewicht gewannen.

Sosehr die gemeinsame Geschichte und die bis ins Kaiserreich zurückreichenden Traditionen an sich schon einen Zusammenhalt für die westdeutsche Industrieelite darstellten, nichts hat die Solidaritätsgefühle so gestärkt wie das Bewusstsein einer Schicksalssituation, in die sie sich durch die Besatzungspolitik der Alliierten geworfen glaubte. Diese besondere psychische Lage wurde durch Kriegsverbrecherprozesse und Entnazifizierung, die Demontagen und schließlich durch die Entflechtung und Dekartellisierung bestimmt.

6. Unternehmer in der frühen Bundesrepublik: Selbstverständnis und politischer Einfluss in der Marktwirtschaft

So schwer die deutschen Wirtschaftseliten auch durch den Krieg und die Niederlage des „Dritten Reiches“ 1945 in ihrer materiellen Lage, ihrer Macht und ihrem Ansehen im In- und Ausland angeschlagen waren, der erfolgreiche Wiederaufbau in den Westzonen und, ab 1949, in der Bundesrepublik ist ohne ihre Teilnahme daran nicht zu verstehen. Dem Titel dieses Beitrages entsprechend drehen sich die folgenden Ausführungen unter Rückbezug auf bisherige Forschungskontroversen zum einen um die Frage nach dem politischen Einfluss und der Macht der Unternehmer in dieser Zeit.[1] In einem zweiten Teil wird dann die eher soziokulturelle Frage zu behandeln sein, wie sich vor allem die deutschen Industrieeliten nach der nationalsozialistischen „Katastrophe“ selbst sahen und welche Kontinuitäten und Diskontinuitäten in ihren Einstellungen zu den großen Herausforderungen der Nachkriegszeit festzustellen sind.

Die erste Frage ist leichter zu beantworten als die zweite aus dem einfachen Grunde, weil die Forschung hierzu weiter fortgeschritten ist. Deshalb wenden wir uns auch zuerst ihr zu, bevor wir auf die schwierigeren Probleme des Selbstverständnisses, der Mentalitäten und der Kultur der bundesdeutschen Industrie mit ihren Schattierungen im weiteren Sinne zu sprechen kommen. Auf diesem Feld ist die Forschung erst in jüngster Zeit in Gang gekommen und es wird zu untersuchen sein, welche Richtung sie eingeschlagen hat und wo weiterhin Neuland zu beschreiten ist.

Auf den ersten Blick möchte es so scheinen, als hätten Macht und Einfluss der Unternehmer 1945 einen absoluten Nullpunkt erreicht. Ihre Fabriken lagen in Schutt und Asche. Die Produktion war auf einen Bruchteil des im Kriege erreichten Höchststandes gesunken. Antifa-Gruppen von radikalen Arbeitern besetzten an vielen Orten die Industriegebäude und versuchten, die Produktion in eigener Regie in Gang zu setzen.[2] Nicht nur diejenigen Unternehmer und Manager, die bei Kriegsende auf den Alliierten Listen standen wurden interniert, sondern nach und nach auch andere. Noch im Herbst 1945 kam es zu einer großen Verhaftungswelle, die Lager wie das bei Bad Nenndorf im Hannoverschen erneut füllte. In den Augen des Auslands, aber auch weiter Kreise der deutschen Bevölkerung, war die „Wirtschaft“ tief in die Kriegspolitik und die Verbrechen der Hitler-Diktatur verstrickt. Kurzum, es stand nicht gut um die Zukunft dieser einst mächtigen Elite und hier und da kam es bei den Unternehmern daher aus Angst und Verzweiflung gar zu Selbstmorden.

Doch kann der erste Blick oft täuschen. Bei näherem Hinsehen wurden viele Maschinen und Werke nur leicht beschädigt und konnten mit geringen Reparaturen schnell wieder instand gesetzt werden. In vielen Teilen des Landes, wo die radikalen Antifa-Gruppen nicht aktiv wurden, kam es schon früh zu gemeinsamen Bemühungen von Management und „treuen" Arbeitern, die Fabriktore zu öffnen und Rohstoffe irgendwoher zu „organisieren". Wiederholt hatten örtliche Industrielle bei der vorzeitigen Beendigung der Kampfhandlungen oft unter Einsatz ihres Lebens eine Rolle gespielt, wie etwa in Hamburg, wo Albert Schäfer, der Vorstandsvorsitzende der Harburger Phoenix-Werke, die Kapitulation der Hansestadt ohne Beschießung und Straßenkämpfe in Verhandlungen mit den vorrückenden Briten vermittelte.[3] Auch entdeckten die Besatzungsmächte schnell, dass das zerstörte Land ohne die Kooperation der deutschen Funktionseliten völlig zusammenzubrechen drohte und damit die ohnehin schon hohen, eigenen Besatzungskosten ins Unbezahlbare steigen würden.

So kam es, dass mit der Rückkehr der Manager in die Fabriken auch alte Macht- und Einflusspositionen zumindest latent weiter bestanden und relativ schnell wiedererrichtet werden konnten, sofern die Alliierten ihr Plazet gaben. Gewiss widersprach die Demontagepolitik dem Alliierten Bemühen, die deutsche Industriewirtschaft wieder auf die eigenen Beine zu stellen. Indessen setzten die Amerikaner als erste ein deutliches Zeichen, als sie die materiellen Reparationslieferungen aus ihrer Zone vor allem an die Sowjetunion stoppten. Zwar gab es auf diesem – wie auch auf anderen – Gebieten weiterhin Widersprüche, indem die Engländer die Demontagen auch nach der Schaffung der britisch-amerikanischen Bizone im Januar 1947 fortsetzten, obwohl die Amerikaner inzwischen den wirtschaftlichen Wiederaufbau der Westzonen ins Auge gefasst hatten und infolge ihrer eigenen wirtschaftlichen und politischen Überlegenheit gegenüber den stark geschwächten Briten und Franzosen schließlich auch durchsetzen konnten.[4]

Im Mittelpunkt dieser Wiederaufbau-Strategie stand das Ruhrgebiet, weiterhin das industrielle Herz Deutschlands, so dass die britischen Demontagen mit dem Einsetzen der amerikanischen Marshallplan-Hilfe nicht so sehr von materieller als von psychologischer Bedeutung waren. Sie förderten die Solidarisierung und Sammlung einer weitgehend fragmentierten und desorganisierten Unternehmerschaft, die z. T. sogar auch die Arbeiter und breitere Bevölkerungsschichten gegen die widersprüchliche Alliierte Reparationspolitik mobilisieren konnte. Ähnliche Sammlungseffekte hatte auch die lärmende anti-westliche Rhetorik gegen die Nürnberger „Siegerjustiz". Zwar gab es nur wenige, die gegen die Verurteilung nationalsozialistischer Hauptkriegsverbrecher wie Hermann Göring, Alfred Rosenberg oder Hans Frank protestierten. Doch die Photos von Alfried Krupp und Friedrich Flick auf der Anklagebank waren eher dazu angetan, das Ansehen der Unternehmer in den

Augen von Teilen der westdeutschen Öffentlichkeit zu heben. Nahmen sie vermeintlich doch als Individuen die „ungerechtfertigte“ Kollektivschuldanklage der Alliierten auf sich und erschienen damit – mehr noch als alle anderen Deutschen – als Opfer erst des Nationalsozialismus und nun der Alliierten. Die Handhabung der Nürnberger Anklagen durch die langsam wiederentstehende Industriepublizistik bietet ein gutes Beispiel nicht nur für die Eigenheiten unternehmerischer Vergangenheitsbewältigung, sondern auch für die Solidarisierung, die sie förderte.[5]

Doch trugen die Briten und Amerikaner ungewollt nicht nur in dieser negativen Weise zu der graduellen „Erholung“ der westdeutschen Industrieeliten bei. Je mehr der Kalte Krieg gegen den Sowjetblock einsetzte und den Einschluss der an der strategisch wichtigen mitteleuropäischen Front lebenden Westdeutschen in die Atlantische Gemeinschaft erforderte, desto bewusster begannen die USA, die aktive Mitarbeit der einst diskreditierten Wirtschaftsfachleute am westeuropäischen Wiederaufbau zu fördern. Soweit es die Westzonen betraf, erforderte dieser Wiederaufbau nicht nur das Ankurbeln der Produktion, sondern auch eine organisatorische Infrastruktur, über die Verhandlungspartner geschaffen wurden. So kam es, dass bald auch Repräsentationen der Wirtschaft entstanden, voran die Industrie-, Handels- und Handwerkskammern.[6] Dabei war man sich gewiss bewusst, dass man sich nicht nur deutsche Durchführungs- und Vermittlungsorgane schuf, sondern unvermeidlich auch Macht- und Einflusspositionen aufbaute. Aus diesem Grunde zögerten die Westalliierten lange, Vertretungen der Wirtschaft auf überregionaler Ebene zuzulassen. Erst mit der Gründung der Bundesrepublik entstand der Bundesverband der Deutschen Industrie (BDI), der hinfort als Dachorganisation die wirtschaftlichen und politischen Interessen der Industrie wahrnahm. Zugleich wurde die Bundesvereinigung deutscher Arbeitgeberverbände (BdA) als Pendant zu den Gewerkschaften für Tariffragen und Sozialpolitik ins Leben gerufen. Schließlich gründete man noch den Deutschen Industrie- und Handelstag (DIHT) als überregionalen Rahmen für das Industrie- und Handelskammersystem.[7]

Dieses schon bald nach Kriegsende auf örtlicher Ebene wiedergeschaffene System nahm von Anfang an im Stil der alten Kammerbewegung von vor 1933 z. T. öffentlich-rechtliche Aufgaben wahr, wie etwa die Ausbildung und Prüfung von Lehrlingen im kommerziellen Bereich, parallel zu den Handwerkskammern, die für die Handwerkslehrlinge zuständig waren. Hinzu kamen die wirtschaftlichen Interessenvertretungen im traditionellen Sinne, ebenfalls zunächst auf den unteren Ebenen. So existierten schließlich im Rahmen des BDI zahlreiche Fachverbände der jeweiligen Branchen. Die Beziehungen zu den Gewerkschaften wiederum wurden von den jeweiligen Arbeitgeberverbänden unter dem Dach der BdA geregelt. Schon die Existenz solcher Organisationen bedeutete Macht und Einfluss. Diese waren bis Mitte der fünfziger Jahre so stark angewachsen, dass eine heftige öffentliche Debatte über die „Macht der Verbände“ begann. Darin ging es um die Frage nach der Stellung der Interessenorganisationen in einer parlamentarischen Republik. Besonders die an den Universitäten wiedererstarkte deutsche Staatsrechtslehre, die den Staat als ein über der Gesellschaft schwebender und das Allgemeinwohl aufrecht erhaltender *pouvoir neutre* definierte, lehnte die Verbände und deren angeblich zu großen Einfluss außerhalb der Parteien als gefährlich ab.[8]

Gegen diese Ansicht wandten sich damals vor allem die Politologen, die – von der amerikanischen Pluralismus-Theorie beeinflusst – den Verbänden eine völlig legitime Funktion in einer modernen, demokratisch verfassten Gesellschaft einräumten. Die alte hegelianische Staatsauffassung ihrer juristischen Kollegen hielten sie für überholt. Eine wichtige Rolle spielte in dieser Debatte der in Harvard und später auch in Heidelberg lehrende Carl Joachim Friedrich, der in den zwanziger Jahren seine wissenschaftliche Karriere in Heidelberg begonnen hatte und dann schon lange vor 1933 zunächst als Stipendiat in Amerika blieb. Er hatte 1937 eine einflussreiche Studie unter dem Titel *Constitutional Government and Politics* veröffentlicht, deren Übersetzung 1953 gerade zu Beginn der Verbände-Diskussion als *Der Verfassungsstaat der Neuzeit* in der Bundesrepublik erschien.[9] Darin bezeichnete er Interessengruppen nicht nur als legitime Vertretungen in einer repräsentativen Demokratie, sondern befürwortete auch deren Einbindung in den politischen Prozess, damit sie Verantwortung übernehmen und erreichte Kompromisse innerhalb ihrer Organisationen durchsetzen könnten. Solche Argumente, aber auch die zwischenzeitliche Festigung des jungen bundesrepublikanischen Parlamentarismus trugen dazu bei, dass die alte staatsrechtliche Schule langsam in eine Minderheitsstellung geriet. Allerdings wurde die neue Pluralismus-Theorie schon bald ihrerseits von Ansätzen herausgefordert, die mit dem Aufstieg des Neomarxismus in den späten sechziger und frühen siebziger Jahren zusammenhingen. Hier wurden Wirtschaftsverbände als Frontorganisationen der herrschenden Kapitalistenklasse gesehen. Gegen diese Interpretation wandte sich die schnell an wissenschaftlicher Popularität gewinnende Korporatismus-Schule, die so etwas wie eine Mittelposition zwischen den „Pluralisten“ und den Marxisten zu entwickeln versuchte.[10] In ihrer Sicht gingen letztere von einer viel zu monolithischen Vorstellung von Macht in modernen Industriegesellschaften aus, während erstere ein zu egalitäres und fragmentiertes Bild vom Funktionieren solcher Gesellschaften hätten. Der Korporatismus-Theorie zufolge war die Existenz von Großorganisationen neben zahlreichen kleinen Interessengruppen nun einmal nicht zu übersehen. Ebenso musste man erkennen, dass solche Großorganisationen einfach einen besseren Zugang zu den politischen Machtzentralen hatten als marginale und schwach mobilisierte Gruppen. Letztlich, so die „Korporatisten“, seien es daher in erster Linie drei Machtblöcke, in deren Dreiecksverhältnis die Grundkompromisse über die wirtschaftliche und soziale Zukunft einer modernen Gesellschaft ausgehandelt würden: die gewählte Regierung, die „Wirtschaft“ und die Gewerkschaften.

Der Aufstieg der Korporatismus-Schule fiel in eine Zeit als der Keynesianismus noch nicht von Reaganomics abgelöst worden war und Konzepte von *demand management* und Konsenspolitik kapitalistischer Ökonomien und des Aushandelns von großen Kompromissen unter den drei Machtblöcken im Schwange waren. Was auch von dieser Schule nach dem Siegeszug der Neoliberalen in den 80er Jahren in der historischen Forschung zumindest bis heute übrig geblieben ist, war eine Sicht von Macht und Einfluss der Industrie, welche die Ungleichgewichtigkeiten zwischen den einzelnen Verbänden einkalkuliert, aber zugleich davon ausgeht, dass es innerhalb der Spitzenverbände machtvolle Fraktionen gibt die nach innen hin Kompromisse gegenüber der Mehrheit gleichwohl erzwingen können. Das heißt, dass die Industrie, die in der frühen Bundesrepublik wiedererstand, weder pluralistisch im Sinne der Pluralismustheorie noch „monopolkapitalistisch" agierte. So mächtig der BDI damals auch war, er sprach selten mit einer Stimme. Ebenso wenig konnte er die Interessen anderer Verbände einfach ignorieren und unbekümmert seine eigene Politik betreiben und durchsetzen. Gleiches galt für die BdA auf dem Gebiet der Arbeitsbeziehungen und der Sozialpolitik, wo man die Gewerkschaften nur um einen unvertretbar hohen Preis beiseite schieben konnte.

Waren dies die sich im ökonomischen Bereich langsam herausschälenden machtpolitischen Gegebenheiten der frühen Bundesrepublik, so muss zur langfristigen Entwicklung des industriellen Verbandswesens noch eine abschließende Bemerkung gemacht werden. Mit der Rekonzentration der westdeutschen Industrie in Großkonzernen, die wohlgemerkt nicht wie vor 1945 zugleich hochkartellisiert waren, sondern in oligopolistischem Wettbewerb standen, ging eine Schwächung der Verbände einher. Denn mehr und mehr artikulierten die Großunternehmen und Großbanken ihre Interessen in Bonn und Brüssel jetzt durch eigene Vertreter statt über die Verbände.[11]

In Zusammenhang mit der Macht und dem Einfluss der Industrieverbände in der frühen Bundesrepublik ist immer wieder auf eine sehr selbstbewusste Bemerkung des poltrigen BDI-Präsidenten Fritz Berg verwiesen worden, die er während der Kontroverse um eine Aufwertung der D-Mark im Herbst 1960 machte. Er werde – so der Präsident – zu Bundeskanzler Konrad Adenauer gehen und dafür sorgen, dass der ganze Plan „endgültig vom Tableau" komme.[12] So übertrieben es auch war, deutet dieses Wort dennoch darauf hin, dass es in der frühen Bundesrepublik sehr enge Beziehungen zwischen einigen führenden Unternehmern und der Exekutive, voran dem Kanzleramt, gab. Zu Adenauers kleinem Kreis gehörten auf jeden Fall Hermann-Josef Abs von der Deutschen Bank und der Kölner Bankier Robert Pferdmenges. Mit Berg war das Verhältnis schon deshalb nicht ganz so vertraulich, weil er Adenauer in seiner Funktion als Sprecher des BDI gegenübersaß. Was seinen Ansichten – ob in der Öffentlichkeit oder hinter verschlossenen Ministeriumstüren vorgetragen – Nachdruck verlieh, war, dass er als Repräsentant eines großen Teils der westdeutschen Industrie auftrat. Damit konnte gerade dieser Spitzenverband an eine Kontinuität anknüpfen, die bis in die Weimarer Republik, wenn nicht gar bis ins Kaiserreich zurückreichte.[13] Damals schon waren die deutschen Wirtschaftsverbände sehr einflussreich. Gleiches galt für die Anfangszeit des Nationalsozialismus und erst mit der zunehmenden Gleichschaltung und dann mit der Mobilisierung für den totalen Krieg verschoben sich die Gewichte mehr und mehr auf die vom NS-Regime geschaffenen Organisationen.[14] Zusammenfassend lässt sich daher sagen, dass nach einer relativ kurzen Periode in der frühen Besatzungszeit die Unternehmerverbände so schnell ihre einstigen Positionen zurückgewannen, dass sich – wie erwähnt – Staatsrechtler und Politiker bald schon Sorgen über die „Macht der Verbände" machten. Dass solche Sorgen berechtigt waren (ohne dass damit freilich die Legitimität außerparlamentarischer Interessenvertretung berührt wird) zeigte sich nicht nur an der Art und Weise, wie die Spitzenverbände auf Gesetzesvorlagen und Parlamentsabstimmungen Einfluss nahmen, sondern auch, wie sie in der Öffentlichkeit operierten. Der heftige sog. Schiene-Straße-Konflikt sei hier als Beispiel genannt.[15] Damals ging es um die von der Industrie vorangetriebene Motorisierung der Bundesrepublik, deren überschäumende Expansion die Bundesbahn als Konkurrent und Staatsmonopol im Personen- und Frachtverkehr in Bedrängnis brachte. Dem versuchten ihre Beamten mit Hilfe des ebenfalls gouvernemental gesinnten Verkehrsministers Hans-Christoph Seebohm Einhalt zu gebieten.

Auch Adenauer machte die Dynamik der Fahrzeugindustrie Sorgen. Er dachte an die steigende Zahl der Verkehrstoten und das damals vielzitierte Gemeinwohl gegenüber den Einzelinteressen, das der Staat im Sinne der deutschen Rechtstradition auch beim Straßen- und Autobahnbau zu behüten habe. Dagegen hielt die westdeutsche Industrie, angeführt durch ihre Spitzenverbände, dass das Aufblühen des privaten Verkehrs nicht nur mit der angestrebten Schaffung eines „Wohlstands für alle" zusammenhänge und daher nicht beschnitten werden dürfe. Vielmehr diene dies auch dem internationalen Wiederaufstieg der Bundesrepublik als Exportnation und der Sicherung der zahllosen, vom Export abhängigen Arbeitsplätze. Schließlich seien die von der Bundesbahn angestrebten Verbote und Restriktionen, die vor allem dem Frachtverkehr auferlegt werden sollten, mit der freien Entfaltung des Bürgers in einer Demokratie nicht vereinbar. Hatten die Beamten gegen solche Argumente schon einen schweren Stand, so mobilisierte die Industrie darüber hinaus noch durch geschickte und z. T. pfiffige Werbefeldzüge den Durchschnittskonsumenten, der bereits ein Motorrad oder einen Motorroller besaß und von einem Volkswagen oder Goggomobil träumte. Darüber hinaus konnte man auf das amerikanische Beispiel verweisen, welches hinsichtlich der Motorisierung die Zukunft der Bundesrepublik bereits vorwegnehme und in welchem Präsident Dwight D. Eisenhower gerade sein großes Programm eines umfassenden transkontinentalen Autobahnnetzes verkündet hatte.

Diesem in der Öffentlichkeit erzeugten und in den Parlamentlobbies vorgetragenen Druck waren die Ministerialbeamten und Seebohm, die noch in den Kategorien der alten Reichsbahn dachten und ihr etatistisches Transportmonopol in einer sich rapide verändernden demokratischen Gesellschaft anfangs noch mit vielerlei bürokratischen Tricks zu verteidigen suchten, am Ende nicht gewachsen. Die bundesrepublikanische Verkehrsgesetzgebung wurde insgesamt im Sinne der Industrie gestaltet. Die langfristigen Wirkungen dieser Politik ließen sich sehr schön an der heutigen Straßenverkehrsdichte und an einem Vergleich des Betriebsgebahrens der Bundesbahn von 1950 und fünfzig Jahre später illustrieren.

Außer einer formenden Macht, wie sie in der Verkehrspolitik zum Ausdruck kam, besaßen die Verbände noch eine negative Vetomacht, die die Konservativen unter den Unternehmern mit Erfolg schon in der Weimarer Zeit eingesetzt hatten.[16] Als Beispiel, wie auf diese Weise Entwicklungen zumindest verzögert, wenn nicht gar ganz blockiert werden konnten, seien hier die Beziehungen zu den Gewerkschaften angeführt. Während sich die liberalen, verarbeitenden und exportorientierten Branchen nach 1945 um eine Neuordnung der Arbeitsbeziehungen und des Verhältnisses zu den Gewerkschaften bemühten, herrschte in der Ruhrindustrie weiterhin eine Gewerkschaftsfeindlichkeit. Dabei spielte freilich auch eine Rolle, dass die organisierte Arbeiterschaft in der frühen Besatzungszeit recht radikale Forderungen über eine Neuordnung von Kapital und Arbeit vorgetragen und dadurch alte unternehmerische Ängste vor einer Enteignung wieder wach gerufen hatten.[17]

Auch die Einführung der Montanmitbestimmung durch die Engländer sollte nicht nur einer Verschiebung der Machtgewichte dienen, sondern wurde von der Ruhrindustrie als erster Schritt zu einer von den Gewerkschaften verfolgten „kalten" Enteignung der Unternehmer aufgefasst.[18] Wie tief das Ressentiment saß, zeigte sich noch Jahre später als Hermann Reusch, der erzkonservative Chef der Gutenhoffnungshütte 1955 in einer Rede die Montanmitbestimmung als Resultat einer „brutalen Erpressung" der Industrie durch die Arbeiterbewegung bezeichnete.[19] Er löste einen kostspieligen spontanen Proteststreik der Metallarbeiter aus. Den Liberalen im BDI, die zusammen mit der sozialpartnerschaftlich orientierten BdA nach einem guten Verhältnis zu den Gewerkschaften strebten, erlitten damit einen doppelten Rückschlag. Zwar setzte sich deren Linie schließlich durch, doch sicherlich wäre der Prozess einer Neuordnung der Arbeitsbeziehungen nach der Hitler-Diktatur ohne das Veto und dauernde Bremsen der Konservativen rascher und glatter verlaufen.

Ähnlich entwickelten sich die Dinge bei der ebenfalls unumgänglichen Neugestaltung des Wettbewerbs in der westdeutschen Marktwirtschaft. Auch hier wollten die Liberalen in den Verbänden und Großunternehmen weg von den wettbewerbsfeindlichen Kartellen der Zeit vor 1945.[20] Sie wollten ein System das auch Wirtschaftsminister Ludwig Erhard vorschwebte. Sie wollten die deutsche Praxis der Preis- und Produktionsabsprachen unter unabhängigen Firmen ein für allemal hinter sich lassen. Die Liberalen im BDI wussten nicht nur, dass die Vereinigten Staaten mit ihrer Konzeption der Retablierung eines multilateralen Welthandelssystems und der Open Door den alten deutschen Protektionismus radikal zerstören wollten. Vielmehr hingen sie auch aus eigener Überzeugung der Ansicht an, dass die Kartelle in der aufkommenden wettbewerbsorientierten Massenproduktions- und Massenkonsumgesellschaft dysfunktional waren. In diesem Sinne argumentierten sie an Erhards Seite in der Öffentlichkeit und im BDI-Präsidium. Doch die Konservativen an der Ruhr, wo die Kartelltradition tiefe Wurzeln hatte, verweigerten sich. Zwar konnten sie der auf Wettbewerb dringenden, von den Amerikanern geförderten Dynamik einer liberal-kapitalistischen Weltmarktordnung auf die Dauer nicht widerstehen. Aber ihre Vetomacht war gleichwohl stark genug, um die Verabschiedung einer den amerikanischen Anti-Trust-Prinzipien nachempfundenen Vorlage Erhards, die die Kartellbildung mit einer Reihe von geringfügigen Ausnahmen grundsätzlich verbot, wiederholt zu verzögern. Erst 1957 wurde das Gesetz endlich verabschiedet. Und auch diesmal standen, wie bei der Agitation gegen die Gewerkschaften, hinter der Ruhrindustrie die ebenfalls sehr konservative Textilindustrie, weite Teile des mittelständischen Unternehmertums sowie der Fachhandel, die in einer ungeschützten Marktwirtschaft im rauen Wind des freien Wettbewerbs in Existenzschwierigkeiten zu geraten fürchteten.

Die bisherige Analyse von Macht und Einfluss der Unternehmer in der frühen Bundesrepublik hat sich auf die Industrieverbände konzentriert. Über den Handels- und Dienstleistungssektor wissen wir vergleichsweise weniger, obwohl man sagen kann, dass dort die Probleme ähnlich gelagert waren wie in der Industrie. Noch unbeschriebener ist das Blatt, wenn wir einzelne Großkonzerne im Hinblick auf ihre Macht und ihren Einfluss in Politik, Wirtschaft und Gesellschaft betrachten. Hier wird eine zukünftige Unternehmensgeschichte noch viel zu erforschen haben. Doch anstatt dazu weitere Beispiele zu diskutieren, sollen im Folgenden noch einige allgemeine Gedanken zum Thema dieses Abschnitts angefügt werden.

Werner Abelshauser hat die These aufgestellt, der amerikanische Hochkommissar John J. McCloy habe Erhard 1951 im Angesicht der Korea-Krise auf Geheiß Washingtons zu einer Abwendung von seiner marktwirtschaftlichen Politik gezwungen.[21] Infolgedessen seien schon in der frühen Bundesrepublik Prinzipien erneut zum Durchbruch gekommen, die Deutschland als erste Nation auf einen postliberalen Weg geschoben hätten. Abelshausers Thesen haben die Diskussion über die Entwicklung der westdeutschen Industriewirtschaft zweifellos angeregt, bedürfen aber zumindest der Differenzierung und weiteren kritischen Befragung. Das ist schon deshalb angeraten, weil sie z. T. auf einem unvollkommenen Verständnis sowohl der damaligen amerikanischen als auch der bundesdeutschen Wirtschaftspolitik beruhen.

Soweit es die USA betrifft, gibt es Anzeichen dafür, dass Washington schon vor dem Ausbruch des Korea-Krieges zu einem dirigistischen „militärischen Keynesianismus" greifen wollte.[22] Damals entstand die berühmt-berüchtigte Expertise NSC-68, die ein solches Programm umriss. Es ist unklar was aus diesem Plan geworden wäre, wenn nicht durch den Ausbruch des Krieges in Korea ohnehin staatliche Investitionen, aber auch Eingriffe in die Wirtschaft notwendig geworden wären. Doch regte sich in Amerika schon bald die Opposition gegen diese Politik. Das lag einmal daran, dass man mit dem strategischen Zurückdrängen der Nordkoreaner und der drohenden Intervention Chinas zu einem schnellen Waffenstillstand auf der Basis einer Teilung der Halbinsel entlang des 38. Breitengrades gelangen wollte, um einer weiteren Eskalation zu entrinnen. Hinzu kam die Furcht vor einem Anstieg der Inflation infolge des Korea-Booms in der Industrie.

Nicht weniger entscheidend für die Zurücknahme einer weitreichenden, interventionistischen Wirtschaftspolitik war aber die Sorge einflussreicher amerikanischer Wirtschafts- und Finanzkreise vor einer Ausweitung der staatlichen Sphäre auf eine liberal-kapitalistisch operierende Wirtschaft, wie sie im Zweiten Weltkrieg erfolgt war. Wenn öffentliche Investitionen schon getätigt werden sollten, dann in erster Linie im zivilen Sektor. Der Produktionslenkung im Rahmen eines Krieges war die Schaffung einer modernen zivilen Infrastruktur vorzuziehen, die der Privatwirtschaft und dem Konsumenten zugute kam. So ist es zu erklären, dass sich Washington zwar nicht aus einem keynesianischen Management der Wirtschaft zurückzog und letztere den sogenannten freien Marktkräften überließ. Doch verlegte man sich spätestens ab 1952 auf einen mehr zivil-infrastrukturellen und fiskalischen Keynesianismus. Eisenhowers schon erwähntes Straßen- und Autobahnbauprogramm ist auch in diesem Zusammenhang zu sehen.[23]

Diese Entwicklungen in der amerikanischen Wirtschaft und Wirtschaftspolitik wirkten auch auf die Bundesrepublik zurück und beendeten schließlich den Druck, den Abelshauser zufolge der McCloy-Brief auf Erhard ausübte und zu einem Verlassen der sozialen Marktwirtschaft zwang. Ist hier doch zwischen Schein und Wirklichkeit zu unterscheiden. Inzwischen hatte der bundesdeutsche Wirtschaftsminister, nicht willens von seiner Linie abzuweichen, nämlich zu einer Verzögerungstaktik gegriffen, mit der er den Zeitraum bis zum Nachlassen des amerikanischen Drucks erfolgreich überbrückte. So bewirkte der McCloy-Brief am Ende nicht ein Umbiegen der bundesdeutschen Wirtschaftspolitik in einen postliberalen Korporatismus. Das hat es als Tendenz allenfalls insofern gegeben, als die Schwerindustrie damals eine Gelegenheit erblickte, zu ihrem alten engen Verhältnis von Staat und Industrie unter Ausschluss der Gewerkschaften zurückzukehren. Mochte die Idee eines solchen autoritären Korporatismus in Teilen des BDI und in der Ministerialbürokratie Anhänger haben, Erhard erkannte auch diese Gefahren des McCloy-Briefs für seine Konzeption von sozialer Marktwirtschaft und widersetzte sich indem er die Schwerindustrie abblockte, die amerikanische Forderung verschleppte und lediglich einige kosmetische Maßnahmen ergriff. Letztere sollten McCloy den Eindruck geben, dass die Deutschen im Sinne seines Briefes geflissentlich tätig geworden waren.

In dieser Politik wusste er sich mit einem ihm schon seit längerem gut bekannten Industriellen, Otto A. Friedrich, einig, den er im Anschluss an den McCloy-Brief zum Rohstoffbeauftragten der Bundesregierung machte. Friedrich verbrachte die nächsten Monate damit, Inventare anzufertigen und Richtlinien für die Rohstoffverwendung zu erarbeiten. Als im Herbst kaum noch jemand von dem McCloy-Brief redete, trat Friedrich zurück. Erhard ließ seine soziale Marktwirtschaft weiterhin das „Wunder" einer zivilen Konsumgesellschaft hervorbringen. Die postliberale Wende fand nur auf dem Papier statt. Und auch die Rückkehr zu einem autoritären, bilateralen Korporatismus der Zeit vor 1945, den die Konservativen an der Ruhr im Auge hatten, gelang nicht. Stattdessen erfolgte die zunehmende Integration der Gewerkschaften in jene trilaterale keynesianische Konsenspolitik, die dann unter der Großen Koalition 1966 ihren Höhepunkt erreichte.[24]

Die Frage von Macht und Einfluss der Unternehmer in der frühen Bundesrepublik wird man daher so beantworten können, dass die Liberalen mehr und mehr an Boden gewannen und die Konservativen (wie auch in der Kartelldebatte oder in den Beziehungen zu den Gewerkschaften) nur noch verzögern, aber nicht mehr verhindern konnten, dass sich auch in der Bundesrepublik eine dynamische Massenkonsumgesellschaft durchsetzte. Diese Entwicklung ging einher mit dem Niedergang der Kohle, die durch eine multinationale und weltweit agierende Ölindustrie überholt wurde. Bald darauf folgte die Krise der in der frühen Bundesrepublik so mächtigen Stahlindustrie. Derweil boomten die bundesdeutsche Chemie, die Elektrotechnik und der Maschinenbau, die auf den von den Amerikanern organisierten Weltmarkt hinaus wollten und mit den alten deutschen Industriestrukturen nichts mehr im Sinn hatten. Dementsprechend „moderner" und – wie noch zu zeigen –„amerikanischer" projizierten sie sich auch in der Öffentlichkeit und in den politischen Schaltzentralen einer parlamentarisch-demokratischen Republik, ganz anders als die autoritären Bergassessoren im Ruhrrevier.

Bei unserer Analyse von Macht und Einfluss der Industrieeliten und ihrer Organisationen in der frühen Bundesrepublik sind wir indirekt wiederholt auf Faktoren gestoßen, die sich nicht einfach aus der Interessenlage, dem Machtbewusstsein von bestimmten Gruppen und der sich wandelnden ökonomischen und politischen Umwelt erklären lassen. Es gab auch Verhaltensweisen und Mentalitäten, die nur unter Berücksichtigung historischer Entwicklungen und einer spezifischen deutschen Industriekultur mit ihren regionalen Schattierungen zu verstehen sind. Es eröffnen sich hier Forschungsgebiete, die mancherlei methodische Schwierigkeiten mit sich bringen und der weiteren analytischen Durchdringung bedürfen. Allerdings hängt die unzureichende Entwicklung dieser Gebiete auch mit der Richtung zusammen, in die die Wirtschafts- und Unternehmensgeschichte nach dem Zweiten Weltkrieg in Deutschland gegangen ist. Grundsätzlich wird man dazu sagen müssen, dass das 20. Jahrhundert lange Zeit sehr viel weniger intensiv untersucht wurde als das 19. Jahrhundert.

So wurde aus wirtschaftsgeschichtlicher Perspektive in den ersten Jahrzehnten nach 1945 viel über die Industrialisierung Zentraleuropas geschrieben.[25] Die sich damals ebenfalls etablierende Unternehmensgeschichte erforschte vornehmlich die Entstehung und das Wachstum einzelner Firmen im 19. Jahrhundert, die Leistungen hervorragender Unternehmer oder den Aufstieg regionaler Wirtschaftseliten und Industrie-Clans.[26] Die Aufarbeitung der Wirtschaftsgeschichte der Zwischenkriegszeit kam in den sechziger und siebziger Jahren dann zwar ein gutes Stück voran, und eine weitere Welle intensiver Beschäftigung vor allem mit der NS-Zeit begann in den neunziger Jahren, als sich die Firmenarchive für ausgewählte Teams von Historikern öffneten.[27] Hier bleibt noch vieles aufzuholen. Parallel zu diesen Themen wurde dann auch die deutsche Wirtschaftsgeschichte der Nachkriegszeit unter dem Aspekt des Wiederaufbaus bearbeitet.

Diese Wiederaufbaugeschichte war zum einen der Sammlung verlässlicher Statistiken und der Frage der Integration der westdeutschen Wirtschaft in den Rahmen zahlreicher internationaler Institutionen gewidmet. Hier ist viel wertvolle Arbeit geleistet worden, ebenso wie die vorhergehende Analyse der Wirtschaftsorganisationen nicht ohne die einschlägige Literatur zu diesem Thema hätte unternommen werden können.[28] Inzwischen hatte aber in der Unternehmensgeschichte in England und Amerika jene „kulturelle Wende“ eingesetzt, die die angelsächsische und französische Geschichtswissenschaft in den achtziger Jahren auch generell erfasste. Erst fragte man nach den jeweiligen „*company cultures*“ und ihren Traditionen und danach begann man auch, das umliegende Milieu innerhalb eines Landes und dessen historische Wurzeln zu durchleuchten.[29]

Während statistische und quantitative Ansätze, die den Entwicklungen in der Nationalökonomie folgten, einflussreich blieben, brachten andere Wissenschaftler zunehmend qualitative Fragestellungen in ihre Ansätze hinein. Konzeptionen aus der Mentalitätengeschichte, der Anthropologie und den Kulturwissenschaften wurden hierbei aufgenommen. Man interessierte sich für Prozesse, die durch das *encounter* zweier verschiedener Industriekulturen ausgelöst wurden. Zunehmend stand dabei die „Begegnung“ der Europäer und Japaner mit Amerika im Vordergrund.[30] In diesem Zusammenhang kam die Diskussion um die „Amerikanisierung“ Europas in Gang, die vor allem durch die historische Konsum- und Konsumkulturforschung vorangetrieben wurde. Hier ging es nicht nur um Fragen des schon vor 1914 aufkommenden Massenkonsums, sondern auch um Radio und Film als Medien der Massenunterhaltung und darum, ob die Konsumenten Männer oder Frauen waren, schließlich um Fragen der Geschlechtergeschichte.

Obwohl Produktion und Konsum in demokratisch verfassten und sich demokratisierenden Gesellschaften zwei Seiten derselben Medaille waren, hat man sich in der Bundesrepublik mit der Aufnahme dieser Fragestellungen bis vor kurzem schwer getan. Man untersuchte die Modernisierung der westdeutschen Industrie nach dem Zweiten Weltkrieg, übersah aber, dass Fordismus nicht nur Fließbandarbeit und erhöhte Produktivität bedeutete, sondern auch Ankurbelung des Konsums durch Weitergabe der Rationalisierungsgewinne an den Konsumenten. Nach Henry Fords Vorstellungen sollten Preissenkungen nicht mehr lediglich den Wohlhabenden, sondern auch der Durchschnittsfamilie zugute kommen, die sich nun ebenfalls ein Auto oder einen Gasherd wünschte und auch leisten konnte. Zwar entwickelte sich dank der Arbeiten von Arnold Sywottek und seiner Mitarbeiter in Hamburg langsam die historische Konsumforschung auch in der Bundesrepublik.[31] Dass die von ihnen analysierten Entwicklungen der Wirtschaftswunderjahre etwas mit amerikanischen Einflüssen zu tun haben könnten, betrachteten sie anfänglich jedoch mit großer Skepsis. Einmal sei der Lebensstandard der Westdeutschen damals viel zu gering gewesen, um eine Massenkonsumkultur hervorzubringen. Was nach der reinen Statistik zutreffen mochte, konnte allerdings nicht die „Träume vom guten Leben" erfassen, die, wenn nicht längst vorher, gerade in den fünfziger Jahren mit paradiesischen Vorstellungen von Amerika und den von dort ankommenden Werbebildern recht intensiv geträumt wurden.

Amerika weitgehend ausblendend, sah die Hamburger Forschungsgruppe das Aufkommen einer Konsumgesellschaft in Deutschland als Teil eines Modernisierungsprozesses, der sich langfristig früher oder später in allen Industriegesellschaften auswirke. Damit war das konsumhistoriographische Pendant zu Abelshausers These entstanden, der zufolge die Wandlungen der deutschen Industriewirtschaft mehr mit der unaufhaltsam fortschreitenden Modernisierung seit dem 19. Jahrhundert zusammenhingen als mit dem, was nach 1945 an strukturellen und mentalen Veränderungen durch die amerikanische Hegemonialmacht einsetzte. Zwar bemühte sich Harm Schröter in den letzten Jahren, das Amerikanisierungsparadigma stärker in die Diskussion zu bringen;[32] aber der Widerstand dagegen blieb erheblich und ausgewiesene Wissenschaftler wie Werner Bührer waren allenfalls bereit, von einem „Amerikanisierungsdruck" zu sprechen, dem – wie er anschließend nachzuweisen versuchte – die Westdeutschen erfolgreich ausgewichen seien.[33]

Dieser Widerstand ist vielleicht auch darauf zurückführen, dass inzwischen bewusst oder unbewusst Missverständnisse entstanden waren. Ging es doch bei der These von der „Amerikanisierung" der bundesdeutschen Wirtschaft und Gesellschaft nie um ein plattes Überrollen der einen Industriekultur durch die andere. Im Gegenteil, die Protagonisten dieser Perspektive sind immer davon ausgegangen, dass „Begegnungen" dieser Art komplexe Interaktionsprozesses auslösen.[34] Es kommt zu Widerständen und zu zögerlichen und partiellen Anpassungen, an deren Ende eine eigenartige Mischung von amerikanischen und deutschen Elementen stand. Wie diese Mischung im Einzelnen aussieht, hängt von dem jeweils analysierten Bereich ab (z.B. Arbeitsbeziehungen, Marketing, Management), so dass in einigen die amerikanische Einfärbung stärker ausfallen mag als anderswo. Insofern wäre es schon nützlich gewesen, wenn die Arbeiten etwa des Amsterdamer Amerikanisten

Rob Kroes von Anfang an deutlicher in die deutsche Diskussion eingebracht worden wären.[35] Stattdessen finden wir weiterhin Analysen, die zu dem Schluss kommen, die deutsche Industrie habe sich auch nach 1945 wie zuvor „auf eigenem Weg" befunden.[36]

Die Resistenz der deutschen Unternehmensgeschichte gegen die Amerikanisierungsthese spiegelt sich auch in der Methodologie wieder. Cum grano salis hat sich Alexander von Plato wohl am weitesten in eine kulturhistorische und kulturanthropologische Richtung begeben, als er auf der Basis von ausgedehnten Interviews sein Projekt über „biographische Selbstkonstruktionen" von „Industriekapitänen" begann.[37] Freilich wird man eine ziemlich große Anzahl solcher Selbstkonstruktionen auswerten müssen, um zu allgemeineren Aussagen über ein oder mehrere industriekulturelle Milieus zu kommen. Sehr vielversprechende Ideen sind auch im Bochumer „Arbeitskreis für kritische Unternehmens- und Industriegeschichte" entstanden, auf die sogleich eingegangen wird. Paul Erker und Toni Pierenkemper haben versucht aus den Biographien besonders prominenter Unternehmer, die zugleich als Fenster zu ihrer Umwelt benutzt werden, umfassendere Rückschlüsse über Selbst- und Fremdbilder zu ziehen.[38] Es ist gleichwohl bezeichnend, wie stark die herkömmlichen Interessen der deutschen Unternehmensforschung auch diese beiden Autoren beeinflusst haben. So räumt Erker in seiner Einleitung zu dieser „Studie zur Erfahrungsbildung von Industrie-Eliten" der Frage nach dem Bestand und Wandel der Sozialstruktur der Unternehmer viel Platz ein und wartet dann mit einigen neuen quantifizierenden Ergebnissen auf.

Zur Mentalitätsgeschichte konstatiert er als „generellen Trend":[39] „Es gab kein Umdenken und kaum ein Nachdenken bei den deutschen Unternehmern in der Umbruchphase. ‚Amerikaner' wie Otto A. Friedrich waren offenbar doch die Ausnahme, pragmatisch vorgehende Manager wie Nordhoff, technologie-begeisterte Unternehmer wie Heinkel oder effizienz-orientierte Industrielle wie Sohl dagegen die Regel." Dementsprechend gab es lediglich „Erfahrungsbilder und Lernprozesse der NS-Zeit, die nach 1945 angewandt wurden, und Erfahrungen der unmittelbaren Nachkriegsmonate und -jahre, die ohne Rückwirkung auf eine Umorientierung der Einstellungen und Verhaltensweisen blieben." Die Forschung wird die Haltbarkeit dieser Schlussfolgerung sicherlich noch überprüfen wollen.

Wie Erker so beginnt auch ein in Bochum durchgeführtes Projekt zur „Struktur und Semantik der Wirtschaftselite des Ruhrgebiets, 1938 bis 1970" mit einer soziologischen Frage.[40] Dabei gehen die Bearbeiter von der gewiss richtigen Feststellung aus, „dass der Kenntnisstand über die mittelfristige Entwicklung der einst sehr mächtigen und machtbewussten wirtschaftlichen Führungsgruppe des rheinisch-westfälischen Industriegebiets als bemerkenswert unbefriedigend" zu bezeichnen sei. Als Begründung für dieses Defizit wird ebenso überzeugend angeführt, „dass die Beschäftigung mit der gesellschaftlichen Elite in den zurückliegenden Jahrzehnten kaum zu den Modethemen der sozialhistorischen Forschung" gezählt habe, solange man sich auf die Geschichte „gesellschaftlicher Unterschichten“ konzentrierte. Diese Ungleichgewichtigkeit soll nun durch eine „Kombination von empirischer Rekonstruktion des Sozialprofils der regionalen Wirtschaftselite mit einer hermeneutischen Bestimmung von Elitensemantik, -habitus und -mentalität“ behoben werden.

Insbesondere wollen die Bochumer der Vermutung nachgehen, dass „unter dem Nationalsozialismus eine soziale, kulturelle und semantische Zurückdrängung der traditionellen Wirtschaftselite, die durch ein ausgeprägtes Machtbewusstsein und ihren Führungsanspruch charakterisiert war“ einsetzte. Damit erhob sich die Frage des Generationswechsels und der Machtverschiebung von der Ruhrindustrie hinweg auf andere aufsteigende Branchen. Konsequenz: „Für das Ruhrgebiet bedingten diese allgemeinen Wandlungsprozesse aufgrund der vormals dominierenden, machtbewussten und eine offensive Elitensemantik vertretenden Führungszirkel der Montanindustrie einen besonders tief greifenden Einschnitt. Im Ergebnis verschwanden letztlich die lange Zeit für das Ruhrgebiet so charakteristischen, konservativ und autoritär geprägten ‚Generaldirektoren‘ und ‚Industriekapitäne‘ der Schwerindustrie.“

So verfolgt auch das Bochumer Projekt an erster Stelle „die quantitativ-statistische Rekonstruktion des Sozialprofils der Wirtschaftselite des Ruhrgebiets (Sozialstrukturanalyse).“ In einem zweiten und dritten Schritt will man zu einer „Analyse der Muster, Medien und Formen der Selbstdarstellung der wirtschaftlichen Führungsschicht in Bezug auf ausgewählte Aussagefelder“ (Binnenperspektive) und schließlich zu einer Untersuchung „der Muster, Medien und Formen der gesellschaftlichen Fremdwahrnehmung und -beschreibung der Wirtschaftselite (Außenwahrnehmung)“ vordringen.

Mit den letzten beiden Schritten ist endlich ein Anfang auf dem Wege zu einer Kulturgeschichte der deutschen Industrieeliten (und in diesem Falle der Bergassessoren an der Ruhr) getan. Indessen ist zu hoffen, dass die weitere Forschung noch über die Rekonstruktion von Selbstbildern (anhand der Industriepresse) und der „Außenperspektive“ (anhand der öffentlichen Meinung) hinausgreifen wird.[41] Geht es doch auch um die Rekonstruktion des „Klimas“ in den Unternehmen, und zwar nicht nur im Verkehr mit der Belegschaft, sondern auch des Führungspersonal untereinander. Wie war dieses Klima vor 1945 und wie wandelte es sich nach dem Zweiten Weltkrieg angesichts der Tatsache, dass viele Zechendirektoren und Hüttenleute erst an den Bergakademien mit ihren schlagenden Verbindungen und dann an der Ruhr selbst ihre tertiäre Sozialisierung erfahren hatten.[42] Wie ging es vor und nach 1945 zu, wenn sich die Bergassessoren a.D. mit den Beamten des Oberbergamts Dortmund zu einer Sitzung trafen? Stimmt die gewiss nicht welterschütternde, aber vielleicht doch signifikante Beobachtung, dass der Bergwerksdirektor dem morgendlichen Besucher erst einmal einen ordentlichen Doppelkorn einschenkte, bevor man zum Geschäft kam? Und wie sah es jenseits der Unternehmen im Privaten aus? Über die Wohnverhältnisse der

Arbeiter wissen wir weitaus mehr als über den Alltag, die Lebensstile und die Geselligkeit der in der Tat so mächtigen Bergassessoren.[43]

Die große Bedeutung dieser Fragen geht aus dem ersten Teil dieses Beitrags und aus der „Semantik" des Bochumer Projekts hervor: Die Ruhrelite war in der Tat auch nach dem Zweiten Weltkrieg zunächst noch sehr mächtig und machtbewusst. Das lässt sich auch an dem Mythos ablesen, der sie weiterhin umrankte und dessen faszinierende Kraft sich gerade auch an den Einstellungen der Unternehmer anderer Branchen festmachen ließe. So kam der schon erwähnte Harburger Gummiindustrielle Albert Schäfer 1948 mit folgenden Eindrücken von einer Reise in den Westen zurück:[44] „Im Ruhrgebiet ... ist mit den Händen zu greifen, welchen Mittelpunkt des Weltinteresses heute die Ruhr" darstelle. Für ihn sei „die Dynamik einer Stadt wie Essen ... ungeheuerlich gewesen." Über das Prestige, das die Ruhrschwerindustrie unter ihren Kollegen in anderen Industriezweigen dadurch gewann, dass sie den Alliierten Demontagen, der Verfolgung wegen Kriegsverbrechen und dem Mitbestimmungsdruck der Gewerkschaften besonders stark ausgesetzt war, ist bereits weiter oben gesprochen worden.

Dennoch sollte nicht übersehen werden, dass mit Bewunderung und Ehrfurcht auch Distanz gegenüber den knorrigen Bergassessoren und ihren erzkonservativen Einstellungen in so gut wie allen Fragen der Wirtschafts-, Sozial- und Gesellschaftspolitik einherging. So gilt es also nicht nur die heute versunkene Welt der Reviergewaltigen um Hermann Reusch zu studieren, sondern auch das Milieu der Chemie-, der Fahrzeug oder der Elektroindustrie.[45] Und wie steht es mit der mittelständischen Industriekultur? Es wäre lohnend, z.B. die Einstellungen und die Ambiente des Hannoveraner Wirtschaftsbürgertums zu studieren. Denn auch der Mittelstand sollte in das Forschungsprogramm einer Unternehmensgeschichte aufgenommen werden, die sich von den Kulturwissenschaften und der Anthropologie inspirieren lässt.

Wie alle in dieser Frage im Dunkeln tappend, ging das Bochumer Projekt von der Annahme aus, dass „die Führungsgruppen" der ‚modernen', verarbeitenden Industrien und Dienstleistungen scheinbar keinen mit den vormaligen ‚Herren aus dem Westen' vergleichbaren Hegemonialanspruch – und folglich auch kein vergleichbares semantisches Elitenpotential – entfalteten.[46] Das mag für die heutige Zeit gelten. Doch gibt es Hinweise darauf, dass der schwindende Einfluss der Ruhr führende Köpfe aus den „modernen", verarbeitenden Zweigen ermunterte, außer dem machtpolitischen auch einen kulturellen Führungsanspruch zu entwickeln.[47]

So stehen wir am Ende dieser Analyse zur Unternehmerschaft in der frühen Bundesrepublik vor einer ganzen Reihe von Forschungsproblemen und -aufgaben. Soweit es die Macht und den Einfluss der Industrieeliten betrifft, verfügen wir immerhin über eine größere Anzahl von Studien zur Wirtschafts- und Organisationsgeschichte der Verbände. Weitaus weniger wissen wir über die Rolle, die einzelne Industrielle und Bankiers als Berater in Bonn spielten und wie Großunternehmen ihren Einfluss außerhalb der Verbände einsetzten.

So wichtig es ist, mehr über die Zirkulation der deutschen Industrieeliten über den Umbruch von 1945 hinweg zu erfahren, die größte Herausforderung einer modernen Unternehmensgeschichte liegt auf dem Gebiet einer vertieften Erfassung der westdeutschen Industriekultur und ihrer Wandlungen. Dazu konnten hier nur einige Beispiele skizziert werden, wie und mit welchen Fragen die Welt und Umwelt der Unternehmer zu analysieren wären.

Liegen diese Ergebnisse vor und werden sie mit denen der Konsum- und Massenkulturforschung verknüpft, so wird vielleicht auch die Amerikanisierungsthese plausibler erscheinen. Ging es doch nie darum, dass die deutsche Industrie ein Abbild der amerikanischen geworden sei, sondern darum, die Tiefe der deutsch-amerikanischen „Begegnung" nach dem Zweiten Weltkrieg auf verschiedenen Gebieten zu vermessen und jeweils zu kalibrieren. Die deutsche Industrie ist nach 1945 massiven Außeneinflüssen ausgesetzt gewesen ist. Doch kamen diese nicht aus Japan oder England, sondern aus den Vereinigten Staaten als der westlichen Hegemonialmacht. Diese Einflüsse als Modernisierung oder Internationalisierung zu begreifen, ignoriert ihre identifizierbare Quelle jenseits des Atlantiks. Ebenso erscheint der von Anselm Doering-Manteuffel eingeführte Begriff der „Westernisierung" insofern weniger brauchbar, als auch England, Frankreich oder Holland dem amerikanischen Einfluss ausgesetzt waren.[48] Indessen wird man bei diesen Ländern nach dem Zweiten Weltkrieg kaum von einer Verwestlichung sprechen wollen. Zudem liegt die Attraktivität der Amerikanisierungs-These auch darin, dass sie die Chance zu einem innereuropäischen Industrie- und Gesellschaftsvergleich eröffnet, bei dem Amerika als das *tertium comparationis* dient.[49]

7. Die versunkene Welt der Bergassessoren

Walther Rohland war einer von vielen Ruhrindustriellen, die 1945 ihre Stellung verloren. Das war angesichts seiner Karriere im Dritten Reich nicht erstaunlich. Als diplomierter und promovierter Eisenhüttenfachmann war er nach 1933 sehr schnell in der nationalsozialistischen Wirtschaft in Führungspositionen aufgestiegen. Mit 34 Jahren wurde er Vorstandsmitglied bei den Deutschen Edelstahlwerken in Krefeld und 1941 rückte er in den Vorstand der Vereinigten Stahlwerke, des größten Stahlkonzerns Europas, auf. Zwei Jahre später war er gar der Vorstandsvorsitzende des gigantischen Schwerindustriekombinats, unter dessen Dach 1938 fast 39 Prozent des deutschen Stahls erzeugt und nahezu 19 Prozent der Kohle gefördert wurden. Zugleich wurde Rohland, einer der engsten Mitarbeiter Albert Speers, ab 1942 Hitlers Rüstungsminister. Unter anderem leitete er den „Arbeitsausschuß Panzerfertigung", weswegen er unter seinen Kollegen und in der Öffentlichkeit als „Panzer-Rohland" bekannt wurde. Gegen Kriegsende wirkte er in Speers „Ruhrstab" und fand, wenn auch reichlich spät, zusammen mit Speer zu einer Linie, die die Hitlersche Politik der verbrannten Erde und der befohlenen Zerstörung der Ruhrindustrie zu verhindern suchte.[1]

Betrachtet man Rohlands steile Laufbahn im Dritten Reich ist verständlich, weshalb er bei Kriegsende von den Alliierten seiner Posten enthoben wurde. Bemerkenswerter ist, dass er einer der wenigen Ruhrindustriellen und der einzige Hauptausschussleiter des Speer-Apparats war, der seine Stellung nicht bald nach 1945 zurückerhielt. In seinen 1978 veröffentlichten Memoiren gab Rohland dafür eine Reihe von Gründen an. Nicht nur die Westalliierten, so schrieb er, hätten wegen seines Comebacks Bedenken gehabt. So bestand die Befürchtung, die sowjetische Propaganda würde dies ausschlachten. Auch hätte er sich noch stärker für ein Ende der Demontagen einsetzen können. Abschließend ging Rohland in seiner Rechtfertigungsschrift dann noch auf drei „scheinbare Kleinigkeiten" ein, die vielleicht sogar „ausschlaggebend gewesen" seien dafür, dass er bei seinen Versuchen, „beruflich rehabilitiert zu werden, so erfolglos und relativ ohne Unterstützung blieb": Er sei „kein Bergassessor, kein Montan-Corpsstudent oder Burschenschafter und kein Jäger" gewesen.

Das ist eine Bemerkung, die Bände spricht und die dem Historiker Zugänge zu einer Welt eröffnen könnte, über die wir bis auf den heutigen Tag kaum etwas wissen. Es ist eine Welt, die inzwischen als weitgehend versunken gelten muss; denn die heutigen Manager der Ruhrkonzerne sind durchweg aus einem anderen Holz geschnitzt als die knorrigen Generaldirektoren der oft gar nicht so guten alten Zeit. Mögen manche von ihnen auch noch zur Jagd gehen und einige als Studenten an der Bergakademie in Clausthal-Zellerfeld auf dem Mensurboden gestanden haben: Ihr Lebensstil, ihre Weitsicht und ihre Führungsmethoden sind andere als die ihrer Vorgänger an der Ruhr. Vor allem sind sie nicht mehr in gleicher Weise prägend wie die ältere Generation es über viele Jahrzehnte hinweg bis in die fünfziger Jahre hinein war.

Dennoch: Wer sich in historischer Perspektive für die Kultur des Reviers interessiert, der sollte sich nicht nur der Geschichte der Ruhrarbeiterschaft, ihrer Bildungs- und Sportvereine und ihrer politischen Organisationen widmen, sondern auch die Welt der Bergassessoren zu rekonstruieren versuchen, jener Männer also, die zusammen mit den Verwaltungsbeamten und den Honoratioren der Lokalpolitik das industrielle Milieu und die Siedlungsformen des Reviers entscheidend gestaltet haben; die sich auch als Direktoren der Montankonzerne noch als Bergassessoren a.D. anreden und als private „Oberbeamte“ bezeichnen ließen. Kein Zweifel, dies waren die eigentlichen Herren an der Ruhr, die bis ins 20. Jahrhundert hinein wie Patriarchen die materiellen und kulturellen Lebensumstände „ihre“ Arbeiter und deren Familien auch außerhalb der Fabriktore bestimmten und die zugleich auch ihre eigenen Umgangsformen und ihr eigenes Traditionsbewusstsein entwickelt hatten.[2]

Seit dem späten 19. Jahrhundert waren es tatsächlich immer weniger die Eigentümer der Zechen und Hüttenwerke, die auch in sozialer Hinsicht den Ton angaben. Mit dem Aufstieg der anonymen Aktiengesellschaft schwand der indirekte Einfluss der alten Ruhr-Clans zwar nicht ganz; aber die Krupps und Stinnes, die Haniels und Thyssens überließen als Großaktionäre das tägliche Geschäft der Betriebsführung angesichts der immer komplexeren technischen, finanziellen und industriepolitischen Probleme zunehmend den häufig akademisch gebildeten Experten – den Reuschs, den Poensgens, den Springorums.[3] Und damit stieg diese Gruppe der angestellten Direktoren zu einer politisch mächtigen und kulturell stilbildenden Elite empor. Zusammen mit den staatlichen Bergbeamten bildeten sie einen „ganz exklusiven Kreis“. Sie zogen „in vorstädtische Villen und Landhäuser, womit sie sich im Lebensstil dem anderen Pol der Machtellipse des preußisch-deutschen Reiches – den ostelbischen Junkern – annähern konnten“, auch wenn sie weiterhin, wie etwa Albert Vögler es bei Hugo Stinnes tat, verehrungsvoll zu den Eigentümer-Unternehmern aufsahen. Im Kaiserreich und später in der Weimarer Republik verbanden sie sich zu jener „Union der festen Hand“, die Erik Reger, der scharfsinnige Kulturkritiker des Ruhrgebiets, vor über fünf Jahrzehnten in einem Schlüsselroman beschrieb.[4]

Zweifellos fühlten sich diese Patriarchen unter der Hohenzollern-Monarchie weitaus wohler als nach 1918 in der parlamentarischen Republik von Weimar. Nur in der Stunde höchster Not während der Revolutionszeit hatten sie sich zu einer Unterstützung des Abkommens durchringen können, das Stinnes damals mit dem Gewerkschaftsführer Carl Legien abschloss und das die Anerkennung der Gewerkschaften und den Achtstundentag brachte. Aus selbigem Grund blieb auch die kurz darauf gegründete Zentralarbeitsgemeinschaft niemals mehr als ein prekäres Bündnis zwischen den „Sozialpartnern“, das in der Krise von 1923 schließlich ganz zerbrach.

Mitte der zwanziger Jahre machte sodann die verarbeitende Industrie, voran die Chemie und die Elektrotechnik, den ernsten Versuch, einen größeren Konsens mit den Gewerkschaften herzustellen und eine Konzertierung in der Wirtschafts- und Sozialpolitik zu erreichen. Doch auch dieser Beitrag zu einer Stabilisierung der Weimarer Republik scheiterte 1928 schließlich an der Veto-Macht der Bergassessoren, die damals den erbitterten „Ruhreisenstreit“ auf die Spitze trieben.[5] National gesinnt und mehr auf den Binnen- als auf den Weltmarkt hinorientiert, erhoben sie auch keine Bedenken gegen die zunehmende Isolierung der deutschen Industriewirtschaft und den von der NSDAP geförderten Ruf nach Autarkie. Insgesamt vermochten die konservativen Generaldirektoren zwar weder vor noch nach 1933 ein rechtes Verhältnis zu Hitler gewinnen. Auf der anderen Seite brachte aber das Aufrüstungsprogramm, das die nationalsozialistische Diktatur sogleich einleitete, nach Jahren der Depression gerade der Schwerindustrie den ersehnten Aufschwung.[6] Dieses Programm erlaubte nicht nur eine massive Ausweitung der Produktion, sondern infolge hoher Gewinne bei relativ strikten Lohnkontrollen auch eine beachtliche technische Modernisierung. Denn schon lange vor 1933 und unter dem Eindruck der aus Amerika kommenden Fordismus-Welle waren die Herren an der Ruhr, die ja schließlich meist studierte Ingenieure waren, ausgesprochen innovations- und rationalisierungsfreudig.[7] Das galt freilich nicht für das Feld der Industriepolitik und der Arbeitsbeziehungen. Der Führungsstil blieb autoritär, und die meisten konnten sich nicht dazu durchringen, die Gewerkschaften als legitime Sprachrohre der Belegschaften und als Ordnungsfaktoren institutionalisierter Konfliktlösung anzuerkennen.

Unter diesen Umständen waren auch nur wenige der Generaldirektoren im Frühjahr 1933 darüber unglücklich, dass die Nationalsozialisten die Gewerkschaften umstandslos auflösten und im Januar 1934 dann das sog. „Gesetz zur Ordnung der nationalen Arbeit“ einführten. Mit diesem Gesetz wurde das „Führerprinzip“ in den Betrieben nun auch staatlich anerkannt und die Belegschaft offiziell zur Wahrung des Betriebsfriedens verpflichtet. Zwar fanden es viele der „Betriebsführer“ an der Ruhr nicht immer leicht, mit den im Mai 1934 eingesetzten „Treuhändern der Arbeit“ und mit den Funktionären der Deutschen Arbeitsfront zurechtzukommen; insgesamt aber konnte für sie kein Zweifel bestehen, dass dieses System dem alten der freien Weimarer Gewerkschaften vorzuziehen war.[8] Doch nicht die Behandlung der deutschen Belegschaften im Dritten Reich stellt das düsterste Kapitel in der Geschichte der Ruhrwirtschaftselite dar, sondern das Schicksal von Hunderttausenden von Fremdarbeitern, die im Zweiten Weltkrieg unter schlechtesten Bedingungen auf den Zechen und Hüttenwerken arbeiten mussten.[9] Es war eine schlimme Zeit, an deren Ende ein paar der Patriarchen an der Ruhr doch von Zweifeln und Gewissensbissen befallen wurden.

Diese Welt des Reviers, die vom Nationalsozialismus und totalen Krieg, aber auch von alten einheimischen Industrietraditionen geprägt wurde, brach 1945 physisch und politisch völlig zusammen. Doch unter der Asche glühte noch das Feuer der einst mächtigsten Industrieregion des europäischen Kontinents. Die alliierten Bomber hatten die Produktionsanlagen zwar angeschlagen, aber der Schaden war geringer, als er auf den Photos mit den Trümmerhalden aussah. Auch die Demontagen haben nichts daran zu ändern vermocht, dass der Kapitalstock der Industrie nach 1945 weiterhin 11 Prozent über dem Stand von 1936 lag.[10] Hier fand sich also immer noch ein riesiges industrielles Potential, das nur wiederbelebt zu werden brauchte und im Zeichen des sich verschärfenden Kalten Krieges auch bald wiederangekurbelt wurde.

Als Ende 1948 ein Hamburger Industrieller von einer Reise ins Rheinland zurückkehrte, berichtete er voller Ehrfurcht und Staunen: „Im Ruhrgebiet [...] ist mit Händen zu greifen, welchen Mittelpunkt des Weltinteresses heute die Ruhr“ darstellt.[11] Selbst für einen welterfahrenen Mann wie ihn sei „die Dynamik in einer Stadt wie Essen ... ungeheuerlich gewesen“. Auch den Amerikanern, deren politische und finanzielle Hilfe den materiellen Wiederaufbau mit ermöglichte, fiel die hektische Geschäftigkeit bei Besuchen sofort in die Augen. So schrieb die amerikanische Wirtschaftszeitschriftschrift *Fortune* im Oktober 1949: „Die Hauptproduktionsstätte Europas – der Industriekomplex des Rhein-Ruhr-Beckens – pulsiert jetzt, wenn nicht auf der Höhe ihrer Vorkriegskapazitäten, so doch mit genügend Kraft, um die Zukunft Deutschlands zu einem erstrangigen Anliegen nicht nur ganz Europas, sondern auch der USA zu machen.“[12]

Die Niederlage von 1945 bedeutete für die Ruhr zunächst auch in personeller Hinsicht einen schweren Schlag. Die Engländer, in deren Besatzungszone die Ruhr lag, nahmen sich zwar bis zum Herbst 1945 Zeit, ehe sie auch gegen die Generaldirektoren der Konzerne vorgingen; aber bis zum Winter des Jahres waren mehrere Dutzend prominenter Stahl- und Kohlemanager verhaftet und in Bad Nenndorf bei Hannover interniert worden. Hingegen dauerte es nicht allzu lange, bis sie wieder entlassen und in die alten Führungsstellungen zurückberufen wurden. Ende 1948 hatte sogar Wilhelm Zangen, der alte Vorstandsvorsitzende der Mannesmann A.G. und Vorsitzende der „Reichsgruppe Industrie“ im Zweiten Weltkrieg, den Absprung geschafft, worüber er wie folgt in seinen Memoiren berichtete:[13]

„Am 30. September 1948, meinem 57. Geburtstag, standen schon mehr Autos von Gratulanten vor der Tür meines zerbombten Hauses als 1947. Ich war ja nun entnazifiziert, und man konnte nicht wissen, ob entgegen der Auffassung mancher Männer des Konzerns meine Rückkehr nicht doch kommen würde. Man wußte nicht überall, daß ich schon mit den Stahltreuhändern, deren Vorsitzender Heinrich Dinkelbach war, ein wohlwollender alter Bekannter von mir aus der Zeit der Vereinigte-Stahlwerke-Demag-Transaktion, sowie mit der Combined Steel Group verhandelte. Das entscheidende Gespräch mit Hans Böckler, dem Vorsitzenden des

Deutschen Gewerkschaftsbundes [in der Britischen Zone], fand am 18. November 1948 statt.... Seit dem 1. Dezember 1948 war ich wieder, diesmal als Aufsichtsratsvorsitzender, bei Mannesmann tätig. Auch [Hermann] Winkhaus hatte ich in den Aufsichtsrat gebracht."

Über die in diesem Zitat angesprochenen Verhandlungen und „Seilschaften" ist bis auf den heutigen Tag nur wenig bekannt. Gewiss, die personalpolitischen Entscheidungen der späten vierziger Jahre wurden durch die Politik der Alliierten, voran der Amerikaner, erheblich befördert.[14] Und doch ist der Wiederaufstieg der Bergassessoren nur zu verstehen, wenn man sich zugleich in das dichte Netz sozialer Beziehungen vertieft und das starke Bewusstsein, sich in einer gemeinsamen Schicksalssituation zu befinden, rekonstruiert.

Wenn nicht zuvor, so hatten die alten Familien an der Ruhr und ihre angestellten Generaldirektoren schon in den Stunden der Not während der zweiten Kriegshälfte, als die Bombenteppiche fielen, begonnen, wie Pech und Schwefel zusammenzuhängen. Dieser Zusammenhalt mit seinem trotzigen Stolz setzte sich angesichts der anfangs rigorosen Besatzungspolitik der Alliierten fort und vereinte sie alle im Kampf gegen die Demontagen und die persönlichen Diskriminierungen. So holte man sich gegenseitig zurück. Allerdings waren nicht alle alten „Betriebsführer" akzeptabel. Wer sich so sehr exponiert hatte wie Rohland, brauchte zwar nicht am Hungertuche zu nagen, musste sich aber mit Beraterverträgen anstelle von Vorstandsposten zufrieden geben. So half Rohland seinem früheren Vorstandskollegen bei den Vereinigten Stahlwerken, Hans-Günther Sohl, der später die August-Thyssen-Hütte zum größten Stahltrust Europas ausbaute, bei der Abfassung mehrerer Expertisen zur Entflechtung des alten Stahlvereins. Differenzierungen solcher Art, die Rohland so verbitterten und in seinen Memoiren ungewöhnlich direkt werden ließen, waren nicht nur gegenüber den Alliierten nützlich. Vielmehr erlaubten sie nach dem Ausscheiden der nicht mehr akzeptablen Männer auch den Wiederaufbau der geistigen und sozialen Welt, in der die Herren an der Ruhr jenseits des von ihnen verachteten plebejischen Getriebes der NS-Massenbewegung in den dreißiger Jahren weiterhin gelebt hatten.

Dies trifft zunächst den Bereich der Betriebe. Wohl kam es angesichts der Demontagen und des auch in der Arbeiterschaft vorhandenen starken Willens zum materiellen Wiederaufbau zeitweilig zu gemeinsamen Fronten von Managern und Belegschaften. Aber manch einem der Bergassessoren fiel es zugleich doch sehr schwer, am Verhandlungstisch mit nun wieder vorhandenen, gewählten Gewerkschaftsvertretern einen Rapport herzustellen. Das lag gewiss auch daran, dass viele dieser Verhandlungspartner selbst unter dem Nationalsozialismus gelitten hatten und den alten Generaldirektoren, die das Dritte Reich recht gut überlebt hatten, mit erheblichen Reserven gegenübertraten. Aber die seelischen Hindernisse waren auf der Seite der Bergassessoren nicht minder groß. Hinzu kamen die psychischen Probleme mit der 1947 von den Engländern eingeführten und 1951 bundesrechtlich sanktionierten

Montan-Mitbestimmung. Ein Mann wie Hermann Reusch, Generaldirektor der Gutehoffnungshütte und Nachfolger seines kaum weniger bekannten Vaters Paul, sah sich weiterhin als Herr im Haus und konnte sich mit der Mitbestimmung nicht abfinden.[15]

Der Skandal, den Reusch 1955 mit einer Rede auslöste und der zu einem Proteststreik von 800.000 Metallarbeitern führte, mag als solcher weniger bedeutsam erscheinen. Er enthüllt aber vieles über die konservative Industriepolitik der alten Bergassessoren und die Vorstellungswelt, in der sie auch nach dem Kriege noch lebten. Amerikanische Sozialwissenschaftler, die die westdeutsche Geschäftselite in den fünfziger Jahren näher studierten, waren immer wieder frappiert, wie autoritär es an der Ruhr weiterhin zuging.[16] Das betraf nicht nur das Verhältnis zur Belegschaft, sondern auch den immer noch militärischen Stil in den Vorstandsetagen und in der Bergamtsbürokratie, die die Bergassessoren während ihrer Ausbildung und vor dem Wechsel in die Privatindustrie durchlaufen hatten. So war es noch in den fünfziger Jahren selbstverständlich, dass die leitenden Beamten des Oberbergamts Dortmund rechtzeitig vor dem Eintreffen des Präsidenten im Besprechungssaal Platz nahmen, um wie ein Mann aufzustehen, wenn der Präsident pünktlich und schnellen Schritts vom Eingang her nach vorn eilte, um die Konferenz zu eröffnen. Traditionsbewusst, direkt und handfest ging es auch in den kargen Direktionsstuben der Zechen zu, wo der Gastgeber vor dem morgendlichen Besucher als erstes eine Flasche Doppelkorn aufstellte, die er aus dem Seitenfach seines schweren, aber aufgeräumten Schreibtischs holte.[17] Nach Verbandssitzungen gab es im abendlichen Kreise gewöhnlich härtere Sachen und auch sonst zeigten die Herren an der Ruhr eine bemerkenswerte Standfestigkeit. Es war schon eine besondere Welt, in die ein Außenseiter nur selten einzudringen vermochte.

Ein Mann, der mit dieser Welt immer wieder in Berührung kam, war Siegfried Balke, diplomierter Chemiker, späterer Präsident der Bundesvereinigung deutscher Arbeitgeberverbände und Post- sowie Atomminister im Kabinett Adenauer. Und doch betonte er – obwohl in Bochum geboren – nicht nur ausdrücklich, kein „verkappter Bergassessor" zu sein, sondern auch, dass er sich im Kreise des alten Ruhr-Establishments immer als ein Fremder gefühlt habe.[18] Ähnliches galt wohl auch für den „revierfremden" Berthold Beitz, den Alfried Krupp als seinen Generalbevollmächtigten aus der Versicherungsindustrie nach Essen holte.

Die Schwierigkeiten, die Männer wie Balke oder Beitz mit der Ruhrelite hatten, bestätigen, dass die Eigentümlichkeit dieser Welt zunächst nach dem Zweiten Weltkrieg keineswegs verloren gegangen war. Das gilt auch für die außerbetrieblichen Lebensbereiche, wo man sich mit Stolz und erheblichem Selbstbewusstsein dem Wiederaufbau der Museen, Konzertsäle und Theater widmete. Mochte einiges auch experimentell sein oder aus einem demokratischen Impuls heraus erfolgen, dem „Volk" Kultur zugänglich zu machen: die Betonung lag auf dem Klassischen und Erprobten, das nach den Verwirrungen der NS-Zeit einen Sinn für Stabilität und bürgerliche Gediegenheit vermittelte: Elly Ney spielte Beethoven-Symphonien im Essener Saalbau; Gustav Gründgens inszenierte Goethes „Faust" in Düsseldorf.[19]

Auch sonst etablierten sich die alten Rangordnungen erneut. Zur Jahrhundertwende hatte es in einer Beschreibung von Wohnverhältnissen geheißen:[20]

„Während im nördlichen Teil die Bergleute, Tagesarbeiter und einige Angestellte wohnen, liegen im südlichen Teil die Häuser der ‚Beamten', der leitenden Angestellten und Direktoren. Deutlich sind sie von denen der Bergleute zu unterscheiden. Während einfache Hecken die Vorgärten der Bergleute zur Straße abgrenzen, zieren sorgfältig gearbeitete, regelmäßig gestrichene Zäune die der Beamtenhäuser. Die Gärten werden von den Gärtnern der Zeche sorgfältig instand gehalten. An der Anlage der Gärten, der Größe der Häuser kann man leicht die gesellschaftliche Rangordnung ihrer Bewohner innerhalb der Zeche erkennen. Die Häuser der leitenden Angestellten und Direktoren liegen in großen Gärten ein Stück abseits der Straße, jeweils so gestellt, dass kein Gegenüber in die Fenster schauen kann."

Und der erste Direktor zog derweil in das „prächtige, hinter hohen Gittern in einem großen Park gelegene Landhaus".

Wer Anfang der fünfziger Jahre aus der noch von Bomben gezeichneten Essener Innenstadt nach Süden über die „Gruga" hinaus die Alfredstraße entlang fuhr, erreichte schließlich Bredeney.[21] Hier, unweit der noch von den Engländern beschlagnahmten Kruppschen „Villa Hügel" fand man in ruhigen Seitenstrassen und fern der Fördertürme und Schlote weiterhin jene „prächtigen" Villen mit großzügigen Gärten und Auffahrten, deren Besitzer früh morgens von ihren Chauffeuren im schwarzen Mercedes abgeholt wurden. In Bredeney stand auch der trutzige Bau der „Goethe-Schule", wo Bergassessoren-Sprösslinge mit den Söhnen des übrigen Essener Großbürgertums – der Stauders und von Waldthausens – die Schulbank drückten; wo noch Latein und Griechisch gelehrt und wo man leicht herablassend auf die „Seeger", d.h. die Einwohner des Segeroths im Norden des Hauptbahnhofs, blickte. In der Tat, mochte die Bevölkerung des Ruhrgebiets durch Kriegs- und Nachkriegsereignisse sowie den Zustrom von Flüchtlingen und Arbeitssuchenden auch erheblich durcheinander gewürfelt worden sein, der Eindruck von Klassenlosigkeit im Angesicht der Hunger- und Hamsterzeit war nur oberflächlich und temporär. Wer damals auf dem Baldeney-See segelte oder im „Etuf" Tennis spielte, wusste sehr wohl, was unten und was oben war und empfand dies möglicherweise noch stärker als die, die sich inzwischen in den zerbombten Siedlungen des Segeroth und anderen rußigen Stadtteilen eine neue Existenz aufbauten.

So kam es, dass die Herren an der Ruhr das innere und äußere Leben des Reviers noch einmal entscheidend mitbestimmen konnten. Angesichts des Nachkriegsbooms war nur für den scharfsinnigen Volks- und Betriebswirt schon damals zu erkennen, dass diese unter der Leitung der knorrigen Generaldirektoren wiedererstehende Industrieregion bereits die Keime des Niedergangs in sich trug. Noch 1950/51 war es bei den Entflechtungsverhandlungen mit den Alliierten zu einem erbitterten Ringen um die Erhaltung des traditionellen Verbundes von Kohle und Stahl gekommen.[22]

Und selbst als die alten Organisationsformen, an die die Bergassessoren so fest glaubten, auf Bestehen der Amerikaner weitgehend aufgelöst worden waren, blieb der Drang sehr groß, die Verbundwirtschaft erneut zu schaffen. Mannesmann, Hoesch, Thyssen und wie sie alle hießen, versuchten sich noch Zechen anzugliedern, als das Öl die Kohle bereits als Energiequelle zu ersetzen begann. Bald aber entdeckten die Hüttendirektoren, dass sie ihren Kohlebedarf auch ebenso sicher auf den Weltmarkt decken konnten, oft sogar zu günstigeren Preisen. Damals, zu Beginn der Kohlekrise, kam es zur endgültigen Scheidung der jahrzehntelangen Ehe von Kohle und Stahl an der Ruhr. An ihre Stelle trat die freie Liebe.

Damals setzte der Verfall der beherrschenden Stellung ein, die die Ruhr bald neun Jahrzehnte lang innerhalb des deutschen Industriesystems innegehabt hatte. Die Chemie, die Elektrotechnik und die metallverarbeitenden Industrien erzielten ihren endgültigen Durchbruch zur Vormacht, der durch die NS-Rüstungswirtschaft und den Wiederaufbau nach 1945 zunächst erneut verzögert worden war. Die Gewichte innerhalb der westdeutschen Volkswirtschaft verlagerten sich damit auch regional nach dem Süden und dem Südwesten. Im Zuge dieser Verschiebungen änderte sich auch das Führungspersonal in den großen Konzernen. Eine neue Generation trat an, die andere Vorstellungen von Management und industriellen Beziehungen hatte.[23]

Doch gerade, weil es sich um eine versunkene Welt handelt, besitzt der Lebensraum der Bergassessoren für den rückschauenden Betrachter seine eigene Faszination. Denn wenn die Gegenwart einer Region nur vor dem Hintergrund ihrer Geschichte verständlich wird, lohnt es sich, nicht nur die Ideen und die tägliche Praxis der alten Patriarchen an der Ruhr in der Arbeitswelt zu studieren, sondern auch das Milieu, in dem sie lebten, und die gesellschaftlichen Traditionen, die sie pflegten. Es war eine Kultur, die in einer der ältesten Industrieregionen Europas gewachsen war und die viele Eigentümlichkeiten besaß. Von dieser Kultur sind hier nur einige Zipfel erwähnt worden, und es ist daher zu hoffen, dass die Wirtschafts- und Unternehmenshistoriker/innen künftig nicht nur die gewiss eindrucksvollen Produktionsziffern von Kohle und Stahl beschäftigen, sondern auch das, was sich an Geschichte innerhalb und außerhalb der Schachtanlagen und Fabriktore nicht quantifizieren lässt.

8. Otto A. Friedrich: Politischer Unternehmer aus der Gummiindustrie und das amerikanische Modell

A. Einleitung

Otto A. Friedrich war der bundesrepublikanischen Öffentlichkeit bis zu seinem Tode im Jahre 1975 wohl bekannt. Seine Prominenz hatte er nur zum Teil seiner Führungsstellung bei dem Hamburger Gummiwaren- und Reifenhersteller Phoenix A.G. (1939–1965) und später als persönlich haftender Gesellschafter der Flick-Gruppe (1966–1975) zu verdanken. Vielmehr war es seine Tätigkeit in zahlreichen Verbänden und Organisationen sowie die Tatsache, dass er im Unternehmerlager als philosophischer Kopf galt, durch die er ins öffentliche Rampenlicht geriet. Er saß seit der Gründung des „Bundesverbandes der Deutschen Industrie" (BDI) in dessen Präsidium. Später war er auch Präsidiumsmitglied der „Bundesvereinigung deutscher Arbeitgeberverbände" (BdA), deren Präsident er 1969 schließlich wurde. Er war auch ein Unternehmer, der im Gegensatz zu vielen seiner Kollegen durchaus bereit war, sich in der Bonner Politik zu engagieren. Während der Korea-Krise 1951 arbeitete er mehrere Monate lang als Rohstoffberater der Bundesregierung. Nach seinem Rücktritt von diesem Amt blieb er ein Vertrauter von Bundeswirtschaftsminister Ludwig Erhard. Er hatte gute Kontakte zu anderen führenden Politikern, darunter auch zu Bundeskanzler Konrad Adenauer und den beiden ersten Bundespräsidenten Theodor Heuss und Heinrich Lübke. Im Bundestag reichten seine Verbindungen bis in die SPD, und sowohl Helmut Schmidt als auch Herbert Wehner kannte er gut. Im Schiene-Straße-Konflikt spielte er Mitte der fünfziger Jahre eine führende Rolle. Wenige Jahre später begann er, sich mit den Plänen zur Erweiterung der Mitbestimmung der Gewerkschaften auseinanderzusetzen und legte schließlich ein eigenes Vermögensbildungskonzept vor.

Angesichts eines Unternehmers, der nicht nur still seinen Geschäften nachging, sondern der über mehr als 25 Jahre hinweg die Entwicklung der Bundesrepublik mit beeinflusst hat, wäre es nicht schwierig, Friedrich als Handelnden auf dem Höhepunkt seiner Karriere darzustellen. So ist in seinem Nachlass recht detailliertes Material über seine Tätigkeit bei der Phoenix A.G., die sich in den frühen fünfziger Jahren mit dem amerikanischen Reifenkonzern Firestone liierte, erhalten, das durch die Firmenakten ergänzt werden könnte. Gleiches gilt für sein politisches Handeln, ob als Rohstoffberater der Bundesregierung oder als Verbandssprecher. In der Tat sind diese Aspekte seines Lebens inzwischen in einer umfassenderen Biographie nachzulesen.[1] Die gute Qualität des Nachlasses bietet jedoch die allzu seltene Gelegenheit, über eine derartige Lebensbeschreibung hinauszugehen. Denn am 29. April 1945 begann Friedrich ein Tagebuch zu führen, in dem er nicht nur tägliche Ereignisse und Handlungen aufzeichnete. Vielmehr enthält dieses Tagebuch auch viele Gedanken und Beobachtungen zu Politik und Wirtschaft in einer Umbruchzeit, in der sowohl in seinem persönlichen Denken und Leben als auch in seiner Umwelt tiefe Veränderungen eintraten.

Dabei scheint es, dass er damals eine persönliche Krise durchmachte, die weit über seine privaten Probleme hinausging und Fragen der geistigen Basis berührte, auf der sich sein Leben und seine berufliche Tätigkeit in Zukunft bewegen würde. Für Friedrich war vieles, an das er geglaubt hatte, 1945 zusammengebrochen. Er suchte seitdem nach neuen Wegen, nach einer neuen Ethik, nach einem neuen Verständnis von Weltpolitik und Weltwirtschaft. Dennoch war er – selbst wenn er sich manchmal so sah – kein Revolutionär, für den ein Wiederaufbau nach der totalen Niederlage Deutschlands nur auf den Trümmern des Überkommenen denkbar war. Stattdessen fragte er sich in dieser Zeit immer wieder sehr ernsthaft, was aus der früheren Zeit über den Umbruch von 1945 hinweggerettet und mit dem Neuen, das damals unvermeidlich in das geschlagene Deutschland eindrang, verbunden werden könnte. Sein Ringen galt der Schöpfung einer umfassenden Synthese für sich selbst und für die Gesellschaft, in der er wirkte – d. h. einer Synthese, die nicht nur das Wirtschaftliche betraf, sondern auch das Politische, das Ideologische und das Kulturelle.

Die folgende Analyse wird daher die unternehmerische Tätigkeit Friedrichs bis zum Ende des Zweiten Weltkriegs nur relativ knapp nachzeichnen. Der andere Teil der hier vorgelegten Skizze ist der Frage gewidmet, wie er in den späten vierziger Jahren seine Erfahrungen aus der Zeit vor 1945 verarbeitete und eine andere Orientierung zu gewinnen versuchte. Dies ist ein Ansatz, der über die traditionelle Unternehmensgeschichte insofern hinausgeht, als er sich auch mit dem Innenleben eines prominenten Industriellen auseinanderzusetzen versucht. Denn erst vor dem Hintergrund einer solchen Analyse ist Friedrichs späteres Handeln zu verstehen. Mehr noch: Er sah sich in jenen späteren Jahren gedrängt, seine in den vierziger Jahren gewonnenen Einsichten und Grundsätze an einen möglichst weiten Kreis in der Unternehmerschaft als Anleitung für deren Handeln in Wirtschaft und Politik weiterzugeben. Als guter Redner bekannt, nahm er zahllose Einladungen an, auf Verbandsveranstaltungen, aber auch vor kirchlichen Akademien und kulturellen Organisationen, zu sprechen. Bei diesen und anderen Gelegenheiten bemühte er sich immer wieder darum, die Positionen – wie er es sah – eines zeitgemäßen Unternehmertums im neuen Westdeutschland zu definieren, das gerade die Katastrophe des Nationalsozialismus hinter sich gebracht hatte. Wie alle wusste auch er, dass dieses Ende für die deutsche Industrie eine schwere moralische Niederlage bedeutet hatte, die zu einem keineswegs bequemen Umdenken zwang.

Unter diesen Umständen besteht nicht nur die Hoffnung, einige Schlüssel für Friedrichs Denken und sein Engagement in Politik und Wirtschaft zu erhalten, sondern ihn auch in den breiteren Rahmen des unternehmerischen Milieus zu stellen, in dem er sich bewegte. Methodisch geht es im Folgenden somit darum, über eine mehr mentalitätsgeschichtliche Perspektive sowohl Zugang zur Entwicklung eines Individuums als auch zur Gedankenwelt der westdeutschen Unternehmerschaft zu gewinnen, um auf diese Weise wiederum Rückschlüsse auf die Formen der Industriekultur Deutschlands über einen längeren Zeitraum hinweg ziehen zu können. Dieser Ansatz wird sich nur selten wiederholen lassen, da Notizen über sehr persönliche Überlegungen bisher nur ausnahmsweise für die Unternehmensgeschichte zugänglich waren. Wo andere Historiker folglich auf scharfsinnige Spekulationen über Motive und Gedanken angewiesen sind, ist die Quellenlage in unserem Falle erheblich günstiger. Darin liegt der Reiz einer Skizze dieses Mannes.

B. Jugend und berufliche Prägung

Otto Andreas Friedrich wurde am 3. Juli 1902 in Leipzig geboren. Sein Vater war ein bekannter Chirurg, der in Greifswald, Marburg und später auch in Königsberg Lehrstühle innehatte. Seine Mutter entstammte dem hannoverschen Zweig der von Bülows. Otto hatte einen um ein Jahr älteren Bruder, Carl Joachim. Nach Otto wurden noch zwei weitere Brüder, Hans und Wolfgang, sowie seine Schwester Lotte geboren. Alle fünf Kinder hatten eine behütete Jugend in einem großbürgerlichen Haushalt, den der Erste Weltkrieg dann zerstörte. Als Militärarzt eingezogen, starb Vater Friedrich 1917 im Alter von nur 52 Jahren an der Front. Für die Witwe und ihre Kinder begann eine schlimme Zeit, der nach 1918 weitere schwere Jahre mit nachrevolutionären Unruhen und dem Zusammenbruch der Wirtschaft folgten. Carl Joachim, der 1919 sein Abitur gemacht hatte, begann in Marburg ein Studium der Philosophie und Volkswirtschaft, das er in Frankfurt und Heidelberg fortsetzte. Geld verdiente er sich zeitweise als Landarbeiter, ehe sich 1922 die Gelegenheit ergab, im Rahmen eines Austauschprogramms nach Amerika zu gehen. Dort erhielt er bald darauf eine Dozentur für Regierungslehre an der Harvard University. Damals begann für ihn der Aufstieg zu einem der einflussreichsten Politologen in den Vereinigten Staaten, der von Harvard aus viele Verbindungen nach Washington und zum neu-englischen Establishment in Politik und Wirtschaft besaß.

Bei seinem Bruder Otto dauerte es nach dem Abitur mehrere Jahre, bis dieser sich klar wurde, in welche Richtung er beruflich gehen wollte. Ursprünglich hatte er wohl vor, wie sein Vater Arzt zu werden. Dann wieder dachte er daran, in der Tradition der Familie seiner Mutter ins Seeoffizierkorps einzutreten. Im Wintersemester 1921/22 begann er sein Studium in Wien und ging dann im Jahr darauf „auf dem Höhepunkt der Inflation und unter kärglichsten Bedingungen“ nach Heidelberg.[2] Anschließend überredete Carl ihn, nach Berlin überzusiedeln. Doch dann hängte er die Medizin ganz an den Nagel und sattelte auf Volkswirtschaft um. Nebenbei verdingte er sich bei der UfA-Filmgesellschaft als Komparse, um Geld zu verdienen. Eine Zeitlang nahm er auch Schauspielunterricht und dachte daran, Theaterstücke zu schreiben. Angesichts dieser Vielseitigkeit erstaunt es nicht, dass er sein Studium offenbar nie abschloss und 1924 etwas waghalsig und ohne kaufmännische Ausbildung eine „Fachhandlung für technischen Bedarf eröffnete“.[3] Von einem winzigen Zimmer aus besorgte er sich auf Kredit von kleinen Gummifirmen Ware, die er dann in Berlin weiterverkaufte. Die Pleite ließ nicht lange auf sich warten, woraufhin er Anfang 1925 als kaufmännischer Lehrling in die „Berliner-Frankfurter Gummiwarenfabrik“ eintrat. Sein dortiger Chef ermunterte ihn offenbar, im November 1926 „mit $100.- in der Tasche nach Amerika“ auszuwandern. Dort angekommen, hatte er „nach einigen schweren Wochen in New York das Glück, in Akron [Ohio] bei der B.F. Goodrich Rubber Company erst als Arbeiter, dann als kaufmännischer Angestellter unterzukommen“.[4]

Seine amerikanischen Erfahrungen hinterließen tiefe Spuren in seinem Denken. Als er im Januar 1949 zum ersten Male nach dem Kriege wieder in Akron war – diesmal auf der Suche nach einer amerikanischen Beteiligung an der Phoenix A.G., deren Vorstandsvorsitzender er bald darauf wurde –, besuchte er auch die South Maple Street und das Haus, in dem er damals gewohnt hatte. Er betrachtete die Fenster seines Zimmers, „hinter denen ich 1927 ein so einsames, aber innerlich begeistertes Leben führte, meine Artikel für die Gummizeitung schrieb und vier Wochen bei glühender Hitze mit meinem Fuß krank lag“.[5] Eine maschinenschriftliche Zusammenfassung eines Artikels aus dieser Zeitschrift über „Entlohnung in der amerikanischen Gummi-Industrie – Bedaux-System“ weist darauf hin, dass er fordistischen Ideen gegenüber aufgeschlossen war, die damals auch in Deutschland in der Industrie diskutiert wurden.[6]

Inzwischen war der junge Mann aus Deutschland seinen Vorgesetzten aufgefallen, nachdem es ihm offenbar gelungen war, den Autohersteller Packard als Goodrich-Kunden zu gewinnen. Im August 1927 wurde er als „special factory representative“ nach Deutschland entsandt, um als Verbindungsmann zu dem dortigen Generalvertreter der Goodrich, der ATRAG Auto- und Traktoren-GmbH (Besitzer Dr. Bernhard), tätig zu sein, weil „die Goodrich sich von ihrer Beteiligung bei den Continental-Gummiwerken [in Hannover] lösen und ihre Verkaufsorganisation stärken wollte“.[7] Doch dann kam der große Konjunktureinbruch mit seiner Massenarbeitslosigkeit und Bernhard verlor im Zuge der Krise das Interesse an dem Reifenvertrieb. Im Auftrage des amerikanischen Mutterkonzerns baute Friedrich 1930 „eine selbständige

Vertriebsgesellschaft" auf, „die aufgrund der Devisenzwangsbewirtschaftung und der Verdreifachung der Reifenzölle im Jahre 1932" schließlich aufgelöst werden musste.

C. Rohstoffmanager in der NS-Zeit

Glücklicherweise war Friedrich nicht lange arbeitslos. Noch vor der nationalsozialistischen „Machtergreifung" übernahm er „die Geschäftsführung mehrerer Kartelle" und zusammen mit einem anderen Reifenexperten darüber hinaus „die Geschäftsführung des Reichsverbandes der Kautschukindustrie". Während dieser Zeit kümmerte er sich gerade auch um die Förderung kleinerer und mittlerer Firmen der Branche. Seine Arbeit führte ihn auch ins Ausland. Im Jahre 1939 fungierte er als deutscher Vertreter im Verbraucherbeirat des „International Rubber Regulation Committee" (IRRC), einem weltweiten Kartell. Inzwischen war der „Reichsverband der Kautschukindustrie" im Rahmen der Gleichschaltung der Industrie als „Fachgruppe Kautschuk-Industrie" der „Wirtschaftsgruppe Chemie" angegliedert worden. Als der neue Fachgruppen-Vorsitzende das Führerprinzip einführte, reichte Friedrich unverzüglich seine Kündigung ein.[8] Indessen scheint sein Abschied nicht nur in persönlichen Differenzen seinen Grund gehabt zu haben. Zwar hing er auch nach dem Zweiten Weltkrieg noch der Idee an, England sei am Ersten Weltkrieg schuld gewesen; aber von der Hitler-Bewegung hatte er schon vor 1933 Distanz gehalten. Wenn ihn danach an der nationalsozialistischen „Erhebung" irgendetwas beeindruckte, dann waren es die Ziele „nationaler Verteidigung und Wiederaufrichtung gegen das Unrecht von Versailles" sowie die „sozialen Ziele, die mit Tatkraft angepackt wurden".[9] Dennoch blieb er insgesamt bis 1941 „skeptisch, ablehnend, ja widersacherisch".[10] Es spricht vieles für die Wahrheit dieses Selbsturteils. Zum ersten war er – wie er rückblickend schrieb – als junger Mann „zwischen zwei Kontinente" geraten.[11] Auf Auslandsreisen in den dreißiger Jahren hörte er immer wieder kritische Stimmen über die NS-Diktatur. Zu diesen gehörte auch die des ehemaligen Reichskanzlers Heinrich Brüning, den er mehrmals im Ausland traf.[12] Bezüglich der Kriegsfrage wurde er schließlich sogar ein „Schwarzseher".[13] Al Viles, der amerikanische Kautschukindustrielle, den er aus dem IRRC kannte und der seinerseits das Unheil kommen sah, ermunterte Friedrich bei seinem letzten Besuch, nicht nach Deutschland zurückzukehren.

Wahrscheinlich hat ihn auch seine erste Frau Ruth gegen das Hitler-Regime beeinflusst. Sie war schon in den zwanziger Jahren eine Sozialistin und „moderne Frau" gewesen. Ursprünglich hatte sie, zusammen mit ihrer inzwischen geborenen Tochter Karin, ihrem Mann nach Amerika folgen wollen. Doch nach Ottos an sich nicht geplanter Rückkehr hielt diese Ehe nicht. Dennoch verstanden sich die beiden weiterhin gut und hielten in Berlin miteinander Verbindung. Ruth führte über ihre antinationalsozialistische

Tätigkeit ein Tagebuch, das später veröffentlicht wurde.[14] Obwohl ihr früherer Mann in diesem Tagebuch nicht direkt genannt wird, vertrauten die beiden einander genug, um sich auch über politische Fragen zu unterhalten. Dabei wird Ruth aus ihrer Gesinnung keinen Hehl gemacht haben. Auf solche Einflüsse und auf seine Ablehnung des NS-Rassismus ist es wohl zurückzuführen, dass er dem früheren ATRAG-Chef Bernhard 1938 zur Auswanderung riet und ihm dann half, „seine Wertsachen herauszubekommen, indem ich sie zu regelmäßigen Sitzungen des International Rubber Regulation Committee in London" mitnahm.[15] Während des Krieges wurde Friedrich schließlich in noch gefährlichere Aktionen hineingezogen. Denn einer seiner Bekannten war kein geringerer als Theodor Haubach, der als Mitglied der Widerstandsgruppe um Julius Leber, Wilhelm Leuschner und Carlo Mierendorff Verbindung zum Goerdeler-Kreis hatte.[16] Nachdem Mierendorff 1944 bei einem Luftangriff umgekommen war, stand Haubach als Pressechef des Reichskanzlers auf Goerdelers Namensliste. Er wurde nach dem Attentat auf Hitler am 20. Juli 1944 verhaftet und schließlich hingerichtet. Ein weiterer Verdächtiger war ein Dr. Gleissner, bei dem Haubach und dessen Verlobte Anneliese Schellhase gewohnt hatten und der nun seinerseits auf der Flucht war. Ihn verbarg Friedrich eine Zeitlang „in Grunewald als Dr. Meyer".[17]

Auf den ersten Blick lassen sich diese Details schlecht mit der weiteren beruflichen Laufbahn Otto Friedrichs vereinbaren. Denn im April 1939 war er zunächst nach einer ihm „von den Verbänden auferlegten Wartezeit" in den Vorstand der Harburger Phoenix A.G. eingetreten.[18] Diese 1856 als Gummischuhfabrik gegründete Firma hatte sich 1872 mit einem österreichischen Unternehmen zu den „Vereinigten Gummifabriken Harburg-Wien" verbunden. Die Verbindung wurde 1922 wieder gelöst, und seither operierten die Harburger als Phoenix A.G. Ihr kaufmännischer Direktor wurde im April 1933 Albert Schäfer, der spätere Vorstandsvorsitzende, den Friedrich wahrscheinlich während seiner Tätigkeit in den Kautschuk-Kartellen kennenlernte und der nach 1945 in der Handelskammer-Bewegung eine prominente Rolle spielte. Indessen konnte sich Friedrich seines Vorstandspostens bei der Phoenix A.G. nur knapp ein Jahr lang erfreuen, da sich die Harburger Firma bald nach Kriegsbeginn „wegen Rohmaterial- und Leutemangels" sehr einschränken musste. Das Hamburger Landeswirtschaftsamt verpflichtete ihn daraufhin, sich „dem Reichswirtschaftsministerium für eine beratende Tätigkeit" zur Verfügung zu stellen. Für „etwa ein Jahr" arbeitete Friedrich bei der „Reichsstelle Kautschuk". Sein Gehalt zahlte derweil die Phoenix A. G. Es ist zu vermuten, dass er in dieser Zeit mit der Lösung des Gummi-Rohstoffproblems beschäftigt war, das auch die Phoenix A.G. so hart getroffen hatte.

Da Deutschland inzwischen vom Weltmarkt abgeschnitten war, gab es bei Kriegsbeginn nur für zwei Monate Lagerbestände an Naturkautschuk und Kautschukprodukten. Die vorhersehbare Lücke hätte längst durch eine gesteigerte Produktion von synthetischem Kautschuk (Buna) gefüllt werden sollen. Allerdings hatten die hohen Herstellungskosten es bisher verhindert, dass das Buna zu einer echten Konkurrenz des Naturkautschuks wurde. Erst die Einführung des Vierjahres-Plans im Jahre 1936 ermöglichte es Hermann Göring, dem IG-Farben-Konzern ein attraktives finanzielles Angebot auf zehn Jahre zu machen: dem Unternehmen wurden die Konstruktion der nötigen Produktionsanlagen und Zinszahlungen von 5 % auf das investierte Kapital zugesichert.[19] Darüber hinaus wurde eine Anleihe von 31 Mill. Reichsmark auf die Baukosten, die auf 180 Mill. Reichsmark veranschlagt waren, angeboten. Dieses Angebot lehnte der Konzern freilich höflich ab, weil der Vorstand auf seine Unabhängigkeit vom Staat bedacht war. Er akzeptierte lediglich eine Steuerkonzession und erhielt im übrigen die Erlaubnis, auf dem Kapitalmarkt eine Anleihe von 90 Mill. Reichsmark aufzunehmen. Als sich dies als schwierig erwies, wurden die Kosten auf dem Umwege über eine versteckte Importsteuer für Naturkautschuk hereingeholt. Immerhin konnte im Februar 1937 die Buna GmbH errichtet werden, selbst wenn der Ausstoß zunächst enttäuschend blieb. Bis zum April 1939 lieferten die beiden Fabriken in Hüls und Schkopau nur zwei Drittel der veranschlagten 30.000 Tonnen ab. Erst die Notlage des Krieges ermöglichte einen rapiden Ausbau der Kapazitäten ohne Rücksicht auf die Rentabilitätsfrage, die zuvor eine so wichtige Rolle gespielt hatte. So kam es, dass in der Autoreifenproduktion schließlich bis zu 98 % Buna verarbeitet wurden; bei den Riesenluftreifen waren es 70 %.

Als stellvertretender Reichsbeauftragter für Kautschuk wurde Friedrich 1943 für die Versorgung des besetzten Europas mit Buna verantwortlich. Zuvor erschien er nach dem Frankreich-Feldzug jedoch in Paris. Über seine Tätigkeit in dieser Zeit ist nur wenig bekannt. Zeitweise scheint er an der Integration der französischen Reifenindustrie in die Großraumwirtschaft mitgewirkt zu haben, die das Hitler-Regime und die deutsche Industrie damals eifrig betrieben. Indessen gehörte er wohl nicht zu den Managern und Sonderbeauftragten die damals in Europa herumreisten und – die deutsche Vormachtstellung brutal ausnutzend – sich ausländische Firmen einfach einverleibten.[20] Seiner späteren Stellungnahme zufolge schloss er damals mit „Michelin und Bergougnan“ wie auch mit der norwegischen Askim, „Beratungsverträge für die Verwendung deutschen synthetischen Kautschuks“ ab, die den Vorschriften des Vierjahres-Plans zuwiderliefen.[21] Er ignorierte auch eine anderslautende Forderung des Reichswirtschaftsministeriums und formulierte „diese Verträge nach dem Muster eines zwischen Phoenix und Trelleborg/Schweden, also eines neutralen Landes, abgeschlossenen Vertrages“. Ein Pariser Tribunal habe die Vereinbarungen 1946 als „friedensmäßig anerkannt“.

Friedrichs Einstellung zu Fragen der Besatzungspolitik scheint sich auch durch ein Erlebnis zu bestätigen, dass er im Oktober 1948 anlässlich eines Besuches des technischen Direktors von Kleber-Colombes hatte, einer Firma, die wiederum mit Goodrich verbunden waren. Nach Auskunft des Friedrichschen Tagebuchs überbrachte der Besuch „besonders mir persönlich sehr freundliche Grüße von Boyer de Meus und Guyard“ und erwähnte, „dass in

Frankreich viele gute Freunde meiner gedächten, auch im Hause Michelin".[22] Die Amerikaner machten ihm einige Monate später ähnliche Mitteilungen. Ganz so einfach scheint es indessen nicht gewesen zu sein. Denn bald darauf bemühten sich die Franzosen doch noch einmal, „die deutschen Beratungsverträge [für] nichtig zu erklären und die Lizenzen" zurückzuverlangen. Als Friedrich einem Besucher der norwegischen Askim davon erzählte, meinte dieser, dass die Norweger einen solchen Schritt nie unternehmen würden. Er sei auch bereit, Friedrich jederzeit einen Brief über die Haltung von Phoenix seinem Werke gegenüber zu schreiben".[23] Was immer es mit der französischen Klage auf sich hatte, es scheint, dass der 1940/41 im besetzten Europa herumreisende Harburger Industrielle nicht zu jenen Männern gehörte, „deren Energie in Brutalität ausartete und die sich durch nichts imponieren ließen".[24] Der Gesamtkomplex des Verhaltens der deutschen Unternehmen bei der Etablierung der NS-Großraumwirtschaft bedarf indessen der weiteren Durchleuchtung; einer Beschönigung der industriellen Gewaltpolitik in den besetzten Gebieten ist hier keineswegs das Wort geredet.

Eine neue Phase begann in Friedrichs Karriere im Mai 1943, als er kommissarisch die Stellung Walther Jehles, des Reichsbeauftragten für Kautschuk, übernahm, in der er bis zur Rückkehr Jehles Ende 1944 arbeitete. Bald nach seiner Amtsübernahme besuchte er das Buna-Werk Hüls. Es war durch einen Bombenangriff schwer beschädigt worden, woraufhin das Schwergewicht der Kautschukproduktion und -verarbeitung nach Osten verlegt wurde.[25] Im Zusammenhang mit diesen Entwicklungen scheint er schließlich auch jenes Buna-Werk besichtigt zu haben, das inzwischen mit Hilfe von Zwangsarbeitern von den IG Farben in Auschwitz-Monowitz gebaut worden war.[26] Obwohl nicht direkt neben dem berüchtigten Vernichtungslager Auschwitz-Birkenau, lag dieser Komplex dennoch in genügender Nähe, um auf das Arbeitssklaven-Reservoir des dortigen Konzentrationslagers zurückgreifen zu können. Zu einem erheblichen Teil waren dies Juden, von denen viele – nachdem sie halb zu Tode geplagt worden waren – von der SS ein paar Kilometer die Bahnlinie entlang in die Gaskammern geschickt wurden.[27] Friedrich hat über das, was er in Monowitz sah, nie gesprochen und zugleich verneint, über das Geschehen in Auschwitz-Birkenau etwas gewusst zu haben. Offenbar haben ihn seine Erlebnisse in Monowitz aber doch so erschüttert, dass er sich für den Kassiberschmuggel zur Verfügung stellte.[28] Wir wissen nicht, für wen er dies getan hat.

Allerdings kann es als ziemlich sicher gelten, dass er zu diesem Zeitpunkt kein Anhänger des Nationalsozialismus mehr war. Die Gelegenheit, Hitler bald darauf auf dem Berghof persönlich mitzuerleben und zu hören, wird ihn in seiner Haltung nur bestärkt haben.[29] Seither schwenkte er allem Anschein nach auf eine Linie ein, die damals in der Industrie eine wachsende Anhängerschaft fand, d. h. die vom Regime verordnete Politik der verbrannten Erde zu verhindern und Kollegen, die wegen Nichtbefolgung von Zerstörungsbefehlen und angeblicher Sabotage in Schwierigkeiten gerieten, zu schützen.[30]

Phoenix-Chef Schäfer etwa gehörte zu denen, für den Friedrich seine in Berlin geknüpften Beziehungen spielen lassen musste.

Vor der Desillusionierung kam aber erst das zeitweise ideologische Mitmachen. Im Frühjahr 1947 notierte er nach der Lektüre seiner leider nicht erhaltenen Kriegsbriefe in sein Tagebuch, dass deren Inhalt ihm erneut in Erinnerung gerufen hätte, wie schwankend er in seinem Urteil über den Nationalsozialismus gewesen sei.[31] Das deutet auf eine Phase hin, in der er eine positivere Haltung zum Dritten Reich einnahm als zu Beginn und am Ende der Hitler-Zeit. Nur so jedenfalls lässt sich seine Entscheidung erklären, an seinem 39. Geburtstag im Juli 1941 in die NSDAP einzutreten. Zwar sind über seine Motive keine aus jener Zeit stammenden schriftlichen Hinweise erhalten; dafür ließ sich Friedrich aber nach 1945 häufiger in seinen Tagebüchern über seine Entscheidung aus. Eine etwas ausführlichere Stellungnahme findet sich erstmalig im Juni 1945.[32] Damals notierte er, sein Beitritt habe seinen „tieferen Grund" darin gehabt, dass er einerseits „einen Zusammenbruch Deutschlands" nicht habe wünschen können und andererseits „auf eine Umformung des NS unter seiner europäischen Mission und auf seine innere Läuterung durch den schweren Daseinskampf" gehofft habe. Das sei, so fügte er hinzu, zwar ein Irrtum gewesen, „aber ich hätte mir eine andere Haltung später nicht verziehen". Im August 1945 hielt er den Schritt, zu dem Schäfer ihn ermuntert hatte, sogar für „gut"[33], und in der Woche darauf schrieb er:

„Ich glaubte 1940 nach dem Frankreichfeldzug und dem Aufbruch gegen Rußland, daß das System doch so stark sei, daß es von außen – wenn schon gar nicht mit normalen Mitteln von innen – zu brechen wäre. Als Angehöriger einer attackierten Bürgerschicht begann ich, irre an meinem politischen Gefühl zu werden, und glaubte, die Dinge von innen her erkennen zu müssen, aber auch meinen Teil an anständigem Einsatz bringen zu wollen, um Vernunft und Maß in eine Entwicklung zu bringen, die offenbar nicht zu ändern war."

Später, „also 1942", so setzte er hinzu, „wie ich die Dinge sich zum schlechteren entwickeln sah, habe ich nicht aus Zweifelei und Schwäche zurückgehen wollen, hätte es wohl auch kaum gekonnt".[34] In der Tat, wie andere Deutsche war auch Friedrich als Beihelfer inzwischen tief in das kriminelle Hitler-Regime hinein- und herabgezogen worden. Im März 1946, als er bereits mehr Abstand gewonnen hatte, dachte er „an die Einfalt und die unerklärliche Gemütsbewegung, die mich bestimmt hat, dem NS im Stadium seiner größten Gefahr und beginnenden Zusammenbruchs näherzutreten, weil das Gute, das nun bestimmt war, mit seiner bösen Macht unterzugehen, mich anzog".[35]

Man wird diese Bekenntnisse im Angesicht der unmittelbaren Nachkriegszeit ernster nehmen müssen als seine Rechtfertigungen vom Dezember 1947 und Januar 1948, als er den Kampf um Deutschlands nationale Existenz und noch mehr die antikommunistische Abwehr betonte. Derartige Argumente klangen mit dem Beginn des Kalten Krieges auch in den Ohren seines Bruders Carl Joachim natürlich sehr viel besser, mit dem es wegen Ottos

NSDAP-Mitgliedschaft 1946 zu einem zeitweise schweren Zerwürfnis gekommen war. So wird die Interpretation seines Schrittes gewiss zutreffender sein, dass Friedrich wie Millionen andere Deutsche 1940/41 von einem Taumel erfasst wurde. Die Siege der Wehrmacht eröffneten nicht nur „ungeahnte" Möglichkeiten, sondern geboten auch, sich zu engagieren, um das Regime in die „richtigen" Bahnen zu lenken und die „guten" Elemente des Dritten Reiches zu stützen. So räsonierten damals auch andere Angehörige der Eliten, denen das „böse" Potenzial des Nationalsozialismus durchaus geläufig war. Nach der Invasion der Sowjetunion kam noch ein weiteres Element hinzu: Wie viele Zeitgenossen scheint sich auch Friedrich der großen Risiken dieser Operation bewusst gewesen zu sein. Wurde die Rote Armee schnell geschlagen, so standen Organisationsaufgaben größten Ausmaßes bevor, die nicht allein der SS überlassen werden durften. Rannte sich die Wehrmacht hingegen im Osten fest, war jede Hand für den „Daseinskampf" erforderlich.

Insofern spricht vieles für die These, dass Friedrich kein Einzelfall war. Mochte die ältere Unternehmergeneration dem Regime auch weiterhin reserviert gegenüberstehen, die 30-40jährigen, die inzwischen in verantwortliche Positionen aufgestiegen waren, waren nicht nur von den nun sichtbar werdenden Konturen einer politischen und wirtschaftlichen Neuordnung des europäischen „Großraums" fasziniert, sondern sie glaubten auch, berufen zu sein, an deren Verwirklichung mitzuarbeiten.[36] Sie vertraten die Ansicht nicht nur aus Opportunismus, sondern auch weil sie ehrlich an die Verwirklichung solcher imperialistischer Träume, die schließlich seit langem diskutiert worden waren, glaubten. Dies war daher der Zeitpunkt, an dem es galt, Farbe zu bekennen; dies war auch der Zeitpunkt, sich durch ein Engagement an der zu leistenden „Aufbauarbeit" Mitsprache im Regime zu sichern und „Entgleisungen" des Systems zu verhindern. Da das Verhältnis von Staat und Industrie, von privater Industriewirtschaft und nationalsozialistischer Diktatur, noch keineswegs endgültig geregelt war, schien der Erwerb von Ansprüchen durch die Anhäufung von „Verdiensten" als ein Gebot der Vernunft und des Selbstinteresses eben jener „viel attackierten Bürgerschicht", der sich auch Friedrich zugehörig fühlte. Dass ihm die Planungen durchaus vertraut waren, geht auch aus seinem Taschenkalender hervor. Dort trug er unter dem 5. August 1942 einen Vortragstermin des Großraumideologen Werner Daitz ein.[37] Er wurde von der „Gesellschaft für europäische Wirtschaftsplanung und Großraumwirtschaft" veranstaltet und hatte den vielsagenden Titel „Nationale Wirtschaftsordnung und Großraumwirtschaft". In der Tat, betrachtet man darüber hinaus die Flut an Schriften, die um diese Zeit ebenfalls erschienen, so konnte ein führender Rüstungs-Manager wie Friedrich der damaligen Debatte kaum entgehen.

Eine „idealistische" Interpretation seines NSDAP-Beitritts wird auch durch die Tatsache gestützt, dass er zu diesem Zeitpunkt (wohl 1942) ein Drama über Napoleon Bonaparte zu schreiben begann.[38] Denn bei genauerem Hinsehen handelt es sich um eine verschlüsselte Interpretation der Kriegsepoche. Das

Stück ist an anderer Stelle ausführlicher analysiert.[39] Es enthält Andeutungen auf Hitlers Charisma und auf Spannungen zwischen den braven Ingenieuren und den „politischen Kommissaren"; auf die Eroberung und Plünderung besetzter Länder und auf die Verhängung des „Gnadentods" für verwundete Soldaten. Es scheint, dass sich der Dramatiker hinter der Figur von Berthier verbarg, der den „Führer" vor den Gefahren des Ostfeldzuges warnt und ihn im Angesicht des Massenmordes an die Grundnormen menschlicher Gesellschaft erinnert. Später schrieb er dazu an einen Bekannten, er habe „Napoleon nie zum Ideal erhoben. Ich fand ihn – wie die meisten erfolgreichen Politiker – unermesslich egoistisch und bereit, seinem Ruhm und persönlichen Erfolg Frankreich aufzuopfern, wie es Hitler später mit Deutschland gemacht" habe.[40] Das Thema beschäftigte ihn auch nach dem Kriege weiter und kann daher als eine Form der Auseinandersetzung mit Hitler und ein Rationalisieren des Ostfeldzuges gewertet werden. So jedenfalls ließe sich erklären, dass ein Mann, der in seinem Drama Napoleons Kampf im Osten als zivilisatorische Mission betrachtete, durch einen Beitritt zur NSDAP seinem Beitrag zur deutschen Mission im Osten Nachdruck verleihen wollte.

D. Abkehr vom Kartelldenken

Die Niederlage des Dritten Reiches und der Selbstmord Hitlers am 30. April 1945 bedeuteten nicht nur beruflich, sondern auch geistig und moralisch einen tiefen Einschnitt im Leben Friedrichs. An jenem Tage begann er sein Tagebuch, in dem er sich zunächst vor sich selber Rechenschaft über das Vergangene und seine Rolle dabei abzulegen versuchte. Erst später wurde daraus mehr ein Tagebuch täglicher politischer Ereignisse und Erlebnisse. Wie einleitend erwähnt, kann es hier nicht um eine detaillierte Auswertung aller Eintragungen gehen. Vielmehr sollen nur einige große Themen vorgeführt werden, die für einen mentalitätsgeschichtlichen Ansatz relevant sind. Es sind Grundfragen, die sich wie rote Fäden durch seine Aufzeichnungen ziehen und die vermutlich auch über das Denken und Fragen anderer Unternehmer in dieser Zeit Auskunft geben. Dazu gehörten 1) das Problem der Markt- und Wirtschaftsordnung, die im besiegten Deutschland entstehen würde; 2) das der politischen Position Deutschlands unter den anderen Nationen in Ost und West; 3) das der Beziehungen zur Arbeiterschaft und der sozialen Verantwortung der Industriellen der Gesellschaft gegenüber.

Hinsichtlich der Wirtschaftsordnungsfrage ist als erstes in Rechnung zu stellen, dass die Kartelltradition in der deutschen Industrie sehr tiefe Wurzeln hatte. Bereits in der Weimarer Republik hatte es Hunderte dieser horizontalen Marktabsprachen zwischen unabhängigen Unternehmen über Produktionsquoten, Preise, Exporte und Vermarktung gegeben.[41] Im Dritten Reich kam dann mit ausdrücklicher Zustimmung der Industrie die staatlich verfügte

Totalkartellisierung. Deutschland hatte in den dreißiger Jahren zwar noch eine kapitalistische Wirtschaft insofern, als das Eigentum an Produktionsanlagen weitgehend privat blieb. Aber ansonsten war es schon ein recht eigenartiger Kapitalismus, der – hierin dem NS-Regime ähnlich – keinen Markt mehr kannte. Der Wettbewerb fand in sozialdarwinistischer Manier in den Korridoren der Ministerien und in den Vorzimmern einer planwirtschaftlich ausgerichteten NS-Bürokratie statt.[42] Friedrich hatte dieses System als Funktionär der Kautschukkartellverbände in den dreißiger Jahren kennengelernt. Zwar ist unklar, ob er schon damals Zweifel an dieser besonderen deutschen Wirtschaftsordnung bekam; nach dem Kriege war seine Abneigung aber auf jeden Fall so stark, dass er ein energischer Verfechter des marktwirtschaftlichen Wettbewerbsprinzips wurde. Seine Erfahrungen mit der Marktreglementierung durch die Besatzungsmächte, die eine Not- und Mangelwirtschaft freilich kaum anders hätten handhaben können, mögen das Ihrige zu seinem Gesinnungswandel beigetragen haben. Darüber hinaus wurde bald nach dem Kriege klar, dass vor allem die Amerikaner in ihrer Entschlossenheit, die deutsche Kartelltradition zu zerstören, unbeugsam waren und auf einer Neuorientierung der deutschen Industrie an den Prinzipien liberal-kapitalistischen Wettbewerbs bestehen würden.[43]

Bis zum Frühjahr 1948 war Friedrichs Meinungsbildung in der Marktordnungsfrage weitgehend abgeschlossen, als er sich zu einem Diskussionsbeitrag im Redaktionsausschuss der „Volkswirtschaftlichen Gesellschaft" meldete. An der Sitzung nahm auch Alfred Müller-Armack, einer der Väter der „Sozialen Marktwirtschaft" und später ein enger Vertrauter Erhards, teil. Seinen Notizen zufolge interessierte sich Friedrich sehr für das, was Müller-Armack bei dieser Gelegenheit sagte.[44] Er selbst formulierte „hauptsächlich" die „Forderung auf völlig freie Betätigung Deutschlands im Außenhandel und auf eine Klarstellung der sozialen Bindungen einer freien Marktwirtschaft". Des Weiteren ritt er sein „Steckenpferd gegen die aufgeblähte Bürokratie, die fortgesetzt in die Wirtschaft und in Leben und Freiheit jedes einzelnen eingreift und deshalb der gemeinsame Feind aller produktiv tätigen Menschen" sei. Einige Zeit später vermerkte Friedrich, er glaube, „dass wir [in den Westzonen] die eigentlich deutsche Substanz retten müssen, die nur in Freiheit und persönlichem Leistungswettbewerb bestehen kann und unter einem totalitären System, wie bei Hitler, zugrunde gehen" würde.[45]

Indessen war Friedrich nicht zu einem Befürworter eines unbeschränkten laissez faire geworden. So notierte er Mitte Oktober in seinem Tagebuch, er sei zu einem „Gegner bedingungsloser freier Marktwirtschaft geworden".[46] Zwar müsse eine „ausgeblutete Wirtschaft wie die deutsche... ihre Leistung im Wettbewerb entwickeln", aber sie sollte zugleich auch Eigenkapital „aus ihrer Arbeit... bilden können". Ja, an einer Stelle verteidigte er sogar die alten Kautschukkartelle, die „einen Schutz gegen die Continental-Übermacht und gegen die Schleuderkonkurrenz unseriöser Firmen" geboten hätten. Heute solle man einen „hemmungslosen Wettbewerb" dadurch korrigieren, „dass die Rohstoffzufuhr auf den echten Bedarf abgestimmt und damit das Angebot nicht übermäßig über die Nachfrage erhöht" werde.[47] Bei anderer Gelegenheit äußerte er sich kritisch über den gegenwärtigen Sieg eines „etwas übertriebenen Individualismus", der sich mit Hilfe von „Lenkung und Selbstverwaltung" schließlich vielleicht „zu einer vernünftigen Synthese" einpendeln werde.[48] Kein Zweifel, dass hier Altes aus den dreißiger Jahren mit dem Neuen einer Wettbewerbswirtschaft in Friedrichs Denken zusammenkam. Das Neue stammte nicht zuletzt aus Amerika, wo man die deutsche Kartelltradition mit Hilfe von Antitrust-Ideen durch einen liberalen Massenproduktions- und Massenkonsum-Kapitalismus ersetzen wollte, und auf diese Synthese von deutscher und amerikanischer Industrieorganisation arbeitete Friedrich in den folgenden Jahren hin. Denn, wie er inzwischen auch von seinem Bruder Carl Joachim wusste, der zeitweilig Berater bei US-Militärgouverneur Lucius D. Clay war, verfolgte Washington nicht lediglich den materiellen Wiederaufbau der deutschen Industrie, sondern auch deren Umbau. Die alten Industrieorganisationen sollten zerschlagen und durch eine Wirtschaftsverfassung ersetzt werden, die der amerikanischen Auffassung von Wettbewerb und deren Absicherung in der Antitrust-Gesetzgebung ähnlich war.[49]

Fortan wirkte Friedrich an mehreren Fronten zugleich. Unter seinen Kollegen in der Kautschukbranche bemühte er sich über die Preispolitik der Phoenix A.G., ein stärkeres Konkurrenzverhalten am Markt zu fördern, als andere Firmen bisher an den Tag gelegt hatten. Da er, anders als einige seiner Kollegen, auf keinen Fall ins frühere System der Preisabsprachen zurück wollte, sorgte er dafür, dass die Harburger Firma in ihrer Branche bald den Ruf eines besonders dynamischen Unternehmens gewann, das selbst vor einem Wettbewerb mit der mächtigen Continental Reifen A.G. nicht zurückschreckte. Inzwischen geriet der Kautschuk-Verband bei den amerikanischen Besatzungsbehörden in den Verdacht, das Alliierte Kartellverbot zu unterlaufen. Eine Delegation des Verbandes wurde daraufhin ins „Bipartite Control Office" (Bico) zu einem (auf)klärenden Gespräch geladen.[50] In dessen Verlauf gab der amerikanische Sprecher eine so lupenreine Version der Wettbewerbsgesetzgebung im eigenen Lande, dass Friedrich sich gedrängt sah, einige kritische Fragen zu stellen. Dabei kamen ihm seine Kenntnisse der amerikanischen Antitrust-Gesetzgebung zugute, die er in den USA gesammelt hatte. So konnte er den Bico-Sprecher darauf hinweisen, dass in Amerika nicht alles so heiß gegessen werde, wie es gekocht sei, und dass daher auch in Europa – zumal im Angesicht einer kriegszerstörten Wirtschaft – in der Frage der Marktorganisation pragmatisch verfahren werden sollte. Sein Plädoyer für eine undogmatische Handhabe der Alliierten Gesetzgebung gegen Kartelle in den Westzonen bedeutete freilich nicht, dass er aufhörte, seine Kollegen zu beschwören, nicht in Verhaltensweisen der Zeit vor 1945 zurückzufallen.

Dafür ein Beispiel: Als der Syndikus des Kautschukverbandes auf einer Sitzung Anfang Mai 1949 meinte, „auf dem Gesetz gegen unlauteren Wettbewerb [von 1934] Wettbewerbsregeln für die Kautschukindustrie aufbauen zu können“, zeigte Friedrich sich skeptisch.[51] Wie er auf der Sitzung der Transportbandproduzenten einige Tage später erläuterte, müsse „der Weg wirklich freien Wettbewerbs unter Selbstdisziplin der Fabriken gefunden werden“.[52] Sonst entstehe nur „ein halsabschneiderischer Preiskampf“. Auch in der anschließenden Diskussion paradierte Friedrich erneut sein „Pferd disziplinierten Wettbewerbs“ und sprach sich für eine „Selbsterziehung zu vernünftigem Handeln“ aus. Da seine Worte in diesem Kreise auf Widerwillen gestoßen waren, wandte er sich nochmals gegen einen ruinösen Wettbewerb. Deshalb werde die Phoenix A.G. angesichts der gegenwärtigen schwierigen Wirtschaftslage „lediglich in einzelne Unterangebote“ eintreten. Später allerdings, wenn sich die Situation wieder normalisiert habe, wollte er Preise und Bedingungen auf breiter Basis gesenkt sehen. Indessen ließ sich die alte Kartellneigung seiner Kollegen nur langsam ändern. Wie er anschließend in kleinerem Kreise hörte, erschien einigen von ihnen sein „Appell an die Vernunft im Wettbewerb als der ‚Anfang ohne Ende‘“. Darüber hinaus musste er sich sagen lassen, dass sich seine Wettbewerbsprinzipien selbst in seiner eigenen Firma „nicht bis nach unten“ fortsetzten, sosehr seine „mahnenden Worte [auch] aus dem Herzen gekommen“ seien. Als Vermittler zwischen einer harten Antikartellpolitik der Bico und einer Mentalität seiner Kollegen, die in die alten deutschen Organisationsformen zurückstrebte, sah sich Friedrich auch in dem inzwischen angelaufenen Disput um ein westdeutsches Wettbewerbssicherungsgesetz. Je mehr sich nämlich die Gründung eines westdeutschen Staates abzeichnete, desto klarer wurde auch, dass das Alliierte Besatzungsrecht früher oder später durch eine eigene Gesetzgebung abgelöst werden würde. Diese Entwicklung voraussehend, hatte Erhard als Direktor der Verwaltung für Wirtschaft (VfW) in Frankfurt mehrere Experten beauftragt, einen Entwurf zu erstellen, der die Frage der wirtschaftlichen Grundordnung umreißen sollte.[53] Bis zum Frühjahr 1949 lagen gar zwei Entwürfe vor. Der erste – von einer Gruppe um Paul Josten entwickelt – enthielt nicht nur ein striktes Kartellverbot, sondern sah auch eine zwangsweise Entflechtung von Unternehmen vor, die infolge ihrer Größe eine Quasi-Monopolstellung am Markt errungen hatten. Der zweite Entwurf – von den Erhard-Mitarbeitern Roland Risse und Eberhard Günther erarbeitet – befürwortete ein grundsätzliches Kartellverbot, ließ zugleich aber Ausnahmen zu, während einer Konzentration von Unternehmensmacht am Markt keine klaren Grenzen gesetzt wurden.

Als die Industrie infolge einer Indiskretion von dem Josten-Entwurf erfuhr, war die Ablehnung laut und so gut wie einhellig. Der Risse-Entwurf hingegen fand bei Teilen der Unternehmerschaft eine wohlwollendere Aufnahme. Anderswo – und vor allem an der Ruhr – war selbst dieser Gesetzesplan, dem Erhard im Juli 1949 schließlich den Vorzug gegeben hatte, unakzeptabel. Dort wollte man die alte Kartelltradition unvermindert fortsetzen, mochten solche Organisationen in das von den Amerikanern anvisierte liberal-kapitalistische „Open Door“- Weltwirtschaftssystem auch nicht hineinpassen. Es begann nun ein jahrelanges Tauziehen zwischen dem inzwischen zum Bundeswirtschaftsminister avancierten Erhard, der zur amerikanischen Konzeption hinneigte, und den „Kartellisten" in den Verbänden, die zu den Praktiken der Zwischenkriegszeit zurückkehren wollten. Dieser Kampf erreichte 1954 einen Höhepunkt, als Teile der westdeutschen Industrie durch eine offene Unterstützung Erhards den BDI und die Konservativen zu einem Kompromiss drängen wollten.[54] Zwar schlugen die Wellen der Empörung gegen die „Rebellen" im BDI-Präsidium damals hoch; doch sachlich bahnte sich bald darauf eine neue Gesprächsrunde zwischen dem Wirtschaftsministerium und dem Spitzenverband an. Wie schon zuvor, war es wiederum Friedrich, der – seiner seit den späten vierziger Jahren eingenommenen Grundlinie in der Wettbewerbsfrage treu – als Vermittler wirkte.[55]

Über das Ende der langen Kartelldebatte, die tiefe Einblicke in die Denkweisen mächtiger Unternehmerkreise bietet, liegen einschlägige Studien vor.[56] Hier gilt es daher nur festzuhalten, dass die von Friedrich vertretene Linie teilweise geprägt war von den negativen Erfahrungen, die er mit der Totalkartellisierung und deren Überwachung im Dritten Reich gemacht hatte. Er wollte Markt und Wettbewerb, nachdem der Nationalsozialismus beides praktisch abgeschafft hatte. An die andersartigen Lösungen, die die Vereinigten Staaten zu dieser Frage entwickelt hatten, mochte er aus seiner Zeit in Amerika und seinen Reisen in den dreißiger Jahren noch Erinnerungen haben. Nach 1945 holte er sich genaue und aktuelle Informationen dann mit Hilfe seines Bruders, der ihm – in Harvard sitzend – viele Kontakte mit Antitrust-Kennern vermittelte.[57] So kam es, dass er in Sachen Wirtschafts- und Marktordnung eine Mischung von deutschen und amerikanischen Traditionen vertrat. Grundsätzlich zog er die amerikanische Einstellung und Praxis wohl vor, erkannte aber auch, dass sich eine Umorientierung der Deutschen nicht über Nacht vollziehen ließ. Ging es doch nicht nur darum, tief verwurzelte Strukturen zu ändern, sondern auch Mentalitäten. Aus Diskussionen mit seinen Kollegen im Kautschukverband und im BDI wusste Friedrich nur zu gut wie stark die Neigung war, zum Gestern zurückzukehren, und dass der Umbau und das Umlernen daher viele Jahre dauern würden.

E. Außenwirtschaftliche Umorientierung

Wie schmerzlich dieses Umlernen sein konnte, lässt sich an seiner politisch-ideologischen Entwicklung auf einem anderen Gebiete ablesen, die ebenfalls Rückschlüsse auf das breitere unternehmerische Milieu der frühen Nachkriegszeit zulässt. Hier geht es um Gedanken, die er sich nach 1945 über die künftige Rolle Deutschlands unter den Mächten machte und die er gleich nach Kriegsende seinem Tagebuch anvertraute. Bereits am 11. Mai 1945 notierte er, „dass wir ebenso [wie] zu den Anglo-Amerikanern so auch zu den

Russen in der Folgezeit ein erträgliches Verhältnis suchen müssen".[58] Diese Notwendigkeit habe insofern „etwas Gutes für uns, als wir Vermittler zwischen Ost und West werden müssen und die einzigen sind, die nach beiden Seiten offen liegen". Eine Woche später vermerkte er, dass für Deutschland die Gefahr bestehe, Objekt und Schlachtfeld zwischen Ost und West zu werden.[59] Zugleich jedoch sah er in dieser Lage die Chance, dass Deutschland sich zu „einem neuen Subjekt" emporarbeiten und dabei ein „Bollwerk des Friedens" werden könne. Diese Idee eines friedensvermittelnden Landes zwischen den beiden Blöcken taucht in den Tagebüchern auch in den folgenden Monaten immer wieder auf. Im Juni 1945 stellte er die Frage: „Nachdem Hitler und Napoleon mit ihrer Machtpolitik versagt haben, können wir vielleicht geistig und wirtschaftlich, also letzten Endes doch politisch siegen?"[60] Man mag in diesem Satz Elemente der Stresemannschen Konzeption friedlich-ökonomischer Hegemonialpolitik oder gar der wilhelminischen Mitteleuropa-Idee entdecken, die schon zu ihrer Zeit gerade auch in Wirtschaftskreisen als Alternative zu einer annektionistischen Gewaltpolitik im Sinne Ludendorffs und Hitlers gesehen worden war.[61] Man mag sie auch als Vorwegnahme der Position ansehen, welche die Bundesrepublik später in Westeuropa übernahm. Unübersehbar ist, dass Friedrich mit seiner Position zunächst in der Pose nationaler Selbstbehauptung verharrte. Er wollte verhindern, dass Deutschland ein politisches Niemandsland wurde, und visierte eine „Stabilisierung der europäischen Mitte" an.[62]

Manche Begriffe und Adjektive, die er bei seinen machtpolitischen Überlegungen benutzte, waren der Sprache des Dritten Reiches entnommen und zeigen, wie tief seine Generation durch die Erfahrungen der Zeit bis 1945 geprägt war. Aber seine Überlegungen zeigen auch, wie desorientiert er war. Das Alte war zusammengebrochen. Die deutsche Gesellschaft und gerade auch ihre Wirtschaftseliten erlebten eine beispiellose moralisch-ideologische Krise. Die Zukunft war ungewiss und scheinbar richtungslos. An Friedrichs Tagebüchern lässt sich verfolgen, wie er festeren Boden unter den Füßen zu gewinnen versuchte; wie er sich umfassend informierte; wie er Marx und Sombart, aber auch Goethe und die Bibel las; wie er sein Englisch und Französisch zu verbessern und gar Russisch zu lernen versuchte. Dabei nahm er zunehmend von seiner Mittellagen-Konzeption Abschied. Unter dem Eindruck der sich klärenden amerikanischen Europa- und Deutschlandpolitik, die ihm ab 1946 auch sein Bruder Carl – jetzt bei Clay als Berater in Berlin – persönlich erklären konnte, sowie angesichts einer anscheinend rapide wachsenden Kriegsgefahr orientierte er sich mehr und mehr auf den Westen hin. Nach einem Gespräch mit Albert Schäfer, seinem Vorstandsvorsitzenden, der von Anfang an für eine klare Westbindung eintrat, gab Friedrich zu, dass er „bisher" die Konzeption des „Friedensbollwerks" vertreten habe, weil sie „Deutschlands Größe und Bedeutung" entsprochen habe.[63] Doch stellte er sich jetzt zugleich die Frage, ob „wir heute fähig dazu" seien. Vorübergehend dachte er offenbar daran, mit den Engländern, zu dessen Besatzungsoffizieren er gute Verbindungen hatte, zusammenzugehen und so eine Position zwischen den Supermächten zu sichern. Doch im November 1947 musste er sich in einem Gespräch mit dem SPD-Politiker Carlo Schmid in Tübingen erneut sagen lassen, „was bleibt uns übrig als Westpolitik?"[64] Eine letzte Modifikation seiner frühen Gedanken zu einer deutschen machtpolitischen Position entstand im Winter 1947/48, als er sich mit einer schweizerischen Lösung des Deutschland-Problems befasste.

Indes, je mehr sich der Ost-West-Konflikt zum Kalten Krieg steigerte, desto realistischer waren auch Friedrichs Gedanken über ein Deutschland bzw. ein Westeuropa zwischen den beiden Blöcken. Seine langsame Abwendung von diesen Gedanken lässt sich auch an seinem zunehmenden Antikommunismus ablesen. Mehrmals äußerte er im Winter 1947/48 die Überzeugung, dass Stalin einen aggressiven Expansionismus verfolge. Am 28. Dezember 1947 verstieg er sich sogar zu der Behauptung, Stalin stünde „vielleicht schon am Atlantik", wenn Hitler ihm nicht den Weg dorthin verlegt hätte.[65] War er 1945 der amerikanischen Europa- und Deutschlandpolitik gegenüber noch sehr kritisch gewesen, so wandte er sich jetzt der Supermacht jenseits des Atlantiks offen zu. Betrachtet man daher die Evolution seiner Gedanken zur weltpolitischen Lage und zur Stellung Deutschlands nach dem Zweiten Weltkrieg, so ergeben sich für die frühe Nachkriegszeit einige interessante Kontinuitäten zu den Jahren vor 1945, und es wäre genauer zu untersuchen, wie weit diese auch für das Denken anderer Unternehmer gelten. War Friedrich doch 1941 gerade auch deshalb in die Partei eingetreten, weil er in der damals verbreiteten Erwartung eines schnellen Sieges über die Sowjetunion riesige Auf- und Umbauaufgaben auf Deutschland und dessen Wirtschaftseliten zukommen sah. Er glaubte, dass die Männer der Industrie sich jetzt engagieren müssten, um nicht auf dem Abstellgleis zu landen. Man sah ein Drittes Reich als Weltmacht, die nicht mehr unter dem hegemonialen Druck der Amerikaner, Briten und Russen stehen würde. Nur so ist das hektische, großraumwirtschaftliche Planen jener Zeit und das Herumreisen deutscher Manager im besetzten Europa voll zu verstehen.

Vier Jahre später lagen diese machtpolitischen Träume objektiv in Schutt und Asche. Dennoch führten sie ein „Nachleben". Es dauerte einige Zeit bis die neuen Realitäten von den Deutschen wahrgenommen und verarbeitet worden waren. Das galt für weite Bevölkerungskreise, einschließlich der politischen Linken, wo man – wenn auch vor dem Hintergrund einer ganz anderen Haltung zum Nationalsozialismus – ebenfalls nach einem „deutschen Weg" zwischen Ost und West, zwischen Kommunismus und Kapitalismus suchte.[66] Man unterschätzte, wie total die deutsche Position nicht nur militärisch-wirtschaftlich, sondern auch ideologisch-moralisch zerstört war und wie gering die Optionsmöglichkeiten waren. Man unterschätzte auch die Dynamik der Weltpolitik, die fast unaufhaltsam auf den Kalten Krieg und die Teilung Europas in zwei feindliche Blöcke zusteuerte. Insofern stellt Friedrichs Suche nach einem deutschen „Friedensweg" zwischen Amerika und Russland eine Variante der damals von deutschen Intellektuellen und Politikern, aber auch im übrigen Westeuropa, zeitweilig diskutierten Alternativen dar. Je deutlicher sich indessen die Realitäten herausschälten, desto mehr setzte sich auch bei Friedrich eine Westorientierung durch, die er nicht wieder aufgab. Es ist gewiss auch kein Zufall, dass diese Umorientierung zusammenfiel mit seinem offenen Einsatz für liberal-kapitalistische Wirtschaftsprinzipien, für Marktwirtschaft und für Wettbewerb. Denn wenn er nun Westdeutschland in das westliche Bündnissystem eingegliedert sehen wollte und die Idee eines dritten Weges aufgab, so schien es angesichts der unübersehbaren Hegemonialstellung Amerikas auch unvermeidlich, dass die westdeutsche Industrie Organisationsformen hinter sich ließ, die mit Washingtons Konzeption einer multilateralen Weltwirtschaft nicht vereinbar waren. Die deutsche Kartelltradition war in diesem amerikanischen System grundsätzlich dysfunktional. In den Vereinigten Staaten herrschte das Prinzip des oligopolistischen Wettbewerbs, und das galt es nun auch in der Bundesrepublik und in Westeuropa zu verwirklichen. Das Jahr 1947/48 stellt daher in Friedrichs machtpolitischem und wirtschaftlichem Denken einen Wendepunkt dar. Seither war er definitiv ein „Amerikaner" im Kreise seiner konservativeren Kollegen, vor allem von der Ruhr.

F. Neuordnung der industriellen Beziehungen

Auf dem dritten hier zu behandelnden Gebiet – dem der Sozialpolitik – ist in Friedrichs Denken keine ähnlich scharfe Wende festzustellen. Vielmehr erfreute er sich von Anfang an bei der Phoenix A.G. als „sozialer Unternehmer" großer Popularität, der eben nicht den „Herrn im Hause" hervorkehrte. Er aß gelegentlich mit einfachen Angestellten und Arbeitern in der Kantine zu Mittag und machte als einziges Vorstandsmitglied Betriebsausflüge mit. Das war mehr als eine Attitüde. Hatte seine Konzeption eines Deutschlands zwischen Ost und West, zwischen amerikanischem Kapitalismus und sowjetischem Kommunismus doch eine innenpolitische Kehrseite: die Idee einer Synthese zwischen „Kapital und Arbeit". Für ihn beruhte diese Synthese zunächst auf seiner Bereitschaft, eine echte Parität zwischen Arbeitgebern und Arbeitnehmern zu akzeptieren und die Gewerkschaften als Sprecher der letzteren anzuerkennen. Wenn er sich daher 1946 eine Zeitlang für die politische Linie des SPD-Vorsitzenden Kurt Schumacher interessierte, so nicht nur wegen dessen Konzeption eines Mittelweges zwischen Ost und West, sondern auch wegen Schumachers Vorstellungen für eine Erneuerung der Beziehungen zwischen „Kapital und Arbeit".[67]

In der Phoenix A.G., aber auch beim Wiederaufbau der Industrieverbände in Norddeutschland, war Friedrich gleich bei Kriegsende mit den wiedererstehenden Gewerkschaften in Berührung gekommen, die damals eine paritätische Besetzung der Firmenleitungen sowie der Organe der wirtschaftlichen Selbstverwaltung forderten.[68] In Antwort auf diese Bestrebungen kam es beim Kautschukverband bald zu Experimenten mit einem paritätischen Ausschuss, der am 1. August 1946 zum ersten Male tagte und über dessen Arbeit sich Schumacher einige Monate später berichten ließ.[69] Der SPD-Vorsitzende war von dieser Arbeit und von Friedrichs Offenheit wohl recht angetan. Doch sosehr er auch eine Parität befürworten mochte, der Phoenix-Mann kam bald schon unter den Druck der Amerikaner und seines Vorstandsvorsitzenden Schäfer. Trotzdem hielt er an dem Grundgedanken fest. Denn, wie er Mitte Juni 1946 notierte, im Sozialen lag für ihn „der größte, dringendste Stoff".[70] Seine Kontakte mit den Gewerkschaften bestärkten ihn in seiner Kooperationsbereitschaft. Er beschloss, weiterhin für seine „Synthese von Kapital und Arbeit" zu kämpfen und sich nicht zu scheuen, „ebenso den ‚Kapitalisten' entgegenzutreten wie den ‚Radikalisten' auf der Linken". Angesichts der Gewerkschaftsfeindlichkeit seiner Kollegen schien es ihm manchmal sogar so, als könnte er gedrängt werden, „von der Unternehmerseite auf die Arbeitnehmerseite überzugehen". Auf jeden Fall erforderten seine Erlebnisse im Industriellen-Milieu auf diesem Gebiete „Zivilcourage, kraftvolles Eintreten für die mittlere Linie, für Mäßigung, Schutz der Schwachen, Kampf den Übermächtigen".

Auf die Dauer erwies sich der Druck seiner Kollegen dann freilich doch als zu stark. Friedrich nahm vom Paritätsprinzip Abstand, das in der Verbandsarbeit auf zahlreiche Schwierigkeiten stieß. Umso stärker blieb er dagegen dem Prinzip der informellen Kooperation mit den Gewerkschaften verpflichtet. Auch konzentrierte er sich mehr und mehr auf die Zusammenarbeit mit den gewählten Belegschaftsvertretern, allen voran mit dem langjährigen Phoenix-Betriebsratsvorsitzenden Ludwig Peter, der seiner harmonisierenden Partnerschaftsideologie offenbar besonders zugänglich war. Den Gewerkschaften sprach er weiterhin eine wichtige Funktion als Tarifpartner auf höherer Ebene zu. In diese Richtung wirkte er jedenfalls unermüdlich im Präsidium des BDI, in dem eine Reihe von ausgesprochen gewerkschaftsfeindlichen Unternehmern saß. Zwar lehnte er – insofern seine 1947 gewonnene Linie konsequent verfolgend – die von den Gewerkschaften 1950 geforderte Ausdehnung der paritätischen Mitbestimmung nach dem Montanmodell auf andere Branchen ab;[71] zugleich trat er aber für eine Annahme und echte Verwirklichung des Betriebsverfassungsgesetzes von 1952 ein. Ebenso versuchte er die „Sozialistenfresser" in der Unternehmerschaft und im BDI, die noch den „gewerkschaftsfreien" Zeiten der dreißiger Jahre nachhingen, davon zu überzeugen, dass Gewerkschaften im parlamentarisch-demokratischen Staat nicht nur eine legitime Funktion hatten, sondern auch, dass mit ihnen an einer erneuten Institutionalisierung von Arbeitskonflikten gearbeitet werden müsse und könne.

Als ihm dies wegen der Opposition der Konservativen im eigenen Lager nicht sofort gelang, schuf er im Rahmen der Hamburger Industrie den Dialog mit den Gewerkschaften. So geschah zum Beispiel, was in Deutschland, wenn überhaupt, nur sehr selten vorgekommen war: Friedrich sprach auf Gewerkschaftstagungen, während umgekehrt lange vor den sechziger Jahren führende Gewerkschafter und Sozialdemokraten zum Vortrag vor Hamburger Unternehmern geladen wurden.[72] Von hier aus war es für ihn dann tatsächlich nur ein kleiner Schritt, das Gespräch mit Ludwig Rosenberg und anderen DGB-Führern zu suchen und sich 1966 schließlich in der „Konzertierten Aktion" zu engagieren, der der „rote" Wirtschaftsminister Karl Schiller vorsaß.[73] Als Präsident der BdA bemühte er sich dann Anfang der siebziger Jahre in ökonomisch zunehmend schwierigen Zeiten, den einmal geknüpften Draht trotz vieler Anfeindungen seiner Kollegen nicht abreißen zu lassen.[74]

Es ist gelegentlich gesagt worden, dass zwischen den Konzeptionen, die die westdeutsche Industrie nach dem Zweiten Weltkrieg zu einer Neuordnung der industriellen Beziehungen entwickelte und der Idee der nationalsozialistischen Betriebsgemeinschaft eine direkte Brücke bestehe. Soweit es die geistige Entwicklung Friedrichs betrifft, ist diese Verbindung nicht ganz von der Hand zu weisen. Seine ersten Tagebuchaufzeichnungen aus dem Jahre 1945 geben darauf diverse Hinweise. Mitte Mai fragte er beispielsweise nach den Fortwirkungen „der sozialen und nationalen Ideenwelt, die sich im Nationalsozialismus und in der Erscheinung des Führers... wie in einem Brennspiegel sammelten und die vielfach Ideen des Zeitalters" gewesen seien.[75] Wenn er sich – dabei den verbrecherischen Charakter der Hitler-Diktatur grotesk unterschätzend – zugleich die Frage stellte, was aus jener Zeit an „Gutem" über die Niederlage hinweggerettet werden könne, so dachte er offenbar auch an die Beziehungen zwischen „Kapital und Arbeit".

Indessen wäre es falsch, daraus zu schließen, Friedrich habe weiterhin von einer hierarchisch gegliederten NS-Betriebsgemeinschaft und von einem gewerkschaftsfreien Staat geträumt. Er wollte – wie er Ende Mai 1945 notierte – den Arbeiter an der Verantwortung beteiligen und lehnte den Grabenkampf von Unternehmer- und Arbeitnehmerorganisation sowie die Unterdrückung oder Isolierung der letzteren ab.[76] Bei der Formulierung dessen, was er nach der nationalsozialistischen Katastrophe anstrebte, halfen ihm gerade auch seine Gespräche mit seinem Fahrer, einem alten Sozialdemokraten.[77] An diesem Gedankenaustausch erstaunte ihn anfangs, „wie fest bei geschulten Sozialdemokraten die Marxsche Theorie" verwurzelt war und „als ‚Weltbild' zur Erklärung jeder Erscheinung herangezogen" wurde. Als Friedrich seinem Fahrer eines Tages erklärte, „Hitler habe [die] Stellung des Arbeiters gegenüber [dem] Unternehmer gefestigt und [die] grundsätzliche Unternehmerhaltung verbessert", ließ dieser nicht nur an Hitler kein gutes Haar, sondern meinte darüber hinaus, dass „große Geldinteressen und Unfähigkeit, Arbeitslosigkeit anders als durch Krieg zu beseitigen", „letztlich für das Ende von 1945 verantwortlich" seien. Auch sei es dem Arbeiter im Dritten Reich materiell keineswegs besser gegangen. Vielmehr seien die Reallöhne gesunken, während die Arbeitsbeschaffung der Kriegsvorbereitung gedient habe. Am

Ende weigerte sich Friedrichs Gesprächspartner strikt, einzugestehen, „dass Hitlers Kampf um die soziale Stellung des Arbeiters... mehr als schöne Rede" gewesen sei, „um seine Parteiherrschaft und Kriegsziele zu erreichen".[78]

In seiner Suche nach dem „Guten" im Nationalsozialismus hiernach offenbar ernüchtert, begann Friedrich in weiteren Diskussionen mit seinem Fahrer bald darauf „Gedanken über einen freien Sozialismus" zu entwickeln, als deren mögliche Bannerträger er die „jungen zurückkehrenden Soldaten" sah. Vor dem Hintergrund solcher Überlegungen ist wohl auch sein schon erwähntes Interesse für Schumacher zu verstehen, von dem er im April 1946 einen in *Die Zeit* erschienenen Artikel ausschnitt und mit der Randbemerkung versah: „‚Contrat social', Gandhi ‚Mein Leben' und ‚Lehre und Tat', ‚Steins Reformen' usf.".[79] Doch ähnlich wie er sich von dem Gedanken einer Parität von „Kapital und Arbeit" entfernte, so erschien ihm wohl auch Schumachers demokratischer Sozialismus bald als zu radikal. Stattdessen wandte er sich Ideen zu, die auch auf dem linken Flügel der CDU vertreten wurden. Einen Gedankenaustausch, den er 1946 mit Heinrich Brüning führte, sowie seine beginnenden Kontakte mit den Kirchen verstärkten seine Hinwendung zu einem christlichen Sozialismus der norddeutsch-protestantischen Variante. Schließlich und je näher seine Übernahme des Vorstandsvorsitzes der Phoenix A.G. von Schäfer rückte, desto deutlicher kamen – zumindest für den Innenbetrieb der Firma – Gedanken hinzu, die offenbar vom Fordismus und dem seinerzeit vieldiskutierten Human-Relations-Modell der Amerikaner inspiriert waren.[80] Von seinem Betriebsratsvorsitzenden ließ er sich über eine württembergische Firma berichten, die „dem Arbeiter eine Zeitvorgabe gebe und die gewonnene Zeit auszahle".[81] Weiterhin setzte sich, wie er hörte, dort einmal im Monat „eine Gruppe besonders intelligenter, aufrichtiger Leute zusammen, um über Fragen der Menschenführung zu sprechen und die Ergebnisse in den Abteilungen zusammenzutragen". Friedrich erfuhr auch von einer anderen Firma, die sich bemühte, „den Arbeiter an den Ergebnissen zu beteiligen, die durch bessere Instandhaltung und richtige Behandlung der Maschinen und durch neue technische Entwicklungen erzielt werden" könnten. Es gebe hierbei „zwei starke Ansatzpunkte: 1) die Chance des Mehrverdienstes, 2) die Freude an der eigenen Arbeit und die Bewertung dieser Arbeit".[82] Das schien in der Tat vor allem den Amerikanern abgelauscht.

Friedrich interessierten diese Ideen sehr. Mitte November 1948 finden wir ihn in einem Gespräch mit einem Kollegen „über neuere Entwicklungen wie den Kampf der Manager in Amerika um die Mitarbeit der Arbeitnehmer gegen die Übermacht des Staates und die Politisierung der Arbeitnehmer". Der inzwischen von ihm eingestellte Referent für betriebliche Öffentlichkeitsarbeit, Paul Kura, wurde beauftragt, „eine Eingabe wegen Fords Arbeitsmethoden" zu machen, die Friedrich dann mit ihm durchsprach. In seinem Tagebuch vermerkte er dazu:[83] „Ich habe ihm die anderen Unterlagen, die ich aus Amerika über Industriebeziehungen zum Arbeiter gesammelt habe, überlassen und vorgesehen, dass er mir einmal in der Reifenfabrik zu ähnlicher Arbeit die

Ansätze, von denen er spricht, zeigt." Insgesamt, so fügte er hinzu, stehe er „diesen Dingen mit großer Sympathie gegenüber". Zugleich betonte er aber auch hier die Notwendigkeit, industriekulturelle Importe aus Amerika, wie auch bei der Wettbewerbsneuordnung, auf die deutschen Verhältnisse zuzuschneiden. Inzwischen empfahl er seinen Kollegen, die das amerikanische System nicht kannten, dessen genaues Studium. Als der Chef der Metzeler Reifen A.G. Anfang Dezember 1948 sein großes Interesse „an der Schaffung einer Verständigung mit der Arbeiterschaft" bekundete, versprach Friedrich, „ihm die Aufsätze von Henry Ford II" und das amerikanische System „der Mitunternehmerschaft der Arbeiter" zu geben.[84] Derweil schlug sein Bruder Carl vor, die Phoenix A.G. solle doch jedes Jahr einen Stipendiaten an die Harvard Business School entsenden, „da sie außerordentlich gut sei und aus ihr die besten Geschäftsleute in Amerika hervorgingen".[85] Seine Amerikareise im Januar 1949 gab ihm weitere Anregungen, die er in einem Bericht über „Arbeiter und Angestellte in Amerika" niederlegte.[86] Und wann immer er nach seiner Rückkehr vor Kollegen sprach, er versäumte nie, auch auf die Arbeiterfrage und transatlantische Vergleiche einzugehen.

Was ergibt sich daher am Ende dieses Beitrags, der nicht nur das Handeln, sondern auch das Denken und die Verarbeitung von oft traumatischen Erfahrungen durch einen prominenten Unternehmer analysieren wollte? Sucht man nach Kontinuitäten in Friedrichs Gedankenbildung, so scheint er letztlich doch weniger auf seine Erfahrungen unter dem Nationalsozialismus zurückgegriffen zu haben als auf die Zeit vor 1933. Bereits vor seiner Übersiedlung in die Vereinigten Staaten war er sozialen Fragen gegenüber aufgeschlossen gewesen. Seine erste Frau Ruth wird ihn als Sozialistin in diesen Auffassungen eher bestärkt haben. Auch seine Mutter, obwohl den Marxismus ablehnend, stand ideologisch links. In einem späteren Brief an seinen Patensohn Wolf-Dieter Yorck zu Wartenburg gestand er, als junger Mann sogar einmal fast Kommunist gewesen zu sein.[87] Sowenig daher die Bedeutung seiner Erfahrungen im Dritten Reich – ob hinsichtlich der Kartellfrage oder der deutschen Rolle in der Weltpolitik oder schließlich der Sozialpolitik – heruntergespielt werden soll und darf, für Friedrichs Gedankenbildung sind die formativen Jahre nach dem Ersten Weltkrieg weit höher zu veranschlagen. Die schweren Zeiten, die er nach dem Tode seines Vaters miterlebte, prägten ihn ebenso wie seine Tätigkeit bei Goodrich. Sie halfen ihm, eine Einsichtsfähigkeit und Flexibilität zu entwickeln, die ihm die spätere erneute Anpassung an die veränderten weltpolitischen und weltwirtschaftlichen Umstände der Nachkriegszeit erheblich erleichterte.

Seine Kollegen, die nach 1945 mit sehr ähnlichen Fragen konfrontiert wurden, erwiesen sich vielfach als viel schwerfälliger. Auf jeden Fall stieß Friedrich schon im Kreise der Kautschukindustrie wiederholt auf Ablehnung. Die Vorschläge, die er zu den anstehenden Problemen zu machen hatte, waren ihnen zu radikal. Noch mehr galt dies für seine Kollegen im BDI-Präsidium, in dem die Konservativen von der Ruhr und der von ihnen gekürte Fritz Berg lange Zeit den Ton angaben. Wie letzterer während eines Trinkgelages in angeheiterter Stimmung seinem Tischnachbarn Friedrich einmal gestand, wurde der Harburger Industrielle als ein Unternehmer angesehen, der nicht ganz „zu uns" gehörte.[88] Der Polterer Berg empfand zudem Friedrichs Intellektualität sehr stark, die ihn zugleich anzog und befremdete. Kein Wunder also, wenn seine Kollegen ihn im Sachlichen immer wieder zu bremsen versuchten, während man ihn seine gut formulierten und tiefschürfenden Reden auf öffentlichen Feiern halten ließ und sich seiner als Vermittler bediente. Hier war er, der Erhard und Adenauer gut kannte und der im großen wie im kleinen immer wieder um eine Synthese rang, wie er es bei der Ausformung seiner Grundpositionen in der frühen Nachkriegszeit getan hatte, ein einflussreiches Vorbild. Aus diesem Grunde lohnt es sich, seine Verarbeitung der Vergangenheit nach 1945 zu studieren und zu versuchen, seine geistige Entwicklung als Röntgenplatte zu benutzen für eine Durchdringung des industriellen Milieus, in dem er sich bis zu seinem Tode im Jahre 1975 bewegte.

9. Wiederaufbau und Umbau der westdeutschen Industrie nach dem Zweiten Weltkrieg

Der Wiederaufbau des westlichen Deutschland nach dem Zweiten Weltkrieg ist in der Forschung lange Zeit in erster Linie unter dem Gesichtspunkt der *politischen* Rekonstruktion betrachtet worden. So liegen zahlreiche Studien vor über die Gründung politischer Parteien, über die Verfassungsdiskussionen, sowie über die Entnazifizierungs- und Umerziehungsprogramme der Alliierten im Schatten des beginnenden Kalten Krieges. Die Bedeutung der wirtschaftlichen Rekonstruktion und die Notwendigkeit, einer entwurzelten und ausgehungerten westdeutschen Bevölkerung auch materiell einen Halt zu geben, wird in diesen Studien gewöhnlich *en passant* erwähnt. Zur makroökonomischen Entwicklung hat zudem die Wirtschaftshistorie umfangreiches statistisches Material zusammengestellt.[1] Einer der Hauptschwerpunkte der letzteren Forschungen war in jüngerer Zeit die Analyse der Ursprünge und Wirkungen des Marshall-Plans.[2] Zu dieser Entwicklung hatte nicht zuletzt Werner Abelshauser beigetragen, der die provokante Hypothese in die Debatte warf, die entscheidenden Weichenstellungen für den bald rasanten Wiederaufbau der westdeutschen Industriewirtschaft seien längst vor dem Einsetzen der amerikanischen Wirtschaftshilfe erfolgt; deren Wirkung als vermeintlicher Initialzünder sei stark überschätzt worden.[3] Alan Milward hat später dieses Argument über Westdeutschland hinaus verallgemeinert und gemeint, die Europäer hätten sich quasi selber aus dem wirtschaftlichen Chaos der Nachkriegszeit herausgezogen.[4]

Solche Argumente haben unvermeidlich zu Widerspruch und zu einer Aufarbeitung weiteren statistischen und anderen Materials geführt,[5] auf dessen Grundlage schließlich ein ausgewogeneres Bild entstand. So kam der Marburger Wirtschaftshistoriker Gerd Hardach zu dem zusammenfassenden Urteil, dass „der Marshall-Plan zu einer Zeit Nahrungsmittel und Rohstoffe bereit stellte, als diese nicht in hinreichenden Mengen mit dem Einkommen angekauft werden konnten, das Westdeutschland aus seinen Exporten erwirtschaftete.“ Er ermöglichte eine frühe Rückkehr zu Deutschlands herkömmlichen Produktions- und Handelsmustern; ohne den Marshall-Plan hätte Westdeutschland sich mehr auf die Entwicklung der Landwirtschaft konzentrieren müssen. Dieser strukturelle Effekt stellte wohl den wichtigsten Beitrag zur wirtschaftlichen Erholung Westdeutschlands dar. Auch löste der Marshall-Plan eine Liberalisierung des Handels und der Zahlungsbedingungen in Europa aus, die für die Wiederbelebung der Exportindustrien wesentlich war. Eine wirtschaftliche Erholung wäre ohne den Marshall-Plan möglich gewesen, wäre aber langsamer vonstatten gegangen."[6]

Das ist infolge der Indeterminiertheit des Zeitfaktors natürlich ein sehr vorsichtiges Urteil. Was zudem bei Hardach und den Arbeiten anderer Wirtschaftshistoriker als beschleunigender Faktor so gut wie überhaupt nicht veranschlagt wird, ist der psychologische Ansporn des Marshall-Plans für die Westdeutschen – deren Gefühl nämlich, in der westlichen Gemeinschaft wieder eine Zukunft zu haben. Dieser Faktor ist gewiss schwer zu quantifizieren: wird er aber ignoriert, so besteht die Gefahr, dass umgekehrt auch die Absichten der Amerikaner nur unvollständig erfasst werden. Vor allem fällt die Tatsache leicht unter den Tisch, dass diese neben einem politischen Umerziehungsprogramm für die Westdeutschen auch ein wirtschaftliches durchführen wollten. Vor allem die Industrie- und Geschäftswelt sollte dem alten hochreglementierten deutschen Modell kapitalistischen Wirtschaftens entwöhnt und für das amerikanische Modell einer liberalen, auf Massenproduktion und Massenkonsum hinorientierten Wettbewerbswirtschaft gewonnen werden.[7]

Dieser Aufsatz verfolgt zunächst das Ziel, einen Beitrag zu der wirtschaftshistorischen Debatte um die Bedeutung der amerikanischen Hilfeleistungen für Westdeutschland zu bieten und einige weitere Gedanken dazu zu entwickeln.

Vor allem aber soll die soeben erwähnte Frage eines wirtschaftlichen Umerziehungsprogramms weiterverfolgt werden. Die breiteren Überlegungen zu diesen beiden Themen sollen vor dem Hintergrund einer Fallstudie entwickelt werden, die Gelegenheit gibt, nicht nur neues Material vorzulegen, sondern auch die Probleme von Rekonstruktion und Umbau konkret zu erörtern. Die vorliegenden Quellen beziehen sich auf den Wiederaufbau der *Phoenix Gummiwaren AG* in Hamburg-Harburg, die bald nach der Hannoverschen *Continental (Conti)* zum zweitgrößten Gummi- und Reifenkonzern der Bundesrepublik wurde.

Diese Firma war im Kriege durch Bombenangriffe erheblich beschädigt worden und ging mit einem Verlustvortrag von rund 2,3 Millionen Mark in die Nachkriegszeit und in das Geschäftsjahr 1946. Der Verlust für 1946 belief sich noch einmal auf 1,75 Millionen Mark.[8] Dennoch – wie das Vorstandsmitglied Otto A. Friedrich im Anschluss an die Phoenix-Aufsichtsratssitzung vom 19. Juni 1947 in seinem Tagebuch notierte[9] – war die Firma „immer noch fundamental gesund mit ihren auf RM-Werte abgeschriebenen Maschinen, Werkzeugen, Patenten, ihren tief angesetzten Beteiligungen, mancherlei stillen Reserven und hohen liquiden Mitteln".

Allerdings zeigte sich Friedrich bald über die hohe Liquidität des Unternehmens, die auf die konservative Politik des Vorstandsvorsitzenden Albert Schäfer zurückzuführen war, sehr viel weniger glücklich, erwies sich diese Politik bei der Währungsreform im Juni 1948 doch als ein Fehler. Denn für die Startposition der Phoenix in der neuen Zeit wäre es besser gewesen, wenn die

Mittel noch rechtzeitig in eine Modernisierung der Produktionsanlagen investiert worden wären. So hatte Friedrich schon Ende November 1947 „einen vernichtenden Bericht über die Veraltetheit unserer Einrichtungen und Maschinen" bekommen, in dem zugleich angesichts der damals bereits erwarteten Währungsreform und „der dadurch bedingten Verschlechterung unserer Finanzlage" ein kräftiges Investitionsprogramm vorgeschlagen wurde. Der Phoenix-Mann fühlte sich nach der Lektüre dieses Berichts sofort in seinen „jahrelangen Sorgen bestätigt, die Schäfer immer mit der Begründung beiseite geschoben hatte, alle Neueinrichtungen könnten zerschlagen werden, der Beschlagnahme verfallen und gegenüber [den] USA nach dem Kriege veraltet sein". Nach 1945, so fuhr Friedrich fort, habe Schäfer dann „in erster Linie ‚Geld'-liquide sein" wollen, was er ebenfalls für einen Fehler hielt. Tatsächlich waren die schönen Bankguthaben nach der Währungsumstellung dann nur noch einen Bruchteil wert und es fehlten die Eigenmittel für langfristige Investitionen. Als sich diese Investitionen angesichts der inzwischen noch älter gewordenen Maschinen und Ausrüstungen als unumgänglich erwiesen und für 1948 „rund 1,4 Millionen DM" sowie „rund 5 Millionen" für 1949 veranschlagt wurden, war die Ratlosigkeit groß. Auf dem schwachen westdeutschen Kapitalmarkt waren solche Summen nicht einfach greifbar; an eine ausländische Unterstützung in Form von offiziellen amerikanischen Hilfsgeldern war ebenfalls nicht zu denken. Diese Gelder waren vor allem für Lebensmittel und Rohstoffe bestimmt und was immer an ganz geringen Summen für Maschinen u. ä. zur Verfügung stand, ging in erster Linie an die Schwerindustrie. Es blieben daher allenfalls private Quellen im Ausland.

Unter diesen Umständen war es nun interessant, dass direkt nach der Kapitulation neben Engländern, in deren Zone die Phoenix lag, auch amerikanische Besatzungsoffiziere und Geschäftsleute aufgetaucht waren. Ihr Auftrag war offenbar zunächst nur, Informationen über Kriegsschäden und technische Entwicklungen der Deutschen zu sammeln. Dabei entdeckten sie anscheinend bald, dass sie im Krieg keineswegs Deutschland gegenüber technologisch in Rückstand geraten waren. Da die Engländer die Reiserei in ihrer Zone zudem nicht gern sahen, fiel es den Amerikanern offenbar nicht schwer, das norddeutsche Feld bis auf Weiteres ganz den britischen Verbündeten zu überlassen. Erst als letzteren – durch den Krieg selber völlig erschöpft – der finanzielle Atem beim Wiederaufbau ihrer Zone gänzlich ausging und sie mit der Gründung der Bizone die wirtschaftlich sehr starken Amerikaner praktisch in ihr eigenes Wirtschaftsgebiet hineinzuziehen gezwungen waren, begannen die USA auch im Ruhrgebiet und in Norddeutschland in der Industriepolitik den Ton anzugeben.[10]

So kam es, dass sich bald auch amerikanische Kautschukindustrielle wieder in Harburg meldeten. Denn Friedrich, der in den zwanziger Jahren seine Industriekarriere bei B. F. Goodrich begonnen hatte und auch nach der Hitlerschen „Machtergreifung" zum Zentrum der US-Gummiindustrie in Ohio Verbindung hielt, war vielen noch durchaus ein Begriff. Auch seine Laufbahn im Krieg, als er zeitweilig kommissarischer Reichsbeauftragter für Kautschuk war, hatte man jenseits des Atlantiks verfolgt. Schon wenige Wochen nach der Schaffung der Bizone erreichte ihn die Bitte des einflussreichen Al Viles, den er aus der gemeinsamen Arbeit im *International Rubber Regulation Committee* (IRRC) in den dreißiger Jahren gut kannte, für diesen „einen ausführlichen Bericht über die Entwicklung der [deutschen] Gummiindustrie seit 1939" anzufertigen. Der Bericht, so schrieb Friedrich, „soll die Grundlage für eine evtl. spätere Einladung abgeben zu Vorträgen" in Amerika. Hatte sich die Phoenix in der ersten Nachkriegszeit nicht nur politisch sondern auch industriell an den britischen Besatzungsbehörden orientiert, so begann man dort Anfang 1947 wahrscheinlich ebenfalls zu erkennen, dass technisch eher etwas von den Amerikanern als von den Engländern zu lernen war. Jedenfalls vermerkte Friedrich – inzwischen zu Schäfers Nachfolger designiert – Anfang Mai im Anschluss an ein Gespräch mit einem alten Bekannten, dem Leiter des Conti-Nordhafenwerkes: „Ich will ihn jetzt öfter sehen, denn ich hörte auch manches andere Interessante über mechan[ische] Entwicklung[en] in [den] USA, [über] Thomas' (President v. Goodyear) Besuch usf." Thomas habe „nach anfänglicher Skepsis deutscher industr[ieller] Entwicklung [eine] Chance gegeben, falls sie mechan. und chem. Rückstände aufholt, wozu durch qualitative Grundlagen alle Voraussetzung[en] gegeben" seien. Friedrich versäumte nicht, Viles seinen Bericht zu übermitteln, der ihm obendrein Gelegenheit gab, auch Aufklärung über seine prominente Rolle in der Kriegswirtschaft des Dritten Reiches zu geben.

Zwar spielte er im Sommer 1947 noch einmal mit dem Gedanken, im Rahmen einer Kooperation mit Dunlop die Reifenproduktion weitgehend den Engländern zu überlassen und die Phoenix „auf die übrigen Gummiwaren und [den] Export [zu] konzentrieren". Aber Schäfer widersetzte sich, und auch bei der Dunlop-Hauptverwaltung in London stieß Friedrich auf Schwierigkeiten. Da war es sicherlich erfreulich, dass er im gleichen Monat Besuch von zwei Goodrich-Repräsentanten erhielt, die zunächst „eigentlich wenig Bestimmtes wollten". Vor allem interessierten sie sich „für unsere Metallgummianlage und für die Trixanlage", für die sie gar ein freiwilliges Lizenzabkommen anboten, anstatt eine kostenlose Verwendung nach dem Besatzungsrecht zu beanspruchen. Es war deutlich, dass sich die Zeiten änderten. Von seinen alten Verbindungen zu Goodrich aus den zwanziger Jahren abgesehen, erinnerte sich Friedrich in einem Gespräch mit dem Hamburger Bankier Rudolf Brinckmann Mitte August 1947 zudem „an den Goodrich-Phoenix-Plan", über den er 1932 mit dem Bankhaus Warburg verhandelt hatte. Die Voraussetzungen für eine Kooperation mit dem amerikanischen Konzern schienen daher denkbar günstig zu sein. Dennoch kam die Erneuerung der Verbindung nur langsam voran, während – wie Friedrich bei Werksbesichtigungen feststellte – die Modernisierung der Firma immer dringender wurde. So urteilte einer seiner besten Fachleute über die Reifenfabrik, dass man „Jahre zurück" sei. Bei einer Produktionszahl „von 1000 Reifen pro Tag" könne man aber bestehen, sofern „wir einen goldenen Weg zwischen Contis Automatisierung und unserer heutigen Primitivität fänden". Beide waren sich am Ende einig, „dass auch in einer Spezialisierung – sei es auf wenige Größen [von] Kraftfahrzeugreifen oder auf landwirtschaftliche Reifen – Chancen lägen". Denn die Conti „werde immer zum Kampf um die Masse gezwungen sein, um ihre Rationalisierung auszunutzen".

Allerdings stieß Friedrich bei anderen Phoenix-Technikern auf Skepsis, wenn er auf das amerikanische Vorbild wies. Ihrer Meinung nach brachten Maschinenimporte aus den USA entweder überhaupt keine Lösung oder er musste sich bei einer Diskussion über die „Rißanfälligkeit unserer [Reifen-]Mischungen" sagen lassen, dass „die von mir gepriesenen amerikanischen Profile ... durch die Forderung des amerikanischen Fahrers nach lautlosem Fahren" bedingt seien. Solche Käufererwartungen herrschten in Deutschland offenbar nicht. Immerhin räumten die Phoenix-Leute aber ein, dass „die Amerikaner technisch damit eine Leistung vollbracht" hätten, „dass sie die tiefen Einkerbungen der Lauffläche ohne Risse zustande brächten". Was immer hier an deutschem Technikerstolz zum Vorschein kam, Friedrich ließ sich nicht beirren. Wenige Tage später, am 28. September 1948, hatte er bei Schäfer eine Besprechung mit dem Technischen Direktor der Phoenix sowie zwei anderen Experten des Hauses „über die revolutionierende Entwicklung des Mischwesens in [den] USA". Es seien, so stellte man fest, dadurch „völlig neue Verhältnisse entstanden, die beim Zustand unseres Maschinenbaues nicht vor Ablauf von Jahren eingeholt werden" könnten. Unter diesen Umständen schienen „möglichst baldige eigene Studien in Amerika" erwünscht.

Anschließend unterhielt sich Friedrich noch mit seinem Vorstandsvorsitzenden allein über das Verhältnis der Phoenix zu Dunlop. Beide stellten fest, es sei auf Seiten des Direktors der westdeutschen Dunlop AG „in der letzten Zeit eine sichtliche Abkühlung" eingetreten. Dieser Eindruck bestärkte Friedrich in dem „Empfinden ..., dass ein zu enges Zusammengehen zwischen den beiden Firmen keine Aussicht" bot. Erneut schien sich die Geschäftspolitik der Engländer zu bestätigen, keine Minderheitsbeteiligungen bei anderen Firmen einzugehen, an welchen der kapitalschwachen Phoenix so sehr gelegen war. Unter diesen Umständen gewann Friedrich die Überzeugung, dass es leichter und besser sei, „technischen Anschluß an die Goodrich" zu suchen. Sei es doch deren System, „kleinere Fabriken auf der Basis eines Lizenzvertrages zu beraten und sich evtl. geringfügig zu beteiligen". Eine solche Verbindung, so meinte er, könnte zustande kommen, wenn er „selbst in [den] USA die Wege ebnen" würde. Aber auch Schäfer dachte daran „evtl. im nächsten Jahre im Auftrage der [Hamburger Handels-]Kammer", deren Präses er war, über den Atlantik zu fahren und bei dieser Gelegenheit seine zwei besten Reifen-Techniker mitzunehmen.

Eine Woche später hatte sich bei beiden Vorständen die Überzeugung weiter gefestigt, dass die Firma bald direkt Verbindung nach Amerika aufnehmen müsse. Bei einem erneuten Bilanzziehen des Dunlop-Verhältnisses sahen sie nur „wenig mehr Chancen für eine positive Entwicklung“. Denn lediglich „technische Gummiwaren an Dunlop zu liefern, ohne eine Gewähr zu haben, dass sie nicht selbst zur Fabrikation übergehen, ist für uns ebenso bedenklich wie für Dunlop die technische Beratung“. Dann sei es „schon richtiger, Anschluss an Amerika zu suchen“. In dieser Auffassung fühlte sich Friedrich noch durch zwei weitere zwischenzeitliche Ereignisse bestätigt. Zum einen hatte er zwei Tage zuvor, am 6. Oktober 1948, eine wenig erfreuliche Auseinandersetzung mit dem Direktor der westdeutschen Dunlop AG über Reifenimporte, in der noch einmal die Widerstände der Londoner Dunlop-Zentrale gegen eine engere Zusammenarbeit mit der Phoenix angesprochen wurden. Zum zweiten hatte Friedrich zur gleichen Zeit von einem Brief des Goodrich-Präsidenten John Collyer an seinen Bruder, den bekannten Harvard-Politologen Carl Joachim Friedrich, erfahren. Darin hatte Collyer „in sehr freundlichen Worten“ von dem Harburger Industriellen gesprochen. Damit, so schloss Letzterer aus dieser Nachricht, sei „der Boden … also nun für [eine] direkte persönliche Fühlungnahme“ bereitet. Er wollte jetzt nur noch die Reaktion von Al Viles abwarten. Als er am 8. Oktober daher Schäfer den Collyer-Brief zeigte, beschlossen beide, dass Friedrich „Mitte Januar eine kurze Reise nach Amerika“ antreten solle.

Glücklicherweise war inzwischen im Zuge der allgemeinen Umorientierung der Washingtoner Politik auch auf Seiten der amerikanischen Besatzungsbehörden ein günstigeres Klima entstanden, als es unmittelbar nach dem Krieg bestand.[11] Dies konnte auch Friedrich feststellen, als er Mitte Oktober bei einem Aufenthalt in Frankfurt den neuen Industriechef im *Bipartite Control Office* (Bico), Spencer, einen Vizepräsidenten des Goodyear-Reifenkonzerns, kurz sah. Der Phoenix-Mann fand ihn sympathisch und zählte ihn „zu den raschen, sachlichen, zurückhaltenden amerikanischen Managern, die nicht viele Worte machen, sondern nur gerne Tatsachen behandeln“. Umgekehrt hatte Spencer schon von Viles über Friedrich gehört und kannte auch andere Kollegen des Harburger Industriellen. Hier sah man also blitzlichtartig, wie das internationale Netzwerk funktionierte, das auch in anderen Branchen nach dem Krieg reaktiviert wurde und ohne das der Verlauf des europäischen Wiederaufbaus nach 1945 überhaupt nicht zu verstehen ist.[12] Als Friedrich gar unter Hinweis auf alte Verbandskontakte im Rahmen des Internationalen Rohgummi-Kartells der Zwischenkriegszeit den Wunsch äußerte, „mit dem amerikanischen Verband wieder in Berührung zu kommen“, antwortete Spencer, in Washington wünsche man jetzt gerade auch „die Verbindung von Verband zu Verband und auch von Firma zu Firma“. Als Friedrich ihn fragte, „wie er sich die Beschaffung der Maschinen bei dem Zustand der deutschen Maschinen-Industrie“ denke, fügte Spencer hinzu, es gebe dafür jetzt einen Fond.[13] Allerdings würde jedes Projekt individuell begutachtet. Noch besser, so schloss er, sei es indessen, „eine amerikanische Kapitalbeteiligung“ zu erhandeln – „vielleicht nur in kleinem Umfange, aber eben genug, um die maschinelle Modernisierung zu finanzieren“.[14]

Diese Bemerkungen weisen auf Entwicklungen hin, die neben der offiziellen Marshall-Plan-Hilfe in Gang kamen und die bisher – soweit ersichtlich – kaum genauer untersucht worden sind. Für Friedrich persönlich waren dies natürlich sehr wertvolle Informationen über die wirtschaftliche Europastrategie Washingtons, die er nur zu gern für die Phoenix verwerten wollte. Dementsprechend verfolgte er die Entwicklungen jenseits des Atlantiks jetzt noch genauer. Er sammelte Informationen über die eindrucksvolle Dynamik der dortigen Reifenindustrie. Goodrich – so erfuhr er – hatte beispielsweise seine Produktion im Vergleich zu 1938 um 230% steigern können. Mitte November 1948 berichtete ihm einer seiner Fachleute über „neue technische Entwicklungen in Amerika" und vor allem über „das Ineinanderüberführen der Reifenbändigung und Heizung, die Verwendung von Membranen statt Heizschläuchen und schließlich [über] die schlauchlosen Reifen". Von der österreichischen Reifenfirma Semperit hörte er, dass die Amerikaner nach Feststellungen von deren Experten eine Reifenbauzeit von zwei Minuten veranschlagten gegenüber sechs Minuten bei der Semperit. Zwar seien „die technologischen Fortschritte der Amerikaner während des letzten Krieges" nicht so bedeutend gewesen wie im Ersten Weltkrieg. Dennoch wollte man „im Maschinenkauf ... wegen der rascheren Beschaffungsmöglichkeit nach USA gehen, wo die komplizierten Maschinen billiger, die primitiven hingegen teurer als in Deutschland" waren.

Freilich war jetzt wie später immer klar, dass man selbst bei der Phoenix keine Vollamerikanisierung, sondern nur eine möglichst günstige Mischung der beiden Industriekulturen und ihrer Arbeitsweisen anvisierte.[15] Wie Friedrich am 27. Oktober 1948 ausdrücklich schrieb, wollte er keine „bloße Nachahmung des in Amerika ‚Entwickelten'". Allein „durch eigene Forschung und Fortentwicklung" könne „die deutsche Industrie hoffen, im internationalen Existenzkampf wieder Boden zu gewinnen". Diesem Ziele sollte u. a. auch die Arbeit eines an die Technische Hochschule Hannover angeschlossenen Kautschuk-Instituts dienen, über dessen Errichtung man sich im norddeutschen Kautschukverband seit längerem unterhielt. Friedrich, der in dieser Organisation von Anfang an eine führende Rolle gespielt hatte, vertrat auf einer der Sitzungen Ende Oktober 1948 den Standpunkt, „dass wir großzügig ein Zentrum echter Forschung in Hannover anlegen, das auch Zentrum der Kautschukgesellschaft werden sollte und mit dieser zusammen eine wissenschaftliche Beilage bei einer der Gummifachzeitungen zu entwickeln hätte". Die Branche, so fügte er hinzu, müsse sich „auf diesem Gebiet nach den Amerikanern orientieren" und sich klar machen, „dass nur eigene wissenschaftliche Fortschritte uns wieder einen Vorsprung im internationalen Wettbewerb geben können". Ein solcher Vorsprung werde „sich eines Tages vielleicht als entscheidender auswirken als alle Vorsprünge der Massenfertigung, die heute Amerika besitzt". Mit dieser Bemerkung spielte Friedrich auf eine die Qualität betonende Produktions- und Verkaufsstrategie an, die auch in anderen Zweigen der deutschen Industrie vertreten wurde und der er hinfort das Wort redete. In diesem Punkt erwies er sich langfristig zudem als ein guter Prophet. Für den Augenblick ging es allerdings nicht um Vorsprünge, sondern ums Aufholen.

Während sich Friedrich in der Folgezeit weiter für eine Förderung des Kautschuk-Instituts als langfristige Investition einsetzte, bereitete er seinen ersten Amerika-Besuch nach dem Krieg vor. Spencer, den er Mitte November 1948 erneut sah, machte ihm Appetit: Er werde „sehr viel interessantes Technisches und Organisatorisches finden". Zur „Arbeitssituation", d. h. zur Betriebspolitik, mit der sich Friedrich damals auch stark beschäftigte, hatte Spencer allerdings eher Kritisches zu sagen. Da der Phoenix-Mann seine Augen indessen in erster Linie auf die Goodrich-Kooperation gerichtet hatte, informierte er sich eingehender über deren Produktionsprogramme und allgemeine Geschäftspolitik. Er ließ sich auch über einzelne führende Industrielle und über die *Rubber Study Group*, der Nachfolgerin des IRRC, unterrichten. Ein kanadischer Gesprächspartner riet ihm schließlich noch, sich „von New York aus über Mr. Viles ... bei den amerikanischen Gummifabriken" in Ohio anzumelden.

Dass Friedrich inzwischen ganz auf die Amerikaner festgelegt war, zeigte sich Anfang Dezember 1948, als er seinem Dunlop-Kollegen von seinen Reisevorbereitungen erzählte und dabei seinem Bedauern Ausdruck gab, „dass die Zusammenarbeit mit Dunlop nicht die gewünschte Entwicklung genommen habe". Der Engländer war von der Nachricht „betroffen". Angeblich bestand für diesen immer „noch der alte Plan, wenn auch nur auf kaufmännischem Gebiet". Allerdings war es gerade auf diesem Gebiet zu weiteren Spannungen in der Frage der Importreifen gekommen. Da sich die beiden persönlich weiterhin gut verstanden, zeigte sich in ihrer Unterredung einmal mehr, dass die eigentliche Ursache für die enttäuschende Entwicklung in der Londoner Dunlop-Zentrale lag. Darüber hinaus spielten offenbar noch der Unabhängigkeitsdrang und die Überheblichkeit der Engländer gegenüber den Amerikanern eine Rolle. Von ungewöhnlich engen freundschaftlichen Beziehungen zu Bill Rose, dem für die Phoenix verantwortlichen britischen Besatzungsoffizier, abgesehen, scheint Friedrich mit den Amerikanern in der Regel besser zurecht gekommen zu sein als mit den Engländern, wie auch sonst derartige mentalitäts- und persönlichkeitsbezogene Faktoren immer wieder in Rechnung zu stellen sind. Dagegen und gegen die technischen und finanziellen Vorteile, die man in Akron der Phoenix zu bieten hatte, zählte die Warnung des Engländers am Ende wenig, als er scharfsinnig meinte, die Amerikaner verfolgten „das Ziel, ihr eigenes Kapital nach Deutschland hereinzubringen unter der Garantie der Rückzahlung u. der Dividende und dann Deutschland in eine expansive, exportierende Wirtschaft zu verwandeln, die zugleich für amerikanische Interessen" arbeitete. Für Friedrich klang dies sehr viel weniger abschreckend, und auch Schäfer fand den neu gewonnenen Kontakt zu Goodrich „phantastisch". Bevor sich Friedrich auf die Reise machen konnte, gab es Ende 1948 noch Ärger mit seinem Visum, da sein Entnazifizierungsverfahren noch immer nicht abgeschlossen war. Nach einigem Drängen kam dann aber endlich der Entlastungsschein. Hiernach konnte er sich zwischen Weihnachten und dem Neuen Jahr beruhigt hinsetzen, um die Vorzüge und Nachteile einer künftigen Verbindung mit Goodrich niederzuschreiben.

Einerseits quälten ihn auf einmal Zweifel, ob die Phoenix mit amerikanischen Ingenieurbüros und chemischen Gesellschaften „nicht ebenso weit kommen" könne wie mit einer direkten Kooperation mit einem Gummikonzern. Andererseits sprach für eine solche Kooperation, dass Konzerne – wie „beispielsweise Goodrich" – es gewohnt waren, „ihre Erkenntnisse auf kleinere Werke zu projizieren und daß sie auch geneigt sein werden, Maschinen, die drüben nicht mehr modern sind, hier aber noch einen großen Fortschritt bedeuten, günstig abzugeben". Dieser Überlegung entsprechend strebte Friedrich seitdem eine umfassende Zusammenarbeit mit Goodrich an, einschließlich einer gemeinsamen Importgesellschaft, gegen die Schäfer freilich Bedenken anmeldete. Konservativ wie zuvor, fürchtete er eine zu große Kräfteanspannung der Phoenix. Inzwischen hielt der Druck, die Firma in Anlehnung an die Amerikaner zu modernisieren, unvermindert an. Am 4. Januar 1949 erfuhr Friedrich, dass eine 20.000 DM teure Form bestellt worden sei, mit der amerikanische „SuperCushion"-Reifen gefertigt werden sollten. Und auf dem Wege nach Amerika, bevor er in Frankfurt das Flugzeug bestieg, wurde dem Phoenix-Mann von Spencer bei einem letzten Besuch noch einmal gesagt, dass die USA den Deutschen in der Technik 10 – 15 Jahre voraus seien. Spencer begrüßte Friedrichs Reise offensichtlich auch, weil er hoffte, dass solche Eindrücke ihn und andere Industrielle noch schneller in die Zusammenarbeit mit den Amerikanern treiben würden. Und es entsprach auch ganz der damaligen Politik der Bico sowie des Marshall-Plan-Verwalters in Europa, Paul Hoffman, eines früheren Präsidenten der Studebaker Corp., dass Spencer „noch lieber gleich *mehrere* Herren der Industrie" hätte reisen sehen wollen. Hoffte man auf diese Weise doch gerade auch die wirtschaftliche Umerziehung der westdeutschen und übrigen europäischen Unternehmerschaft zu fördern und den Import amerikanischer Ideen von Industrieorganisation zu erleichtern.[16]

Nachdem Friedrich am 16. Januar 1949 glücklich in Boston gelandet war, hatte als erstes sein Bruder Carl Joachim für ihn zahlreiche Gespräche mit einflussreichen Kollegen an der Harvard-Universität über allgemeine politische Fragen arrangiert. Wie ihm noch in Deutschland geraten worden war, besuchte er dann auf seiner Weiterfahrt nach New York Viles. Doch so freundschaftlich die Beziehungen vor 1939 auch gewesen waren, wegen der dazwischen liegenden Kriegszeit kam das Gespräch zunächst nur langsam voran. Viles bedauerte die Ereignisse der Vergangenheit und erinnerte Friedrich daran, „dass er sie kommen sah". Da Carl Joachim Friedrich seinem Bruder von einer gewissen Zurückhaltung erzählt hatte, die in Amerika gegen ihn wegen seiner Reichsbeauftragten-Tätigkeit bestand, war der Phoenix-Mann verständlicherweise auch neugierig, darüber von Viles Näheres zu erfahren. Doch dieser dementierte nur, dass es eine Kampagne gegen seinen Besucher persönlich gegeben habe. Darüber hinaus bedrückte Viles noch die neue weltpolitische Rolle der USA, und so gab er „in großen Zügen das Bild der Welt mit seinen schwachen Stellen in China, Niederl. Indien, Europa und mit der Machtstellung, die Rußland gegen Amerika in diesem Weltbild aufgebaut" hatte.

Soweit es dabei Europa betraf, meinte Viles, „die entscheidende Voraussetzung für seine Gesundung würde eine harte Währungsreform sein, die das gesamte westeuropäische Gebiet umfasst, auch wenn sie sehr schmerzhaft wäre". Der italienische Reifenfabrikant Alberto Pirelli, „dem Al seine Hochachtung bezeugt und dessen wechselvolles Leben als Berater und Förderer Mussolinis und später als sein Gegner er darstellt[e]", habe auf der letzten Sitzung der *Rubber Study Group* in Paris die richtigen Worte gefunden. Hänge für den Wiederaufbau Europas doch „alles von der Produktion" ab, die eine Einbeziehung Westdeutschlands bedinge. Auch er, Viles, denke so. Man solle die Deutschen arbeiten lassen und ihnen beim Wiederaufbau helfen: „Alle Verfolgungen der letzten Jahre – besonders die Nürnberger Urteile – seien reine Racheakte gewesen, in denen sich besonders die Juden hervorgetan hätten." Da Friedrich diesem Thema – ob antisemitisch eingefärbt oder nicht – auf seiner Reise wiederholt begegnete, finden sich in seinen Tagebüchern auch weitere Hinweise. Auch wenn er diese Deutschfeindlichkeit für falsch hielt, er versuchte sie – soweit ihm das überhaupt möglich war – zu verstehen und im übrigen nach seiner Rückkehr nach Westdeutschland Kollegen und Politikern, Ludwig Erhard als Wirtschaftsdirektor eingeschlossen, die Komplikationen klar zu machen, die diese Gefühle für die deutsch-amerikanischen Beziehungen bedeuteten.

Gegen Ende des Besuchs erklärte sich Viles tatsächlich bereit, Friedrich bei Collyer sowie bei Litchfield, dem Vorsitzenden des Goodrich Board, telefonisch anzumelden. Als er Viles im Anschluß an weitere Besprechungen in der New Yorker Gegend am 24. Januar 1949 nochmals sah, bestätigte dieser ihm erneut, dass es in Amerika keine „publicity as a main agent of Hitler" gegen Friedrich gegeben und dass er auch in Frankreich nichts „Unerfreuliches" gehört habe. Dennoch bedauerte Viles, dass der Harburger Industrielle „nicht 1939 nach Amerika gekommen und einfach hier geblieben" sei. Dann berichtete er von seiner Vermittlung bei Goodrich: Wenn Litchfield nicht anwesend sei, solle er sich „an den Präsidenten Thomas wenden". Für den Fall, daß Collyer verreist sei, möge Friedrich sich bei Vize-Präsident T. W. Keener melden.

Am folgenden Tage in Akron angekommen, traf sich der Phoenix-Mann zunächst mit Gulick und Ireland von der Goodrich, denen er den Zweck seines Besuches noch einmal erläuterte. Sei für ihn doch die Frage, „ob die Möglichkeit einer technischen Zusammenarbeit bestünde". Allerdings waren sich beide Seiten von vornherein einig, sich nicht an dem früheren Conti-Goodrich-Modell zu orientieren, mit dem die Amerikaner nicht gut gefahren waren. In Frage kam „ein *langfristiger Vertrag* auf Lizenzbasis und Kapitalbeteiligung". Während Friedrich diese Möglichkeit „im Prinzip" bejahte, hielt er einen wirklich gleichwertigen Erfahrungsaustausch nicht für realistisch. Müsse man doch in Rechnung stellen, wie viel mehr die Amerikaner für die Entwicklung ausgeben könnten. Gulick nannte dann eine Reihe von anderen ausländischen Gummifirmen, an denen Goodrich *„klein beteiligt"* sei. Bei allen würden „die Goodrich-Erfahrungen ausgewertet". Man schicke „nach Wunsch und Bedarf Ingenieure hin oder diese kämen von drüben herüber und *alle* Kenntnisse, Neuentwicklungen, chemische, technische, flössen unter dem Vertrage automatisch an die Mitglieder der Familie".

Hiernach kam man schnell auf einzelne Vertragsklauseln zu sprechen: „1) $3\frac{1}{2}$ % auf den Gesamt-Nettoumsatz; 2) Minoritätsbeteiligung; 3) 15 Jahre Kontrakt; 4) falls gewünscht: Einkauf von Maschinen und Material zu Goodrichs eigenen Preisen, mit $\frac{1}{2}$ bis $\frac{3}{4}$ Manipulationsgebühr; 5) Produkte (besonders Reifen) können im Lande mit Kennzeichnung ‚Goodrich techn. Assistance' versehen werden, nicht für Ausfuhr (Autoexport!); 6) Herstellung von Produkten für *Goodrich* mit deren Namen für das Land und für Ausfuhr. Kosten plus 7 %; 7) Zahlung der vierteljährlichen Lizenz und der Kapitaldividende muß gesichert werden. Deshalb hängt ganzes Arrangement vom ‚Segen' der Mil. Reg. ab, kann aber jetzt im Prinzip vorbereitet werden, denn es braucht doch längere Zeit zur Fixierung; in Japan z. B. 1 Jahr; 8) Der Vertrag würde in Deutschland exklusiv nur mit Phoenix gemacht werden. Mit Conti besteht keinerlei Verbindung mehr."

Obwohl Friedrich wegen der Höhe der Lizenz etwas stutzte, machten die weiteren Erklärungen seiner Gesprächspartner das Arrangement allenfalls noch attraktiver. Er wusste von den Erfolgen, die die Partner des Konzerns in England, Frankreich und Holland gegen ihre größeren Konkurrenten erzielt hatten, er kannte die Bedeutung der schlauchlosen Reifen für die Zukunft der Reifenindustrie und wies schließlich „auf die große Verwandtschaft zwischen Goodrich und Phoenix" hin: „Kein Ehrgeiz die größte Fabrik zu sein, aber ‚führend in Gummi' (first in rubber). Ausgebreitetes Fabrikationsprogramm, gut ausbalanciert und krisenfest; Streben nach gutem Ertrag". Anschließend notierte sich Friedrich die Gründe, aus denen ein Eingehen auf das Goodrich-Angebot zu erwägen sei. Er vermerkte u. a. das Positivum einer Kapitalbeteiligung, auch als „Stütze in kritischer Zeit". Die Phoenix müsse „aufholen und ausbauen". Dank der Goodrich-Hilfe vermeide man kostspielige Fehlinvestitionen und erhalte „neueste Installationen". Nur auf diese Weise könne die Harburger Firma „dem Vorsprung an Einsatzmitteln von Conti begegnen, ja [wir] werden sie vielleicht technisch-gütemäßig" sogar überspielen. Schließlich erhalte man doch „vollen Beistand bei Aufnahme von neuen Erzeugnissen wie Keilriemen". Doch zunächst, so meinte Friedrich, müsse weiter verhandelt werden. Insofern war es sicherlich ein gutes Zeichen, dass auch sein Gespräch mit Collyer günstig verlief. Der Besucher gewann

„den Eindruck von Sympathie und ernstem Interesse“ sowie das Gefühl, „dass alles zusammenstimmt: die Verwandtschaft der Firmen und der industriellen Zielsetzung, meine langjährige Tätigkeit für Goodrich, meine Bekanntschaft mit Collyer (obwohl man auf diese persönlichen Dinge nicht zu viel setzen soll ...)“. Gleiches galt auch für „die Form des Agreements in der Min.-Beteiligung, die unserem Streben nach Selbständigkeit genügt, im Gegensatz zu dem Totalitätsprinzip von Dunlop oder Goodyear, wo wir immer Sorge vor dem Überschlucken haben müßten“.

Friedrichs Aufzeichnungen über den weiteren Verlauf der Reise sind leider nicht erhalten. Die Tagebuch-Blätter setzen erst für die Zeit nach seiner Rückkehr ab 25. Februar 1949 wieder ein. Das mag damit zusammenhängen, dass Schäfer ihn vorzeitig nach Harburg zurückrief. Glücklicherweise lassen sich die Wirkungen der Reise anhand der weiteren Notizen verfolgen. Sie zeigen, wie sehr es Friedrich darauf ankam, seine Reise-Eindrücke an einen möglichst breiten Kreis von Kollegen zu vermitteln. Was immer an neutralistischen und nationalistischen Stimmungen in der westdeutschen Unternehmerschaft in den frühen Nachkriegsjahren geherrscht haben mag, seit dem offenen Ausbruch des Kalten Krieges hatte man längst überwiegend bei der westlichen Hegemonialmacht militärischen Schutz und Hilfe beim wirtschaftlichen Wiederaufbau gesucht.[17] Mehr und mehr war auch erkannt worden, dass technisch und organisatorisch manches von Amerika zu lernen war. Mochte Europa auch nicht - wie Spencer gemeint hatte - 10-15 Jahre zurück sein, ab 1948/49 erregten nicht nur amerikanische Maschinen und Kapitalbeteiligungen Interesse, sondern auch die jenseits des Atlantiks gepflegten Management-Methoden und industriellen Praktiken. Wie schon erwähnt, hatte Hoffman im Rahmen des Marshall-Plans ein Besuchsprogramm für europäische Industrielle und Gewerkschaftler entwickelt, die das amerikanische Vorbild an Ort und Stelle studieren sollten. Hoffman und seine Mitarbeiter förderten auch ein „Training-within-Industry“-Programm für die, die nicht über den Atlantik fahren konnten. Die Überlegungen, die hinter all diesen Initiativen standen, über die in den Statistiken natürlich kaum etwas zu finden ist, formulierte Richard Bissell, Hoffmans Stellvertreter, wie folgt:[18]

„Coca-Cola and Hollywood movies may be regarded as two products of a shallow and crude civilization. But American machinery, American labor relations and American management and engineering are everywhere respected. The hope is that a few European unions and entrepreneurs can be induced to try out the philosophy of higher productivity, higher wages and higher profits from the lower prices of lower unit costs. If they do, if restrictionism can be overcome in merely a few places, the pattern may spread. The forces making for such changes are so powerful that, with outside help and encouragement, they may become decisive. It will not require enormous sums of money (even of European capital) to achieve vaster increases in production. But it will require a profound shift in social attitudes, attuning them to the mid-twentieth century.“

Man sieht an diesen Sätzen sehr schön, worauf die Amerikaner hinauswollten und auf welche Kräfte sie zählten. Allerdings standen diese Programme gerade im besetzten Westdeutschland Ende der vierziger Jahre noch sehr am Anfang. Auch war es eine Seltenheit, dass Geschäftsleute aus eigener Initiative für längere Zeit in die USA reisen konnten. Noch geringer war die Zahl derer, die über ähnlich gute und weite Verbindungen verfügten wie Otto Friedrich. Wie er nach seiner Rückkehr nicht ohne Befriedigung vermerkte, hatte er an die 120 Kontakte aufgenommen. In vielen Gesprächen und Werksbesichtigungen hatte er ausgezeichnete Einblicke in die amerikanische Industriewelt gewinnen können. Er hatte mit Akademikern diskutiert. Kurzum, er war nach seiner Rückkehr ein Mann, der einiges – und noch dazu in lebendigen Worten – zu erzählen hatte. Folglich sah er sich denn auch bald von vielen Seiten bestürmt, Vorträge über seine Amerika- Erfahrungen zu halten.

Sein erstes größeres Engagement als Multiplikator fand am 1. März vor dem Harburg-Wilhelmsburger Wirtschaftsverein statt. Eine Stunde lang berichtete Friedrich „zwanglos den Mitgliedern von den Eindrücken" seiner Amerika Reise, wobei er „nach anfänglichem Zaudern später doch ganz offen über die gegen Deutschland herrschenden Strömungen, und natürlich ebenso auch über die für uns positiven Entwicklungen, ferner über die allgemeine Wirtschaftslage, den Lebensstandard der Arbeiter, die Lohnverhältnisse, die Gewerkschaften, die rege politische Anteilnahme am Gemeinde- und Staatsleben usf. sprach". Er schloss „mit einem Vergleich Akrons als provinzielle Industriestadt und doch weltweiter Einstellung mit Harburg-Wilhelmsburg, wo sich auch weltweite Industrien konzentrieren". Anschließend saß man „noch eine gute Stunde" zur informellen Diskussion beisammen. Ein Teilnehmer bat Friedrich gleich „um grundsätzliche Zustimmung eines Amerika-Vortrages vor einem engen Kreis des Landesverbandes der CDU".

Auf einer Sitzung der Fachstelle Kautschuk in Frankfurt am 9. März 1949 sah er sich mit dem „allgemeinen Wunsch" konfrontiert, aus dem Stegreif „ein Referat über meine Amerika-Reise" zu halten. Er ließ sich daraufhin „ein wenig die Fragen" nennen, „an denen man besonders interessiert ist (allg. politische Einstellung zu Deutschland, technische Entwicklung in der Gummiindustrie)". Was Friedrich anschließend sagte, wurde gut aufgenommen, und einer der Zuhörer sagte ihm hinterher sogar: „Wir haben von Englebert vier Herren nach Amerika gesandt. Wenn ich bedenke, was für einen lächerlichen Bericht diese Männer gemacht haben und was Sie heute in einer Stunde vorgetragen haben, dann sieht man, wer Augen hat zu sehen." Friedrich notierte zu dieser Bemerkung später verschmitzt: „Wenn er wüßte, wie ich mich bemüht habe, möglichst viel zu verschweigen, da ich ja schließlich für meine Gesellschaft und auf ihre Kosten gereist bin."

In der Tat fertigte Friedrich auch einen langen Bericht für die Phoenix selbst an, dessen jeweils einschlägige Kapitel in den betreffenden Abteilungen zur Grundlage von Diskussionen mit ihm gemacht wurden. Einen weiteren wichtigen öffentlichen Auftritt hatte er am 25. März 1949, als er vor der

Hamburger Handelskammer sprach. Es war „eine Art Jungfernrede“ vor dem hanseatischen Wirtschafts-Establishment, die anscheinend großen Eindruck machte. Jedenfalls wurde noch eine Woche später auf einem zweitägigen Treffen der Kammerpräsidenten der Trizone über den Vortrag gesprochen. Besondere Zustimmung fand offenbar Friedrichs Empfehlung, Unternehmer „im Auslande diplomatisch für uns werben zu lassen“. Das war ein weiterer Gedanke, den er eindeutig aus Amerika mitgebracht hatte und den er auch Erhard vorlegte.[19] Präses Schäfer hatte Friedrich gebeten, die Rede am 25. März „ganz auf die Frage der psychologischen und politischen Einstellung Amerikas zu uns“ abzustellen. Dementsprechend betonte der Phoenix-Mann als erstes, dass die Masse der amerikanischen Bevölkerung in zwar „provinziellen und doch weltweit arbeitenden Städten“ lebe. Dort bringe man „heute den Deutschen viel Anteilnahme und Sympathie“ entgegen. Auch seien dies „die Träger des unwiderstehlichen amerikanischen common sense“. Auf der anderen Seite gebe es aber auch „den Deutschen entgegengerichtete Kräfte“. Dazu gehörten „besonders die Juden, auf die ich Brinckmanns wegen eingehe, damit er seinem Freunde James Warburg das einmal erzählt“. Gegen Deutschland eingestellt seien auch „die Franzosen, Polen, Tschechen und Engländer, wobei ich die englische Tätigkeit in die Form einer Bewunderung kleide“. Dann kam Friedrich auf „die schwierigste Frage“ zu sprechen, nämlich „die Unsicherheit, die über die deutsche Stellung zwischen Ost und West“ herrsche. Kein Zweifel, die Deutschen wurden von ihren westlichen Nachbarn scharf beobachtet. Deshalb plädierte Friedrich auch dafür, „daß wir uns eindeutig für den Westen erklären und darauf dringen, als Partner behandelt zu werden“.

Unter Bezugnahme auf die traditionelle Sympathie der Amerikaner für den *underdog* riet er des weiteren, die Deutschen sollten in dieser Stellung ruhig verharren, d. h. „nicht zu klagen, sondern zu klären, nicht sich zu rühmen, sondern sich zu behaupten“. Hier sah er eine weitere „besondere Aufgabe der deutschen Geschäftsleute und unter ihnen wieder der Hamburger“. Man müsse, „solange die offizielle Diplomatie arbeitsunfähig“ sei, „Eindrücke austauschen, Fäden zueinander knüpfen“ und gegenseitige Hilfe leisten. Damit konnte Friedrich gleich anschließend an seinen Beitrag beginnen, als sowohl der Hamburger CDU-Politiker Erik Blumenfeld als auch Brinckmann ihn ansprachen und für ihre bevorstehenden US-Reisen Rat und Einführungsschreiben erbaten. Auch für Erhard, dessen Amerika-Fahrt vorbereitet wurde, hatte er bereits einen Brief an seinen Bruder Carl Joachim geschrieben. Betrachtet man schließlich die verschiedenen Gelegenheiten, die Friedrich wahrnahm, um seine Ideen schriftlich in der Presse zu verbreiten, so wird man sagen können, dass die Wirkung seiner Reise nachhaltig war.

Erheblich langsamer ging es indessen mit den Verhandlungen mit Goodrich voran, die Friedrich in Akron begonnen hatte und durch die der Wiederaufbau und die Expansion der Phoenix auf eine festere technische und finanzielle Basis gestellt werden sollte. Am 25. Februar 1949 hatte er gleich nach seiner Rückkehr Schäfer und Fritz Koenecke, einst Vorstandsvorsitzender der Conti, der im Januar bei der Phoenix eingetreten war, „in großen Zügen" über die Reise berichtet. Koenecke sprach sich „auf den ersten Blick zunächst eindeutig für Goodrich" aus, während Schäfer zurückhaltender blieb. Ihn interessierte „mehr als alles andere die technische Entwicklung", selbst wenn auch in Amerika letztlich nur „mit Wasser gekocht" werde. Auf der anderen Seite waren sich alle drei Vorstände darüber im klaren, „daß wir ... in der Mechanisierung der Fertigung einen Abstand aufholen müssen". Allerdings müsse sich dies "nach unseren Absatzmengen und nach unserem Lohndruck richten". Auch war man sich einig, „daß sehr wesentlich die Verringerung unserer Einkaufspreise in Anpassung an die amerikanischen sein" werde und dass die Firma „dann vermutlich zu einer vollen Wettbewerbsfähigkeit kommen" werde. Es sollte „weiterer Prüfung vorbehalten" bleiben, „ob die technische Aufholung, die Nutzung von Einkaufsmöglichkeiten und der Anschluß an die großangelegte Industrieforschung in Amerika am besten durch einen Vertrag mit einer amerikanischen Gummifabrik zu erzielen" seien.

Anders als der vorsichtige Schäfer dürfte Friedrich sich darüber klar gewesen sein, dass es eigentlich keine Alternativen zu einer vertraglichen Bindung gab. Am 17. März 1949 berichtete ihm einer seiner Techniker von seinen „Ideen über ein dem amerikanischen sich langsam annäherndes PKW-Reifenprofil". Mit einem anderen Fachmann sprach er zwei Tage später über „die Fragen der *amerik. Gewebekonstruktionen*". Auch freute sich Friedrich, „daß das Material, das ich besorgt habe, uns ziemlich Klarheit über den Stand der Maschinentechnik in Amerika geliefert hat und daß wir nun mit mehr Ruhe an diese und jene Modernisierung herangehen können, die wirklich Wert für uns hat". Doch die Goodrich-Verhandlungen kamen nur langsam voran, und nachdem er am 1. April 1949 Schäfers Nachfolger geworden war, wurde Friedrich deshalb immer nervöser. Die wirtschaftliche Entwicklung in Westdeutschland gab zu Pessimismus Anlass. Er wollte die Phoenix krisenfester machen. Seine Ingenieure hielten inzwischen „einen Anschluß an eine amerik. Gummifabrik für außerordentlich wichtig". Ihre Gründe dafür wurden im Mai 1949 erneut mehr als deutlich.

Mehr denn je kamen die früheren „Fehler falscher maschineller Disposition" zum Vorschein, die Schäfers Konservatismus zuzuschreiben waren. Vor allem das Mischwalzwerk arbeitete unwirtschaftlich, weil der alte Herr zu sparsam gewesen war. Bei einem weiteren Rundgang am 31. Mai stellte Friedrich fest, dass im Schlauchsaal „irgendwelche technischen Neuerungen und Verbesserungen außer einer etwas günstigeren Anordnung nicht gemacht worden" waren. Mochte der Saal nach der Vollendung diverser Arbeiten trotzdem „in hervorragendem Zustand sein", so konnte dies von dem Technischen Walzwerk nicht gesagt werden. Es könnte, so notierte Friedrich sarkastisch in seinem Tagebuch, „wie es steht und liegt, ins Deutsche Museum in München überführt werden". Einer der Kalander war dem Vernehmen nach

„vor dem Jahre 1900“ angeschafft worden, und er arbeitete immer noch. Das im Kriege zerstörte Walzwerk war nur „ziemlich provisorisch wiederaufgebaut“ worden und machte „keinen guten Eindruck“. Kurzum, Friedrich hatte früher einmal geglaubt, er werde „bei Übernahme des Werkes in der glücklichen Lage des jungen König Friedrich von Preußen sein, als sein Vater Friedrich Wilhelm I. starb“. Das aber, so fügte er hinzu, habe sich als Irrtum erwiesen: „Die finanziellen Reserven der Phoenix sind von der Währungsreform vernichtet und sie hat keine bessere Ausgangsstellung als die übrigen“ Firmen. Weder „maschinell“ noch „personell“ hatte Schäfer also die günstigen „Voraussetzungen wie der Soldatenkönig für seinen Staat geschaffen“. Unter diesen Umständen hing von dem Ausgang der Amerika-Verhandlungen sehr viel ab. Am 7. Juni 1949 gab Friedrich Order, „alle fabrikatorischen Änderungen in der Reifenfabrik“ zurückzustellen, „bis die Zusammenarbeit mit einer amerikanischen Firma entschieden“ sei.

Nun, die Bemühungen, die Phoenix technisch und finanziell an einen großen US-Konzern anzuhängen, waren am Ende von Erfolg gekrönt. Allerdings nahmen die Dinge im Herbst 1949 schließlich insofern eine überraschende Wendung, als die Kooperation nicht mit Goodrich, sondern mit Firestone vereinbart wurde. Die Gründe für diese Wendung brauchen hier nicht im einzelnen ausgebreitet zu werden. Wichtiger sind die beiden allgemeinen Folgerungen, die sich aus dem hier vorgelegten Material ziehen lassen. Die erste betrifft die von Abelshauser u. a. angeschnittene Frage nach der Bedeutung der Marshall-Plan-Hilfe. Die Wirtschaftshistorie hat den Umfang und die Struktur der Hilfe inzwischen global errechnet, und man mag hiernach Hardach zustimmen, dass der Wiederaufbau durch die amerikanischen Mittel – positiv gewendet – beschleunigt worden ist. Mögen diese Mittel Westdeutschland auch mit Verzögerungen erreicht haben und quantitativ geringer ausgefallen sein als die an England oder Frankreich vergebenen, die Hoffnungen, die sie auslösten, wirkten in sich beschleunigend und sind daher keineswegs zu niedrig in die Rechnung einzustellen.

Das gilt für die westdeutsche Geschäftswelt, die – zumal nach dem katastrophalen Winter 1946/47, als die Produktion auch bei der Phoenix wegen des Mangels an Rohstoffen und Energie gestoppt werden musste – nach der Ankündigung des Marshall-Plans wieder optimistischer in die Zukunft blicken konnte. Es gilt aber auch für die amerikanische Industrie, die durch das Signal aus Washington ermuntert wurde, sich direkt zu engagieren. Gewiss waren die Anteile an den Sach- und Kapitalleistungen, die die westdeutsche Industrie bis zum Ende der Marshall-Plan-Periode 1952 aus den offiziellen Fonds erreichten, gering. Es wäre aber interessant zu wissen, wie viele andere Firmen es noch gab, die sich – kapitalschwach und modernisierungsbedürftig – wie die Phoenix um Kooperationen bemühten; woher z. B. die Conti die Mittel für ihre Modernisierung erhielt, oder was für eine Politik etwa General Motors damals mit Opel verfolgte, wo der amerikanische Auto-Gigant schon in den zwanziger Jahren eingestiegen war.

Weiterer Untersuchung bedarf ebenso ein integraler Teil des Marshall-Plan Programms, der sich nicht auf materielle Leistungen, sondern auf die Vermittlung von Studienreisen bezog. Der Münsteraner Soziologe Heinz Hartmann hat schon vor Jahren argumentiert, dass technologische Exporte nie in einem Vakuum erfolgen.[20] Was zugleich exportiert wird, sind die Arbeitsmethoden, Organisationsprinzipien und geschäftlichen Einstellungen, die mit den Technologien zusammen entwickelt worden sind und mit ihnen harmonieren. Wie Hartmann hinzufügte, stoßen diese industriekulturellen Exporte in den Empfangsländern auf eine einheimische Industriekultur, die ihnen u. U. Widerstand leistet und auf jeden Fall langfristig eine neue, eigenartige Mischung entstehen lässt.

Inzwischen kann es als gesichert gelten, dass konservative Elemente in der westdeutschen Unternehmerschaft – vor allem in der Ruhr-Schwerindustrie – gegen eine „Amerikanisierung" der bis 1945 über Jahrzehnte hinweg entstandenen deutschen Industrietradition opponiert haben. An dem langen Kampf um ein westdeutsches Antitrust-Gesetz lässt sich diese Opposition besonders gut ablesen.[21] Andere Branchen waren hingegen von vornherein weitaus offener für amerikanische Einflüsse als z. B. die Ruhr. Sie waren für die Inhalte und Methoden des wirtschaftlichen Umerziehungsprogramms der USA, wie es von Bissell formuliert worden war, empfänglich. Allerdings ist unser Wissen über diese Aspekte des deutsch-amerikanischen Verhältnisses erst in neuerer Zeit etwas konkreter geworden. Langsam beginnen wir die Bedeutung der Hoffmanschen Reise- und Trainingsprogramme zu erfassen. Langsam wendet man sich auch der Bedeutung der Privatreisen zu, wie etwa der von Ludwig Vaubel, dem zukünftigen Vorstandsvorsitzenden der Vereinigten Glanzstoff, der 1950 als erster deutscher Teilnehmer auf Firmenkosten den Advanced Management-Kursus an der Harvard Business School absolvierte.[22] Seine Erfahrungen in Amerika hinterließen bei ihm so tiefe Eindrücke, dass er mit der Überzeugung in die Bundesrepublik zurückkehrte, derartige Aus- und Fortbildungsmöglichkeiten auch zu Hause anzubieten. Er gründete den „Wuppertaler Kreis", später bekannter als „Deutsche Vereinigung zur Förderung der Weiterbildung von Führungskräften e. V.". Die Vereinigung unterstützte die Veröffentlichung einschlägiger Management-Literatur und war an der Gründung des „Universitätsseminars der Wirtschaft" beteiligt, das auf Schloss Gracht bei Erftstadt-Liblar regelmäßig Management-Kurse veranstaltete.

Die Fruchtbarkeit der Hartmannschen These über den Zusammenhang zwischen instrumentellen Exporten und solchen kultureller Art lässt sich auch am Falle der Phoenix und ihres Vorstandsvorsitzenden Friedrich erhärten. Denn Hand in Hand mit dem Import von amerikanischer Technologie und amerikanischem Know-how ging bei der Phoenix ein wachsendes Interesse an *Human Relations*. Schon vor der Übernahme des Vorstandsvorsitzes im April 1949 hatte Friedrich sich für betriebspolitische Experimente zugänglich gezeigt. Er war entschlossen, das Verhältnis zwischen Firmenleitung und Arbeiterschaft nach der Hitler-Diktatur auf eine neue Basis zu stellen. Je näher der Wachwechsel rückte, umso häufiger beschäftigte er sich mit konkreten Fragen der Arbeitsbeziehungen. Er stellte Paul Kura ein, um neben der Öffentlichkeitsarbeit für die Phoenix auch über die menschlichen Beziehungen im Betrieb nachzudenken. Später wurde Kura der Redakteur der *Phoenix-Rundschau,* der Firmenzeitschrift, die außer Informationen auch Friedrichs Führungskonzept verbreitete. Eine weitere Aufgabe Kuras war es, über Experimente bei anderen Firmen zu berichten. Der Betriebsratsvorsitzende Luden Peter half dabei mit. Letzterer erzählte Mitte September 1948 „ziemlich begeistert von einem Bericht über einen Betrieb in Württemberg, welcher dem Arbeiter eine Zeitvorgabe gebe und die gewonnene Zeit auszahle". Darüber hinaus setze sich „jeden Monat . . . eine Gruppe besonders intelligenter, aufrichtiger Leute zusammen, um über Fragen der Menschenführung zu sprechen und die Ergebnisse in den Abteilungen zusammenzutragen". Darüber „herrsche große Befriedigung".

Friedrich hörte sich auch selber um. So unterhielt er sich Mitte November 1948 „mit Koenecke über neuere Entwicklungen wie den Kampf der Manager in Amerika um die Mitarbeit der Arbeitnehmer gegen die Übermacht des Staates und die Politisierung der Arbeitnehmer". Kura wurde beauftragt, eine „Eingabe wegen Fords Arbeitsmethoden" zu machen, die Friedrich am 18. November mit ihm durchsprach. Er habe, so vermerkte er weiter, Kura „die anderen Unterlagen, die ich aus Amerika über Industriebeziehungen zum Arbeiter gesammelt habe, überlassen und vorgesehen, daß er mir einmal in der Reifenfabrik zu ähnlicher Arbeit die Ansätze, von denen er spricht, zeigt". Insgesamt müssten „die Dinge [zwar] noch etwas zurückgestellt werden", weil „die Zeit ... nicht reif" sei. Dennoch stehe er

„naturgemäß ... diesen Dingen mit großer Sympathie gegenüber, glaube allerdings, daß wir in Deutschland einen direkteren Weg gehen können als die Amerikaner, d. h. nicht den Umweg über die äußerste Mechanisierung, die den amerikanischen Arbeitern den materiellen Wohlstand gebracht hat, mit dem wir hier nicht rechnen können. Andererseits glaube ich, daß der deutsche Arbeiter produktiver sein wird als der amerikanische unter dem gleichen System, wie er auch niemals so in seiner Arbeit entseelt worden ist wie der amerikanische. Schließlich ist das gesellschaftliche Problem in Amerika ein anderes als hier. Die amerikanische Wirtschaft (Unternehmer und Arbeitnehmer) versuchen ihre Autonomie zu erhalten gegen eine Vergewaltigung durch den Staat und gegen eine Politisierung der sozialen Frage über eine Arbeiterpartei (Henry Wallace). Bei uns ist die soziale Frage leider ganz und gar politisiert worden, weil die Unternehmerschaft diese Dinge nicht erkannt und die Staatsführung immer das Bestreben gehabt hat, sich ihrer zu bemächtigen und sich dadurch eine politische Opposition in den Arbeiterparteien zu schaffen. Die Frage ist, ob wir hier die soziale Frage wieder entpolitisieren und entstaatlichen *können,* besonders im Hinblick auf das nahegelegene Rußland, wo die Politisierung zu einem gesellschaftlichen Umsturz radikalsten Ausmaßes geführt hat. Außerdem muß man sich klar machen, daß ein Vorgehen, wie es hier empfohlen wird, gründlichste Kleinarbeit und eine sehr intensive Anteilnahme des Vorstandes, mindestens in einer Person, erfordert. Diese Dinge habe ich mir zwar vorgenommen, aber sie werden sehr schwer zu verwirklichen sein. Das Mißtrauen ist auf der Unternehmerseite gegen die Arbeiter mindestens ebenso groß wie auf der Arbeiterseite gegen die Unternehmer und die Generationen spielen hierbei eine große Rolle (Schäfer/Peter, Friedrich/Kura)".[23]

Diese Bedenken, die auch auf die ganze Problematik der industriellen Beziehungen in Deutschland nach dem Ende des Dritten Reiches hinweisen, hinderten Friedrich freilich nicht daran, anderen Kollegen in der Reifenindustrie guten Rat und Hinweise auf Amerika zu geben. Als einer dieser Kollegen in einem Gespräch Anfang Dezember 1948 „großes Interesse an der Schaffung einer Verständigung mit der Arbeiterschaft" bekundete, versprach der Phoenix-Mann „ihm die Aufsätze über Henry Ford II und die amerikanischen Systeme der Mitunternehmerschaft der Arbeiter". Inzwischen drängte ihn sein Bruder Carl Joachim nachdrücklich, „die Business School von Harvard zu studieren". Die Phoenix, so riet er, solle „jährlich einen Stipendiaten dort hinschicken, da sie außerordentlich gut sei und aus ihr die besten Geschäftsleute in Amerika hervorgingen". Die Management-Ebene war in der Tat das andere Feld, auf dem er sich bemühte, amerikanische Ideen zu verbreiten.

Zu keinem Zeitpunkt ging es Friedrich indessen dabei um ein einfaches Kopieren des transatlantischen Modells, sondern um dessen Adaption an die speziellen westdeutschen Verhältnisse, um die Vermischung beider Industrietraditionen. Das galt in den fünfziger Jahren noch mehr als 1949, als er noch unter dem tiefen Eindruck seiner ersten Amerika-Reise stand. Beispielsweise berichtete ihm am 20. Januar 1954 sein Kollege Fritz Belling sehr positiv über eine Tagung in Heidelberg, an der er gerade teilgenommen hatte. Seine Erzählung war „voller Bewunderung für die amerikanische Personalführung", deren Vorteile damals auch sonst in der westdeutschen Unternehmerschaft diskutiert wurden. Friedrich empfahl Belling daraufhin, „das spezifisch Amerikanische (Perfektionierung) dem spezifisch Deutschen (Gründlichkeit und Schöpfung) gegenüberzustellen und für die deutsche Seite zu lernen, aber nicht amerikanisieren zu wollen". In die gleiche Richtung ging eine Notiz, die er sich im Jahr darauf über die Sitzung eines Handelskammer-Ausschusses machte: „Amerikanische Schulung in ‚Business Schools' [ein] interessantes, aber nicht ohne weiteres zu übernehmendes Vorbild". Nur wenige Wochen später hatte er auf der 70. Geburtstagsfeier von Jacob Herle, eines Veteranen des früheren Reichsverbandes der Deutschen Industrie, Gelegenheit, sich mit einem führenden Siemens-Mann über die amerikanischen Managementschulungszentren zu unterhalten. Dabei trat letzterer für eine „gute informatorische Fühlung mit [den] amerikanischen Business Schools" ein, hielt aber „ein kostspieliges Fälle-Verfahren und die ganze Arbeitsweise dieser Schulen nicht für übertragbar".

Friedrich zeigte sich in diesem Falle optimistischer und notierte später spitz in seinem Tagebuch: „Auch hier ein bißchen eitler Stolz, daß [die] deutsche Unternehmerschulung mit eigenen Methoden und nicht mit amerikanischen bewerkstelligt werden sollte." Er dagegen „habe *nie* etwas gegen die Übernahme fremder Erfahrungen" gehabt „die ja doch den hiesigen Verhältnissen angepaßt werden müssen". Angesichts seiner eigenen Erfahrungen in Amerika und seiner Experimente in der Phoenix waren solche Argumente sicherlich ehrlich gemeint. Ein wenig waren sie vielleicht aber auch durch das Wissen bestimmt, dass viele seiner Kollegen eine noch nationalistischere Haltung einnahmen als jener Siemens-Mann. Denn während Friedrich in Reden und auf Unternehmer-Seminaren die obige Linie vertrat, schickten viele Konservative ihre leitenden Angestellten auf Kurse an Reinhard Höhns Harzburger Führungsakademie, wo damals Management-Ideen vertreten wurden, die noch mehr der preußischen Militärtradition nachgebildet waren.[24]

Dieser Aufsatz ging einleitend von dem Eindruck aus, dass es im Zusammenhang mit der Rekonstruktion Westdeutschlands nach dem Zweiten Weltkrieg noch eine Reihe von Problemen gibt, die in der bisherigen Literatur so gut wie überhaupt nicht angesprochen werden. Sicherlich wird die wirtschaftshistorische Aufarbeitung des statistischen Materials weitergehen müssen. Doch nicht allein. Vielmehr scheint auch das Studium der Mentalitäten von Arbeitern und Unternehmern sowie die Beschäftigung mit dem, was ganz allgemein als die Industriekultur des Landes bezeichnet wurde, wichtige Einblicke in den Wiederaufbauprozess zu gestatten. War es doch ein Wiederaufbau, der zugleich auf einen *Umbau* der herkömmlichen Strukturen, Organisationen und Denkhaltungen abzielte. Wie sich die *qualitativen* Veränderungen im Einzelnen entwickelt haben, dafür bot das hier vorgelegte Material ein Beispiel. Zugleich eröffnet es die Gelegenheit, anhand der Erfahrungen anderer Firmen und Branchen in dieser Zeit zu eruieren, wie repräsentativ der Fall der Phoenix für die westdeutsche Industrie war. Bis zu diesem Test mag die hier vertretene These gelten, dass die Phoenix keineswegs einen Ausnahmefall darstellte. Die Tagebücher Otto A. Friedrichs spiegeln vielmehr eine Tendenz wider, die – mal stärker, mal schwächer – in der Rekonstruktionsphase auch für die übrige westdeutsche Industrie zu beobachten ist.

10. Fordismus und westdeutsche Industriekultur 1945–1989

A. Einleitung

Der folgende Beitrag beschäftigt sich mit der Entwicklung des machtvollen deutschen Industriesystems im 20. Jahrhundert – einem Jahrhundert, das heute oft als das „amerikanische“ bezeichnet wird, von dem der bekannte französische Soziologe Raymond Aron jedoch einmal bemerkte, dass es eigentlich das „deutsche“ hätte sein können.[1] Anders ausgedrückt und auf ein Grundthema dieses Bandes bezogen, verfolgt dieser Beitrag die Frage, wie das amerikanische Industriesystem über einen längeren Zeitraum hinweg und mit mancherlei Höhen und Tiefen in das deutsche hineinwirkte.

Allerdings ist dies keine Analyse, wie sie von einem guten Wirtschaftshistoriker vorgelegt werden würde. Das zeigt sich bereits daran, dass dieser Aufsatz keine Statistiken und keine Tabellen und Schaubilder enthält. Von Wachstumsraten, Produktionszahlen, Import- und Exportströmen wird hier nicht die Rede sein. Die folgende Untersuchung dreht sich vielmehr um weniger direkt greifbare Aspekte der deutschen Wirtschaft, nämlich um das, was man Industriekultur genannt hat.[2] Mich interessieren Einstellungen, Praktiken und Verhaltensweisen unternehmerischer Elitegruppen – allerdings nicht auf der Unternehmensebene, auf der die meisten Unternehmenshistoriker kulturelle Fragen untersuchen würden, sondern auch der Ebene ganzer Industriezweige und Nationen. Das Studium einer bestimmten „company culture“ stellt ein nützliches Komplement zu dem hier verfolgten Ansatz dar; doch kann es die Probleme eines umfassenderen industriellen Milieus angesichts des begrenzteren Horizonts nur unscharf erfassen. Hierfür müssen wir uns auf einflussreiche Verbände, die in Deutschland vor und nach 1945 immer auch sogenannte Führungsverbände waren, sowie auf deren Sprecher und andere von ihren Kollegen anerkannte prominente Unternehmer, konzentrieren.

Des Weiteren lädt die Analyse einer nationalen Industriekultur zu internationalen Vergleichen ein. Diese können gewissermaßen horizontal angestellt werden mit dem Ziel, die Unterschiede und die Ähnlichkeiten zwischen – zum Beispiel – den deutschen und den französischen Industrietraditionen und Verhaltensmustern herauszuarbeiten. Darüber hinaus gibt es noch einen weiteren Ansatz, der hier verfolgt werden soll und insofern eine weitere Eigenart dieses Aufsatzes bedeutet: Nationale Vergleiche lassen sich auch im Hinblick auf die Frage anstellen, wie weit und in welcher Art und Weise ein bestimmtes Industriesystem auf ein anderes einwirkte. Derartige Vergleiche sind gewiss in der quantitativ orientierten Wirtschaftsgeschichte häufig zumindest implizit. So arbeiteten viele, die sich nach 1945 dem Studium der Industrialisierung in Zentraleuropa zuwandten, gewöhnlich mit Begriffen von „relativer Rückständigkeit" und einem „latecoming" gegenüber Großbritannien, der „ersten Industrienation".[3] In diesem Zusammenhang wurden dann die Wachstumsentwicklung sowie die zweifellos eindrucksvollen Statistiken des deutschen Industrialisierungsprozesses vor und nach der Gründung des Bismarckreichs aufgeführt, die Deutschland innerhalb einer Generation in die ersten Ränge der Industriemächte katapultierten.

Indessen ist dies – wie schon angedeutet – keine quantifizierende Studie über die deutsche Industrie, sondern eine, die sich mit den kulturellen Aspekten ihrer Entwicklung beschäftigt. Sie verfolgt den zweiten, weiter oben umschriebenen Ansatz und geht der Frage nach, ob und wie weit die eine Industriekultur die andere durchdrungen hat. Insbesondere soll eruiert werden, welche Rolle die amerikanische Geschäftswelt dabei gespielt hat. Was unter diesem Blickwinkel natürlich als erstes ins Auge springt, sind die technischen Importe aus den Vereinigten Staaten. Hierbei gilt es, sich einer Argumentation des Soziologen Heinz Hartmann zu erinnern. Er wies schon vor langem einmal darauf hin, dass derartige Exporte niemals ganz unvermittelt nach Deutschland gelangten. Wer – so Hartmanns ernst zu nehmende These – ausländische Technologien importiert, führt zugleich auch immer die damit verbundenen Ideen zur Werksorganisation und zum Management der vorhandenen menschlichen und materiellen Ressourcen ein. So war denn Amerika im 20. Jahrhundert – ähnlich wie England im 19. – nicht nur ein Exporteur von Technologien; die Frage nach amerikanischen Einflüssen in der deutschen Industrie schließt ebenso die Mentalitäten und Praktiken von Industrieeliten und dem Durchschnittsarbeiter sogar jenseits der Arbeitsstätte ein.[4] Denn mit dem Aufstieg der USA in die vordersten Ränge der Industrienationen stellte sich auch für Deutschland das Problem, wie viel und was von der amerikanischen Art und Weise, Unternehmen zu führen und Geschäfte zu machen, übernommen und an die deutschen Verhältnisse angepasst werden sollte, und zwar auf allen Ebenen der Wirtschaftstätigkeit.

Mit diesen Fragen der Adoption und Adaption amerikanischen Ideenguts wurde die deutsche Industrie nach dem Zweiten Weltkrieg mehr denn je konfrontiert. In diesen Jahren hatten die USA als Sieger-, Besatzungs- und westliche Hegemonialmacht ein Interesse daran, die Mentalität der Deutschen nicht nur subtil, sondern sehr direkt zu beeinflussen. Ja, sie machten sich aktiv daran, das gesamte Industriesystem umzubauen – ein System, das in ihren Augen durch die Politik des Dritten Reichs stark kompromittiert worden war. In der historischen Literatur wird diese Periode gewöhnlich als die Wiederaufbauzeit bezeichnet. Aber „Wiederaufbau" im buchstäblichen Sinne erfasst die Nachkriegsentwicklungen nicht allzu genau. Denn dieser Begriff beschwört Bilder von zerstörten Gebäuden und Strukturen herauf, die – durch die „deutsche Katastrophe" schwer beschädigt – nun so wiedererrichtet wurden, wie sie zuvor bestanden hatten.

Der Begriff des „Umbaus" deutet dagegen an, dass die Bausteine zwar nicht zur Errichtung eines völlig anderen Gebäudes benutzt wurden, aber dennoch anders aufeinandergesetzt wurden als zuvor. In der Debatte um „Restauration oder Revolution?", die die Politökonomen in den sechziger Jahren so erhitzt führten, lässt diese Perspektive daher eine mittlere Position erkennen.[5] Damals behaupteten einige von ihnen, dass gerade infolge der Intervention der Amerikaner eine fundamentale Umstrukturierung der deutschen Wirtschaft verhindert worden sei und dass die alten Prinzipien und Praktiken damit hätten restauriert werden können. Ein jüngeres Echo dieser Debatten findet sich in Carolyn Eisenbergs Studie über die amerikanische Besatzungspolitik im umfassenderen Sinne. Es findet sich auch in Henry Wends neuer Studie über den Wiederaufbau der westdeutschen Werftindustrie.[6] Die Erfahrungen jenes Industriezweiges verallgemeinernd, kam Wend zu dem Schluss, dass die amerikanische Deutschlandpolitik, „anstatt sie von ihren Verbindungen mit der Vergangenheit abzuschneiden, diese Industrien in Wirklichkeit auf eine Entwicklungsschiene gesetzt habe, die mehr dem traditionellen Weg der deutschen Wirtschaft" entsprochen habe.[7] An anderer Stelle schreibt er, die „Durchführung der amerikanischen Politik" habe mitgeholfen, „deutsche Muster von Industrieorganisation entlang zuvor bestehender Linien zu rekonstruieren". Er fügte – freilich reichlich vage – hinzu, es seien „allerdings mehr demokratische Linien" gewesen.[8]

Die in diesem Artikel verfolgte Argumentationsführung räumt ein, dass die westdeutsche Wirtschaft nach dem Zweiten Weltkrieg zwar grundsätzlich kapitalistisch organisiert blieb und gewiss nicht in eine sozialistische verwandelt wurde, wie es viele seinerzeit noch erwarteten und sogar öffentlich befürworteten. Dennoch wurden die Bausteine dieses kapitalistischen Gebäudes umgeschichtet und mit den Konzeptionen in Übereinstimmung gebracht, die die amerikanische hegemoniale Besatzungsmacht im Auge hatte und die sie als Kompromiss am Ende mit den Franzosen und Engländern als Mitbesatzern einerseits und den deutschen Unternehmern andererseits aushandelte.

Was bei der Analyse der amerikanischen Politik aber im Auge behalten werden muss, ist, dass es den USA nicht nur um den Umbau von Industrieorganisationen und -strukturen ging. Vielmehr erkannte Washington von Anfang an, dass eine Politik, die nur die Wirtschaftsverfassung veränderte, ohne zugleich die Mentalitäten und Haltungen der westdeutschen Industrieeliten zu beeinflussen, leicht zu einem Fehlschlag werden könne.

B. Unterschiede amerikanischer und deutscher Industrieorganisation im 20. Jahrhundert

Was gerade diesen letzteren Aspekt der amerikanischen Industriepolitik gegenüber Westdeutschland so bemerkenswert macht, ist die Tatsache, dass der Gedanke, nicht nur die Strukturen und Organisationen, sondern auch das weniger direkt greifbare Milieu in den späten vierziger Jahren zu verändern, nicht zum ersten Male auftauchte. Vielmehr bietet im Hinblick auf diesen letzteren Aspekt die Jahrhundertwende einen besseren Anfangspunkt, wenn man sich für die Entwicklung des deutsch-amerikanischen Geschäftsverhältnisses interessiert. War es doch zur Zeit der Pariser Weltausstellung von 1900, dass die Vereinigten Staaten zum ersten Male deutlich im Visier der Europäer als ernst zu nehmende Industriemacht erschienen, mit der man im neuen Jahrhundert als Konkurrent und Partner würde rechnen müssen.

Damals waren es vor allem die neuen Technologien, welche im amerikanischen Pavillon gezeigt wurden, die viel Aufmerksamkeit auf sich zogen. Bald danach schon konnte man Unternehmer und Ingenieure aus Europa als Touristen jenseits des Atlantiks entdecken, wobei sie nicht nur neue Stahlproduktionsmethoden in Pennsylvanien oder Fabrikrationalisierungen in Michigan studierten, sondern auch die Ideen, die Frederick Taylor und die „Scientific Management"-Bewegung propagierten.[9] So begannen schon vor 1914 eine Reihe von Unternehmen in Europa mit dem Taylorismus zu experimentieren, darunter auch die Stuttgarter Elektrofirma von Robert Bosch und der französische Autohersteller Renault.[10]

Gerade auch im Hinblick auf unsere nachfolgende Analyse des deutsch-amerikanischen Verhältnisses der Zeit nach 1945 müssen wir aber auch gleich eingangs vermerken, dass die Begeisterung über das, was man in Amerika sah und über Taylorismus hörte, keineswegs einhellig war. Außer Zustimmung gab es auch viel Skepsis und gar Widerstand gegen den Gedanken, durch Rationalisierung die Produktivität zu erhöhen. Bald sprach man von dem berüchtigten „Bosch-Tempo", wogegen der Widerstand der mächtigen Metallarbeiter-Gewerkschaft bis 1913 so stark geworden war, dass Bosch sich mit einem schmerzlichen Streik konfrontiert sah. Doch gab es auch die Opposition gegen eine „Amerikanisierung" dieser Art unter den Unternehmern, unter ihnen Daimler-Benz. Sie glaubten, dass die Importe aus Amerika für die Prinzipien und Bedingungen der deutschen Wirtschaft nicht geeignet seien. Boschs Ärger mit den Metallarbeitern rief unter seinen Kollegen daher zum Teil eine gewisse Schadenfreude hervor. Derartige Folgen hatte man ihm ja immer schon vorausgesagt.[11]

Dieses Muster von Begeisterung auf Seiten einiger Unternehmer und Widerstand auf Seiten anderer setzte sich nach dem Ersten Weltkrieg fort. Damals kam es zu erneuten Studienreisen deutscher Geschäftsleute, Ingenieure und diesmal sogar auch Gewerkschaftlern in die Industriezentren von Pennsylvanien, Ohio, New York und Michigan. Wenn möglich, schloss man einen Besuch bei Henry Ford und seiner Fabrik in River Rouge mit ihren kilometerlangen Fließbändern ein. Oder man sah sich andere rationalisierte Anlagen in Pittsburgh oder Akron an.

Diese Besucher schrieben viele Berichte, die Mary Nolan in ihrer wichtigen Studie „Visions of Modernity" ausgewertet hat und die regelmäßig die Frage anschnitten nach der – wie Wichard von Moellendorff es formulierte – „Übertragbarkeit" amerikanischer Ideen und Praktiken auf die deutsche Industrie.[12]

Es ist wichtig, dabei im Auge zu behalten, dass sich die meisten dieser Ideen auf die Produktion und das Firmenmanagement bezogen. Da aber viele Unternehmen – voran die Ruhrschwerindustrie – weiterhin den patriarchalischen Traditionen des 19. Jahrhunderts verhaftet blieben und auch nach 1918 noch gegenüber den Modernisierern im „Siemens-Lager" über genügend Macht und Einfluss nach innen und außen verfügten, kam es nur zur Einführung bestimmter Elemente des Fordismus, wie jetzt das amerikanische Modell weithin definiert wurde.[13] Die Ruhrunternehmer fanden zwar die Rationalisierung ihrer Produktion attraktiv; doch sie weigerten sich, die andere Hälfte der Vision zu unterschreiben, die Henry Ford in seinem auch in Deutschland damals zum Bestseller gewordenen Buch entwickelt hatte.[14] Massenproduktion – wie sie der Vater des „Model T"-Automobils verkündete – war für ihn jedenfalls undenkbar, wenn sie nicht zugleich zu Preissenkungen führte. Das heißt, Ford wollte die Rationalisierungsgewinne teilweise an die Konsumenten weitergeben. Seiner Ansicht nach hatte Rationalisierung nur dann einen Sinn, wenn die neuen Produkte auch für eine wachsende Zahl von Konsumenten erschwinglich wurden.

Inzwischen blieben die konservativen und antidemokratisch orientierten deutschen Unternehmer den traditionellen Strukturen von Marktorganisation, den Kartellen und Syndikaten, verhaftet, die – wie gleich zu zeigen sein wird – Preissenkungen schwierig machten. Diese Unternehmen waren in dieses System so hineingewachsen, dass sie sich kein besseres vorstellen konnten. Der liberale Ökonom Moritz Bonn erfasste den Unterschied zwischen der amerikanischen Einstellung zu Massenproduktion und Massenkonsum und der deutschen sehr treffend, als er 1930 schrieb:

„Die Bedeutung eines Ford liegt nicht im ‚laufenden Band' und in gut ersonnener Arbeitsteilung, in der die großen deutschen Kinder, die Amerika zum ersten Mal besuchen, den Sinn des amerikanischen Lebens erblicken. Sie liegt in der nüchternen, durch die Phrase ‚sozialer Dienst' dem Gemüte näher gebrachten, dem Verstande dadurch aber etwas entrückten Tatsache, daß amerikanische Unternehmer vom Typus Fords wissen, daß die Massen die Anhäufung großer Kapitalien in wenigen Händen nur dann dulden werden, wenn sie selbst einen entsprechenden Vorteil davon haben. In einem reichen Lande wie Amerika läßt man den Unternehmer so viel verdienen, wie er nur will, vorausgesetzt, daß diejenigen, an denen er verdient, und diejenigen durch die er verdient, dabei auf ihre Kosten kommen.... Der autoritär gerichtete deutsche Kapitalismus, insbesondere die schwere Industrie, hat nie mitverdienen lassen wollen. Er hat, meist von technisch durchaus richtigen Organisationsideen besessen, die Ausscheidung aller technisch entbehrlichen Zwischenglieder zu erreichen gesucht und damit nicht nur die Reihe der Verdienenwollenden gelichtet, sondern auch die Zahl derer vermindert, die innerlich an seinem Fortbestand ein wohlwollendes Interesse nahmen."[15]

Im Jahre 1929 brach sodann die Große Depression über die Weltwirtschaft herein, die auch den Traum von einer prosperierenden Massenproduktions- und Massenkonsumgesellschaft zerstörte. Auf beiden Seiten des Atlantiks kämpften Millionen von Arbeitslosen um das tägliche Überleben. Nachdem sich die deutsche Wirtschaft Mitte der dreißiger Jahre zu erholen begann, waren es allerdings nicht die Patriarchen der Industrie, sondern Adolf Hitler, der Außenseiter wie Ferdinand Porsche förderte. Der „Führer" kehrte mit seiner Utopie einer rassischen Volksgemeinschaft von loyalen Nazis und zufriedenen Volksgenossen zu der Idee einer Massenkonsumgesellschaft zurück. In diesem Sinne jedenfalls wird man den „Volkswagen" als ein genuin fordistisches Produkt ansehen dürfen, selbst wenn er nur exklusiv für die „arischen" Mitglieder des zukünftigen Großdeutschlands reserviert war, während den „Nichtariern" am Ende gar das Recht zu leben verweigert wurde.[16]

Jenseits dieser Pläne von Hitler und Porsche hatte sich die deutsche Industrie inzwischen in eine Wirtschaft verwandelt, die sich vom amerikanischen Kapitalismus erheblich unterschied. Je mehr sich die nationalsozialistische Diktatur festigte, desto totaler wurde die Kartellisierung. Nicht zuletzt, weil der Staat mit seinen riesigen Rüstungsaufträgen der wichtigste Kunde großer Teile der Industrie wurde, verschwanden der freie Markt und der kapitalistische Wettbewerb in Schlüsselbranchen. Preise waren weitgehend festgelegt und zunehmend staatlich reguliert. Die Höhe der Produktion hing von den Rohstoffzuteilungen ab, die auf die militärischen Prioritäten der Wehrmacht zugeschnitten waren. Der Arbeitsmarkt war in ähnlicher Weise reglementiert. Gewerkschaften waren verboten; ihre Führer verschwanden in den Konzentrationslagern oder wurden ins Exil getrieben. Die nationalsozialistische Arbeitsfront ließ freie Tarifverhandlungen nicht zu. Soweit es den internationalen Handel betraf, drängte Deutschland unter dem Druck der Nazis zunehmend in Richtung auf Autarkie und die gewaltsame Eroberung eines „großraumwirtschaftlichen" Imperiums.[17] Rassistischer „Lebensraum" und ökonomischer „Großraum" waren komplementär.

Der sehr merkwürdige Kapitalismus der damals unter Hitler entstand, ist u. a. in Kap. 4 bereits beschrieben worden. Während westliche Geschäftsleute und Politiker die Evolution dieses deutschen Kapitalismus und des Hitler-Regimes damals mit wachsender Sorge und Befremdung beobachteten, setzten sie dem brutalen Wirtschaftsnationalismus der Deutschen die Idee einer Restauration eines multilateralen Welthandelssystems und der Offenen

Tür entgegen.[18] US-Außenminister Cordell Hull vertrat immer nachdrücklicher einen wiederherzustellenden Multilateralismus, während er Hitlers Ostexpansion scharf beobachtete und auch mit ansehen musste, wie sich Mussolini an die Eroberung von Teilen Nord- und Ostafrikas machte und die Japaner – wiederum mit Waffengewalt – auf dem chinesischen Festland expandierten und von einer „Groß-Ostasiatischen Ko-Prosperitäts-Sphäre" träumten. Der Ausbruch des Zweiten Weltkriegs und Amerikas Kriegseintritt im Dezember 1941 verhinderten, zumindest für den Augenblick, dass Hull seinen Internationalismus in die Praxis umsetzen konnte. Doch rückte das Jahr 1941/42 die Unterschiede zwischen den deutschen (und japanischen) Prinzipien einer modernen Industriewirtschaft sowie ihrer Außenbeziehungen einerseits und denen der Amerikaner andererseits scharf ins Rampenlicht. Angesichts des damaligen Kontrasts ist das Jahr 1941 (und nicht das Jahr 1900) gelegentlich zum Anfangspunkt einer historischen Analyse der deutsch-amerikanischen Wirtschaftsbeziehungen im 20. Jahrhundert gemacht worden.

Tatsächlich bedeutete 1941 einen entscheidenden Bruch. In der Vorstellung der Amerikaner, die jetzt zunehmend Konturen annahm, bedurften nicht nur die deutschen Arbeitsbeziehungen eines grundsätzlichen Umbaus, sondern die Industrie insgesamt. Und da diese Industrieorganisation mit ihren Kartellen und diktatorischen Praktiken jetzt auch noch als eine der tieferen Ursachen für den Ausbruch des Weltkriegs angesehen wurde, war man in Washington nicht mehr – wie nach dem Ersten Weltkrieg – bereit, eine passive Rolle zu spielen und lediglich darauf zu hoffen, dass die Magnetkraft des Fordismus und einer liberalkapitalistischen Konsumgesellschaft die Deutschen und ihre Unternehmer auf die lange Sicht von Autarkie und Imperialismus abbringen und zu friedlichen Partnern in der Weltwirtschaft machen würde. Sobald dieser zweite Krieg vorüber war, waren die siegreichen Amerikaner entschlossen, das deutsche Industriesystem nicht nur wieder auf-, sondern auch umzubauen, egal wie stark die Opposition der Wirtschaftseliten auch sein mochte. Wie der britische Historiker Callum Macdonald es rückblickend formulierte, sahen die USA den Nationalsozialismus „als ein rücksichtsloses, expansionistisches, autarkes System an. Es war abgestützt durch die deutschen Industriekartelle, die den Aufstieg der Nazi-Partei finanziert hatten. Der Faschismus konnte als politisches System nicht ohne eine wirtschaftliche Basis existieren, die zugleich abgeschlossen und expansionistisch war. Washington bekämpfte Nazi-Deutschland, weil die amerikanische Demokratie – definiert als ein pluralistisches politisches System, das auf freiem ökonomischen Wettbewerb nach innen und außen beruhte – durch den Expansionismus des geschlossenen Wirtschaftssystems der Nazis bedroht war."[19]

Dies bedeutete nicht nur, dass demokratische Institutionen, freie Gewerkschaften und Tarifverhandlungen wieder zugelassen werden würden. Vielmehr beinhaltete diese Position auch, dass alle Vorstellungen von Autarkie abgeschafft wurden und dass Deutschland, das Hitler aus der Weltwirtschaft herausnehmen wollte, wieder auf den Weltmarkt zurückkehren würde. Es beinhaltete auch, dass Washington als Voraussetzung für diese Rückkehr auf der Zerstörung der alten Kartelle und Syndikate und der Durchsetzung des marktwirtschaftlichen Wettbewerbs bestehen würde. Die traditionellen deutschen Praktiken der Preis- und Quotenabsprachen sowie alle anderen restriktiven Vereinbarungen zwischen unabhängigen Firmen sollten ein für allemal verschwinden. Als Vorbild für diese Wettbewerbssicherung diente ihnen das amerikanische Antitrust-Recht, das bei aller Komplexität die Bildung von Kartellen oder anderen Formen des Marktmonopols kriminalisiert und verboten hatte.

C. Der Umbau des westdeutschen Industriesystems nach 1945

Das Jahr 1945 brachte somit einen wichtigen Wandel in der Methodik, mit der die Vereinigten Staaten ihre Beziehungen zu Deutschland und seiner Industrie gestalteten. Bis dahin und vor allem in den zwanziger Jahren hatte der amerikanische Einfluss mehr indirekt nach Deutschland hineingewirkt und darin bestanden, Ideen und Praktiken für eine Verbesserung von Produktion und Konsum anzubieten. Mit anderen Worten, der Einfluss war mehr kulturell, wobei die USA als Modell dienten, das von einigen Branchen gern übernommen, von anderen aber heftig abgelehnt wurde. Wie Moritz Bonn es schon in der Zwischenkriegszeit so scharf beobachtet hatte, traf der Fordismus als ein System für die Förderung von Massenproduktion, aber auch von Massenkonsum auf Widerstand und Missverständnisse. Doch damals hatten die Amerikaner nicht versucht, ihre Ideen von moderner Industrieorganisation den deutschen Unternehmern zu oktroyieren. Während der isolationistischen zwanziger Jahre war zudem die Regierung in Washington nicht bereit, die Einführung fordistischer Prinzipien in Deutschland nachdrücklich mit eigenen Mitteln voranzutreiben.

All dies wandelte sich nach 1945, als die amerikanische Regierung als Siegermacht mit ausgedehnten Machtbefugnissen in Zentraleuropa erschien und die Zukunft des besiegten Deutschland nun direkt mit gestaltete. Diesmal bestand der deutliche politische Wille, in die deutsche Gesellschaft, Politik und Wirtschaft hineinzuwirken. Aus den Diskussionen in Washington während des Krieges rührte der allgemeine Eindruck, dass – wie Callum Macdonald es formuliert hat – das von den Nazis geschaffene und für den Aggressionskrieg verantwortliche politische Regime direkt mit dem Wirtschaftssystem des Landes verbunden war. Daraus entstand die Entscheidung, einen so weitreichenden Wandel herbeizuführen, dass die Deutschen nicht noch einmal zu einer gewaltsamen Eroberung Europas oder gar der Welt würden schreiten können, und ihr Land vielmehr als ein friedliches Mitglied in die Völkergemeinschaft reintegriert werden konnte.

In den letzten Jahrzehnten sind zu diesem Thema zahlreiche Studien veröffentlicht worden, die diese Frage des Umbaus und der Wiedereingliederung aus der Perspektive der Politik betrachtet haben.[20] Dabei lassen sich zwei unterschiedliche Ansätze erkennen: strukturell-institutionelle und kulturell-ideologische. Untersuchungen auf der ersten Ebene zeigen, wie die Amerikaner in oft schwieriger Zusammenarbeit mit den Briten und Franzosen begannen, die politischen und administrativen Strukturen der westlichen Besatzungszonen umzuwandeln. Dieser Prozess fand zunächst auf der lokalen und regionalen Ebene statt und gipfelte schließlich in der Entscheidung, den Westdeutschen den Entwurf zu einem Grundgesetz zu ermöglichen und einen Staat zu errichten, der angesichts des eskalierenden Kalten Krieges und der zunehmenden Konfrontation mit dem Sowjetblock im Osten am Eisernen Vorhang endete. John F. Golay war einer der ersten, die die Schaffung des Grundgesetzes der Bundesrepublik analysiert haben. Er und andere untersuchten auch, wie der US-Militärgouverneur und sein Berater in Verfassungsangelegenheiten, der Harvard-Politologe Carl Joachim Friedrich, dieses Grundgesetz mitgeformt haben.[21] Damit hatten die Westdeutschen ab 1949 in Form einer parlamentarisch-demokratischen Republik ihr eigenes institutionelles Gebäude, in dem sie hinfort ihr innenpolitisches Schicksal gestalten konnten. Als Föderation konzipiert, wurde das Grundgesetz ergänzt durch die Länderverfassungen, die die Westalliierten in den Jahren vor 1949 gebilligt hatten. Sie sorgten auch dafür, dass das Verwaltungssystem bis hinunter zur Ortsebene reformiert wurde.

Dieser strukturell-institutionelle Wandel wurde begleitet von einem Programm, mit dem die politische Kultur und die Mentalitäten der Westdeutschen transformiert werden sollten. Erst dadurch, so glaubte man, werde es gelingen, das Grundgesetz mit Leben zu erfüllen und es in der politischen Praxis zu verwirklichen. Diese Bemühungen und speziell der amerikanische Beitrag dazu sind inzwischen ebenfalls von Historikern und Sozialwissenschaftlern aufgearbeitet worden. So gibt es zahllose Artikel und Bücher, die das alliierte Programm der Entnazifizierung und der daran angeschlossenen Umerziehung zum Gegenstand haben.[22] Ziel war hierbei, die als autoritär und antidemokratisch verstandenen Züge der politischen Kultur und des „German mind" zurückzudrängen und durch parlamentarisch-demokratische Einstellungen zu ersetzen, wie sie in Westeuropa und Amerika bestanden und durch eine liberale politische Tradition abgestützt waren. Vor allem die Amerikaner sahen das strukturell-institutionelle und das kulturell-ideologische dabei als zwei Seiten einer Medaille. Das Grundgesetz, so meinte man, konnte nicht ohne eine demokratische politische Kultur bestehen, ebenso wie ohne eine liberal-parlamentarische Verfassung die alten Einstellungen und Denkhaltungen nicht erfolgreich umgestülpt werden konnten.

Was bei diesen Forschungen weitgehend ausgeblendet blieb und worüber wir daher noch immer nur wenig informiert sind, ist, dass die Ideen eines Wandels sowohl der Institutionen als auch der politischen Kultur im Bereich der Wirtschaft eine exakte Parallele besaßen. Ein Grund für dieses relative Unwissen dürfte in der Entwicklung zu suchen sein, die die Wirtschaftsgeschichte in der Bundesrepublik nach 1945 nahm. Während die meisten Wirtschaftshistoriker sich dem erfreulicheren Thema des Prozesses der deutschen Industrialisierung im 19. Jahrhundert zuwandten, kam es denen, die die wirtschaftliche Entwicklung nach 1945 erforschten, verständlicherweise als erstes darauf an, eine feste quantitative Grundlage des westdeutschen Wiederaufbaus zu erstellen. So sammelten sie viele wertvolle Statistiken, etwa zur Frage der westdeutschen Leistungskraft nach der Erfahrung alliierter Bombardierungen während des Krieges und der Demontagen in den Jahren danach. Sie betrachteten Wachstumsraten und Rückschläge, nicht zuletzt auch auf dem Gebiet des Verkehrswesens. Sie erhitzten sich darüber, ob die Marshallplan-Hilfe von ihrem Umfang her groß genug war, um für den Wiederaufbau einen Unterschied gemacht zu haben, oder ob sich die Westdeutschen aus eigener Kraft ins Erhardsche „Wirtschaftswunder“ gehievt hatten. Sie diskutierten die technischen Details der Währungsreform von 1948 und die Probleme des sogenannten „dollar gap“.[23]

So wichtig diese Forschungen auch waren, um eine quantitative Basis für weitere Untersuchungen zu schaffen, die Wirtschaftshistorie war lange Zeit an den Fragestellungen, die diesem Beitrag zugrunde liegen, nicht sonderlich interessiert. Sie erkannte nicht, dass – zumindest in der Vorstellungswelt der Amerikaner – politische Demokratie und das, was diese als „ökonomische Demokratie“ bezeichneten, untrennbar war, und wie weit unter einflussreichen Politikern, Geschäftsleuten und anderen Experten die Auffassung herrschte, dass das eine nicht ohne das andere florieren konnte. Um Thurmond Arnold, den einflussreichen Ökonomen an der Yale University, zu zitieren, der in den dreißiger Jahren die Antitrust-Abteilung im Washingtoner Justizministerium leitete: Eine „lebendige industrielle Demokratie“ sei eine „Demokratie, die mit voller Industriekapazität arbeiten konnte, weil sie die Waren an die eigene Bevölkerung verteilen konnte, anstatt sie in riesigen Überschüssen aufzutürmen, da die Preise nicht [mehr] der Kaufkraft entsprachen “.[24]

Nicht weniger bedeutsam war für Arnold die Überzeugung, dass dort, wo Produzentenmacht im Markt einer Monopolstellung gleichkam, auch die freien Mechanismen dieses Marktes zerstört wurden. Dies wiederum drohte auch die politische Demokratie zu unterminieren. Mit anderen Worten, in der amerikanischen Tradition galt, dass ebenso wie die wettbewerbsorientierte politische Demokratie der „checks and balances“ bedurfte, auch die „industrielle Demokratie“ Gegengewichte haben musste, die durch Wettbewerb im freien Markt entstanden. Monopolmacht, ob in Politik oder Wirtschaft, musste durch die die Rahmenbedingungen setzende Verfassung verhindert werden. Denn eine pluralistische Gesellschaft war nicht lediglich durch eine zentralistische und autoritäre Regierung gefährdet, sondern auch durch die hochkonzentrierte Macht großer Privatunternehmen.

Wenn wir diese Verbindungen, die die Amerikaner seit dem 19. Jahrhundert zwischen der politischen und der Wirtschaftsverfassung gezogen hatten, in die Zeit nach 1945 verlängern, befinden wir uns bereits mitten in unserer Analyse des ideologisch-kulturellen sowie des strukturell-institutionellen Wandels, den die Vereinigten Staaten als die westliche Hegemonialmacht im Ost-West-Konflikt in Westdeutschland durchzusetzen entschlossen waren – und zwar sowohl im Bereich der Wirtschaft als auch dem der Politik. Im Zentrum des wirtschaftlichen Wandels stand die Idee der Schaffung einer liberal-kapitalistischen Wettbewerbsgesellschaft und der Offenen Tür im wiedererstehenden Welthandel. Das hieß, dass Kartelle und Syndikate und mit ihnen das gesamte alte deutsche System einer wettbewerbsfeindlichen und protektionistischen Organisation des Marktes, wie es seit dem späten 19. Jahrhundert entstanden und unter Hitler bis zur Totalkartellisierung ausgebaut worden war, abgeschafft werden sollte. Quasi-Monopole, die im IG Farben-Chemiekonzern oder in den Vereinigten Stahlwerken entstanden waren, sollten in kleinere Einheiten aufgebrochen werden, die dann untereinander im Wettbewerb standen.[25]

Allerdings ist es wichtig zu betonen, dass die Dekartellisierung (das heißt das Ende horizontaler Absprachen zwischen unabhängigen Unternehmen) und Entflechtung (das heißt Auflösung von Monopolstellungen wie die von IG Farben in der Chemie) nicht so weit vorangetrieben werden sollten, dass eine große Anzahl von kleinen und mittleren Unternehmen entstand. Vielmehr war der Plan, nach amerikanischem Vorbild ein oligopolistisches System zu fördern. Ein solches System würde es kleineren Unternehmen erlauben, erfolgreich weiterzuarbeiten, sofern sie effizient blieben, während eine immer noch relativ große Anzahl von Großunternehmen zugleich als Motoren des Wachstums dienten – und zwar nicht nur Westdeutschlands, sondern der westeuropäischen Industrie insgesamt. In der Erkenntnis, dass Westdeutschland und dessen industrielles Herz, die Ruhr, auch in der Zukunft das ökonomische Kraftzentrum Europas sein würden, drängten die Amerikaner die Westdeutschen, eine wettbewerbsfreundliche Wirtschaftsverfassung ohne Kartelle und Syndikate zu schaffen. Zugleich aber wollten sie Unternehmen bauen, die aufgrund ihrer stärkeren Kapitalmacht und ihrer umfangreicheren, nach fordistischen Prinzipien organisierten Produktionsstätten ein schnelles Wachstum anregen und die Zerstörungen des Weltkriegs überwinden würden. Von dorther würden dann auch die entscheidenden Impulse für den Wandel zu einer Massenkonsumgesellschaft in ganz Westeuropa kommen, wie sie in den USA bereits in den „goldenen" zwanziger Jahren vor der Großen Depression zum ersten Mal am Horizont erschienen war.

Mit der Gründung der Bundesrepublik, an die die Westalliierten 1949 einen Großteil staatlicher Souveränität zurückgaben, mussten die Kartellverordnungen aus der Besatzungszeit in verfassungsgerechte und vorschriftsmäßig ratifizierte Gesetze umgegossen werden. Dementsprechend entwarf Wirtschaftsminister Ludwig Erhard, der einer strukturellen Amerikanisierung der westdeutschen Industrie wohlwollend gegenüberstand, eine Gesetzesvorlage für ein sogenanntes Kartellgesetz, das sich an die amerikanischen Antitrust-Gesetze anlehnte. Inzwischen hatte sich aber die westdeutsche Industrie – voran die Ruhr-Schwerindustrie – von dem Zusammenbruch von 1945 nicht nur materiell erholt, sondern auch ihr schwer angeschlagenes Selbstbewusstsein weitgehend wiedergewonnen. Dies gab den Konservativen im Bundesverband der Deutschen Industrie, dem einflussreichen Dachverband, die Stärke gegen Erhards Wettbewerbspläne Sturm zu laufen. Diese Pläne, die schließlich 1957 gesetzlich verankert wurden, und der Widerstand gegen sie, sind inzwischen mehreren Studien abgehandelt worden, die die Entwicklung bis zur Ratifizierung eines westdeutschen (Anti-)Kartellgesetzes nachzeichnen, so auch der folgende Aufsatz über Erhards Rolle bei dieser „Amerikanisierung" der westdeutschen Wirtschaft.[26]

Für unseren Zusammenhang sind die Schlussfolgerungen wichtig, die aus diesem Ringen um ein westdeutsches Kartellgesetz zu ziehen sind. Der Widerstand der Konservativen in der Unternehmerschaft – gerade auch an der Ruhr – gegen dieses Gesetz erwies zum einen, wie der Wandel der Wirtschaftsverfassung und der der Mentalität miteinander verbunden waren. Zweifellos hatten die Amerikaner recht, wenn sie auf einer gesetzlichen Festlegung bestanden; aber die sich über Jahre hinziehende Diskussion innerhalb und außerhalb des Parlaments über das Gesetz zeigte auch, dass tief verwurzelte Denkhaltungen und Einstellungen zu einer anderen Organisation der Industrie nicht über Nacht beseitigt werden konnten. Hier ging es neben dem institutionellen auch um den langsameren industriekulturellen Wandel.

Gleichwohl wurde das Kartellgesetz am Ende ratifiziert. Mochten ihm diverse Ausnahmeklauseln auch die ursprüngliche Schärfe ein wenig genommen haben, langfristig trug dieses Gesetz entscheidend dazu bei, die Industrie von ihren wettbewerbsfeindlichen Traditionen und Institutionen abzudrängen. Die bundesrepublikanische Wirtschaft bewegte sich seitdem in eine oligopolistische Richtung, so wie sie sich etwa William Draper, der Leiter der Wirtschaftsabteilung in der US-Militärregierung, in den späten vierziger Jahren vorgestellt hatte. Zugleich ließen die Oligopole den mittelständischen Unternehmern genügend Luft, um ebenfalls florieren zu können.

Die Strukturen waren somit in einer Weise umgebaut worden, die die Industrie in die Lage versetzten, in das liberal-kapitalistische multilaterale Welthandelssystem zurückzukehren. Die Strukturen des Faschismus, des Wirtschaftsnationalismus und des Autarkismus, wie sie sich in Deutschland, Italien und Japan im Zweiten Weltkrieg entfaltet hatten, waren in der Nachkriegswelt des Westens dysfunktional. Erhard brachte diesen Wandel einmal auf eine griffige Formel, als er das Kartellgesetz als das „wirtschaftliche Grundgesetz" der Bundesrepublik bezeichnete.[27] In der Tat war dieses Gesetz das industriestrukturelle Pendant zum (politischen) Grundgesetz, das – seit

1949 mit Hilfe der Alliierten ratifiziert – den Rahmen für den westdeutschen Parlamentarismus abgab.

D. Die amerikanische Einflussnahme auf die westdeutsche Industriekultur

Stand bisher die Frage des institutionellen Wandels im Brennpunkt unserer Analyse, wenden wir uns nunmehr der Frage zu, wie und in welcher Weise sich die Amerikaner bemühten, darüber hinaus die westdeutsche Industriekultur zu verändern. Auch hier gilt als erstes die Beobachtung, dass wir zwar viele Studien zur politischen Umerziehung und zur Schaffung einer demokratischeren politischen Kultur besitzen, dass wir aber hinsichtlich der Erforschung des „ökonomischen Umerziehungsprogramms" der Amerikaner, das mit dem strukturellen Umbauprogramm der Wirtschaft Hand in Hand ging, weiterhin am Anfang stehen. Wie erwähnt, kam es Washington diesmal darauf an, die Mentalitäten der Industrieeliten sehr viel nachdrücklicher und systematischer zu beeinflussen als in den zwanziger Jahren, als deutsche Unternehmer, Ingenieure und Gewerkschafter Henry Fords Fabriken und andere Produktionsstätten aus eigener Initiative besucht hatten.

Diesmal luden die Amerikaner sie zu Studien- und Lernreisen ausdrücklich ein. Das war das soeben erwähnte Programm, das der Marshallplan-Administrator Paul Hoffman, der früher einmal Präsident der Studebaker Corporation gewesen war, mit amerikanischen Geldern organisierte. Europäische und auch westdeutsche Experten informierten sich vor Ort über Fließbandarbeit, Arbeitsbeziehungen, moderne Werbung und Massenkonsum. Sie kamen zurück mit Ideen darüber, wie und wie weit das in Amerika Beobachtete zu Hause übernommen oder an die bestehenden Verhaltensweisen und Praktiken angepasst werden könnte.[28] Und diejenigen, die nicht über den Atlantik fahren konnten, wurden eingeladen, an einem „Training within Industry"(TWI)-Programm teilzunehmen, um mehr über die Vorteile fordistischer Produktion und die Vermarktung der massenproduzierten Güter zu erfahren, das heißt über ein System, das „Wohlstand für alle" bringen würde.[29]

Historiker und selbst einige Wirtschaftshistoriker haben seit einiger Zeit damit begonnen, diese Bemühungen zu untersuchen, durch die die Mentalitäten der Industrieeliten, aber auch die Einstellungen der Konsumenten, geändert werden sollten. Heute wird die Frage, wie stark die Amerikaner in die Industriekultur Westdeutschlands hineinwirkten, nicht weniger ernst genommen als früher das Problem der Gestaltung der westdeutschen politischen Kultur. Dabei ist es unvermeidlich zu Meinungsverschiedenheiten gekommen, nicht zuletzt darüber, ob diese Prozesse als „Amerikanisiermg" zu bezeichnen seien oder nicht.[30] Immerhin scheint zumindest Übereinstimmung zu bestehen, dass diese Art des kulturellen Wandels sich langsamer vollzog als der Umbau der Institutionen. Es gibt viele Hinweise darauf, dass erst eine jüngere Generation von Unternehmern, aber auch von Gewerkschaftlern bereit war, die Implikationen des amerikanischen Modells zu akzeptieren und den Übergang zu fordistischer Massenproduktion und der Ankurbelung eines Massenkonsums zu fördern. Insofern hat sich das Arbeiten mit den Erkenntnissen der Generationsforschung als fruchtbar erwiesen. Hinzu kommt, dass sich der Einstellungswandel in einigen Branchen schneller vollzog als in anderen, die für „amerikanische Methoden" weniger offen waren oder sie gar ganz ablehnten. Auch lernten einige Unternehmer, wie beispielsweise der Harburger Industrielle Otto A. Friedrich, der Bruder des oben erwähnten Carl Joachim Friedrich, rascher als die Konservativen an der Ruhr.[31] Gleichwohl wird man sagen können, dass nach dem Strukturwandel der fünfziger Jahre auch die Kultur der westdeutschen Industrie sich deutlich von der der frühen Nachkriegszeit und noch deutlicher von der vor 1945 unterschied.

Gewiss waren auch damals keineswegs alle westdeutschen Unternehmer davon überzeugt, dass das amerikanische System industrieller Organisation und Kultur dem westdeutschen überlegen sei. Dennoch war der amerikanische Einfluss bis dahin allseits spürbar, selbst wenn der „Siegeszug" zu keinem Zeitpunkt total war und immer wieder der Verhandlung und der Herausbildung von Mischformen unterlag. Das Spezifische der jeweiligen Mischung war von Branche zu Branche verschieden. Sie hing auch von dem Gebiet industrieller Tätigkeit ab, das untersucht wurde. So gab es Variationen, wenn man Managementstile, Werbepraktiken oder die Arbeitsbeziehungen betrachtet. Gerade bei den letzteren mögen sich die einheimischen Elemente der Mitbestimmung schon deshalb am stärksten erhalten haben, weil man es hier nicht nur mit den Traditionen der Unternehmer, sondern auch mit denen der Gewerkschaften zu tun hatte. Dadurch gestaltete sich die Verhandlung amerikanischer Vorbilder komplizierter, so sehr sich der Gewerkschaftsverband CIO/AFL auch bemühte, den Deutschen Gewerkschaftsbund von den Vorzügen der jenseits des Atlantiks entwickelten Industriebeziehungen zu überzeugen.

Doch selbst wenn man alle diese Faktoren in Rechnung stellt, kann man insgesamt sagen, dass sich der Prozess, dessen Anfänge in diesem Beitrag verfolgt worden sind, in den siebziger Jahren fortsetzte. Gewiss war die westdeutsche Industrie zur Zeit der Wiedervereinigung weder strukturell noch kulturell ein Nachbild des amerikanischen Systems. Aber unter den großen Industriestaaten Westeuropas war sie zweifellos die am meisten „amerikanisierte". Denn sie war seit dem Ende des Zweiten Weltkriegs auch am intensivsten dem Veränderungsdruck der Hegemonialmacht Amerika ausgesetzt gewesen. Insofern eröffnen sich mit der Untersuchung des Fordismus in der Bundesrepublik zugleich sehr interessante Fragen des Vergleichs mit anderen Industriesystemen im Zeichen der *pax Americana*, die zugleich verschiedene Genres der Geschichtsschreibung zusammenbringen.

Kulturhistoriker schließen nur sehr selten das Studium von Industriekulturen in ihre Forschungen ein, wie umgekehrt Wirtschafts- und Unternehmenshistoriker sich kaum mit Historikern des Massenkonsums, der Massenunterhaltung und der Jugendkultur unterhalten haben.[32] Beide Seiten in einen Dialog miteinander zu bringen, ist eine Intention dieses Bandes. Dieser Dialog und das Studium der jeweils entwickelten analytischen Werkzeuge verspricht neue Erkenntnisse zu liefern, nicht zuletzt auch zu dem Gesamtthema dieses Buches, nämlich wie Amerika in der westdeutschen Kultur eine deutliche Präsenz gewann.

11. Ludwig Erhard und die Amerikanisierung der westdeutschen Industrie

A. „Die Amerikanisierung der Welt“

Im Jahre 1902 veröffentlichte der britische Journalist William T. Stead ein Buch mit dem Titel *The Americanisation of the World or the Trend of the Twentieth Century*, das seinerzeit viel Aufsehen erregte. Fast gleichzeitig erschien in der *New York Times* ein Artikel über die *Hamburg-Amerika-Linie*, in dem es hieß, dass Albert Ballins weltbekanntes Schifffahrtsunternehmen sich gegen eine *Americanization* schützen wolle.[1]

Hundert Jahre später ist die Debatte, die damals über die politische, wirtschaftliche und kulturelle Rolle der Vereinigten Staaten in der Welt begann und die in der Zwischenkriegszeit sowie nach 1945 in Europa, aber auch in anderen Teilen der Welt lebhaft fortgeführt wurde, weiterhin in Gange. Und wie vor 1914 gibt es bis heute Stimmen, die amerikanische Einflüsse auf die deutsche Gesellschaft strikt ablehnen, und andere, die sie begrüßen und aktiv unterstützen.

Aus Platzgründen können in diesem Beitrag lediglich die Entwicklungen in der Wirtschaft analysiert werden. Dies schien gerade auch deshalb nützlich, weil die deutschen Wirtschaftswissenschaften selbst vor allem für die Nachkriegszeit immer wieder die größten Schwierigkeiten haben, die Präsenz der westlichen Hegemonialmacht USA in ihre Forschungen zu integrieren. Entweder dominiert eine reine Innensicht und die Frage der „Amerikanisierung“ kommt nicht einmal als Stichwort im Index vor; von anderen Autoren werden die deutsch-amerikanischen Wirtschaftsbeziehungen zu einem „Kulturkampf“ stilisiert oder mit Konvergenz-Theorien planiert.[2]

Unter diesen Umständen herrscht auch über die Einstellung Ludwig Erhards zum amerikanischen Wirtschaftssystem Unklarheit. War seine Konzeption – wie er es angesichts der damaligen Kritik an seiner Politik einmal ironisierend formulierte – ein „amerikanisches Pflänzchen, das er nach Deutschland bringen wolle“ oder in erster Linie ein sehr deutsches Gewächs, das in der ordoliberalen „Freiburger Schule“ seine Wurzeln hatte – wie es in zahllosen Stellungnahmen von Politikern und Unternehmern bis heute zu hören und in diversen volkswirtschaftlichen Textbüchern nachzulesen ist.[3]

Es wird sich zeigen, dass es zumindest viele Affinitäten zwischen Erhards Vorstellungen über die Organisation einer modernen Industriewirtschaft und denen der Amerikaner gab. Wie weit diese Affinitäten durch nachweislich amerikanische Einflüsse entstanden, ist die Frage, die hier angeschnitten wird, weil sich eine genauere Durchleuchtung lohnen dürfte. Allerdings kann ich mich hier nur auf zwei Aspekte konzentrieren, die für eine Beurteilung meiner Fragestellung gleichwohl fundamental sind: die Ordnung von Produktion und Markt und die Rolle der Konsumenten.

B. Erhard und Amerika: Produktionssphäre und Marktorganisation

Betrachtet man den deutschen und amerikanischen Kapitalismus unter dem Blickwinkel der Marktorganisation, so wird deutlich, dass die beiden Systeme Ende des 19. Jahrhunderts in sehr verschiedene Richtungen gingen. Mit der Ratifizierung des *Sherman Act* verankerte der US-Kongress 1890 per Gesetz das Wettbewerbsprinzip in den USA. Die Errichtung von Monopolstellungen am Markt, aber auch von Kartellen (d.h. von wettbewerbsbeschränkenden, horizontalen Vereinbarungen zwischen unabhängigen Unternehmen über Produktionsquoten, Preise, Konditionen etc.) sowie von Syndikaten (d.h. kollektiven Verkaufsorganisationen) wurde verboten und kriminalisiert, auch wenn in späteren Zusatzgesetzen gewisse Ausnahmen erlaubt wurden. Zwar gingen die Konzentrationsbewegungen des späten 19. Jahrhunderts in Amerika weiter, doch blieb der Markt oligopolistisch organisiert, wobei auch den mittelständischen Unternehmen genügend Raum zum eigenen Erfolg am Markt blieb.[4]

Im deutschen Kaiserreich war man zur gleichen Zeit in die entgegengesetzte Richtung, nämlich zum Bau von protektionistischen Kartellen und Syndikaten geschritten, und als das Reichsgericht 1897 diese für zulässige und sogar einklagbare Vereinbarungen erklärte, wuchs ihre Zahl weiter. Die Wettbewerbsidee, wie sie sich in Amerika verwurzelte, hatte unter deutschen Unternehmern auf dem Binnenmarkt immer weniger Anhänger.[5] Das änderte sich auch nach 1918 nicht. Zu Beginn der dreißiger Jahre war Deutschland eines der am höchsten kartellisierten Länder der Welt. Dem folgte dann im Dritten Reich die sowohl vom Hitler-Regime als auch von der Unternehmerschaft erstrebte Totalkartellisierung.

Genau diese Entwicklung hatten die Amerikaner schon vor dem Zweiten Weltkrieg scharf beobachtet. Aus ihrer Sicht war in einem System, in dem der wirtschaftliche Wettbewerb weitgehend abgeschafft war, auch der politische Wettbewerb unter den Parteien und die Demokratie überhaupt gefährdet. Dementsprechend war für sie die Totalkartellisierung der deutschen Wirtschaft das logische Komplement zur Errichtung der NS-Diktatur. Es gab jetzt weder einen politischen noch einen wirtschaftlichen Wettbewerb.

Seit ihrem Eintritt in den Zweiten Weltkrieg verfolgten die USA daher zwei interdependente Friedensziele gegenüber den Achsenmächten

Deutschland, Japan und Italien: 1. die Zerschlagung der Diktatur und Wiederherstellung demokratisch organisierter politischer Systeme; 2. die damit konzeptionell untrennbar verknüpfte Wiedererrichtung einer liberal-kapitalistischen Wettbewerbswirtschaft, in der Kartelle und Syndikate per Gesetz verboten waren. Die Wirtschaft sollte entsprechend nicht nur wiederaufgebaut, sondern auch *umgebaut* werden.[6]

Doch ging es nicht nur um den Umbau von Strukturen und Institutionen, sondern auch um eine Veränderung unternehmerischer Mentalitäten. Mit der „Umerziehung“ der Deutschen zur politischen Demokratie ging eine „Umerziehung“ der Wirtschaftseliten einher, die aus ihrem Kartelldenken heraus in den oligopolistisch organisierten marktwirtschaftlichen Wettbewerb gedrängt werden sollten.

Ludwig Erhard hat sich nicht nur schon früh ganz allgemein auf eine Anerkennung der USA als der westlichen Hegemonialmacht eingestellt, auf deren Hilfe er bei einem erfolgreichen materiellen Wiederaufbau angewiesen war, sondern auch deren Entschlossenheit erkannt, der deutschen Kartellwirtschaft auf immer ein Ende zu machen. Die Frage, die einer näheren Untersuchung bedarf, ist, ob er sich an das amerikanische Denken anpasste oder ob er unabhängig davon schon vor 1945 zu ähnlichen Erkenntnissen über Produktion und Markt gekommen war. Fest steht, dass er nach 1945 mit diesem Denken übereinstimmte und seine Amerikareisen ihn darin bestärkten.

Nun war die Amerikanisierungsdebatte schon in der Zwischenkriegszeit in Gang gekommen, wobei wir wissen, dass Wilhelm Vershofen, Erhards Chef am Nürnberger „Institut für Wirtschaftsbeobachtung der deutschen Fertigwaren“, amerikanischen Methoden und Strukturen ablehnend gegenüberstand und kartellfreundlich war. Wir wissen auch, dass Erhard in Marktordnungs- und anderen Fragen zu Vershofen quer lag und dessen Institut im Kriege verließ.[7]

Mit Hilfe seines Schwagers Karl Guth, dem Geschäftsführer der mächtigen „Reichsgruppe Industrie“, sowie einigen dazu gehörigen Großindustriellen, darunter auch der Zigarettenfabrikant Philipp Reemtsma, gelang es ihm, das „Institut für Industrieforschung“ zu gründen, in dem er sich gegen Kriegsende noch stärker als zuvor gegen Kartelle und für den Wettbewerb einsetzte. Signifikant ist hierbei nicht nur, dass er mit der Großindustrie zusammenarbeitete und in diesem Zusammenhang 1943/44 seine umfangreiche Denkschrift über *Kriegsfinanzierung und Schuldenkonsolidierung* für die Nachkriegszeit verfasste, sondern dass er zur Sicherung des Wettbewerbs dem Staat auch eine aktive Rolle zusprach. Die Regierung und der Gesetzgeber – so Erhard – hatte die Aufgabe, der Wirtschaft einen klaren rechtlichen Rahmen zu setzen, innerhalb dessen der Wettbewerb stattfand und in dem für Kartelle und andere Wettbewerbsbeschränkungen kein Platz war.

Mit dieser Konzeption, die heute den Kern der bundesrepublikanischen

Wirtschaftsverfassung ausmacht, stand Erhard der amerikanischen Sherman-Tradition eindeutig näher als der „Freiburger Schule". Letztere trat nach 1945 zwar auch für den Leistungswettbewerb ein. Doch vertraten die Freiburger zugleich die Konzeption eines ausgesprochen mittelständischen, dezentralisierten Kapitalismus. Dementsprechend befürworteten sie eine weitaus radikalere Entflechtung von Großunternehmen und eine Stärkung des Mittelstandes mit Formulierungen für ein Kartellgesetz, die eine oligopolistische Rekonzentration verhindert hätten.[8]

Soweit wir wissen, kannte Erhard neben der Antikartelltradition auch die amerikanischen Pläne zur Wiederherstellung der *Open Door* und des multilateralen Welthandels. Es war ein Internationalismus, den er im Prinzip ebenfalls schon vor 1945 vertreten hatte. Gleiches galt für seine Auffassung von der Interdependenz von freier Marktwirtschaft und politischer Demokratie, ebenso wie er andererseits einen logischen Zusammenhang von Staatswirtschaft und politischer Diktatur sah.[9]

Ob zufällig oder aufgrund von Osmose, auf jeden Fall fiel seine Konzeption nach 1945 mit der der Amerikaner zusammen: Beide wollten keine radikale Entflechtung, sondern nur ein Aufbrechen der Kartelle und der de facto Monopole (z.B. Vereinigte Stahlwerke und IG Farben) in größere Einheiten, die dann nicht nur auf dem Binnenmarkt in den (oligopolistischen) Wettbewerb treten würden, sondern die auch auf dem Weltmarkt gegen die ausländischen Konzerne, voran die amerikanischen, bestehen konnten. Deshalb ist die damalige Kartellverbotspolitik von der Entflechtungspolitik strikt zu trennen. Die Erstere war absolut, die Zweite begrenzt mit dem Ziel, den Wettbewerb nach amerikanischem Vorbild zu fördern.

Bei den Amerikanern kam noch eine weitere Überlegung hinzu. Sie wollten die deutsche Industrie mit ihren größeren Konzerneinheiten zum Motor des Wiederaufbaus im gesamten Westeuropa machen und mit ihrer gegen Kartelle gerichteten industriellen Umbaupolitik auch Länder wie Frankreich oder Belgien, wo die Kartelltradition sich in der Zwischenkriegszeit ebenfalls etabliert hatte, gewissermaßen auf dem Umwege über Deutschland in den Wettbewerb drängen. Deshalb unterstützen sie Jean Monnet bei der Schaffung der Europäischen Gemeinschaft Kohle und Stahl, deren Modernisierungseffekte sie erkannten, bestanden zugleich aber darauf, dass der Montanvertrag eine Antikartellklausel enthielt.[10]

Erst vor diesem breiteren Hintergrund wird verständlich, warum der *Sherman Act*, der seit 1890 den Kern der amerikanischen Wirtschaftsverfassung darstellte, den Westdeutschen und den Europäern als Vorbild vorgehalten wurde und warum Erhard im Verfolg eines westdeutschen Kartell(verbots)gesetzes Letzteres ganz konsequent als das „unentbehrliche *wirtschaftliche Grundgesetz*" der Bundesrepublik bezeichnet hat, während die Gegner dieses Gesetzes, voran die „Kartellisten" in der Ruhrschwerindustrie, von denen die meisten nach 1945 in ihren alten Machtpositionen verblieben waren, es für ein amerikanisches Gewächs hielten.[11]

Es ist für die tiefe Verwurzelung der deutschen Kartelltradition bezeichnend, dass Erhard bei der Durchsetzung dieses „Grundgesetzes" von einflussreichen Unternehmerkreisen heftig bekämpft wurde und das „Wettbewerbssicherungsgesetz" erst mit siebenjähriger Verzögerung 1957 endlich ratifiziert werden konnte.[12]

Ging es bei der oft erhitzten Diskussion um den *strukturellen* Umbau der westdeutschen Wirtschaft und das Hinausdrängen aus dem Kartellismus in den (oligopolistischen) Wettbewerb, so erkannten Erhard und die Amerikaner auch, wie tief bestimmte antiamerikanische Mentalitäten vor allem in der zunächst noch tonangebenden Schwerindustrie verwurzelt waren. Dies ist der Kontext der so genannten *Productivity Councils.*

Aus Marshallplan-Mitteln finanziert und von Paul Hoffman, dem ERP-Administrator und früheren Präsidenten der Studebaker Corporation gefördert, ermöglichte man europäischen Unternehmern und Gewerkschaftern Studienreisen nach Nordamerika, wo sie sich in den großen Industriezentren von Pennsylvanien, Ohio und Michigan über moderne Produktions- und Managementmethoden, über Arbeitsbeziehungen und Lebensstandards informierten. Die Hoffnung war, dass die Besucher über ihre Eindrücke und Erfahrungen in den eigenen Unternehmen berichten und an eine Adaption denken würden – wohlgemerkt nicht als direkte Kopie, sondern als eine auf die einheimischen Zustände zugeschnittene neue Praxis.[13]

Letztlich stand den Amerikanern dabei eine von Henry Ford inspirierte moderne Industriegesellschaft vor Augen, in der Erhard, der seit langem der Konsumgüterindustrie nahe stand, sich angesichts seines Studiums des amerikanischen Industriesystems in seiner Idee einer oligopolistisch organisierten und auf den offenen Weltmarkt hinorientierten Wettbewerbswirtschaft bestärkt fühlte.[14]

C. Erhard und Amerika: Der Übergang zum fordistischen Konsumkapitalismus

Die Idee einer rationalisierten Massenproduktion hatte sich vor 1914 vor allem in den USA verbreitet. Ansätze dazu gab es gewiss auch in Europa; es ist aber bezeichnend, dass deutsche Unternehmer schon damals nach Amerika reisten, um sich die dortigen Industrieunternehmen und ihre Produktionsmethoden anzusehen, nicht umgekehrt. Dabei interessierten sie sich oft auch besonders für die Rezepte, die die „Scientific-Management"-Bewegung entwickelt hatte.

Mehr noch: Beim Besuch der Ford Motor Company waren die Amerikareisenden außer deren kilometerlangen Fließbandanlagen auch von einer Idee Henry Fords beeindruckt, die frappierend einfach war: Die durch Rationalisierung und den Übergang zur Massenproduktion zu erwartenden höheren Gewinne sollten nicht allein in die Taschen der Eigentümer und Aktionäre gehen; vielmehr sollten sie durch Preissenkungen auch dem Konsumenten zugute kommen. Fords Kalkulation war, dass die verbilligte Massenproduktion auch bis dahin teure, langlebige Konsumgüter – in seinem Falle: Automobile – für einen wachsenden Kreis von Durchschnittsbürgern erschwinglich machen würde. Der Konsum würde so nicht nur durch verbesserte Löhne (und das Kartellverbot) sondern auch durch neue Verbraucherkreise stark angekurbelt: Massenkonsumkapitalismus als Ergänzung und Verstärkung des im 19. Jahrhundert entstandenen Produktionskapitalismus.[15]

Schon in der Weimarer Republik gab es deutsche Unternehmer, die dieses Rezept zu praktizieren suchten, ähnlich wie Ford es mit dem Bau von Produktionsstätten in Köln oder General Motors mit dem Einstieg bei Opel in Rüsselsheim taten. Infolge des nach dem Zweiten Weltkrieg erhöhten „Amerikanisierungsdrucks“ (Werner Bührer) fanden fordistische Massenproduktions- und Massenkonsum-Konzepte nach 1945 auch in der Bundesrepublik eine breitere Akzeptanz.

Für Erhard war dies schon seit seiner Tätigkeit in der Konsumforschung vor 1945 das Konzept der Zukunft. Ihm lag die Schaffung eines „Wohlstand[s] für alle“ – wie er ihn auf seinen Amerikareisen gesehen hatte – nicht nur für den westdeutschen Wiederaufstieg am Herzen; vielmehr rechnete er auch damit, dass eine materiell stetig besser gestellte Bevölkerung die politische Stabilisierung unterstützen würde, derer das Land nach Diktatur und Krieg dringend bedurfte.

Wie ist all dies nun mit seiner *sozialen* Marktwirtschaft in Einklang zu bringen?

Erhard war sich bewusst, dass sich Westdeutschland in einer besonderen Situation befand. Der Zweite Weltkrieg hatte Millionen von Witwen, Waisen, Kriegsversehrten hinterlassen. Hinzukamen ca. 11 Millionen Flüchtlinge und Vertriebene. Sie konnten nach der Währungsreform von 1948 nicht einfach den eisigen Winden eines wiedererstehenden Wettbewerbskapitalismus ausgesetzt werden. Für sie musste auch aus den schon genannten politischen Stabilitätsgründen ein soziales Netz geknüpft werden, das sie in ihrer damaligen Not auffing und ihnen ein menschenwürdiges Leben bot.

Mochte das deutsche System der sozialen Absicherung gegen Krankheit, Unfall und Alter auch seine Wurzeln im Kaiserreich haben, der Druck, dieses System zu erweitern und zu finanzieren, war nach dem Zweiten Weltkrieg noch stärker als nach dem Ersten mit seiner damaligen Verarmung. Erhard verstand seine Marktwirtschaft nie im Sinne des heute gängigen Neoliberalismus, der „dem Markt“ alles überlassen will und ganz systematisch für den Abbau des Sozialnetzes steht.

Für ihn war dieses Netz für die durch den Krieg so schwer geschädigten Schichten in Form der diversen Sozialgesetze und Lastenausgleichsmaßnahmen ein fester Bestandteil seines marktwirtschaftlichen Konzepts. Das galt auch für den ebenfalls noch schutzbedürftigen mittelständischen Einzelhandel, den er nicht sofort einer Aufhebung der Preisbindung und damit dem freien Wettbewerb aussetzen wollte.[16]

Bedurfte es daher bei Erhard im Sozialen keiner besonderen Anstöße durch die USA, so sollten die Affinitäten gleichwohl nicht übersehen werden. Waren doch auch die Amerikaner, einschließlich der Mehrheit ihrer Volkswirte, damals keineswegs Anhänger Milton Friedmans und der „Chicago School", deren Stunde erst in den achtziger Jahren kam. Unter den Eindruck der Depression der dreißiger Jahre waren auch sie mit dem Rooseveltschen *New Deal* dazu übergegangen, ein sozialstaatliches Auffangnetz zu befürworten. Zwar waren die radikalen *New Dealers* schon im Kriege zurückgedrängt worden; doch blieben die Grundfesten des Systems der dreißiger Jahre nach 1945 bestehen.[17]

Es ist bekannt, dass Erhard trotz seiner festen Überzeugungen weder in der Leitung eines großen Ministeriums noch in seiner Wirtschaftspolitik ein besonders systematischer Mensch war. Das hieß aber nicht, dass seine soziale Marktwirtschaft keine der amerikanischen Wirtschaftspolitik und -theorie ähnlichen Steuerungselemente enthielt. Der Grundansatz war nicht im heutigen Sinne „friedmanistisch" sondern eher keynesianisch, ehe Karl Schiller kam und ihn 1966/67 systematischer praktizierte.[18]

So sind das westdeutsche „Wirtschaftswunder" und Erhards soziale Marktwirtschaft eher ohne die Freiburger Schule zu verstehen als ohne die Amerikaner, die direkt als Besatzungsmacht oder indirekt als Hegemon beim westdeutschen Wiederaufbau strukturell und geistig dauernd präsent waren und diesen ganz ausdrücklich mit gestalteten. Das gilt auch für den Bereich des Firmenmanagement und vieler anderer Praktiken, die sich seit den fünfziger Jahren trotz mancherlei Widerstands seitens konservativer Unternehmer langsam durchsetzten. Letztlich kam es daher zu einer Vermischung von deutschen und amerikanischen Elementen, die sich auch an dem frappierenden Wandel der Geschäftssprache ablesen lässt.

Lediglich bei den Arbeitsbeziehungen waren die Versuche einer „Amerikanisierung" wenig erfolgreich. Hier bemühten sich vor allem die amerikanischen Gewerkschaften mit ihren in die Bundesrepublik entsandten Vertretern in den fünfziger Jahren um eine Anpassung der westdeutschen Gewerkschaftsbewegung an deren Praktiken. Sie kamen nicht weit und vor allem in der Mitbestimmung ging der DGB in eine andere Richtung, an Traditionen aus der Weimar Republik anknüpfend.[19]

Indessen wäre es verfehlt, anhand dieses Beispiels die amerikanische Rolle beim Umbau und beim Einstellungswandel der westdeutschen Unternehmerschaft herunterzuspielen. Auch sollte man Erhards soziale Marktwirtschaft nicht lediglich aus dem Innern der nachkriegsdeutschen

Gesellschaft heraus erklären. Die Frage, ob es sich beim Vergleich seiner Vorstellungen von Marktorganisation und fordistischen Konsumkapitalismus nicht lediglich um zufällige Konkordanzen handelte, bleibt auf dem Tisch.

Das gilt auch angesichts der heutigen erneuten Amerikakritik. In der Tat gibt es viele Anzeichen, dass die Deutschen vor einer „Amerikanisierungsfalle“ stehen.[20] Es geht darum, wie weit die „Amerikanisierung“, die für alle sichtbar nicht nur in der Wirtschaft sondern auch in Gesellschaft und Kultur stattgefunden hat, getrieben werden soll.

Das ist eine Frage, die sich frühere Generationen auch schon gestellt haben. Und doch ist die Präsenz Amerikas im wirtschaftlichen und täglichen Leben seit 1945 allenfalls stärker geworden, auch nach 1989/90. Zwar gibt es seit dem Kollaps des Sowjetblocks das Schlagwort von der Globalisierung, der seitdem alle Gesellschaften ausgesetzt seien. Doch scheint es, dass es sich hierbei bis vor kurzem immer noch um eine (verdeckte) Amerikanisierung Deutschlands und der Welt gehandelt hat, die Stead 1902 vorhersah.

Dennoch gibt es jetzt mancherlei Anzeichen dafür, dass die „Hypermacht“ USA überall an Macht und Einfluss verliert. In der Außenpolitik ist dies am deutlichsten. Washingtons neokonservativer Unilateralismus hat zu einem „imperial overstretch“ (Paul M. Kennedy) geführt. Wir bewegen uns wieder auf ein multipolares internationales System zu, in dem auch die Amerikaner auf Partner und Kompromisse angewiesen sind.

Weniger klar greifbar sind die Probleme im Innern des Landes, nicht zuletzt weil für viele Durchschnittsbürger ein geschärftes Bewusstsein für sie bisher fehlt. Da ist man in der Bundesrepublik weiter. Nicht nur die öffentliche und private Verschuldung der USA sind auf Dauer untragbar, sondern auch die Tatsache, dass sich die Schere zwischen Arm und Reich immer weiter auftut. Hinzukommt die Krise in der Krankenversorgung mit ca. 46 Millionen Unversicherten und weiteren Millionen von Unterversicherten.

Es ist jetzt auch schon klar, dass die staatliche Rentenversicherung in einigen Jahren ihren Verpflichtungen nicht mehr wird nachkommen können. In der jahrelang vernachlässigten Infrastruktur (Strassen, Brücken, Massenverkehrsmittel etc.) sind Milliardeninvestitionen erforderlich, um nur den gegenwärtigen Stand zu erhalten. Kurzum, es scheint, dass das amerikanische Modell neoliberaler Wirtschafts- und Sozialpolitik ähnlich wie die Außenpolitik an ihre Grenzen stößt und auch in den USA das Begehen neuer Wege unvermeidlich wird.

Für Deutschland bedeutet dies, dass der Hegemonialdruck, der die Amerikanisierung seit 1945 vorantrieb, nachlassen wird und sich die Amerikaner am Ende gar für Lösungen von Außen- und Innenpolitik (einschließlich der Umweltpolitik) interessieren werden, die in Europa entwickelt worden sind bzw. entwickelt werden.

So sehr dies Spekulationen auf die Zukunft bleiben müssen, hinsichtlich der Vergangenheit bewegen wir uns gerade bei den deutsch-amerikanischen Wirtschaftsbeziehungen nach 1945 auf festerem Boden. So ging es auch in diesem Beitrag darum, erneut auf die konstruktive Rolle hinzuweisen, welche die USA beim Wiederaufbau und beim nach den Erfahrungen im Dritten Reich notwendigen Umbau des deutschen Industriesystems gespielt haben. Erhard hatte dies seinerzeit erkannt. Es wäre wünschenswert, wenn die Wirtschaftshistorie dies auch täte.

12. Amerika und die Gestaltung der Montanunion

Die Entstehung der Europäischen Gemeinschaft Kohl und Stahl (EGKS, auch Montanunion genannt) ist seit den fünfziger Jahren gerade auch deshalb zum Gegenstand zahlreicher Bücher und Aufsätze geworden, weil man in ihr mit Recht den Beginn der europäischen Integration nach dem Zweiten Weltkrieg sah, die dann in der Schaffung der Europäischen Union in den neunziger Jahren kulminierte. Viele dieser Studien haben sich dabei auf die Rolle der verschiedenen Mitgliedsländer und die der europäischen Politiker konzentriert, gerade auch auf die von Jean Monnet, der als der Vater der EGKS betrachtet wird.[1] Der Anteil der Vereinigten Staaten ist dabei sowohl bei der Gestaltung des Montan-Vertrages als auch bei der damit zusammenhängenden Entflechtung von Kohle und Stahl unterbelichtet geblieben. Beides wird in diesem Beitrag genauer herausgearbeitet. Zeigt sich an diesem Falle doch nicht weniger deutlich als bei den Bemühungen Washingtons um einen Umbau der westdeutschen Industriestruktur und -kultur, dass man auch hier nicht ohne ein Verständnis der amerikanischen Weltwirtschaftsstrategie nach dem Zweiten Weltkrieg auskommt.[2]

Fest steht, dass die USA die westeuropäischen Staaten schon lange vor dem Sommer 1950, als die Verhandlungen zur EGKS in Gang kamen, ermuntert hatten, sich wirtschaftlich enger zusammenzuschließen. Doch zögerte man, immer wieder allzu direkt und öffentlich in die Ansätze zu einer Integration einzugreifen, weil man die Europäer nicht unter amerikanischem Vorsitz verhandeln, sondern sie den konkreten Weg zur Einigung selber finden lassen wollte. Die Ausübung von Druck hinter den Kulissen war damit nicht ausgeschlossen. Dies spürten die Franzosen nicht zuletzt auch in der Trizonen-Verwaltung und in ihrer Deutschlandpolitik, in der die Amerikaner zunehmend auf eine langfristige und ihrer Gesamtstrategie entsprechende Lösung der Ruhrfrage und der westdeutschen Industriestruktur drängten. So hatte Hochkommissar John J. McCloy Europa noch einmal in einer Rede vor der Londoner *Pilgrim Society* Anfang April 1950 ermahnt, die Integration voranzutreiben. Er fügte hinzu, dass es ohne eine wirksame Union auch keine Lösung des deutschen Problems geben werde. Am folgenden Tag berichtete dann *Le Monde,* dass Außenminister Dean Acheson am 5. Mai auf dem Wege zur Londoner Dreimächte-Konferenz in Paris eintreffen werde.[3] Die Ankündigung führte zu unvermeidlichen Spekulationen über den Grund des Besuches, wobei immer wieder das Deutschlandproblem, wie auch die Schlüsselposition der Bundesrepublik im westlichen Bündnissystem genannt wurden. McCloy entwickelte inzwischen eine erhebliche Aktivität, um endlich die Entflechtung und Dekartellisierung der westdeutschen Kohle- und Stahlindustrie zu einem Abschluss zu bringen und auch die Besitzfrage an der Ruhr zu regeln. Es scheint, dass Paris diesen Plänen kaum positiver gegenüberstand als in den Jahren zuvor. Obwohl sich die Erfolgschancen der französischen Deutschlandpolitik und einer Internationalisierung der Ruhrindustrie allenfalls weiter verschlechtert hatten, war man in Paris angesichts des amerikanischen Drängens noch keineswegs in völlige Resignation verfallen.

Vielmehr entwickelte die französische Diplomatie im April 1950 eine erhebliche Aktivität. In diesem Zusammenhang hielt George Bidault am 17. April in Lyon eine vielbeachtete Rede, in der er die Schaffung eines „Hohen Atlantischen Rates für den Frieden“ vorschlug.[4] Dessen Exekutivrat sollte den Auftrag erhalten, die atlantische Gemeinschaft auch in Hinblick auf eine wirtschaftliche Einigung auszubauen. Es spricht einiges dafür, dass dieser Vorschlag als Versuch gedacht war, im Gegenzug zur amerikanischen Deutschlandstrategie Washington nicht nur militärisch – wie es durch die NATO geschehen war -, sondern auch ökonomisch nach Europa hineinzuziehen, um auf diese Weise ein Gewicht gegen das bedrohlich rasch anwachsende westdeutsche Industriepotential zu schaffen. Schon wenige Tage später berichtete jedoch die französische Presse, dass die Vereinigten Staaten nicht bereit seien, sich in ihrer Souveränität zugunsten des von Bidault vorgeschlagenen Gremiums beschränken zu lassen.[5] Bei seinem Besuch in Paris Anfang Mai scheint Acheson mit Unterstützung des aus der Bundesrepublik ausgereisten McCloy daher erneut für eine Reduzierung der politischen und ökonomischen Kontrollen über Westdeutschland plädiert zu haben, die angesichts der sowjetischen Politik immer unumgänglicher sei. Der französische Außenminister Robert Schuman hingegen legte ihm einen von Monnet entwickelten Plan zur Integration der deutsch-französischen Schwerindustrie vor, den er am nächsten Tag der Öffentlichkeit übergab.

Es ist unwahrscheinlich, dass Acheson von der Pariser Initiative gänzlich überrascht worden ist. Dennoch waren seine ersten öffentlichen Stellungnahmen zum Schuman-Plan eher zurückhaltend. Er habe, sagte er, für die Intentionen Schumans Sympathie, müsse sein endgültiges Urteil aber vertagen, bis die Einzelheiten des Projekts bekannt seien. Andererseits war es gewiss eine Erleichterung, dass die Europäer endlich etwas Greifbares vorgelegt hatten. In allgemeinen Worten begrüßten auch die Senatoren Fulbright und Lodge die französische Initiative. Dass Monnet mit seinen alten Kontakten nach Amerika der Vater der Initiative war, musste ebenso beruhigend wirken wie die Nachrichten, die das State Department in den folgenden Wochen erreichten. Dagegen verstummten in der amerikanischen Presse die von Anfang an geäußerten Befürchtungen nicht, dass hier deutsch-französische Kartelle im Entstehen begriffen seien, und insgeheim war das wohl auch Achesons Eindruck.[6] Zwar fügte die *Washington Post* hinzu, dass Schuman solche Sorgen als unbegründet bezeichnet habe. Doch schon bald darauf schrieb die *New York Times*, dass einige Europäer in dem französischen Vorschlag eine Chance sähen, sich vom Einfluss der USA zu befreien. In

Washington sorge man sich daher, dass eine neo-isolationistische Präferenzzone aufgebaut werden solle.[7] Das waren für die Amerikaner zweifellos alte Reizworte, und obwohl sie an den Pariser Verhandlungen nicht offiziell teilnahmen, ließen sie sich fortan genauestens über deren Verlauf informieren. Und je deutlicher wurde, welche Richtung die Diskussion unter dem Druck der westeuropäischen Schwerindustrie nahm, umso betonter begannen sie, in die Verhandlungen einzugreifen, „oft in ziemlich apodiktischer Form".[8] Denn das Wiederentstehen von internationalen Kartellen wäre, wie Hans Dichgans hinzufügte, für die Vereinigten Staaten „unerträglich" gewesen. Dass diese Meinung gerade auch von der amerikanischen Geschäftswelt geteilt wurde, zeigt die Reaktion der „National Association of Manufacturers" (NAM). Der Spitzenverband wandte sich telegraphisch direkt an Schuman, er möge sich dafür einsetzen, dass der Kohle-und-Stahl-Pool nicht zu einem Riesenmonopol ausarte und der Wettbewerb gewährleistet bleibe.[9] Der Geschäftsführende Vorsitzende der NAM fügte hinzu, der Erfolg des Projektes werde davon abhängen, wie stark es den Wettbewerb fördere. Bis Mitte August hatten die Besorgnisse Washingtons über die Nachrichten von den Pariser Verhandlungen derartige Ausmaße angenommen, dass sich Präsident Truman zu einer öffentlichen Warnung veranlasst sah.[10] Darin sprach er sich gegen internationale Kartelle aus, „die mit ihren restriktiven Praktiken eine große Gefahr für die Bemühungen Westeuropas um wirtschaftliche Gesundung und um freizügigen Handel bedeuteten. Das Fehlen des Wettbewerbs ziehe technische Rückständigkeit, geringe Produktivität und einen bleibenden geringen Lebensstandard nach sich."

Was den Ausführungen Trumans jedoch eine besondere Dringlichkeit verlieh, war der Umstand, dass neben das ökonomische Interesse der Vereinigten Staaten an einer weiteren Stabilisierung Westeuropas und an einer Reorganisation seiner Industriestruktur zunehmend ein militärisches getreten war. Durch den Ausbruch des Korea-Kriegs im Juni 1950 hatte diese Politik eine weitere Zuspitzung erfahren. Schlimmer noch: Im Sommer 1950 sah es zunächst so aus, als ob die Nordkoreaner den Süden der ostasiatischen Halbinsel in Kürze überrennen würden. Zwar begann bald darauf die erfolgreiche amerikanische Gegenoffensive; aber es ist rückschauend kaum mehr ganz vorstellbar, welche panikartigen Sorgen die koreanischen Ereignisse sowohl in Washington als auch in Westeuropa und in der Bundesrepublik hervorriefen. Schien es doch so, als könnte das geteilte Deutschland bald ein „zweites Korea" werden. Kein Wunder also, dass der schon seit längerem ventilierte Gedanke eines westdeutschen Militärbeitrages erhöhte Aktualität gewann. Dieser Gedanke hatte außer einer militärstrategischen auch eine ökonomische Seite: die Mobilisierung des Industriepotenzials der Bundesrepublik nicht nur für die Ankurbelung der europäischen Wirtschaft, sondern auch für den Ausbau einer westlichen Verteidigungsstellung gegen den Sowjetblock.

Freilich waren die psychischen Hindernisse gegen eine westdeutsche

Wiederaufrüstung sowohl bei den Westdeutschen als auch bei den einst von der Wehrmacht besetzten Nachbarn sehr groß. Alte Ängste vor den Deutschen wurden allenthalben wach, als die internen Diskussionen auf dem Höhepunkt des Korea-Krieges die Öffentlichkeit erreichten. Es wurde eine erhitzte Debatte über eine westdeutsche Remilitarisierung ausgelöst, und im Sommer und Herbst 1950 war die westdeutsche, belgische, britische und französische Presse voll von Stellungnahmen zu diesem Problem. Hier ist die Wiederbewaffnungsfrage allerdings nur im Hinblick auf ihre Beziehung zu den gleichzeitig laufenden Montanunions-Verhandlungen zu betrachten. Der Vorteil der Entwicklungen an der militärpolitischen Front war – von Monnets Standpunkt aus betrachtet – dass die Amerikaner stärker in Europa involviert wurden. Dem standen freilich eine Reihe von Gefahren gegenüber. Zum einen beschwor die Ausrichtung der westlichen Industriewirtschaften auf erhöhte Kriegsproduktion für die Verwirklichung des Schuman-Plans die Sorge herauf, dass die geplante Hohe Behörde unversehens zu einer kriegswirtschaftlichen Lenkungsinstanz geriet. Diese Frage wurde in den Pariser Verhandlungen sofort angeschnitten, und gerade der westdeutsche Staatssekretär Walter Hallstein wandte sich dagegen, eine Ausnahmesituation zur Norm zu erheben.[11] Ein weiteres Problem war, dass die durch den Korea-Boom ausgelösten Preiserhöhungen die Chancen eines finanziellen Ausgleichs verschlechterten, über dessen Erforderlichkeit im Juli bereits im Hinblick auf die belgische Schwerindustrie diskutiert worden war. Schwerer noch wog, dass die erhöhte Stahlnachfrage die europäische Schwerindustrie im Allgemeinen und die westdeutsche im Besonderen stärkte. Zu der Forderung nach ökonomischer Gleichberechtigung der Deutschen in der westlichen Gemeinschaft trat jetzt die nach militärischer Gleichstellung, wobei sich beide gegenseitig verstärkten. Es war klar, dass die besatzungsrechtlichen Handhaben gegen die deutsche Wirtschaft angesichts der immer nachdrücklicheren Argumentation der Unternehmerschaft und der Bundesregierung nicht mehr aufrechtzuerhalten waren.

Soweit es die im Sommer ausgebrochene Krise bei den Pariser Schuman-Plan-Verhandlungen betraf, war es angesichts der wachsenden wirtschaftlichen und politischen Stärke der Schwerindustrie für Monnet wichtig zu wissen, dass Washington weiterhin scharf gegen die Kartellisierungs-Tendenzen eingestellt war, die sich in der westeuropäischen Schwerindustrie in Erinnerung and die Zwischenkriegszeit bemerkbar gemacht hatten. Zudem wusste er, dass die Amerikaner als Besatzungsvormacht gegenüber der Ruhr eine erhebliche Machtposition besaßen. Weiterhin galt jenes Wort Hoffmans, das der einflussreiche Administrator des Marshall-Plans Anfang Mai vor dem Unterausschuss des *Appropriations Committee* in Washington gesprochen hatte[12]: Das Problem der Dekartellisierung stelle „eine der größten Hoffnungen für die Wiederherstellung der Wettbewerbsfähigkeit von Westeuropa via Deutschland“ dar; das Ziel sei es, „in Westdeutschland den Typ einer freien wettbewerbsfähigen Wirtschaft zu gestalten, den wir in den Vereinigten

Staaten besitzen. Wenn das erfolgt, wird Westdeutschland eine sehr wirksame Wirtschaft entwickeln. Ihr Einfluß wird sich über Deutschland hinaus ausbreiten, weil das Konkurrieren mit einer wettbewerbsfähigen Wirtschaft die Einführung der Wettbewerbsfähigkeit auch in anderen Ländern" erfordere. Gelang es Monnet, die Amerikaner zur Verwirklichung dieser Gedanken zu bringen, konnte er nicht nur eine drohende Reorganisation der westeuropäischen Schwerindustrie auf der Basis der alten Wettbewerbsabsprachen konterkarieren, sondern mit Hilfe Washingtons zugleich für die Ruhrindustrie ein solches Maß an Dekonzentration erreichen, dass der übrigen westeuropäischen Schwerindustrie die Zustimmung zur EGKS ohne Kartelle erleichtern würde.

An der Ruhr war man sich gleichfalls seit langem der amerikanischen Aversion gegen Kartelle bewusst. Es ist aber auch ein Beweis des gestärkten Selbstvertrauens der Schwerindustrie, dass man glaubte, die Amerikaner zu einem Zurückstellen ihrer Bedenken überreden, notfalls, sogar zwingen zu können. Wie ungerechtfertigt dieser Optimismus war und wie sehr er auf einer Unterschätzung dessen beruhte, was für Washington essenziell war, zeigte sich zum einen an den zitierten amerikanischen Stellungnahmen zum Schuman-Plan; zum anderen aber auch daran, dass bei der Wiederaufnahme der Verhandlungen nach der Sommerpause die Industrie-Experten plötzlich ausgeschlossen wurden. Darüber hinaus hatten die federführenden Franzosen eine Zusammenstellung aller bisherigen Verhandlungsergebnisse vorgenommen, die in der zweiten Oktoberwoche von den Delegationen erneut erörtert werden sollten. Im Abschnitt II, Paragraph 1 dieses Dokuments stand zu lesen, dass es darauf ankomme, einen einheitlichen Montanmarkt ohne Wettbewerbsverfälschungen zu schaffen, d. h. einen Markt ohne Kartelle. Obwohl es noch andere Gründe gab, war es nicht zuletzt diese Neuformulierung der Kartellfrage, die die Ruhrindustrie sofort beunruhigte.

Ein erstes öffentliches Anzeichen dieser Unruhe war der Rücktritt Hermann Reuschs aus dem Kreis der Stahlexperten. Sein Ausscheiden mochte die Situation insofern noch erleichtert haben, als Reusch „als eine Stütze für die Vertretung der speziellen ökonomischen Forderungen" angesehen wurde, „die durch die Schuman-Plan-Delegation vorwärtsgebracht werden sollten".[13] Mehr Aufsehen erregte dagegen eine Rede, die Robert Lehr, bis 1948 Präsident des „Industrieklubs Düsseldorf" und Aufsichtsratsmitglied der VSt, am 1. Oktober auf dem Bayerischen Außenhandelstag in München hielt. Darin wandte er sich gegen die dirigistischen Tendenzen des Schuman- Plans sowie gegen die finanziellen Opfer, die nach dem bisherigen Verhandlungsstand dem Ruhrbergbau als Kompensationen für die geplante Schließung belgischer Gruben abverlangt werden sollten.[14] Außerdem erinnerte er seine Zuhörer daran, dass sich das Internationale Rohstahlkartell von 1926 angeblich als „gutes Instrument des Ausgleichs der Interessen der beteiligten Nationen" erwiesen habe. Schließlich äußerte er die Vermutung, „daß Frankreich mit Hilfe des Schuman-Planes die Sanierung seiner Stahlindustrie und die Sicherstellung seiner Stahlhegemonie erreichen und damit etwas erzwingen will, was es gegen Deutschland nicht zustande gebracht" habe.

Mochte die Rede auch einen guten Einblick in die Gedankenwelt bestimmter Industriekreise an der Ruhr bieten, so wurde über sie zunächst nur in der süddeutschen Presse berichtet. Erst 14 Tage später druckte sie der *Industriekurier*, und danach war die Aufregung groß. Das mochte damit zusammenhängen, dass Lehr inzwischen von Adenauer als Nachfolger von Bundesinnenminister Gustav Heinemann ausersehen worden war, der u. a. wegen der Wiederbewaffnungspolitik des Bundeskanzlers seinen Rücktritt erklärt hatte. Dadurch und infolge der erneuten, verspäteten Berichterstattung entstand der Eindruck, als habe Lehr in offizieller Funktion gesprochen. Der „Fall Lehr" wurde nun von der in- und ausländischen Presse aufgegriffen. Zwar dementierte Adenauer, dass die Rede einer Distanzierung der Bundesregierung vom Schuman-Plan gleichkomme; aber der Verdacht war vorhanden. Zudem konnte die Ernennung Lehrs den Eindruck lediglich verstärken, dass die Ruhrindustrie gerade zu dem Zeitpunkt einen Fürsprecher ihrer Interessen im Kabinett hatte, als außer den Pariser Verhandlungen von den Alliierten auch die Frage der Entflechtung der westdeutschen Industrie nachdrücklich vorangetrieben wurde. Zwar wurde der Bundesregierung auf Rückfrage in Düsseldorf versichert, dass die „Wirtschaftsvereinigung Eisen- und Stahlindustrie" das in Lehrs Vortrag zitierte detaillierte statistische Material nicht zur Verfügung gestellt und dass Günter Henle als Vorsitzender des „Sachverständigenausschusses Eisen und Stahl" zur gleichen Zeit „eine durchaus positive Stellung[nahme] zum Schuman-Plan abgegeben" hätte, als er ohne vorherige Abstimmung mit Lehr auf der gleichen Tagung sprach.[15] Zudem habe der Geschäftsführer der Wirtschaftsvereinigung „die Rede von Dr. Henle nach Paris mitgenommen und wird sie sowohl Herrn Staatss. Hallstein wie auch dem Vorsitzenden des Stahlverbandes in Frankreich vorlegen, um damit dessen lebhafte Bedenken gegen die deutsche Haltung zu besänftigen". Hallstein habe nach Rücksprache mit Adenauer der Presse mitgeteilt, „daß die Äußerung Herrn Dr. Lehr[s] privater Natur sei. Gleiches wurde mir erneut auch von Herrn [Hans] Globke [dem Staatssekretär im Bonner Bundeskanzleramt] bestätigt."

Was immer der Erfolg solcher Besänftigungen gewesen sein mag, Monnet scheint der „Fall Lehr" noch mehr angespornt zu haben, die Kernelemente des Montanvertrages so schnell wie möglich abzusichern und zudem mit Hilfe der Amerikaner die Reorganisation der Ruhrindustrie abzuschließen. Offenbar hatte er dabei die aktive Unterstützung Washingtons, da auch der am 10. November 1950 veröffentlichte *Report to the President on Foreign Economic Policies* noch einmal auf die wettbewerbsfeindlichen Tendenzen in Westeuropa hingewiesen hatte.[16] Es ging nun darum, „Antikartell-Artikel in das Projekt aufzunehmen".[17] Wie Hallstein auf einer Sitzung des Interministeriellen Ausschusses am 19. Oktober erklärte, waren „gewisse kartellfreundliche Formulierungen des [ersten] französischen Memorandums durch Herrn

Monnet zum Anlaß genommen worden…, die Frage noch einmal im Sinne einer Verschärfung aufzugreifen. Bei den Gedanken von Herrn Monnet spiele wohl auch der amerikanische Wunsch auf [sic] eine Ablehnung aller kartellartigen Einrichtungen mit, ein Wunsch, der dadurch, daß er durch das von den USA später zu gebende Geld gestützt wird, besonderes Gewicht bekommt. Die Kartellfrage wird unter diesen Gesichtspunkten von der französischen Seite nochmals geprüft. Auch vom Bundesministerium für Wirtschaft wird ein entsprechender Vorschlag erbeten und zugesagt."[18]

Am 27. Oktober unterbreitete die französische Delegation den Verhandlungspartnern ihr Prüfungsergebnis unter erneuter Bezugnahme auf die Schuman-Plan-Erklärung vom 9. Mai. In diesen „Vorschlägen über die Inkraftsetzung des Schuman-Plans im Hinblick auf Vereinbarungen und Praktiken, die einschränkender Natur sind oder die zur Errichtung von Monopolen tendieren", hieß es, dass der Vertragsentwurf Bestimmungen enthalten müsse, die es ermöglichten, „Vereinbarungen oder Praktiken zu verbieten, durch welche die Unternehmen den freien Wettbewerb unterbinden oder sich eine beherrschende Stellung auf dem Markte sichern könnten".[19] Dieser Gedanke sei „bereits Gegenstand der von M. Monnet im Verlauf der engeren Konferenz der Delegationschefs am 4. Oktober vorgebrachten Bemerkungen zu dem Memorandum vom 28. September" gewesen. Jetzt schlage Frankreich vor, „zu verbieten, daß irgendein der Jurisdiktion der Hohen Behörde unterliegendes Unternehmen nur gemeinsam mit einem anderen Unternehmen handeln kann, oder irgendeine Vereinbarung schließen kann, deren Ziel, oder deren direktes oder indirektes Ergebnis auf dem gemeinsamen Markt darin bestehen würde: a) auf irgendeine Weise den freien Wettbewerb zu verhindern, zu beschränken oder zu verändern und insbesondere die Preise festzusetzen; b) auf irgendeine Weise die Produktion zu beschränken oder zu kontrollieren; c) die Märkte, Erzeugnisse, Kunden oder Materialquellen aufzuteilen".

Verstoße „ein Unternehmen gegen die obengenannten Bestimmungen, so muß die Hohe Behörde die Nichtigkeit dieser Vereinbarungen feststellen oder die Einstellung der verbotenen Tätigkeiten anordnen". Darüber hinaus komme es darauf an, Vereinbarungen und Praktiken zu verbieten, „die dazu tendieren, einem Unternehmen eine beherrschende Stellung auf dem Markte zu sichern".

In der industrienahen Presse Westdeutschlands wurde das Memorandum sofort kritisch unter die Lupe genommen. Das *Handelsblatt* meinte, die Vorschläge führten zu einer Anti-Kartell-Kampagne, die die in den USA noch übertreffe und in keiner Beziehung zur europäischen Praxis stehe.[20] Der Autor eines Artikels in der *Deutschen Zeitung* hielt sogar ein internationales Kartell für das beste Integrationsinstrument. Auch im Bundeswirtschaftsministerium wurde der Vorschlag Monnets keineswegs begeistert aufgenommen. So stellte der zuständige Kartellexperte Eberhard Günther fest, dass Monnet über „die Vorschriften der Havanna-Charta und die des deutschen Gesetzentwurfs" hinausgehe.[21] Folge man den Franzosen, seien „alle Vereinbarungen zwischen

Unternehmen, die eine Produktionsbeschränkung, eine Aufteilung von Märkten oder die Festsetzung von Preisen zum Gegenstand haben, verboten". In dieser Beziehung folge „der Vorschlag Monnets dem amerikanischen Recht". Seines Erachtens „sollte der Vorschlag der deutschen Delegation dahin gehen, die Kartellfrage analog den Bestimmungen der Havanna-Charta zu behandeln, d.h. also der Hohen Behörde das Recht zu geben, alle diejenigen Verträge zwischen Unternehmen zu untersagen, die a) den mit dem Schuman-Plan verfolgten Ziele zuwiderlaufen, und b) – (entsprechend der Formulierung der Havanna-Charta) – im zwischenstaatlichen Handel die Konkurrenz verhindern, den Zugang zu Märkten einschränken oder einer Kontrolle monopolartigen Charakters Vorschub leisten, falls das auf diesen Verträgen beruhende Verhalten schädliche Wirkungen für die Entwicklung der Produktion oder des Handels hat".

Tatsächlich legte die deutsche Delegation am 10. November eine an Günthers Gedanken angelehnte „Stellungnahme" vor.[22] Darin hieß es, unter Bezugnahme auf die in Art. 5 der Havanna-Charta niedergelegten Grundsätze, dass wettbewerbsbeschränkende Marktabsprachen zu verbieten seien. Absprachen in diesem Sinne seien „Beschlüsse von Vereinigungen von Unternehmen und Verträge, die Unternehmen oder Vereinigungen von Unternehmen in Verfolgung eines gemeinsamen Zweckes schließen, soweit sie geeignet sind, die Erzeugung oder die Marktverhältnisse für den Verkehr mit Kohle und Stahl im Unionsraum durch Beschränkung des Wettbewerbs zu beeinflussen". Die Hohe Behörde solle für die Wahrung dieser Bestimmungen verantwortlich sein, könne jedoch unter bestimmten Voraussetzungen Ausnahmen von dem generellen Verbot zulassen. Gänzlich negativ war schließlich die deutsche Reaktion auf den französischen Vorschlag zur Monopolfrage, d.h. zu der Klausel „hinsichtlich der Maßnahmen der Hohen Behörde gegen Machtgebilde ohne Kartelleigenschaft und zur Verhütung wirtschaftlicher Machtbildung ohne Kartelleigenschaft". Als Begründung für diese Ablehnung wurde ausgeführt: „Die vorgeschlagenen Maßnahmen greifen so tief in die wirtschaftliche, soziologische und politische Struktur der Unionsländer ein, daß es Sache der Regierungen der Unionsländer bleiben muß, diese Fragen selbst zu regeln."

In den folgenden Wochen sah es eine Zeitlang so aus, als werde die deutsche Position obsiegen. Ein Grund dafür war, dass die von Monnet unternommene Zusammenfassung der bisherigen Verhandlungsergebnisse auch nach Ansicht der übrigen Delegationen nicht mit dem Vereinbarten übereinstimmte. Abgesehen von der Kartellfrage habe man auch „z.B. mit keiner Silbe die regionalen Gruppen erwähnt, die wir doch als ein besonders wichtiges Instrument angesehen haben".[23] Unter diesen Umständen waren die übrigen Delegationen eher geneigt, auf die deutsche Konzeption einzugehen, die „ein generelles Kartell-Verbot vorsieht, aber Ausnahmen zuläßt, während der Entwurf von Monnet nur ein Verbot ohne Möglichkeiten der Ausnahme vorsah". Roland Risse freute sich aber zu früh, wenn er abschließend meinte, dass sich jetzt, „da die deutschen Kartellbestimmungen in den Schuman-Plan übernommen werden, langsam ein europäisches Rechtssystem und hoffentlich auch Europa, wenn auch an einem schlechten Gesetz“, bilden werde. Denn wie Erhard am 1. Dezember 1950 durch einen Vermerk seines Hauses mitgeteilt wurde, war der „von allen Delegationen angenommene deutsche Vorschlag entsprechend dem Grundgedanken des deutschen Kartellentwurfs... von amerikanischer Seite verworfen“ worden.[24] Stattdessen werde eine „weitgehende Verschärfung erörtert“.

Die Spuren dieser amerikanischen Intervention, die Monnet kaum ungelegen gekommen sein dürfte, finden sich in einem Memorandum wieder, das die französische Delegation am 7. Dezember vorlegte. Es handelte sich um eine Neufassung der Art. 41 und 42 des alten Vertragsentwurfs, jetzt nummeriert als Art. 60 und 61.[25] Dem Text vorangestellt waren grundsätzliche Überlegungen, die die anstehenden Probleme noch einmal pointiert zusammenzufassen versuchten und die deshalb an dieser Stelle ausführlicher zitiert werden:

„Der wesentliche wirtschaftliche Zweck des Schuman-Plans besteht darin, den Bedarf der Gemeinschaft durch Errichtung eines Marktes zu befriedigen, auf dem für die Unternehmen ein beständiger Anreiz zur Steigerung ihrer Produktionsfähigkeit und zur Verbesserung ihrer Erzeugung besteht. Das Mittel hierzu ist die Förderung des Wettbewerbs. Soweit die charakteristischen Eigenschaften dieser Industrien und die Änderung der wirtschaftlichen Verhältnisse eine Intervention erforderlich machen, kann sie nur von einer öffentlichen Behörde ausgehen. Die Errichtung privater Monopole sowie die Bildung von Kartellen würde dazu führen, bestehende Verhältnisse erstarren und an die Stelle der Verfolgung gemeinsamer Ziele die Herrschaft privater Interessen treten zu lassen. Die Hohe Behörde kann hier nur dann Einhalt gebieten, wenn sie ausreichende Befugnisse besitzt und diese mit beständiger Wachsamkeit ausübt.“

Dementsprechend bezwecke Art. 41 (60), „die Preisfestsetzung, Kontrolle der Erzeugung, Begrenzung des technischen Fortschritts oder Aufteilung der Märkte durch Vereinbarung zwischen den Erzeugern zu verhindern“. Deshalb müsse dieser Artikel mit dem nächsten zusammengesehen werden; hätten doch beide das Ziel, „Organisationsformen zu beseitigen, die dazu führen, gleichzeitig den Wettbewerb zu unterdrücken und privaten Interessen politischen Einfluß zu verschaffen“.

Die Vorschriften müssten, hieß es weiter, zwei Arten von Zusammenschlüssen erfassen, nämlich einmal den, „der zur Zusammenfassung eines bedeutenden oder beherrschenden Teiles des Marktes eines bestimmten Erzeugnisses“ auf horizontaler Ebene führe; zum anderen den vertikalen Zusammenschluss. „Das Verbot des horizontalen Zusammenschlusses“ sei, „falls dieser die Gefahr der Monopolbildung mit sich bringt,... eine grundlegende Bedingung für die Erreichung der Ziele des Schuman-Plans“. Allerdings müsse „die Durchführung der Grundsätze eine gewisse Elastizität aufweisen.

Es ist nicht davon die Rede, alle Zusammenschlüsse, gleichviel welcher Art, zu verbieten, selbst wenn sie es dem Unternehmen ermöglichen sollten, optimale technische Dimensionen zu erreichen. Ganz im Gegenteil: Wenn gerade darin das Ziel einer Transaktion liegt, ohne dass sie die Gefahr der Marktbeherrschung oder Beschränkung des Wettbewerbs mit sich bringt, dann soll sie auf kein Hindernis stoßen. Es ist jedoch nicht möglich, von vornherein in allen Fällen gültige Merkmale festzulegen. Aus diesem Grund ist eine feststehende Regelung abzulehnen, wie sie sich beispielsweise aus der Festsetzung des prozentualen Anteils an dem gesamten Markt eines Erzeugnisses ergeben würde, bei dessen Überschreitung eine Genehmigung erforderlich oder ein Verbot auszusprechen wäre.... Aus diesem Grunde ermöglicht es die vorgeschlagene Fassung, in Einzelfällen gewisse Transaktionen zu bewilligen und in kollektiver Form gewisse Gruppen von Transaktionen festzulegen, für die es grundsätzlich keiner Genehmigung bedarf. Die Abgrenzung der in dieser Weise vorgenommenen Gruppen muß Sache der Hohen Behörde sein."

Gleiches gelte für den vertikalen Zusammenschluss. Dabei sei es nicht allein ausschlaggebend, dass ein Unternehmen „eine beherrschende Stellung auf dem Markt eines Erzeugnisses" besitze und folglich die Möglichkeit habe, „dort den Wettbewerb durch Festsetzung der Preise oder Begrenzung der Erzeugung oder Verteilung zu beschränken". Entscheidend sei vielmehr die Möglichkeit, „den Wettbewerb in der Kohlen- und Stahlindustrie oder in den Verbraucherindustrien selbst zu verfälschen". So könne der Wettbewerb auch verzerrt werden, „wenn ein Unternehmen gleichzeitig sein eigener Lieferant und im wesentlichen Umfang der Lieferant anderer Verbraucher, insbesondere seiner Konkurrenten" sei. „Das typische Beispiel hierfür ist die Zusammenfassung der Erzeugung von Kohle und Stahl unter gleicher Kontrolle."

Nach allem was wir in anderen Beiträgen zu diesem Band über die amerikanische Anti-Trust-Gesetzgebung und die Diskussionen um ein westdeutsches Wettbewerbssicherungsgesetz gesagt haben, dürften die Ähnlichkeiten mit der Argumentationsführung Monnets in dem Memorandum vom 7. Dezember 1950 deutlich sein. Dementsprechend war auch in der schließlich paraphierten Fassung des Montan-Vertrages die amerikanische Formulierungshilfe unverkennbar. Die Auswertung der einschlägigen Akten dürfte das genaue Ausmaß der Intervention erweisen. Sicher ist, dass Washington – vertreten durch McCloy und seinen Kartellexperten, den Harvard-Professor Robert Bowie – mehr als einmal auf bestimmten Formulierungen bestand. Zuverlässig dürfte wohl auch der Bericht der *Kölnischen Rundschau* vom 22. Dezember 1950 sein, dass die Amerikaner neuerdings ein großes Interesse an einem befriedigenden Abschluss der Schuman-Plan-Verhandlungen gezeigt hätten.[26] Allerdings muss auch betont werden, dass der Kartellartikel des Montan-Vertrages am Ende nicht zu einer Kopie des amerikanischen Vorbildes wurde. Ein Stück europäischer Kartelltradition wurde in leicht verklausulierter Form schließlich doch noch eingebaut. Zwar verbietet Art. 65 (ex-60) Vereinbarungen und Praktiken, die direkt oder indirekt den normalen Wettbewerb im gemeinsamen Kohle- und Stahlmarkt einschränken und verfälschen. In dieser Beziehung ist der Text eindeutig. Auch in Art. 66 (ex-61) klingen amerikanische Praktiken durch: Er verbietet Monopole, lässt aber oligopolistische Konzentrationsbewegungen durchaus zu. Allerdings kann die Hohe Behörde unter bestimmten Umständen Marktabsprachen zur Verbesserung der Produktivität oder Verteilung einzelner Erzeugnisse erlauben. Zudem geben ihr Art. 59 und 61 Eingriffsmöglichkeiten in Krisenlagen. Kurzum, ganz wollten sich die vertragsschließenden Regierungen Westeuropas nicht auf den Mechanismus des Wettbewerbs verlassen, und es muss angenommen werden, dass der Montanindustrie in diesem Punkte am Ende doch noch Erfolg beschieden war.

Um den Durchbruch zum „ersten europäischen Antitrust-Gesetz" (Jean Monnet) zu verstehen, ist noch ein weiterer Fragenkomplex aufzugreifen. Um eine Lösung dieses Problems wurde zur gleichen Zeit in Bonn gerungen und an ihr waren die Amerikaner noch direkter beteiligt als an der Formulierung des Montan-Vertrages. Denn die Ziele, die in Monnets Memorandum vom 7. Dezember 1950 noch einmal postuliert worden waren, galten nicht nur für die Organisation der westeuropäischen Schwerindustrie insgesamt, sondern speziell auch für das Revier als der mächtigsten Industrieregion. Mit anderen Worten, was parallel zu den Pariser Verhandlungen im Herbst und Winter 1950 heftig diskutiert wurde, waren Entflechtung, Verbundwirtschaft und Kartellisierung in der westdeutschen Schwerindustrie. Dass die Befugnisse der zukünftigen Hohen Behörde und das Ende der alliierten Besatzungspolitik der vierziger Jahre zusammenhingen, war seit langem offenbar. Auf dem ersten Höhepunkt der Krise um die Wettbewerbsklauseln des Montan-Vertrages im Herbst 1950 war es jedoch Hallstein, der Monnet erneut darauf hinwies, „daß die anstehenden Probleme der Durchführung des Gesetzes [Nr.] 27 eng mit den Fragen des Schumanplans betr. Kartell- und Konzernbildung zusammenhängen".[27] Monnet vermittelte schließlich eine Besprechung zwischen McCloy einerseits und Erhard, Hallstein und Walter Bauer andererseits, die im Hause des Hohen Kommissars stattfand. McCloy zog noch „die Herren Bowie und Whitman (der Sohn des früheren [Weimarer] Staatssekretärs Weissmann in Berlin)" hinzu.

In der Besprechung ging es um zwei Komplexe: die Verbundwirtschaft zwischen Kohle und Stahl und den zentralisierten Kohlenverkauf. Es hatte lange gedauert, bis sich die drei Westalliierten im Mai 1950 auf das Gesetz Nr. 27 geeinigt hatten. Die damaligen Verhandlungen wurden auch dadurch nicht erleichtert, dass in der westdeutschen Presse nach der Gründung der Bundesrepublik immer häufiger die Forderung zu hören gewesen war, die Verantwortung für die Reorganisation der Schwerindustrie der Bundesregierung zu übertragen. Dementsprechend hatte Adenauer am 22. Januar 1950 an McCloy geschrieben und gebeten, die Bundesregierung gemäß Paragraph 4 des Besatzungsstatuts zu ermächtigen, „gesetzgeberische Maßnahmen zur Neuorganisation der Kohle- und Stahlindustrie zu ergreifen".[28] In seiner

Antwort vom 23. Februar begrüßte der Amerikaner zwar „das zum Ausdruck gebrachte Interesse der Bundesregierung an der Entflechtung dieser Industrien, um so gesunde, konkurrenzfähige Unternehmen zu schaffen", wollte die Befugnisse auf diesem Gebiet aber in eigener Hand behalten. Erst bei der Durchführung des dann im Mai 1950 erlassenen Gesetzes Nr. 27 könne „die Unterstützung und die Mitarbeit der Bundesregierung sehr nützlich sein". Zudem erwarte die Hochkommission zu jenem Zeitpunkt auch „die Ansichten der deutschen Interessenten und Organisationen" zu erfahren und die Vorschläge Bonns zu erhalten.

Die Phase der Durchführung begann im September 1950, als die Hochkommission der Bundesregierung die Liste der nach Gesetz Nr. 27 zu liquidierenden Unternehmen überreichte. Bonn reagierte hinhaltend. Das Wirtschaftsministerium schlug in seinem Entwurf einer westdeutschen Antwort auf das alliierte Entflechtungsverlangen vor, die Hohen Kommissare um eine Aussetzung der Durchführung zu bitten, bis die Beratungen mit der Bundesregierung abgeschlossen seien.[29]

Die Bonner Vorstellungen scheinen McCloy immerhin veranlasst zu haben, die Vorlage der deutschen Pläne abzuwarten. Von deutscher Seite wurden in den folgenden Wochen umfangreiche Konsultationen durchgeführt, und im Spätherbst erschienen dann Presseberichte, dass diese innerdeutschen Verhandlungen kurz vor ihrem Abschluss stünden.[30] Als das Ergebnis der Hochkommission im November schließlich vom Bundeskanzleramt zugestellt wurde, war man von einer Einigung mit den Alliierten jedoch noch weit entfernt. Jedenfalls stellte am 30. November 1950 die Düsseldorfer „Steel Control Group" erst einmal ihre eigenen Vorstellungen zur Stahlentflechtung den deutschen Vorschlägen entgegen. Diese Entwicklungen scheinen den Hintergrund darzustellen für die erwähnte Unterredung zwischen McCloy, Bowie und Whitman einerseits, Erhard, Hallstein und Bauer andererseits. Die Deutschen kamen sehr schnell auf die Verbundwirtschaft zu sprechen, an der die Ruhr unbedingt festhalten wollte. Ob es nun an der nicht gerade gelösten Atmosphäre oder an der deutschen Argumentationsweise lag, das Gespräch „verlief teilweise in einer theoretischen Diskussion, die besonders von Mr. Bowie geführt wurde", und „war im ganzen gesehen nicht besonders erfolgreich". Soweit es die Verbundwirtschaft selber betraf, meinten die Amerikaner, dass die Gründe, die bisher zu ihren Gunsten „von der Industrie vorgetragen worden seien, nicht besonders eindrucksvoll gewesen seien". Es muss offen bleiben, ob es auf diese Kritik der Amerikaner zurückzuführen ist, wenn schon am Abend des der Unterredung folgenden Tages im Wirtschaftsministerium ein Fernschreiben der „Wirtschaftsvereinigung Eisen- und Stahlindustrie" eintraf.[31] Auf jeden Fall ist das Dokument ein Beweisstück dafür, dass es falsch wäre, den weiterhin gegebenen indirekten Einfluss der in Bonn operierenden Industrieverbände zu übersehen. Substanziell ging es der Wirtschaftsvereinigung in diesem Falle darum, noch einmal die Notwendigkeit der Verbundwirtschaft darzulegen. Vier Tage später machte sich auch der

Generaldirektor der Deutschen Kohlenbergbauleitung (DKBL) Heinrich Kost in einem Schreiben an Adenauer für die Verbundwirtschaft stark.[32] Der Bergbau, so schrieb er, halte „es für untragbar, daß eine Verbindung zwischen Kohle und Eisen ausgeschlossen ist, während die Verbindung zwischen Eisen und Eisenerz [in Frankreich] möglich“ sei: „Im Interesse der Ruhrwirtschaft muß ein Verbund Kohle/Eisen im Schumanplan gefordert werden.“

Betrachtet man die schließlich gefundene Lösung für die Umgestaltung der westdeutschen Schwerindustrie, wird deutlich, dass die deutschen Appelle an die Amerikaner nicht ganz unerhört blieben. Insgesamt zielten die USA darauf, für den europäischen Wiederaufbau gleiche Startbedingungen herzustellen. Das bedeutete, dass den Franzosen die Angst vor übergroßen westdeutschen Konzernen durch deren partielles Zurückstutzen genommen werden musste, während man dennoch hinreichend große Einheiten beibehielt, die als Motoren europäischer Produktivität und europäischen Wettbewerbs dienen konnten. Dieses Gleichgewicht konnte zwar nicht bis auf eine Dezimalstelle austariert werden und erforderte politisches Urteil. Dennoch bestand für die Stahlindustrie kein Grund, mit der schließlich gefundenen Lösung allzu unzufrieden zu sein; im Hinblick auf die bald einsetzende Krise des Kohlenbergbaus konnte sie rückschauend den Amerikanern sogar direkt dankbar sein.

Die Erwähnung des Bergbaus führt noch auf einen weiteren Fragenkomplex hin, der Gegenstand der Unterredung vom 13. Dezember 1950 gewesen war: der westdeutsche Kohlenverkauf. Dazu ist zunächst relevant, dass nicht zuletzt unter dem Druck der Kohlennot eine zentrale Verkaufsorganisation auch nach dem Zweiten Weltkrieg tätig blieb, die mancherlei Merkmale des alten Rheinisch-Westfälischen Kohlensyndikats (RWKS) als Verkaufsorganisation besaß. Während die Amerikaner diese Organisation in den späten vierziger Jahren wohl oder übel duldeten, wurden sie im Sommer 1950 auch in dieser Frage erneut aktiv. Am 18. Juli erhielt Kost von der „Combined Coal Control Group“ (CCCG) in Essen-Hügel die Mitteilung, dass der Deutsche Kohlenverkauf (DKV) bis zum 1. Oktober 1950 in kleinere Einheiten aufzuspalten sei.[33] In einer ersten Reaktion darauf hatte sich Kost dann bereit gezeigt, „die Organisation des DKV der durch die Trennung des Verkaufs von Stein- und Braunkohle einerseits und der durch die Bildung von Verkaufsstellen für Aachener und Niedersächsische Steinkohle andererseits geschaffenen neuen Lage anzupassen und entsprechend der Regelung für die übrigen Verkaufsstellen auch der neuen Organisation für den Verkauf der Produkte des rheinisch-westfälischen Reviers eine deutsche Rechtsform zu geben“.[34]

Während des Sommers stellte er dann einen Ausschuss aus der DKBL, dem DKV und Zechenvertretern zusammen, der seine Aufgabe jedoch nur halb verrichten konnte. Denn er kam zu dem Ergebnis, „daß angesichts der noch nicht abgeschlossenen Ausgestaltung des westdeutschen Kohlenbergbaus im Rahmen des Gesetzes Nr. 27 der Hohen Kommission die neue Revierverkaufsstelle nur als ein Provisorium gebildet werden“ könne. Daher dürften auch „keinerlei Rückschlüsse für die endgültige Neugestaltung des Vertriebs der Gesellschaften des rheinisch-westfälischen Steinkohlenreviers gezogen werden". Aus diesem Grunde sei die Lebensdauer der zu gründenden Gesellschaft auf den 30. September 1952 befristet worden. Aufgabe der Gesellschaft sei es, den Vertrieb „der von den Zechengesellschaften des genannten Reviers erzeugten Brennstoffe in der bisher vom DKV geübten Form" fortzuführen.

Wie Kost der CCCG weiter erklärte, hatte er auch schon eine Satzung für die neue Gesellschaft ausarbeiten lassen, die zunächst den Namen „Rheinisch-Westfälischer Kohlenverkauf G.m.b.H." tragen sollte. Auf einer für den 3. Oktober 1950 anberaumten Gründungsversammlung wurde dieser Name dann aber zugunsten einer „Ruhr-Kohlen-Verkaufs G.m.b.H. zu Essen" (RKV) abgeändert. Am folgenden Tag übersandte Kost der CCCG diese Satzungsneufassung mit der Bitte, ihr zuzustimmen. Diese Zustimmung ließ aber auch Anfang Dezember noch auf sich warten. Noch bedenklicher war es von Kosts Standpunkt aus gesehen, dass ihm Mitteilungen vorlagen, „aus denen geschlossen werden kann, dass die englischen und französischen Partner der CCCG dieser Zwischenlösung zustimmen wollten, dass sich die amerikanische Gruppe aber der Errichtung der geplanten Verkaufs-Organisation" entgegenstelle.[35] Die Lage hätte sich zuletzt noch dadurch verschärft, „daß diese amerikanische Einstellung auch bei den Verhandlungen über den Schumanplan in Paris sich durchzusetzen sucht". Bowie habe „verlangt, daß durch einen von ihm formulierten Paragraphen in den Schumanplan eine Bestimmung aufgenommen werden soll, die die Schaffung und Anerkennung jeder Gemeinschafts-Verkaufsorganisation verbietet. Die Vertreter aller beteiligten Staaten hatten bis dahin gebilligt, daß sich solche Absatzorganisationen, wo sie zweckmäßig erscheinen, bilden können." Bowies Haltung sei nur „aus der bekannten amerikanischen Ideologie" heraus verständlich, „die aber die europäische Kohlensituation vollkommen außer acht" lasse.

Nicht weniger verbitternd fand Kost es, dass es „in Frankreich eine einheitliche Organisation durch Verstaatlichung des Bergbaus" gebe. Auch in Holland befinde sich „der Bergbau zu 65 Prozent in Staatseigentum"; die *Staatsmijnen* hätten dort „die absolute Führung", während „für Belgien im Schumanplan für die nächste Zukunft ein besonderes Statut gelten" solle. Schließlich sei auch der Einwand der Amerikaner nicht haltbar, „daß ein Gemeinschaftsverkauf aller Ruhrzechen eine übermäßige Konzentration wirtschaftlicher Macht darstelle". Kost kam zu dem Schluss, dass „die europäische Lage ... eine Politik stabiler Preise" erfordere, „nicht zuletzt mit Rücksicht auf die schon oben erwähnte geringe Elastizität des Bergbaus". Der Bergbau bekenne sich daher „im Einvernehmen mit den Gewerkschaften... einhellig zum Prinzip des Gemeinschaftsverkaufs". Er könne und werde „angesichts seiner Verantwortlichkeit dieses Prinzip auch nicht preisgeben".

Zwei Wochen später wurde Kost noch nachdrücklicher, nachdem er sich in einer Sitzung des paritätisch besetzten Beirats der DKBL am 11. Dezember die

Unterstützung seiner Kollegen geholt hatte. In seinem zweiten Schreiben an Adenauer warnte er „mit allem Nachdruck vor der Einwilligung in das Verbot eines gemeinschaftlichen Kohlenverkaufs".[36] Nur in der Frage der Ausgleichszahlungen für die unwirtschaftlich arbeitenden belgischen und nordfranzösischen Gruben zeigte er sich insofern flexibel, als er das Prinzip akzeptierte und nur für eine klare und unabänderliche Befristung der Subventionen eintrat. Auf der Suche nach einem Ausweg aus der Zwickmühle, in die die Bundesregierung zwischen Amerika, Frankreich und Ruhrindustrie geraten war, hatte Erhard am 11. Dezember eine Notlösung ventiliert.[37] Zwar war er gegen „die Einrichtung eines staatlichen Verkaufskontors, die alle Bedenken der französischen und amerikanischen Gesprächspartner zerstreuen würde,... weil die Sozialisierung des Verkaufs leicht zur vollen Sozialisierung" führe. Die deutsche Delegation könne, fuhr der Bundeswirtschaftsminister fort, aber „ermächtigt werden, notfalls einer Lösung zuzustimmen, die Selbstverwaltungszusammenschlüsse der Wirtschaft für die Verkaufsaufgabe unter der Voraussetzung zuläßt, daß diese Zusammenschlüsse einer gesetzlich angeordneten staatlichen Kontrolle, gegebenenfalls mit Zwangsanschluß von Außenseitern, unterworfen" würden.

Mögen solche Äußerungen auch verdeutlichen, dass Erhard und Erhards Wirtschaftsministerium keineswegs kategorisch einem neoliberalen Dogma anhingen und recht pragmatisch waren, so zeigte sich zu Beginn des Jahres, dass das auch nicht der rettende Weg war. Jedenfalls meinte Hallstein am 13. Januar 1951 in einer vorbereitenden Besprechung für die zwei Tage später anberaumte Sitzung des Schuman-Plan-Kabinettsausschusses, dass „von den seitens des BWM zur Erhaltung des Gemeinschaftsverkaufs für Ruhrkohle erwogenen Möglichkeiten... keine positive Wendung in den Verhandlungen mit der Hohen Kommission bezw. den Franzosen" erwartet werden könne.[38] Ebenso blieben „Kartelle unter strengster Staatsaufsicht... Amerikanern wie Franzosen höchst suspect", und das gelte auch für eine Ruhrkohlenverkaufsorganisation. Hallstein fügte hinzu, dass nach den Eindrücken, die er in den Verhandlungen mit der Hochkommission gewonnen habe, „ein eindeutiges ‚deutsches Nein'... auf eine Katastrophenpolitik" hinauslaufe. Seiner Meinung sei es auch nicht möglich, „in Paris eine Bestimmung durchzusetzen, wonach der Hohen Behörde die Genehmigungsmöglichkeit für gesamtwirtschaftlich nützliche Verkaufseinrichtungen vorbehalten" bleibe. Angesichts dieser Schwierigkeiten müsse er darauf drängen, „doch eine funktionelle Aufgliederung des DKV oder einen sonstigen Abbau im Sinne der Zusage des Herrn Ministers bei McCloy in Aussicht zu nehmen". Schließlich legte Hallstein noch nahe „in Rücksichtnahme auf die amerikanische Mentalität für einige wichtige Testfälle möglichst kurzfristig die Zustimmung der Hohen Kommission zu erreichen". Denn „mit Unterzeichnung des Schumanplans würden... weitere Maßnahmen der Hohen Kommission gemäß Gesetz 27 entfallen", während die Testfälle „praktisch sowohl die Hohe Kommission wie auch bei etwaigen späteren Entschließungen die Hohe Behörde auf diesem

Gebiet“ bänden. Offenbar stand hinter diesen Vorschlägen eine klare Einsicht in die „amerikanische Mentalität“; auf jeden Fall scheint Hallstein vermutet zu haben, dass die Amerikaner in der Dekartellisierungsfrage hart bleiben würden, während ihnen eine scharfe Entflechtung längst nicht mehr am Herzen lag. Deshalb die Idee, einige „Testfälle“ durchzusetzen und mit der Unterzeichnung des Montanunion-Vertrages nicht mehr zu lange zu warten.

Kost dagegen war weiterhin keineswegs zu einer Auflösung seines rheinischen Verkaufskartells bereit. Am 12. Januar 1951 sprach er in einem Fernschreiben an Adenauer erneut die Gefahr an, dass die endgültige Zerstörung des DKV gefordert werden würde.[39] Doch obwohl es in der zweiten Januarhälfte noch zu einigem Manövrieren und Kompromissvorschlägen kam, war in Paris und bei der Hochkommission nur eine radikale Lösung akzeptabel. Zweimal noch versuchte die DKBL vor der Paraphierung des Schuman-Plan-Vertrages den Gang der Verhandlungen im Sinne ihrer Konzeption zu beeinflussen[40], doch ist an beiden Denkschriften auffällig, dass das deutsche Kohlensyndikat in erster Linie durch historische Rückgriffe begründet wurde, so als sei beabsichtigt gewesen, seinen Wert vor der Geschichte zu rechtfertigen. So schloss die zweite Denkschrift nach einem bis in die Anfänge des RWKS zurückgehenden Überblick mit der zusammenfassenden Feststellung ab, „daß das Syndikat eine durch jahrzehntelange Erfahrungen erprobte sinnreiche Form des Ineinandergreifens staatlicher Kontrollen und privatwirtschaftlicher Beteiligung war, die auch den sozialen Belangen im Bergbau Rechnung zu tragen geeignet waren“. Gerade aber solche Organisationen – das zeigten die Verhandlungen immer wieder – waren vor allem für die Amerikaner undenkbar. Mitte März stimmte die Bundesregierung der Auflösung der DKBL und des DKV zu. Wie Erhard den Bundeskanzler kurz darauf noch einmal erinnerte, war das diesbezügliche Memorandum der Bundesregierung „von den Wünschen der amerikanischen Verhandlungspartner fast ultimativ beeinflußt worden“.[41] Wie tief auf der anderen Seite die Syndikatsidee im Ruhrbergbau verwurzelt war, zeigte sich noch einmal bei der Durchführung der Auflösungsvereinbarung. Auch hier musste McCloy in den folgenden Monaten erneut sehr massiv eingreifen.[42]

Was immer die Bundesregierung in der Frage des Kohlenverkaufs an Zugeständnissen machen musste, auf anderen Gebieten eröffneten die Paraphierung des EGKS-Vertrages und die damit zugleich vereinbarte Neuordnung der Ruhrindustrie erhebliche Vorteile. Die Tür zu einem größeren europäischen Markt war einen Spalt aufgestoßen worden und vergrößerte die Hoffnung, dass man über die Montanindustrie hinaus zu einem gemeinsamen Markt gelangen könnte. Der Unsicherheit, die infolge der verschleppten, aber immer noch drohenden Entflechtung sowohl unter den Managern als auch den Aktionären der betroffenen Konzerne herrschte, wurde insofern ein Ende bereitet, als Gestalt und Umfang der Nachfolgefirmen jetzt klar wurden. Die westdeutsche Stahlindustrie errang nicht nur Konzessionen in der Frage der Verbundwirtschaft, sondern auch der der Stahlquote, die für 1950 noch auf

11,1 Millionen Tonnen festgesetzt worden war. Die Errichtung eines gemeinsamen Montanmarkts unter Aufsicht der Hohen Behörde machte den alliierten Limitierungen ein Ende. Auch die im Ruhrstatut der Internationalen Ruhrbehörde übertragenen Aufsichts- und Kontrollrechte wurden als Teil des in Paris und Bonn geschlossenen Kompromisses beseitigt. Diese wurde im September 1952 aufgelöst.

Mit der Schaffung der Montanunion wurde einer der großen Durchbrüche in der europäischen und westdeutschen Industrie-Politik erzielt. Zwar konnte die Ratifizierung des Vertrages in den einzelnen Ländern nicht problemlos vollzogen werden.[43] Doch die größte Schwierigkeit, an der der Schuman-Plan ohne die Hilfe der Amerikaner sehr wohl hätte scheitern können, war überwunden. Deren Intervention erregte in der westdeutschen Industrie seinerzeit viel Bitterkeit, der etwa die *Deutsche Zeitung* im Januar 1951 Ausdruck gab, als sie schrieb, das Schicksal des Schuman-Plans werde weder in Bonn noch in Paris, sondern in Washington entschieden.[44] Und der Erfolg dieser Verhandlungen sei wiederum davon abhängig, ob die Amerikaner in der Frage der Reorganisation der westdeutschen Industrie ihre Konzeption durchsetzen könnten. Etwas anders fasste rückblickend Sidney Willner, der Chef der Dekartellisierungsabteilung in der Hochkommission, die Probleme zusammen.[45] Er habe, sagte er, seinerzeit die Konzentration der französischen Industrie „sehr sorgfältig geprüft". Dabei hätten sich zwar Beweise für diverse Verflechtungen ergeben; „jedoch gingen in keinem Fall in Frankreich die Beteiligungen so weit, daß über sie wettbewerbsbehindernde Kontrollen ausgeübt werden" konnte. Seiner Meinung nach sei daher „die Konzentration der französischen Montanindustrie [und] die der deutschen nach der Entflechtung gleichwertig". Zwar sei nicht zu bestreiten, „daß die in Deutschland durchgeführte Dekartellisierung im Vergleich z.B. zu den französischen Verhältnissen in einem gemeinsamen Markt ungleiche Wettbewerbsverhältnisse ergebe". Diese Frage sei aber deshalb nicht mehr „sonderlich wichtig, weil mit Inkrafttreten des Schumanplanes jegliches Kartell in einem der Unions-Länder automatisch ‚illegal' würde". Insgesamt habe er seine Aufgabe darin gesehen, „auch in Deutschland die Möglichkeiten zu der Form des Wettbewerbs zu schaffen, wie sie in den USA gegeben sei".

Teil C:
Amerikanische Stiftungen, „Massenkultur“ und transatlantische Netzwerke 1918 – 2000

13. Europäischer Elitismus, amerikanisches Geld und Populärkultur

Der Kalte Krieg begann in Europa 1945/46 mit einer kurzen Periode des Schwankens, als sich Ost- und Westeuropäer, angeführt von ihren intellektuellen Eliten und Bildungsschichten, erneut auf die in der Zwischenkriegszeit begonnene Suche nach einem „dritten Weg" zwischen einem amerikanischen Kapitalismus und einem sowjetischen Kommunismus begaben. Doch schon bald mussten sie sich im Westen – wenn auch etwas zögerlich – damit abfinden, dass die Vereinigten Staaten politisch-militärisch und wirtschaftlich-technologisch zur Hegemonialmacht geworden waren, in deren Schutz man sich angesichts des Eindrucks einer sowjetischen Bedrohung stellen musste.

Allerdings war diese Akzeptanz der USA nicht total. Dieselben Eliten hatten große Schwierigkeiten mit dem gleichzeitig von Amerika vorgetragenen Anspruch auf eine kulturelle Hegemonie. So schwer die Westeuropäer durch den Weltkrieg auch militärisch, industriell und kommerziell angeschlagen waren, gegenüber der Supermacht jenseits des Atlantiks fühlten sie sich bezogen auf ihr Geistesleben weiterhin überlegen und selbst zwölf Jahre barbarische NS-Herrschaft hatten auf diesem Gebiet keine Zweifel hinterlassen. Was die Amerikaner an Kultur produziert hatten, war in westeuropäischer Sicht bestenfalls ein Abklatsch dessen, was Europa an Hochkultur geschaffen hatte, und im schlimmsten Fall kitschige, vulgäre und primitive Unkultur.

Wo immer ihnen diese Einstellungen nach 1945 in Westeuropa nicht nur unter Intellektuellen, sondern auch unter Gebildeten begegneten, reagierten die amerikanischen Eliten irritiert und einige von ihnen fassten den Entschluss, solche Fehleinschätzungen zu ändern. Ja, sie glaubten sogar, dass die politische und ökonomische Hegemonie Amerikas in Westeuropa nicht gesichert sei, wenn die Europäer nicht ihren Überheblichkeitskomplex überwanden und die Leistungen der Neuen Welt nicht zumindest als ebenbürtig anerkannten. Nur wenn diese Akzeptanz erreicht sei, könne man von einer atlantischen Gemeinschaft sprechen, die man damals gegen die Bedrohung und Herausforderung des Sowjetblocks zu bauen begonnen hatte, und zwar nicht nur in wirtschaftlich-materieller oder militärischer Hinsicht, sondern auch in ihren geistigen Werten und ihrer Weltanschauung.

Die Schaffung einer von den Amerikanern geführten atlantischen Gemeinschaft erschien umso dringlicher, als es in dem Wettbewerb mit den Sowjets ja nicht nur um einen Kampf um die militärische und politische Führung ging, sondern auch um eine kulturelle und philosophische Herausforderung. Denn auf die Traditionen der Zwischenkriegszeit aufbauend hatte die östliche Supermacht bald nach Kriegsende auch damit begonnen, Kongresse und Treffen von Künstlern und Intellektuellen zu organisieren, auf denen sich Kommunisten mit *fellow-travelers* aus dem Westen zu Diskussionen trafen, um die Grundsteine für eine von den Sowjets geführte neue Weltordnung zu legen. Heute, da dieses Modell zusammengebrochen ist, wird oft vergessen, dass der Sowjetblock damals im Westen als eine umfassende Bedrohung gesehen wurde, die nicht nur machtpolitischer und wirtschaftlicher, sondern auch kultureller Natur war. Der erste Teil dieses Artikels konzentriert sich auf eben diese geistige Herausforderung. Im Weiteren werden wir dann auf die westeuropäische Furcht vor einer „Massengesellschaft" zu sprechen kommen, bevor schließlich die amerikanische Populärkultur und die Rolle „amerikanischen Geldes" in der Kulturpolitik der Amerikaner zu analysieren sein wird.

Eine der oft erwähnten Veranstaltungen, auf der Ost und West geistig mit ihren jeweiligen Überlegenheitsansprüchen zusammenprallten, war der von den Kommunisten im Oktober 1947 in Berlin organisierte Schriftstellerkongress. Auf ihm traten neben einer größeren Anzahl von *fellow-travelers* auch eine Reihe von antikommunistischen Intellektuellen auf, um die stalinistische Kulturpolitik und das Kunstschaffen im Osten zur Diskussion zu stellen.[1] Davon überzeugt, dass die westliche Position sehr deutlich artikuliert werden müsse, meldete sich ein junger Amerikaner, Melvin Lasky, der für die amerikanischen Besatzungsbehörden arbeitete, in der Plenarsitzung zu Wort. Sein Angriff war so scharf und provozierend, dass mehrere kommunistische Teilnehmer unter Protest den Saal verließen.

Hiernach herrschte vor allem unter amerikanischen Schriftstellern und Akademikern angesichts des eskalierenden Kalten Krieges mehr und mehr die Ansicht, dass man eine intellektuelle Gegenbewegung gegen den Osten schaffen müsse. Mit der Ermunterung und finanziellen Unterstützung des amerikanischen *Office of Military Government* (OMGUS) und führender Westberliner Politiker wurde daraufhin 1950 der erste Kongress für kulturelle Freiheit (KKF) einberufen.[2] Aus diesem Kongress, der ein großer Erfolg war, ging bald eine permanente Vereinigung mit dem gleichen Namen hervor, die ihr Hauptquartier in Paris aufschlug und Unterorganisationen in den westeuropäischen Ländern aufbaute. Es gab zuvor auch schon einen amerikanischen KKF, dessen Mitglieder beim Aufbau des westeuropäischen Netzwerks mithalfen.

Der europäische KKF entwickelte sofort eine lebhafte Tätigkeit und organisierte nun seinerseits Kongresse zu den großen Themen dieser Epoche des Kalten Krieges.[3] Der erste wurde im Anschluss an den Berliner Erfolg in Paris abgehalten und beschäftigte sich mit moderner Kunst und anderen hochkulturellen Fragen. Er war in erster Linie darauf ausgerichtet, kommunistische Kunst und die ästhetischen Theorien des Sozialistischen Realismus zu konterkarieren. Er fiel wohl nicht zufällig zusammen mit einer Ausstellung mexikanischer Kunst, die mit kommunistischer Unterstützung in der französischen Hauptstadt stattfand. Auf dem KKF-Kongress wurden u. a. Werke von Alban Berg, Benjamin Britten und Arnold Schoenberg aufgeführt. Igor Strawinsky dirigierte das Opern-Oratorium *Oedipus Rex*, für das Jean Cocteau das Bühnenbild entworfen hatte. Es gab Diskussionen über moderne Literatur und eine Ausstellung von 150 Bildern, unter denen den französischen Meistern ein gebührender Platz eingeräumt wurde, aber auch amerikanische Meister gezeigt wurden. Und damit die ideologische Pointe nicht verloren ging, hatten die Veranstalter auch Werke von den in der Sowjetunion verbotenen Komponisten Sergei Prokofjef und Dimitri Schostakowitsch ins Programm gesetzt. Es wurden auch „Gottesdienste für die Opfer totalitärer Unterdrückung" abgehalten.

Der nächste große KKF-Kongress zog dann unter dem Motto „Wissenschaft und Freiheit" 1953 nach Hamburg.[4] Er richtete sich vor allem gegen den Lysenkoismus und die Unterordnung der Wissenschaften unter die staatliche Planung mit ihrem Anspruch, die Bedürfnisse einer sozialistischen Gesellschaft am besten zu verstehen. Hamburg war auch als Gegengewicht gegen den „wissenschaftlichen Marxismus" in den Sozialwissenschaften gerichtet, und prominenten Philosophen und Soziologen wie Sidney Hook, Raymond Aron, Bruno Snell, Theodor Litt und Edward Shils wurde ausgiebig Gelegenheit gegeben, ihre Positionen zur Freiheit der Forschung und zu wissenschaftlichem Pluralismus vor zahlreichen Zuhörern zu erläutern. Schließlich gab es 1955 noch einen Kongress in Mailand, der die „Zukunft der Freiheit" zum Thema hatte. Abgesehen von Professoren und Intellektuellen zog dieses Treffen auch Politiker der „neuen" sozialdemokratischen Linken in Westeuropa an, sowie starke Delegationen aus Indien, Japan, dem Nahen Osten, Lateinamerika und Afrika.

Jenseits solcher Veranstaltungen engagierte sich der KKF auch im anspruchsvollen Journalismus.[5] Im Jahre 1953 half er bei der Gründung von *Encounter*, die zur führenden englischsprachigen intellektuellen Monatsschrift aufstieg. Der KKF subventionierte auch Laskys *Der Monat*, der – bereits 1948 gegründet – zunächst von OMGUS und später von der amerikanischen Hochkommission in der Bundesrepublik unterstützt wurde. Allerdings verlor die Zeitschrift 1952 diese Unterstützung und musste sich daher nach einem neuen Mäzen umsehen. Diese und andere Engagements des KKF verschlangen erhebliche Mittel, die – wie 1966 dann publik wurde – teils von der amerikanischen *Central Intelligence Agency* (CIA), teils von den großen amerikanischen Stiftungen und insbesondere von der Ford-Stiftung kamen.

Obwohl der Kalte Krieg die Kulisse darstellte, vor der alles geschah, was bisher über den „Kulturkampf" gegen den Sowjetblock gesagt wurde, gab es zugleich ein Rätsel, das im Zentrum dieses Artikels steht: Ab Mitte der fünfziger Jahre machte sich unter westlichen Intellektuellen und auch unter den Referenten der Ford-Stiftung eine wachsende Stimmung breit, dass der Kulturkrieg gegen den Osten langsam gewonnen würde. Da waren einmal die Gerüchte, die immer unüberhörbarer auf beiden Seiten des Eisernen Vorhangs über die stalinistischen Säuberungen vor und nach dem Zweiten Weltkrieg zirkulierten. Vor diesem Hintergrund ist zu erklären, dass immer mehr Intellektuelle und Akademiker, die früher einmal mit dem Kommunismus sympathisiert hatten, sich von diesen Positionen und ihren einstigen ideologischen Freunden distanzierten. Die östliche Kulturoffensive, die 1946/47 noch so erfolgreich zu sein schien, verlief zehn Jahre später zunehmend im Sande. Der Sozialistische Realismus in Kunst und Literatur schien immer weniger attraktiv. Mehr noch: unter den Intellektuellen in Polen, Ungarn und der Tschechoslowakei schaute man zunehmend gen Westen und begann, nach Stalins Tod im Jahre 1953 verstärkt für eine Lockerung der ideologischen Fesseln zu arbeiten, die der Kommunismus angelegt hatte.

Für den KKF und seine Sponsoren stellten die Unruhen in Polen und Ungarn im Herbst 1956 das deutlichste Zeichen dafür dar, dass die Sowjetunion keine ernste kulturelle Gegenkraft mehr war. Seitdem taten sie daher ihr Bestes, ein intellektuelles Ferment in Osteuropa zu fördern. Es wurden Austausche von Studenten und Akademikern organisiert, die mit Stipendien für kürzere oder längere Perioden im Ausland studieren konnten.[6] Obwohl die Rückwirkungen dieser Programme, den Dialog zu intensivieren, nicht unterschätzt werden sollten und obwohl diese Programme auch im Zusammenhang mit der bald einsetzenden Entspannungspolitik gesehen werden müssen, blieben die Summen, die hier investiert wurden, relativ gering. Dies galt auf jeden Fall im Vergleich zu den Geldern, die bis auf Weiteres für kulturelle Projekte in Westeuropa bereitgestellt wurden. Die Gründe für dieses Ungleichgewichtigkeit hatten allerdings nur wenig mit dem Ost-West-Konflikt zu tun. Vielmehr müssen sie im breiteren Zusammenhang mit den schon kurz erwähnten Einstellungen der Westeuropäer gegenüber der amerikanischen Gesellschaft und Kultur gesehen werden, sowie den Reaktionen, die diese Perzeptionen auf der anderen Seite des Atlantiks auslösten.

Den europäischen Debatten zum Thema Amerika lagen nicht nur „Überheblichkeits-Gefühle“ zugrunde, sondern auch tief sitzende Ängste der europäischen Eliten gegenüber den „Massen“. Diese Ängste waren eine Antwort auf die seit der Französischen Revolution gemachten Erfahrungen, als diese „Massen“ zum ersten Mal eine zentrale Rolle bei der Radikalisierung der Revolte gegen die Monarchie gespielt hatten. Nach dem Juli 1789 und noch mehr während des nachfolgenden Terrors schien es, als seien die Fluttore geöffnet worden, durch die nun die „Demokratie“, alles Herkömmliche mit sich reißend, hereinströmte. Obwohl die Revolutionäre am Ende durch Napoleon gebändigt wurden, dessen Volksarmeen wurden bald darauf im übrigen Europa als eine *levée en masse* in anderer Verkleidung angesehen. Für das aristokratische Europa war es daher eine große Erleichterung, dass die Bedrohung durch die Französische Revolution nach dem Sieg über Napoleon I. in den Befreiungskriegen auf dem Wiener Kongress und in der folgenden Restaurationsperiode bis auf Weiteres eingedämmt werden konnte.[7]

Die europäischen Revolutionen von 1848/49 erschütterten dann erneut den Glauben, dass die Restauration von Dauer sein werde. Das Zeitalter der „Massen" schien nun definitiv begonnen zu haben und konnte nicht mehr zurückgedrängt werden. Was man allenfalls erhoffen konnte, war, dass es gelang, die politischen Energien dieser „Massen" zu kanalisieren, wie sowohl Napoleon III. als auch Bismarck es unternahmen. Sie führten das allgemeine Wahlrecht für Männer ein in der Hoffnung, die konservativen Bauern gegen die „machthungrige" Bourgeoisie und deren nunmehrigen Anspruch auf Teilhabe an der Macht ausspielen zu können.[8] Bismarck tat den Schritt in eine „moderne" Politik nicht, weil er ein Demokrat war, der an die „Herrschaft des Volkes" glaubte. Später bereuten er und seine Nachfolger es bitter, dass er Preußen-Deutschland in die reißenden Wasser einer Politik der „Massen" gestürzt hatte. Denn Letztere waren jetzt zunehmend nicht mehr Landwirte, sondern Industriearbeiter, die in den städtischen Zentren lebten und sich durch die Sozialdemokratische Partei am besten vertreten fühlten. So kam es, dass zu Beginn des 20. Jahrhunderts nicht nur Monarchen und konservative Aristokraten – die alten Eliten Europas – sondern auch die neuen Eliten aus den gebildeten und gewerblichen Mittelklassen besorgt nach Mitteln suchten, um das weitere Voranschreiten der „Demokratie" zu verhindern.

Von ihrem Standpunkt aus gesehen war noch schlimmer, dass man es nicht nur mit den „Massen" in der Heimat zu tun hatte. Mit dem Schrumpfen von Entfernungen, der verbesserten Kommunikation und dem Rückfluss von Informationen nach Europa durch die Einwanderer in die Neue Welt, tauchte Amerika immer häufiger im Teleskop jener Europäer auf, die zu Hause geblieben waren.[9] Um die Reaktionen der Eliten zu verstehen, müssen wir kurz auf Alexis de Tocquevilles *Demokratie in Amerika* eingehen, auf jenes einflussreiche Buch, das er 1835 veröffentlichte, nachdem er zuvor die Vereinigten Staaten achtzehn Monate lang bereist hatte.[10] Hier ist nicht nur wichtig, was der Franzose über Politik jenseits des Atlantiks zu sagen hatte, sondern auch, was er über die egalitären Usancen in Kunst und Handwerk berichtete. Mit Blick auf Europa schrieb de Tocqueville, dass die Zahl der Kunden in aristokratischen Gesellschaften strikt begrenzt sei und dass die Gewinne, die Handwerker machen könnten, in erster Linie von der Perfektion ihrer Erzeugnisse abhingen. Hingegen, so fuhr er fort, würden sie in einer Gesellschaft, die auf dem „demokratischen Prinzip" beruhe, dazu verleitet, viele nicht perfekte Güter mit großer Schnelligkeit zu produzieren. Bedenkt man die Lektionen, die de Tocqueville seinen Lesern vermitteln wollte, so ist Richard Pells sicherlich recht zu geben, wenn er meinte, der französische Aristokrat habe seine Mit-Europäer „in erster Linie vor den Gefahren des demokratischen Experiments warnen wollen, von dem er fürchtete, dass es entweder zur Anarchie oder zu einem Massenkonformismus führen würde."[11]

Es ist kein Zufall, dass *Demokratie in Amerika,* nachdem es zunächst fast in Vergessenheit geraten war, um die Wende zum 20. Jahrhundert wieder größere Aufmerksamkeit erzielte, d.h. zu einem Zeitpunkt, als mit dem Aufstieg der

Vereinigten Staaten das politische Experiment jenseits des Atlantiks in eine Zukunft zu weisen schien, die auch den Europäern bevorstand, die aber eine war, die Europas Eliten fast verzweifelt vermeiden wollten. Nach 1900 sagten die Kulturpessimisten dementsprechend auch ein Zeitalter voraus, in dem die „Massen“ das Sagen haben und die Eliten niedergehen würden, mit einem entsprechenden Verlust aller „zivilisierten“ Werte. Gustave Le Bons berühmtes Buch *La psychologie des foules* sprach genau dieses Gefühl einer bevorstehenden Endzeit an.

Es ist nicht nötig, auf Le Bons düstere Warnungen vor einem Zeitalter der „Massen“ und der Barbarei im Einzelnen einzugehen, das auf den Ruinen der alten hierarchischen Ordnungen errichtet werden würde. Wir können auch nicht die Gegenstrategien behandeln, die einige Intellektuelle und Politiker zu entwickeln versuchten, um die Bedrohung einzudämmen und zu kanalisieren, beispielsweise durch einen „Sozialimperialismus“.[12] Entscheidend ist, dass die Flut nicht mehr zu stoppen war. Nachdem die Furcht vor den „Massen“ sich schon vor 1914 tiefer verwurzelt hatte, erhielt sie einen erheblichen weiteren Anstoß durch die Massenmobilisierungen der Armeen für den Kampf zwischen den Großmächten und schließlich den revolutionären Entwicklungen in Russland. Denn in Russland redeten die Radikalen 1917 nicht mehr nur von Revolution; sie führten auch eine aus und taten dies nicht nur, indem sie die politischen und ökonomischen Machtstrukturen umwälzten, sondern im weitesten Sinne auch die gesellschaftlichen und kulturellen.[13]

Aus der Sicht der konservativen Eliten Europas (und diese umfassten jetzt auch größere Teile des einst eher liberalen Bürgertums) befanden sich die europäischen Gesellschaften seither im Niedergang. Aus dem Osten drohte jetzt der Bolschewismus und die Diktatur des Proletariats; in Italien und ab 1933 auch in Deutschland hatten faschistische Massenbewegungen die Macht ergriffen, die von charismatischen und demagogischen Emporkömmlingen geführt und verführt wurden. Wie der italienische Unternehmer Gino Olivetti es damals formulierte, waren die Führungsschichten in Italien und Deutschland, wenn nicht auch in anderen europäischen Ländern, zu einer „*ex-classe dirigente*“ geworden.[14] Es war daher in dieser Zeit, dass die Schreckvisionen der europäischen Eliten ihr volles Ausmaß erreichten, und zwar nicht nur hinsichtlich des Bolschewismus und des Faschismus, sondern auch in Bezug auf die Gesellschaft, die sich jenseits des Atlantiks entfaltet hatte. Wie wir gesehen haben, hatte sich in den Vereinigten Staaten eine demokratische Politik entwickelt, die den europäischen Bildungs- und Wirtschaftseliten seit dem späten 19. Jahrhundert, wenn nicht schon zuvor, ernste Sorgen bereitete. Was dann in den zwanziger Jahren hinzugekommen war, war das Spektakel einer demokratischen Teilhabe der „Massen“ am Konsum der materiellen Güter, die von einer zunehmend auf Massenproduktion ausgerichteten Industrie produziert wurden. Es war eine Entwicklung, die in den USA vor 1914 und zögerlicher auch schon in Westeuropa begonnen hatte und die Mitte der zwanziger Jahre, in der Stabilisierungsphase der Weltpolitik nach den Zerstörungen und Entbehrungen eines katastrophalen Weltkriegs, auch dort erneut einsetzte.

Dabei muss betont werden, dass im Gegensatz zum sowjetischen Modell das amerikanische Vorbild von rationalisierter Massenproduktion die europäischen Eliten schon vor 1914 in zwei Lager teilte. Auf der einen Seite standen die, die vom Taylorismus und den Fließbändern, die Henry Ford in Michigan errichtet hatte, fasziniert waren. Sie wollten diese Ideen und Praktiken in die europäische Industrie transferieren.[15] Doch löste das Konzept fordistischer Massenproduktion mit dem Ziel von Preissenkungen und der Bereitstellung von billigen langlebigen Konsumgütern wie Autos, Radios und Waschmaschinen auch Befürchtungen aus, sobald man an die Folgen für bestehende Klassenschichtungen dachte. Wie es ein Direktor von Daimler-Benz, dem Hersteller von sehr teuren Automobilen, schon vor 1914, noch beruhigend, formulierte:[16]

„Wir, die Mercedes-Werke, haben dieses neue Geschäftsprinzip nicht adoptiert. … Eine erhebliche Verbilligung in der Fabrikation lässt sich doch nur auf Kosten der Qualität des Materials und der Werkmannsarbeit erzielen. Bei den Mercedeswagen heißt es aber: Nur das Beste kann für die Erzeugung gut genug sein. So weit wie in Amerika, wo jeder Kommis ein Automobil hat, sind wir hier noch lange nicht. Bei uns ist das Automobil zum größten Teil das Fahrzeug der besser situierten Klassen.“

Es lohnt sich, dieses Zitat genauer zu überdenken und mit dem zu vergleichen, was de Tocqueville schon siebzig Jahre zuvor in seinem Buch geschrieben hatte. In den Augen der europäischen Führungsschichten waren die „Massen“ nicht nur im Zeitalter zunehmend demokratischer Politik schwankend und irrational, sondern als Industriearbeiter und Konsumenten auch „gierig“ auf den Erwerb der von ihnen massenproduzierten und erschwinglichen materiellen Güter. So verbreitete sich die besorgte Frage, was jenes ominöse Gemisch von Produktion/Konsum zusammen mit dem Aufkommen eines politischen Massenmarktes und des allgemeinen und gleichen Wahlrechts für die herkömmlichen Strukturen von Privileg und Status bedeutete. Und schließlich kamen dann auch noch Bedenken hinzu, die man in Bezug auf das kulturelle Leben hegte. Hatten die europäischen Eliten doch Kultur seit langem eng als „Hochkultur“ definiert, die die „großen“ Werke in der Literatur, der Malerei, dem Theater, der Musik und des Balletts umfasste. Diese konnte man dann in den Konzerthallen, Opernhäusern, Theatern, Akademien und an anderen Orten zu Preisen genießen, die sich die „ungebildeten Massen“ mit ihren schmalen Haushaltsbudgets niemals leisten konnten. Gewiss gab es auch so etwas wie eine sog. „niedere Kultur“, die aber eher als primitiv und vulgär angesehen wurde und im Grunde keine Kultur war. Aus heutiger Sicht mögen diese Meinungen konsternierend und voller Vorurteile sein, doch hatten sie damals für viele europäische Bildungsbürger eine starke Überzeugungskraft.

Hinzu kam noch ein weiteres Problem. Denn außer Massenproduktion, Massenkonsum und Massenpolitik kam aus Amerika in den zwanziger Jahren, wenn nicht schon früher, zunehmend auch eine Massenkultur, die die einheimischen „Hochkulturen" einfach zu überschwemmen schien. Obwohl sich die USA nach dem Ersten Weltkrieg in den politischen Isolationismus zurückgezogen hatten, kam das Land ab 1924/25 als industrielle und kommerzielle Macht nach Europa zurück und damit auch als Anbieter einer „Massenkultur". Der Aufstieg des Films ist in diesem Zusammenhang als gutes Beispiel zu nennen. Denn jetzt gingen die westeuropäischen „Massen", die sich teure Konzerte oder Opern nicht leisten konnten, jede Woche zu Millionen ins Kino, in dem sie Filme sahen, die bis zu achtzig Prozent aus Hollywood kamen.[17] Mit dem Kino kam auch die amerikanische Musik, vor allem der Jazz, sowie Josephine Baker und die Tilly Sisters. Vom Standpunkt der europäischen Bildungsbürger, die so sehr auf soziale Stratifizierung achteten, schien damit das furchterregende „Zeitalter der Massen" in Politik und Kultur endgültig gekommen. Dementsprechend betrachteten sie die amerikanischen kulturellen Importe der Zeit nicht nur mit Verachtung, sondern sahen sie auch als eine Bedrohung für ihre Vorstellungen von gesellschaftlicher Ordnung.[18] Neben ihrem Antibolschewismus breitete sich daher ein Antiamerikanismus aus, d.h. die Ablehnung der Vereinigten Staaten als Gesellschaft, Kultur und demokratische politische Ordnung, die man in Europa nicht haben wollte. Diese Ablehnung passte gut zu dem grassierenden Kulturpessimismus der Zwischenkriegszeit. Für viele Intellektuelle und die gebildeten Führungsschichten Europas drohte die Welt zu zerbrechen. Kein Wunder, dass das Buch des konservativen spanischen Philosophen José Ortega y Gasset mit dem Titel *Aufstand der Massen* bei seinem Erscheinen 1932 zu einem in viele Sprachen übersetzten Bestseller wurde.[19]

Der Ausgang des Zweiten Weltkriegs veränderte diese pessimistischen Einstellungen unter Intellektuellen und anderen Eliten nicht grundsätzlich. Während sie im Angesicht des Vorrückens der Roten Armee bis nach Mitteleuropa noch antibolschewistischer waren als zuvor, hegten sie auch weiterhin starke Ressentiments gegen die Amerikaner. Zwar gab es, wie wir sahen, viele Intellektuelle, die dem sowjetischen Experiment weiterhin sympathisierend gegenüberstanden, weil Stalin nicht nur den Faschismus, sondern auch den Kapitalismus bekämpfte, gerade auch in seiner amerikanischen Gestalt. In den Augen der Linken bestand auch eine direkte Verbindung zwischen dem dortigen Modell kapitalistischer Produktion und einer kommerzialisierten Massenkultur.[20] Die Kritik an den USA als Wirtschafts- und Kultursystem hörte auch nicht auf, als das sowjetische Modell bei den *fellow-travelers* in den fünfziger Jahren zunehmend an Glanz verlor. Ebenso wenig änderten die Kulturpessimisten auf der Rechten ihre Grundhaltung zur amerikanischen Kultur, auch wenn sie Amerika, oft zähneknirschend, als militärische und wirtschaftliche Schutz- und Hegemonialmacht im Kalten Krieg anerkannten. Kurzum, unter den westeuropäischen Eliten bestanden herkömmliche Einstellungen zu den Vereinigten Staaten als Gesellschaft und

Kultur fort, selbst als klar wurde, dass sich die Waage im kulturellen Wettbewerb mit dem Sowjetblock mehr und mehr gegen den Osten senkte.

Wir haben jetzt den Punkt erreicht, an dem wir den nächsten Schritt tun können und die europäischen elitären Haltungen gegenüber der amerikanischen Kultur, die sich über Jahrzehnte hinweg verwurzelt hatten, mit der Rolle des „amerikanischen Geldes“ und insbesondere mit der Rolle der großen Stiftungen in Verbindung bringen können.[21] Die Politik der Ford-Stiftung, der damals größten unter ihnen, bietet ein gutes Beispiel dafür. Denn in den fünfziger und sechziger Jahren begann diese Stiftung eine sehr einflussreiche Rolle in einem Dreieck zu spielen, das sich zwischen Politikern in Washington, Akademikern und Intellektuellen vor allem an der Ostküste des Landes und in den *Ivy-League*-Universitäten und schließlich den Geschäftsleuten entwickelte, die das Geld gestiftet hatten und die als *Trustees* in den Entscheidungsgremien der Stiftungen saßen.

Diese Männer (und auch einige wenige Frauen) nahmen die militärische und wirtschaftliche Konfrontation mit dem Sowjetblock zwar weiterhin ernst, doch waren auch sie, wie die Leitung des KKF, mit dem sie zusammenarbeiteten, Mitte der fünfziger Jahre allmählich zu dem Schluss gekommen, dass der Kommunismus im Osten keine große kulturelle und intellektuelle Bedrohung mehr darstellte. Zugleich kannten sie aber auch den fortdauernden kulturellen Antiamerikanismus der westeuropäischen Eliten. Viele von ihnen hatten diese Ressentiments persönlich erlebt, sofern sie schon vor dem Zweiten Weltkrieg nach Europa gereist waren und sich die Kritik an Amerika hatten anhören müssen. Besuchten sie Westeuropa nach 1945 oder arbeiteten dort für längere Zeit in den Wiederaufbauorganisationen, so erfuhren sie von der Anerkennung der USA als wirtschaftlicher und militärischer Supermacht; aber sie erlebten auch, wie dieselben Eliten sich weigerten, das Land auch als kulturellen Hegemon anzuerkennen. Mochten sie auch auf ihre Kunstsammlungen, Museen, Universitäten, Theater, Orchester oder Forschungsinstitute hinweisen, es nützte nur wenig. Kein Wunder, dass das, was sie an Urteilen über die angeblich primitive und bedeutungslose amerikanische „Kultur“ hörten, sehr irritierend war. Überzeugt, dass diese Kritik nicht nur völlig unberechtigt war, sondern die amerikanische Stellung in der westlichen Allianz auch schwächte, solange sie sich nicht eines Besseren besann, machten sie sich daran, genau diese vermeintlichen Fehlperzeptionen zu verändern. Der KKF nahm dabei mit seinen Kongressen und intellektuellen Monatsschriften eine Schlüsselstellung ein.[22]

Indessen litt die Entschlossenheit der meisten an der amerikanischen Ostküste sitzenden internationalistisch gesinnten Eliten, diesen zweiten Kalten Kulturkrieg zu gewinnen, unter einem ernsten Handikap. In den frühen Nachkriegsjahren hatten die Washingtoner Regierung und der US-Kongress die Kosten für die Kulturpolitik in Westeuropa noch getragen. Besonders in Westdeutschland gab OMGUS und später die amerikanische Hochkommission Millionen von Dollar aus. Man subventionierte nicht nur Melvin Laskys

Monat, sondern auch die „Amerikahäuser" in den Großstädten und die noch wenig kapitalfeste demokratische Tagespresse in dem Bemühen, die Westdeutschen auf ein parlamentarisch-repräsentatives politisches System und eine liberal-kapitalistische, kartellfreie Wettbewerbswirtschaft mit fordistischer Massenproduktion und einem „Wohlstand für alle" (Ludwig Erhard) „umzuorientieren". Auch in den anderen westeuropäischen Ländern erzeugte und förderte man mit dem Marshallplan und anderen Wiederaufbauprogrammen amerikafreundliche Stimmungen.[23]

Doch dann kamen 1952 die Republikaner mit Dwight D. Eisenhower als US-Präsidenten und mit dem Wahlversprechen an die Macht, die öffentlichen Ausgaben – nicht zuletzt auch die für den kostspieligen Korea-Krieg – zu stutzen und die Steuern zu senken. Dementsprechend begann die neue Administration auch die Ausgaben des Außenministeriums und der *US Information Agency* (USIA) für kulturelle Programme zurückzufahren. In den Augen derjenigen, die den Antiamerikanismus der Westeuropäer kannten und die eine von den USA angeführte atlantische Wertegemeinschaft aufbauen wollten, war dies eine sehr kurzsichtige Politik. Sie entschlossen sich, das Begonnene mit anderen Mitteln weiterlaufen zu lassen. Einer dieser Entschlossenen war Allen Dulles, der Direktor der CIA. Ihm standen verdeckte Mittel zur Verfügung, die er nicht einem sparsamen US-Kongress und der Öffentlichkeit zur Bewilligung vorlegen musste. So kam es, dass er dem KKF insgeheim Mittel zur Verfügung stellte, um die Westeuropäer zu überzeugen, dass die USA nicht nur Hollywood und Rockmusik besaßen, sondern auch eine „Hochkultur".[24]

Freilich waren die Mittel der CIA nicht unbegrenzt und kulturelle Programme waren teuer. So traf es sich günstig für Dulles und das internationalistische Establishment an der Ostküste, dass es sowohl in den großen Stiftungen aber auch in Westeuropa unter den politischen und akademischen Eliten Gleichgesinnte gab. Zum Teil kannte man sich noch aus der Zwischenkriegszeit oder aus Kontakten direkt nach 1945. Manche dieser Männer waren inzwischen auf beiden Seiten des Atlantiks in einflussreiche Positionen gerückt und die Amerikaner unter ihnen, die in den Stiftungen saßen, verfügten in der Boomperiode der fünfziger Jahre über Millionen starker Dollar, die sie an Westeuropäer vergeben konnte, die entsprechende transatlantische Programme anboten.

Einer dieser Männer war Dr. Shepard Stone, der von John J. McCloy protegiert wurde und der einer der wichtigsten Referenten des internationalen Programms der Ford-Stiftung wurde. Nachdem er in den Jahren zuvor die Leitung der Stiftung immer wieder gedrängt hatte, Mittel für westeuropäische Programme zur Verfügung zu stellen, hatte er am Ende Erfolg. Zwar ist es nicht möglich, hier das umfangreiche Quellenmaterial zu seiner Tätigkeit bei der nun einsetzenden Förderung der transatlantischen Kulturbeziehungen durch die Stiftung komplett darzustellen, aber im Folgenden sollen dennoch einige einschlägige Dokumente zitiert werden, die sich auf die westeuropäischen

Initiativen der Amerikaner in den fünfziger Jahren beziehen, als der andere Kulturkrieg, der gegen den Antiamerikanismus der Westeuropäer, begann.

In einem Memorandum, das Stone 1954 nach einer seiner Europareisen anfertigte, bezeichnete er den KKF als „die effektivste Organisation in Europa unter den politischen, intellektuellen und kulturellen Entscheidungsträgern", die es verdiente, von der Ford-Stiftung unterstützt zu werden.[25] Mit Bezug auf die Verschiebung in der Kulturpolitik der Amerikaner fügte er hinzu, dass sich der KKF „in der Vergangenheit auf den Kampf gegen die kommunistischen Bemühungen um Intellektuelle in Europa und Asien konzentriert" habe. Nun aber sei geplant, „die positiven Aspekte von Freiheit und einer freien Gesellschaft" zu betonen. Diese Einstellung zum Ostblock und die Konzentration auf Westeuropa spiegeln sich auch deutlich in Stones Empfehlungen wider. Er riet der Stiftung „die Bewilligung von Mitteln für die Entsendung von amerikanischem Theater, Kunst und Orchestern nach Europa" ins Auge zu fassen. Das Hauptproblem sei nicht so sehr, „die Europäer davon zu überzeugen, dass wir eine Kultur besitzen". Tatsächlich seien die „Europäer gelangweilt, dass wir darauf bestehen, ein kultiviertes Volk" zu sein. Denn „informierte Europäer wissen dies bereits." Doch „wollten sie [diese Kultur] selber sehen." Auch wollten sie „unsere Bücher und Zeitschriften lesen" und jetzt auch „unsere Kunst, unser Theater sehen und unsere Musik hören." Er fügte hinzu, dass ein amerikanischer Botschafter sich „stark für eine Entsendung von ‚Porgy and Bess' eingesetzt" hätte. Der Diplomat glaube, dass „die politischen und psychologischen Wirkungen eines solchen Besuchs erstaunlich sein würden." Stone zufolge hatte sich auch „Botschafter Dillon in Paris" nachdrücklich dafür eingesetzt, das man „das Amerikanische Kunstfestival unterstützen möge, das im Frühjahr in Theatern, Museen, und Räumen stattfinden werde, die die französische Regierung und die Stadt Paris dem amerikanischen Volke zur Verfügung stelle." Kulturprogramme dieser Art, so schloss Stone, „können politisch wichtige Wirkungen haben."[26]

Freilich hingen Stone und die Männer aus der Welt der Kunst, der Wirtschaft und der Politik, die sich in dessen sich ausweitendem Europaprogramm engagierten, einer breiteren Definition von *high culture* an, als die traditionell auf Kunst und Philosophie hinorientierte europäische. Für sie schloss diese Definition außer den Geisteswissenschaften auch die Sozial- und Naturwissenschaften ein. Ja, letztlich umfasste sie auch die Populärkultur. Während Hollywood und auch der Jazz auf anderen Wegen nach Westeuropa kamen, ging es der Ford-Stiftung dann aber doch mehr um die Förderung von „Hochkultur". So begann Stone, die Expansion der Colleges in Oxford und Cambridge zu unterstützen. Er half, die *Maison des sciences de l'homme* in Paris einzurichten sowie ein Institut für europäische Soziologie, das Raymond Aron leitete. Man gab auch Geld für den hochmodernen „Ford-Bau" mit seinen Auditorien an der Freien Universität in West-Berlin und für die Gründung des dortigen „John F. Kennedy Instituts für Amerikastudien". Gefördert wurde auch das Kopenhagener Institut von Nils Bohr, dem berühmten

Atomphysiker, der wiederum Brücken zu seinen Kollegen im Osten herstellen konnte.[27]

Die Strategie, die diesen Projekten zugrunde lag und von denen hier nur einige wenige genannt werden können, war nicht weniger politisch als die, die hinter Stones Unterstützung der Kulturprogramme des KKF stand: nämlich den westeuropäischen Antiamerikanismus zu konterkarieren und solche Einrichtungen, Intellektuelle und Politiker zu fördern, von denen bekannt war, dass sie die negativen Bilder von Amerika als Kulturnation nicht teilten. Das war nicht immer ein leichtes Unterfangen. Fielen diese Bestrebungen doch zusammen mit der gleichzeitigen Wiederkehr amerikanischer „Massenkultur" nach Westeuropa. Wie schon in den zwanziger Jahren standen hier Hollywoodfilme an erster Stelle. Bald kamen dann Rockmusiker wie Elvis Presley und Bill Haley, die das westeuropäische Bildungsbürgertum noch fürchterlicher fand.[28] Anfangs meinten die Experten und Familienpolitiker noch, dass die westeuropäische Jugend gegen die Rhythmen und Tanzformen des Rock gefeit sei. Doch als es dann in den Großstädten nach Rock-Konzerten zu Zusammenstößen mit der Polizei kam und das Gestühl in den Sälen in die Brüche ging, war das Bürgertum empört und alarmiert. War dies etwa der Beginn einer kulturellen Rebellion von Jugendlichen aus den Unterschichten gegen das vorherrschende Verständnis von Kultur? Und was würde geschehen, wenn diese Ausbrüche eines scheinbaren Irrationalismus sich politisierten? Fiel man dann nicht zurück in die Massenhysterie der totalitären dreißiger Jahre? So jedenfalls wurden diese Jugendphänomene damals in weiten bürgerlichen Kreisen interpretiert.

Hier können wir uns nun dem letzten Aspekt zuwenden, der für unser Thema relevant ist: dem Auftreten in Vortragsreisen von einer Reihe von einflussreichen Sozialwissenschaftlern, die von der Ford-Stiftung oder vom KKF finanziert wurden. Diese Experten bemühten sich nun, ihren gebildeten Zuhörern, die voller Sorge über die Entwicklung der amerikanischen Kultur und ihren Einfluss auf die westeuropäische Kultur vor ihnen saßen, zu erläutern, was es mit dieser „Massenkultur" auf sich habe. Sie hatten sich mit dem Thema anfangs in den USA auseinandergesetzt, als einige Jahre zuvor auch dort unter Intellektuellen und an den *Ivy-League*-Universitäten die Debatten über die Entwicklungsrichtung der amerikanischen „Massengesellschaft" eingesetzt hatten. Die Argumente, die damals von kritischer Seite vorgetragen wurden, waren denen, die in Europa seit den zwanziger Jahren zu hören waren, erstaunlich ähnlich. Da waren zum Beispiel die Artikel von Dwight Macdonald, der viele Amerikaner verärgert hatte, als er das deprimierend niedrige Niveau dessen angriff, was er „Midcult" und „Masscult" nannte.[29]

Die Antwort darauf kam von einer Reihe von amerikanischen Soziologen, die eine andere Sicht auf die Dinge hatten. Eines der damals am meisten gelesenen Bücher war die Studie von Daniel Bell mit dem bezeichnenden Titel *The End of Ideology*.[30] Diese Studie ist oft als Darlegung eines vom Philosophen

John Dewey vertretenen amerikanischen Pragmatismus sowie als Vorstellung eines reformistischen Managements der Probleme moderner Industriegesellschaften nach der Zeit eines ideologischen Dogmatismus verstanden worden, der in der Zwischenkriegszeit und auch in den ersten Nachkriegsjahren noch herrschte. Bei näherem Hinsehen war Bells Buch aber auch eine Verteidigung des Pluralismus der amerikanischen Zivilgesellschaft und ihrer vielfältigen demokratischen Kultur. In seinen Augen war Amerika keineswegs grau und standardisiert, vulgär, mechanistisch-kalt und barbarisch, wie es in Westeuropa, aber auch von einigen Kritikern in den USA zu hören war. Vielmehr war diese Gesellschaft hoch differenziert und bunt und verwirklichte sich demokratisch an der Basis des Landes in zahllosen kulturellen Gruppen und deren Aktivitäten.

Man wird sagen können, dass Bells Argumente nicht sofort viele westeuropäische Intellektuelle und Akademiker überzeugten, als sie in den späten fünfziger und frühen sechziger Jahren über den Atlantik kamen. Langfristig kann man aber feststellen, dass eine Veränderung in den westeuropäischen Einstellungen eintrat. Dank der Arbeit des KKF und auch der amerikanischen Stiftungen entwickelte sich in den Eliten sicherlich ein besseres Verständnis für amerikanische „Hochkultur", ob in einem engen Sinne für Kunst und Musik oder in einem breiteren Sinne für die Leistungen amerikanischer Institutionen für höhere Bildung, einschließlich der Naturwissenschaften. Bis zum Ende des 20. Jahrhunderts hatte sich auch das Misstrauen gegen die amerikanische „Massenkultur" gemildert. Zuerst hatte es die Ford-Leute zwar noch irritiert, dass der Prozess des intendierten Wandels sehr langsam vonstatten ging. Dies kommt in einem Bericht zum Ausdruck, den Stone über eine vom KKF veranstaltete Konferenz mit europäischen Intellektuellen im französischen Lourmarin 1959 erhielt.[31] Darin schrieb der dorthin entsandte Waldemar Nielsen, dass Politiker und Geschäftsleute damit begonnen hätten, ihre Ansichten über Amerika als einer führenden Kulturnation des Westens zu ändern. Das Problem, so fuhr er fort, liege allerdings weiterhin bei den intellektuellen und akademischen Eliten, die „hinter der gesunden Entwicklung, die in anderen Gruppen" vorangehe, „hinterherhinken". Er wäre sehr verstört gewesen über die „kranken Vorstellungen" von Amerika bei vielen der Konferenzteilnehmer, „insbesondere bei den Franzosen." Gewiss hätten die meisten ihre früheren kommunistischen Sympathien aufgegeben. Aber ihr kultureller Antiamerikanismus sei immer noch unvermindert stark. Nielsen zufolge verbrachte man daher „viel Zeit damit, sich über die Vereinigten Staaten, ihre Dominanz und über die Inferiorität unserer Werte usw. Sorgen zu machen, sich den Kopf zu zerbrechen und zu empören."

Gleichwohl wird man vierzig Jahre später sagen können, dass sich dieses Meinungsklima geändert hat, so sehr der Unilateralismus und die Kriege der Bush-Administration das politische Bild der USA in der Welt auch befleckt haben. Die amerikanische Kultur mag weiterhin kritisiert werden. Doch in ihren schwachen Augenblicken lassen sich selbst diese europäischen Kritiker von ihr ganz gern unterhalten. In dieser Beziehung sind die meisten von ihnen, wie Richard Peterson es genannt hat, „Allesesser" geworden.[32] Der alte Elitismus und die Ablehnung jener breiteren Definition von Kultur, die noch bis in die fünfziger Jahre vorherrschte, hatten sich merklich abgeschwächt. Das kommt auch in den Einstellungen zur Kleidung bei Konzert- und Theaterbesuchen zum Ausdruck. Wie schon von jeher beim Kinobesuch, muss man sich für solche Veranstaltungen nicht mehr in Schale werfen, auch wenn die teuren Karten den Zugang für die „Massen" weiterhin erschweren.

Soweit es das „amerikanische Geld" betrifft, wird heute von den Stiftungen in Europa sehr viel weniger ausgegeben als noch vor fünzig Jahren. Der Rückzug hatte zum Teil damit zu tun, dass die Aufdeckung der geheimen Finanzierung durch die CIA, die den KKF ruinierte, weitgehend aufgehört hat. Damals kam es auch zu einem Generationswechsel und im Zuge des Vietnam-Abenteuers zu einer scharfen Kritik am amerikanischen „Imperialismus", während die kulturellen Ideen und Vorstellungen der Jugendrebellion der sechziger Jahre sich langsam auch in Europa durchsetzten. Auch dort wurde man ziviler, vielfältiger und rücksichtsvoller. Intellektuelle und akademische Eliten sorgen sich um einen Abbau von Gewaltanwendung und um die Zukunft des Planeten weitaus mehr als um „Massenkultur". Heute verwenden auch die großen amerikanischen und die inzwischen entstandenen europäischen und japanischen Stiftungen ihre Mittel in der nichteuropäischen Welt vornehmlich für den Kampf gegen Armut und Krankheit sowie für Bildungsprojekte.[33] Verglichen mit dem Ausmaß der Probleme, vor die sich die Menschheit gestellt sieht, sind die Einstellungen der europäischen Bildungseliten zur amerikanischen Kultur an den Rand gerückt. Nach dem Ende des Kalten Krieges gibt es in Europa zwar noch Antiamerikanismus; doch dieser bezieht sich eher auf die amerikanische Machtpolitik und ein neoliberales Wirtschaftssystem, das 2007/8 schließlich an seine Grenzen stieß und eine ökonomische Krise ausgelöst hat, die mit der von 1929 zu vergleichen ist.

14. Zur Soziologie der deutsch-amerikanischen Beziehungen nach dem Zweiten Weltkrieg: Die Netzwerke von Shepard Stone

A. Einleitung

Betrachtet man die Entwicklung der Forschung zum Thema „Deutschland und die USA in der internationalen Geschichte des 20. Jahrhunderts", lässt sich wohl ohne Einschränkungen sagen, dass die politischen und sicherheitspolitischen Aspekte des deutsch-amerikanischen Verhältnisses für die Zeit nach 1945 am breitesten aufgearbeitet sind. Nicht ganz so günstig ist die Lage bei der Analyse der Wirtschaftsbeziehungen. Doch auch hier sind inzwischen viele Lücken gefüllt worden, während die Untersuchung der kulturellen Verbindungen zwischen den beiden Ländern erst in jüngerer Zeit verstärkt in Gang gekommen ist.[1]

Auffällig ist bei allen diesen Bereichen darüber hinaus, wie stark sie auf Organisationen und Strukturen konzentriert sind, die zu einem bestimmten Zeitpunkt geschaffen wurden und deren Entwicklung man nun rückschauend betrachtet. Dieser Einstieg in die Materie hat sicherlich den Vorzug, dass für die Bereiche von Wirtschaft und Politik die Quellenüberlieferung besonders gut war. Kriegsverluste an Archivbeständen waren nicht zu beklagen. Aber auch die lange Vorherrschaft der Politikgeschichte, der gegenüber die Wirtschaftsgeschichte erst langsam aufholte, ist wohl zur Erklärung der Ungleichgewichtigkeiten in der Forschung heranzuziehen.[2] Als dann zu guter Letzt zunehmend die Entwicklung der deutsch-amerikanischen Kulturbeziehungen ins Blickfeld rückte, wandte man sich auch hier zuerst der Institutionengeschichte zu, etwa der Tätigkeit der Besatzungsbehörden in der Bildung oder in den Medien.[3]

Nun wäre es gewiss falsch, zu behaupten, dass in allen diesen mit Sicherheit wichtigen Forschungen zu Politik, Wirtschaft und Kultur, in deren Mittelpunkt Organisationen und Institutionen stehen, Menschen nur als undifferenzierte und riesige Kollektive vorkommen. Die Akteure sind durchaus zu erkennen, und einige besonders prominente unter ihnen sind sogar Gegenstand von Biographien geworden. War das biographische Subjekt obendrein mit den deutsch-amerikanischen Beziehungen befasst, lassen sich in diesen Studien auch Hinweise darauf finden, wie sie und ihre Mitarbeiter in den Ministerien oder Unternehmen mit ihren deutschen bzw. amerikanischen Partnern verkehrten. Was jenseits der Kontakte und förmlichen Verhandlungen und ihren Ergebnissen indessen meist fehlt, ist die Analyse der informellen Strukturen, des persönlichen Umgangs, des Atmosphärischen, d. h. der Faktoren, die sich aus den Akten nur selten rekonstruieren lassen und von denen dennoch zu vermuten ist, dass sie für ein Verständnis der deutsch-amerikanischen Beziehungen nach dem Zweiten Weltkrieg – wie überhaupt für alle menschlichen Beziehungen – von erheblicher Bedeutung sind.

Gewiss ließe sich allerlei zu diesen so viel schwerer greifbaren Fragen zusammentragen, wenn man die Biographien und andere Veröffentlichungen über die Staatsmänner und Spitzenpolitiker jener Zeit systematisch durchforstete.[4] Für die Geschäftswelt und für die Sphäre der kulturellen Beziehungen dürfte ein solches Unterfangen schon sehr viel mühsamer sein. Noch mehr stehen wir am Anfang der Forschung, wenn wir uns nicht auf den höchsten Entscheidungsebenen bewegen, sondern gewissermaßen eine Etage tiefer gehen. Unser relativ großes Unwissen über die dort tätigen Akteure – so ließe sich weiter argumentieren – ist deshalb besonders schmerzlich, weil auf diesen Ebenen die Institutionen, Organisationen und praktischen Entscheidungen oft vorgedacht und ausgearbeitet wurden, bevor sie von den Spitzen in Politik, Wirtschaft und Kultur in Angriff genommen wurden.[5] Ja, soweit es die Gestaltung der deutsch-amerikanischen Beziehungen und der atlantischen Gemeinschaft nach 1945 betrifft, wird sich in vielen Fällen möglicherweise gar zeigen lassen, dass die *Wise Men* eher lediglich die Vollstrecker von Ideen und Programmen waren, die ihnen aus den darunterliegenden Etagen zugeliefert worden waren.[6]

Die Anregung, die deutsch-amerikanischen Beziehungen verstärkt unter der Perspektive dieser Eliten in Verwaltung, Geschäftswelt und „Kulturbetrieb" sowie des Umgangs miteinander zu erforschen, scheint schließlich noch durch folgende Überlegung abgestützt zu werden: Die Elitenforschung hat in der Bundesrepublik schon seit längerem beachtliche Ergebnisse erzielt. Den Anstoß dazu boten schon früh das apokalyptische Ende der nationalsozialistischen Diktatur und die bald nach 1945 entstehende Frage nach der Zirkulation der deutschen Eliten. Es stellte sich das Problem, ob und wie weit es infolge des Dritten Reiches und des Zweiten Weltkrieges in der Rekrutierung und Zusammensetzung diverser Elitegruppen radikale Wandlungen gegeben hatte.

Wolfgang Zapf gehörte nach dem Kriege zu den ersten Sozialwissenschaftlern, die sich mit quantifizierenden Methoden der Elitenzirkulation näherten.[7] Er kam dabei zu dem Ergebnis, dass diese Zirkulation über alle großen Umbrüche hinweg bemerkenswert gering gewesen sei. Das erschien vielen insofern erstaunlich, als nach dem Zweiten Weltkrieg die Ansicht verbreitet war, Nationalsozialismus und Kriege hätten für die bundesrepublikanische Sozialstruktur quasi-revolutionäre Veränderungen gezeitigt. So ist es wohl auch zu erklären, dass Zapfs Studien bald darauf vor allem von den Wirtschafts- und Unternehmenshistorikern kritisiert wurden, die sich für die Zirkulationsraten der deutschen Geschäftseliten interessierten.[8] Indessen haben neuere Forschungen zu diesem Thema die Ergebnisse der älteren soziologischen Studien eher erneut bestätigt.[9]

Auch bei anderen Elitegruppen sind die Kontinuitäten über den Umbruch von 1945 hinweg oft frappierend. In deren Verhalten und Bewusstsein kam es ebenfalls nur zu einem sehr langsamen Wandel, wie etwa Bernd Weisbrod kürzlich anhand der Göttinger Professorenschaft recht genau gezeigt hat.[10] Vor diesem Hintergrund ist auch erklärlich, warum die deutsche Elitenforschung schon früh mit einem Generationenansatz zu arbeiten begann, um bei aller Kontinuität doch die Dimension eines wenn auch verhaltenen Wandels in die Analyse hineinzubekommen und damit einer rein statischen Sicht des Problems zu entgehen.[11] Auf der amerikanischen Seite, auf der es im Gegensatz zu Deutschland keine radikalen Veränderungen des politischen Systems und keine verlorenen Kriege gab, war die Elitenzirkulation noch niedriger. Gerade im Bereich der internationalen Politik und Wirtschaft blieb das Establishment der Ostküste mit seinen vielen und alten Beziehungen zu Europa auch nach 1945 tonangebend.

So wertvoll die Ergebnisse der quantifizierenden Elitenforschung auch sind, sie blieb weitgehend auf den nationalen Rahmen beschränkt. Dies gilt auch für die Geschichtswissenschaft, die sich selbst heute noch in erster Linie mit der deutschen Geschichte beschäftigt. Die historische Entwicklung anderer Länder wird – zumindest soweit es die Neuzeit betrifft – in den Fakultäten eher am Rande behandelt. Das wird man auch für die Behandlung der Vereinigten Staaten feststellen müssen, obwohl diese Nation im letzten Jahrhundert nicht nur zu einer Weltmacht aufstieg, sondern direkt und indirekt auch tief in die deutsche Entwicklung hineinwirkte.[12] Auf diese speziellen Schwerpunktsetzungen ist es wohl auch zurückzuführen, dass die transatlantische Elitenforschung weiterhin an ihrem Anfang steht. So ist es denn ein Anliegen dieses Beitrages, auf die Bedeutung einer Soziologie der internationalen Beziehungen im Allgemeinen und des deutsch-amerikanischen Verhältnisses im Besonderen für die Geschichtswissenschaft hinzuweisen, die außer ihren institutionellen und quantitativen Aspekten auch die kulturellen und „atmosphärischen" aufnimmt, soviel schwerer diese auch zu erfassen sein mögen. Auf diesem letzteren Gebiet, so scheint es, wäre in den kommenden Jahren fruchtbar zu forschen.

B. Shepard Stone und der Aufbau eines transatlantischen Netzwerkes

Einen guten Einstieg bieten Untersuchungen auf der Grundlage neuerer Netzwerk-Theorien, die in den letzten Jahren vor allem in der Soziologie weiterentwickelt worden sind.[13] Die Aufgabe war hier, die vermuteten Netzwerke einschließlich ihrer eventuell zu erkennenden Überschneidungen zu rekonstruieren und dann vor diesem Hintergrund die Frage nach Macht und Einfluss dieser Gruppen zu stellen, in denen sich die auch in demokratisch verfassten Gesellschaften eine oligarchische Organisation von Politik, Wirtschaft und Kultur erkennen ließe.

Indessen geht es beim Netzwerk-Ansatz nicht nur um die Einschätzung von relativen Macht- und Einflusspositionen innerhalb einer Gruppe sowie um deren Verhältnis zu anderen Kreisen und zur Gesellschaft insgesamt. Wichtig ist auch die Frage, wie Informationen beschafft, verteilt und für die Formulierung von politischen und wirtschaftlichen Positionen und Entscheidungen verarbeitet werden. Dies gilt sowohl für die Binnenstruktur einer Gruppe als auch für deren Außenbeziehungen. Schließlich geht die Netzwerk-Analyse noch dem Problem des Vertrauensfundus nach, der unter den Mitgliedern sowie in deren Verhalten zu benachbarten Netzen besteht. Reputation und „Ehrbarkeit" wie auch die Bildung und Vermittlung von Vertrauen untereinander stehen auf der Untersuchungsliste.

Bei der Erforschung dieser drei Faktoren – d.h. Macht- und Einflussausübung, Informationssammlung und -verarbeitung sowie Vertrauensbildung und -vertiefung – ist die Rolle von sogenannten „Netzwerkspezialisten" regelmäßig eingeschlossen. Das sind diejenigen, die durch ihre engagierte Tätigkeit nach innen und außen für die Erhaltung und Entwicklung des Netzwerks sorgen. Dementsprechend bieten solche Spezialisten auch einen guten Einstieg, über den sich Netzwerke sowohl personell als auch in ihrer Arbeit und ihren Zielen erschließen lassen. Im Folgenden soll denn auch das deutsch-amerikanische Verhältnis anhand der Netzwerke eines Mannes untersucht werden, der als ein solcher Spezialist betrachtet werden kann. Allerdings sei einschränkend vorweg betont, dass er nicht in alle Kreise, in denen er sich bewegte, fest integriert war. Dennoch wird sich zeigen, dass er in vielen Fällen als Verbindungsperson und Kommunikator zwischen einzelnen Netzen fungierte.

Sein Name ist Shepard Stone. Er wurde am 31. März 1908 in Nashua im amerikanischen Bundesstaat New Hampshire geboren und war der jüngste Sohn einer jüdischen Familie, die im späten 19. Jahrhundert aus Litauen eingewandert war.[14] Sein Vater, Simon Cohen, zog anfangs noch als Straßenhändler durch die Lande, eröffnete dann aber seinen eigenen Kurzwarenladen in Nashua und erwarb später sogar eines der örtlichen Warenhäuser. Shepard war ein aufgeweckter Schüler, der nach seinem Abschluss an der Nashua High School einen Studienplatz am Dartmouth College erhielt, einer der alten Eliteschulen für die Söhne der neuenglischen Oberschicht. Shepards Aufnahme war zu jener Zeit in den zwanziger Jahren, als der Antisemitismus in Amerika noch weit verbreitet war, gewiss ungewöhnlich. Doch er war seinen Lehrern in der Nashua High School längst aufgefallen, und auch in Dartmouth fand der junge Mann Mentoren, die ihn förderten. Einer von ihnen war Ambrose White Vernon, ein in Princeton ausgebildeter Theologe, der in Dartmouth eine

Professur für Biographie innehatte. Als Shepard 1929 vor dem Examensabschluss stand, war es Vernon, der ihm riet, nicht an eine der berühmten Law Schools, sondern nach Berlin zu gehen. Dort, so sagte er offenbar, werde er welthistorische Ereignisse vor Ort studieren können.

Inzwischen hatte Shepards ältester Bruder, ein Kaufmann, wohl aus geschäftlichen Gründen seinen Namen von Cohen zu Stone geändert, und sein Bruder schloss sich dem Wechsel an. Ob ihm sein neuer Name bei seiner Ankunft in Berlin half oder nicht, er fasste in der Reichshauptstadt schnell Fuß und begann ernsthaft zu studieren. Schließlich wurde er von Hermann Oncken, einem angesehenen Professor am Berliner Historischen Seminar, als Doktorand angenommen. Seine Dissertation zu den deutsch-polnischen Beziehungen nach 1918 verteidigte er erfolgreich nur wenige Wochen vor Hitlers Machtergreifung, ehe er im Januar 1933 in die Vereinigten Staaten zurückkehrte. Auf der Höhe der Weltwirtschaftskrise machte sich der frisch gebackene Doktor auf die Suche nach einem Job. Immerhin konnte er mit einigem Recht beanspruchen, sowohl die Geschichte als auch die neuesten politischen Entwicklungen in Zentraleuropa aus eigener Anschauung gut zu kennen. Solche Experten waren damals in Amerika selten. Er besaß auch eine journalistische Ader.

So begann Stone nach seiner Rückkehr als erstes, das gut entwickelte Netzwerk des Dartmouth College für seine Ziele zu mobilisieren. Dessen Präsident vermittelte ihn nach einem Besuch in Hanover an Joe Gannon, einen Dartmouth-Alumnus, der Abteilungsleiter bei der *New York Times* war. Er schrieb auch an den später sehr einflussreichen Leitartikler Walter Lippmann und pries den „sehr vielversprechenden *Dartmouth boy,* der hochintelligent ist, aus gutem Hause kommt und den klaren Ehrgeiz hat, in die Zeitungsarbeit einzusteigen“.[15]

Zwar erhielt Stone nach seinen Unterredungen mit Gannon und Lippmann nicht sofort eine feste Anstellung bei der *New York Times;* doch war man in der Politik- sowie der Sonntags-Redaktion bereit, ihm Reportage-Aufträge zu erteilen. So reiste er im Sommer 1933 erneut nach Europa, wo er nicht nur Charlotte Hasenclever-Jaffé, seine Flamme aus der Berliner Studentenzeit heiratete, sondern auch Material für weitere Zeitungsartikel sammelte. In Berlin gelang es ihm zwar nur, einen Beamten aus dem Reichsinnenministerium zu sprechen, der ihm die rassistische Politik des NS-Regimes erläuterte; in Prag hatte er dagegen insofern einen großen Erfolg, als er Präsident Thomas Masaryk interviewen konnte. Kurz darauf sprach er in Wien mit dem österreichischen Handelsminister. Seitdem erschienen seine Berichte über die Verhältnisse in Europa in verschiedenen angesehenen Zeitungen und Zeitschriften. Bis Ende der dreißiger Jahre hatte er sich als Journalist einen so hohen Ruf erworben, dass er nicht nur in der Redaktion der Sonntagsausgabe der *New York Times* eine Dauerstellung erhielt, sondern außer diversen Artikeln, in denen er regelmäßig vor Hitler warnte, im Oktober 1938 auch ein Büchlein mit dem Titel *Shadow Over Europe* veröffentlichte, dessen erste

Auflage von 25.000 Exemplaren in wenigen Monaten verkauft war.[16] Zusammen mit seinem Kollegen Hanson Baldwin veröffentlichte er im gleichen Jahr einen weiteren Band, der dreizehn Essays von Korrespondenten der *New York Times* zu aktuellen Fragen enthielt.[17]

Nach Dartmouth wurde die einflussreiche New Yorker Zeitung jetzt sein zweites Netzwerk, in das er aufgrund seiner Beziehungen zum ersten Mal Einlass gefunden hatte und in dem er hernach an gehobener Stelle die Redaktionspolitik mitbestimmte. Von seinem Naturell her war er der geborene Kommunikator, der gern diskutierte und Ideen entwickelte. Die Welt der internationalen Nachrichten in einer bewegten Krisenzeit war sein Milieu. Was er sagte und schrieb, beruhte auf sorgfältigen Recherchen, und man vertraute ihm ebenso, wie er mit seinen Kollegen vertrauensvoll zusammenarbeitete.

Als die USA im Dezember 1941 in den Zweiten Weltkrieg eintraten, meldete Stone sich freiwillig zur Armee und wurde bald mit nachrichtendienstlichen Aufgaben betraut. Während der Vorbereitungen für die alliierte Invasion der Normandie arbeitete er mit ähnlichen Aufträgen in England. Seine Tätigkeit dort brachte ihn mit einer Gruppe von meist akademisch gebildeten britischen Offizieren zusammen, die in die Spionageabwehr und psychologische Kriegführung abkommandiert waren. Innerhalb dieses geheimdienstlichen Netzwerks lernte Stone, inzwischen zum Hauptmann befördert, z. B. Richard Crossman, den stellvertretenden Leiter der Abteilung für Psychologische Kriegsführung im alliierten Hauptquartier, kennen, der später in der Labour Party prominent wurde und in den fünfziger Jahren zu einer Gruppe von Politikern gehörte, zu denen Stone Verbindung hielt, darunter auch Denis Healey. Bei Kriegsende war er – nun auch mit der Offiziersstufe der *Legion of Merit* dekoriert – als *„Chief of Intelligence* und Mann für Alles" beim 6871st *District Information Services Control Command* (DISCC) tätig – einer Dienststelle, die in der amerikanischen Zone für den Wiederaufbau und die Überwachung der Medien zuständig war.[18]

In diesem Zusammenhang gelang es Stone zum ersten Mal seit den dreißiger Jahren, wieder Kontakt zu Deutschen aus seiner Berliner Zeit zu gewinnen, die er entweder aus eigener Initiative aufsuchte oder die zu ihm kamen.[19] Dennoch wäre es übertrieben, ihn bereits zu diesem Zeitpunkt zum „Spezialisten" eines deutsch-amerikanischen Netzwerks zu deklarieren. Die Verhältnisse im besetzten Deutschland waren damals einfach noch zu chaotisch, um festere Kontakte und Strukturen entstehen zu lassen. Zudem fand er es immer schwieriger, der offiziellen Politik der amerikanischen Militärbehörde zu folgen, die anfangs noch eine punitive Politik gegenüber der deutschen Bevölkerung verfolgte. General Lucius D. Clay, der stellvertretende Militärgouverneur und entscheidende Mann, war zunächst als energischer Prokonsul nach Deutschland gekommen, der die Deutschen für die vom Hitler-Regime begangenen Verbrechen büßen lassen wollte.[20] Zwar wandelte sich diese harte Linie im Laufe der Zeit, aber bis dahin hatte sich Stone, der viele „gute Deutsche" kannte und die Bevölkerung für einen schnellen Aufbau einer demokratischen politischen Kultur gewinnen wollte, bereits frustriert nach New York zurückgezogen. Verbittert meinte er, die Besatzungsbehörden verspielten infolge ihres Unverständnisses eine große Chance.

Inzwischen hatte man ihm allerdings bei der *New York Times* eine attraktive Stelle als *assistant editor* der Sonntagsausgabe angeboten, und so bewegte er sich hinfort erneut im Kreise seiner Zeitungskollegen, die er in privaten Gesprächen und öffentlichen Vorträgen von der Notwendigkeit einer sanften Deutschlandpolitik zu überzeugen sich bemühte. Freilich gelang ihm dies angesichts der deutschfeindlichen Einstellung, die damals nicht nur in der Militärregierung, sondern auch an der Ostküste der USA herrschte, nur zum Teil. Doch im Jahre 1949 erhielt er eine verlockende Gelegenheit, seine politischen Ansichten an einflussreicher Stelle zu vertreten, als im Zuge der Gründung der Bundesrepublik das Besatzungsregime durch eine Hochkommission abgelöst wurde und John J. McCloy, der amerikanische Hochkommissar, einen in Deutschlandfragen erfahrenen Berater suchte. Zunächst nur „leihweise" von der *New York Times* abgestellt, wurde Stone im Herbst 1949 permanenter Direktor der Abteilung für öffentliche Angelegenheiten in Frankfurt. Hinfort war er für die gesamte Öffentlichkeitsarbeit der Amerikaner in der jungen Bundesrepublik verantwortlich. Ihm unterstanden jetzt nicht nur die Informationsdienste, einschließlich des „Rundfunks im amerikanischen Sektor" (RIAS) Berlin, sondern auch die Büros für Bildung und Kultur, Frauen- und Kirchenarbeit sowie für Wohlfahrt und Zusammenarbeit mit den entsprechenden deutschen Stellen. Sein Budget belief sich 1951 auf nicht weniger als 4,4 Millionen Dollar.

Einen erheblichen Teil dieser Mittel gab er hinfort für Projekte aus, die die deutsch-amerikanische Verständigung fördern sollten. In offizieller Mission reiste Stone jetzt unermüdlich durch Westdeutschland und nach Berlin. Er erneuerte Kontakte, die er als Doktorand in Berlin und nach 1945 als Besatzungsoffizier geknüpft hatte, so auch zu Theodor Heuss, dem er nach Kriegsende bei der Gründung der *Rhein-Neckar-Zeitung* geholfen hatte und der inzwischen der erste Präsident der Bundesrepublik geworden war. Stone wurde ein Netzwerkspezialist für deutsche und amerikanische Presseleute sowie für westdeutsche Professoren, wobei ihm offenbar zugute kam, dass er auf seine Berliner Promotion hinweisen konnte.

Indessen trat „Dr. Stone" nicht nur als die rechte Hand des Hochkommissars in offizieller Mission auf. Der informelle Rahmen, in dem er neue Netzwerke aufbaute, bietet ein gutes Beispiel für die Art und Weise, in der Stone arbeitete und wie er den Informationsfluss und die Vertrauensbildung handhabte. Sein Mittel: häufige zwanglose Empfänge und *dinner parties* im amerikanischen Stil. Er ging dabei von einer Beobachtung aus, die er gelegentlich folgendermaßen formulierte: „Es ist mir bei internationalen Begegnungen oft aufgefallen, wie höflich und angenehm viele deutsche Teilnehmer waren, aber auch wie steif, unfähig sich zu unterhalten; was für ein distanziertes Verhältnis sie zur Anpassungsfähigkeit und zum Charme haben. Hier, wie ich meine, liegt der Grund für die Feindseligkeit, die sowohl die persönlichen als auch die internationalen Beziehungen beeinflußt."[21]

Dies zu ändern, Menschen zusammenzubringen und neue Elitegruppen zu bilden, war neben seiner offiziellen Arbeit in der Hochkommission sein Anliegen. Die Tür seines Hauses in Falkenstein bei Frankfurt und später in Mehlem bei Bonn war weit geöffnet, wobei er von seiner Frau unterstützt wurde. Wie einer seiner Mitarbeiter schrieb, war dies ein „Treffpunkt für Deutsche und Amerikaner, die in enger Zusammenarbeit ein demokratisches, antikommunistisches, antinationalsozialistisches Deutschland schaffen wollen, das ein verläßlicher Partner des Westens" sein würde.[22] Den Spesenabrechnungen zufolge gab Stone durchschnittlich zweimal pro Woche einen Empfang mit rund hundert Gästen. Als die Ausgaben für diese Veranstaltungen, für die sechs Dienstboten, die im Hause angestellt waren, in Washington auf Kritik stießen, ließ er wissen, dass der Aufwand sich voll auszahle und er zudem weitere „beträchtliche Ausgaben aus der eigenen Tasche" begleiche.

Es muss weiteren Untersuchungen vorbehalten bleiben, den Erfolg dieser Zusammenkünfte zu beurteilen. Die Intention war eindeutig: Stone wollte nach den menschlichen und moralischen Zerstörungen, die der Nationalsozialismus und der Weltkrieg angerichtet hatten, zunächst einmal westdeutsche Elitegruppen zum zwanglosen Gespräch zusammenbringen. Er war ehrlich und aus langjähriger Beobachtung überzeugt, dass der gesellschaftliche Umgang in Deutschland allzu förmlich und ungelenk war. Er glaubte, dass das Sich kennenlernen und das freundliche Gespräch, an dessen Ende man seine Visitenkarten austauschte, für die Zukunft förderlich sei, wenn man sich später auf einer dienstlichen Sitzung oder am Telefon wieder sprach. Diesem Ziel dienten auch die häufigen Abendessen in seinem Hause, auf denen man sich unvermeidlich noch näher kam als auf einer Cocktail Party mit Dutzenden von Gästen. In seinen tagebuchähnlichen Berichten an seine Familie in Nashua berichtete Stone wiederholt von derartigen Begegnungen, bei denen die Eingeladenen sorgfältig ausgewählt waren.

Im April 1950 gehörte zu seinen Abendgästen „Inge Scholl, die Schwester der beiden Scholls", die von den Nazis 1943 wegen ihrer Widerstandstätigkeit an der Münchener Universität hingerichtet worden waren.[23] Inge sei „das Mädchen, das 1945 nach dem Kriege mit Nichts anfing und ein Institut für Erwachsenenbildung aufbaute, das jetzt 3000 Studenten hat. [...] Sie wird von uns Hunderttausende erhalten, um die Scholl-Schule weiterzuentwickeln." Bei einem anderen Abendessen versammelte er Mr. und Mrs. McCloy und Hamilton Fish Armstrong, den Herausgeber der einflussreichen Zeitschrift *Foreign Affairs* und Mitglied des „Council on Foreign Relations" in New York, mit dem Bundesbahnvorstandsmitglied Heinz Hilpert und Otto Veit sowie deren Frauen um den Tisch.

Gelegentlich hatte Stone Zweifel, ob sich sein dauerndes hektisches Reisen durch die gesamte Bundesrepublik und seine zahllosen gesellschaftlichen

Veranstaltungen auszahlten. Gegenüber seiner Familie meinte er einmal, dass „all dies verrückt" erscheinen möge.[24] Doch

„ob Ihr es glaubt oder nicht, es muß sein. Es ist ein Gemeinplatz zu sagen, daß Deutschland der entscheidende Ort ist. Das große Problem ist Deutschland zu einem Land zu machen, von dem wir sicher sind, daß es friedlich und antitotalitär ist. Wenn das in den nächsten zehn Jahren erreicht werden kann, wird dies eine große Leistung sein. Um es noch einmal zu sagen: ich muß es versuchen. Und wir, die wir unsere Energien und, was immer wir an Fähigkeiten haben, einsetzen, versuchen unser Bestes. Es gibt nichts besseres als freie, offene Diskussion, sozialen Kontakt [und] freundlichen Austausch mit Menschen guten Willens. Ich weiß nicht, ob wir weit gekommen sind, aber ich bin sicher, daß wir uns auf dem einzigen Gleis befinden, das in die richtige Richtung führt."

Als McCloy 1952 von seinem Posten als US-Hochkommissar in Deutschland zur Chase Manhattan Bank in New York übersiedelte, hatte Stone als sein „Harry Hopkins"[25] sich nach vielen Seiten hin ein deutsches Kontaktnetz geschaffen, das er mit entsprechenden amerikanischen Kreisen verbunden hatte und auf das er sich in seiner weiteren Laufbahn immer wieder stützte.

Fragt man, was den Mitgliedern dieser Netze gemeinsam war, so wird sich verallgemeinernd sagen lassen können, dass sie meist dem liberalen und reformistisch-sozialdemokratischen Lager angehörten. Ein wichtiges Kriterium war für Stone eine nachweisliche, schon vor 1945 manifeste anti-nationalsozialistische Haltung. Daher sein Interesse an Inge Scholl, daher auch seine lebenslange Freundschaft zu Marion Dönhoff, durch die er zugleich Zugang zum Netzwerk um *DIE ZEIT*, die Hamburger Wochenzeitung, gewann. Theodor Heuss, der keine ganz so reine Weste besaß wie die mit dem 20. Juli 1944 verbundene Gräfin Dönhoff, hatte er seine politischen Sünden schon bei Kriegsende vergeben, als der spätere Bundespräsident nach der Gründung der *Rhein-Neckar-Zeitung* wegen seiner Beiträge zu der Goebbels-Zeitung *Das Reich* in Schwierigkeiten geriet.[26] Während Heuss Stone mit liberalen südwestdeutschen Kreisen verband, pflegte der Amerikaner über den ehemaligen KZ-Häftling Eugen Kogon, der jetzt die *Frankfurter Hefte* herausgab, Kontakt zu linkskatholischen Kreisen.[27] Über Carlo Schmid schließlich gab es die Brücke zur rechten Sozialdemokratie.

Keine ideologischen und menschlichen Gemeinsamkeiten fand er hingegen mit dem bayerischen Kultusminister Alois Hundhammer, obwohl dieser ebenfalls bei Oncken promoviert hatte und als „scharfer Anti-Nazi" in Dachau inhaftiert gewesen war. Über ihn meinte Stone nach einem Treffen in München, die Zeit werde zeigen, „ob ich so reaktionär werde wie Hundhammer oder er so links wie ich".

Diese und viele andere Beziehungen pflegte Stone ab 1952 von New York aus weiter, als er sich für die Rückkehr nach Amerika zusammen mit McCloy entschied und letzterer ihn in ein Projekt einband, mit dem er als Trustee der Ford-Stiftung beauftragt worden war.[28] Dieses „Conditions-of-Peace"-Projekt benutzten die beiden wiederum, um bei der Stiftung ein internationals Programm mit Schwerpunkt auf Europa anzukurbeln. Denn inzwischen war die Stiftung zur größten philanthropischen Organisation der Welt aufgestiegen. Im Dezember 1950 erreichte der Stiftungsfond einen Umfang von fast 500 Millionen Dollar. Während der größte Teil der daraus zur Verfügung stehenden Mittel für Programme im Innern des Landes verwandt wurde, plädierten nicht nur McCloy und Stone, sondern auch Stiftungspräsident Paul Hoffman, der zuvor der Administrator des Marshallplans in Europa gewesen war, dafür, dass sich die Organisation auch international und vor allem in Europa, der wichtigsten Front des Kalten Krieges gegen den Sowjetblock, betätigen müsse.

Zwar dauerte es einige Zeit, bis ein solches Programm auf den Beinen stand und Stone als dessen Leiter eine feste Anstellung bei der Stiftung erhielt, weil sich seine Vorschläge im Gestrüpp der Stiftungsbürokratie und deren Rivalitäten verhedderten. Doch nachdem er bis dahin schon diverse Einzelprojekte gestartet hatte, darunter auch eine weitere Beihilfe für die Freie Universität Berlin, konnte er als Chef des „International Affairs Program" sein beachtliches Budget ab 1955 gezielt in Europa einsetzen.

Dabei kam ihm zu Hilfe, dass das „Conditions-of-Peace"-Projekt ihm in den USA Zugang zu renommierten Sozialwissenschaftlern an den Elite-Universitäten der Ostküste verschafft hatte. War es doch das Ziel des Projekts, an Universitäten und anderswo im Lande Institute und Programme einzurichten, die amerikanischen Studenten ein besseres Verständnis für andere Erdteile vermitteln würden. Auch die Forschung zu internationalen Themen sollte ausgeweitet werden. Ein wichtiger Treffpunkt und ein Diskussionsforum war der „Council on Foreign Relations", der das „Conditions-of-Peace"-Projekt mit finanzieller Unterstützung durch die Ford-Stiftung schließlich in eigener Regie fortführte. Schon bald nach ihrer Rückkehr aus Europa reisten McCloy und Stone 1952/53 im Lande umher, um mit Experten für internationale Beziehungen über diese Pläne zu sprechen. Sie fanden überall viel Zustimmung. Es war klar, dass die Universitätslehre aus ihrer Provinzialität befreit werden musste, nachdem die USA eine Weltmacht geworden waren. Die transatlantischen Verbindungen mussten angesichts der vermeintlichen Bedrohung Europas durch die Sowjetunion gestärkt werden. Das war auch die Meinung von europäischen Wissenschaftlern und Politikern, die McCloy und Stone anschließend im Zusammenhang mit ihrem Projekt besuchten und um Rat fragten. Als Stone sein internationales Programm von der Stiftung endlich bewilligt wurde, dienten diese Kontakte dem systematischen Aufbau der ersten Förderungen westeuropäischer Wissenschaftler und Institute.[29]

Für eine Rekonstruktion einer Soziologie transatlantischer Beziehungen nach dem Zweiten Weltkrieg ist ein weiterer Zusammenhang von entscheidender Bedeutung: das Überlappen der soeben genannten Kreise mit einem umfangreichen Netzwerk, das der „Kongress für Kulturelle Freiheit" (KKF) inzwischen geschaffen hatte. Diese Organisation, die im Jahre 1950 im Anschluss an einen großen Westberliner Kongress von Intellektuellen und Politikern aus Europa und den USA geschaffen worden war, hatte nach einem etwas unsicheren Start ihr Hauptquartier in Paris aufgeschlagen. Die treibende Kraft hinter dem KKF wurde Michael Josselson, der zusammen mit Generalsekretär Nicholas Nabokov, zur Schlüsselfigur in einem ausgedehnten transatlantischen System wurde. Ihm gelang es nicht nur, ein ambitiöses Programm auf die Beine zu stellen, sondern auch die Mittel für die Finanzierung des ganzen Unternehmens zu sichern. Diese Mittel kamen z. T. über Deckadressen von der *Central Intelligence Agency* (CIA), in erheblichem Maße aber auch über Stones International-Affairs-Programm von der Ford-Stiftung.

Über die Arbeit des KKF liegen inzwischen mehrere Studien vor, die im einleitend erwähnten Sinne unser Verständnis der deutsch-amerikanischen und europäisch-amerikanischen Beziehungen auf dem Gebiet der Kultur, der Naturwissenschaften und des geistigen Lebens erheblich erweitert haben.[30] Die meisten dieser Studien gehen von der Organisation, ihren Tätigkeiten und ihrer Ideologie aus. Sie berichten auch über die Zeitschriften des KKF, die in mehreren Sprachen erschienen, über die großen Kongresse und zahlreichen anderen Veranstaltungen. Lohnend wäre vielleicht noch eine Biographie des „Netzwerkspezialisten" Josselson, durch den der KKF ein starkes Zusammengehörigkeitsgefühl entwickeln konnte und einen weltumspannenden Austausch von Informationen und Ideen ermöglichte. Was die Mitglieder ideologisch verband, war ihr Antikommunismus, der freilich nicht aggressiv im Sinne eines Rollback vorgetragen wurde und schon vor dem offiziellen Beginn der Détente auf den Dialog mit dem Osten und den Abbau gefährlicher Spannungen ausgerichtet war. Zugleich vertraten sie die Idee einer liberalen atlantischen Gemeinschaft, die nicht nur auf den sicherheitspolitischen und wirtschaftlichen Interessen der Westeuropäer und Amerikaner beruhte, sondern auch auf einer gemeinsamen Kultur.

Diese Kultur klar zu definieren und gegen die extreme Linke ebenso wie gegen die Rechte auf beiden Seiten des Atlantiks abzugrenzen, war das zentrale Anliegen der Kongresse und Konferenzen, die die KKF-Mitglieder und Gleichgesinnte zusammenbrachten. Es war auch die Mission der Zeitschriften, die Josselson und Stone finanzierten. So lief beispielsweise in Frankreich der Kampf gegen die kommunistische Partei und die sie unterstützenden Gewerkschaften, aber auch gegen die Intellektuellen, die dem Sartre-Kreis angehörten.[31]

Auf der Rechten wandte man sich gegen den aufkommenden Gaullismus und den z. T. erzkonservativen Katholizismus, zu dem auf deutscher Seite auch Hundhammer gehörte. Sie dachten an die Verteidigung eines Abendlandes gegen den bolschewistischen Osten, das ihrer Meinung nach auf der europäischen Seite des Atlantiks endete und die Engländer und Amerikaner *(les Anglo-Saxons)* allenfalls als Appendix eines auf dem europäischen Kontinent beheimateten Kultur- und Wertesystems betrachtete. Ausgesprochen oder unausgesprochen lag dieser Position die Vorstellung zugrunde, dass Amerika zwar die militärische und ökonomische Hegemonialmacht des Westens sein mochte, nicht aber den kulturellen Schwerpunkt darstellte. Das wiederum war eine Vision, die die Mitglieder des KKF scharf ablehnten. Sie wiesen auf die starken transatlantischen Bande und die gegenseitigen Einflüsse hin, die die USA und Westeuropa im Zeitalter des Kalten Krieges gerade auch in kultureller Hinsicht zu einer Wertegemeinschaft zusammenschweißten. Für sie war Amerika ebenfalls eine Kulturmacht und keine Unkultur, wie es auf der radikalen Linken und Rechten häufig zu hören war.

Zu Beginn der sechziger Jahre war die Zusammenarbeit zwischen Stone und Josselson schließlich so eng geworden, dass beide auf eine Vollfinanzierung des KKF durch die Ford-Stiftung hinarbeiteten.[32] Sie sahen die verdeckte Finanzierung durch die CIA als existenzgefährdend an. Wurde sie aufgedeckt, stand nicht nur die Reputation des KKF und seiner angesehenen Zeitschriften auf dem Spiel, sondern auch der Ruf der Ford-Stiftung als einer Organisation, die rein philanthropisch und unabhängig von den nationalen Interessen der Vereinigten Staaten operierte. Der Stone-Josselson Entlastungsplan scheiterte am Ende daran, dass die CIA-Finanzierung ausgerechnet in dem Augenblick an die Öffentlichkeit kam und einen Riesenskandal auslöste, als die neue Lösung praktisch zur Unterschrift reif war. Josselson trat zurück. Stones gleichzeitiger Abschied von der Ford-Stiftung hing zwar mehr damit zusammen, dass McCloy sich als Trustee zurückzog und McGeorge Bundy, der neue Stiftungspräsident, seine eigene Mannschaft einsetzen wollte. Aber auch für Stone war der Zusammenbruch des KKF eine berufliche Niederlage.

Er bemühte sich, sie auszubügeln, indem er die Präsidentschaft der „International Association for Cultural Freedom" (IACF), der Nachfolgeorganisation des KKF, übernahm.[33] Seine einstigen Kollegen bei der Stiftung versprachen, ihm dabei zu helfen, indem sie die durchaus stattliche Summe von jährlich fünf Millionen Dollar zur Verfügung stellten. Die Erwartung war, dass sich die New Yorker bald aus Paris würden zurückziehen können, weil Stone seine Kontakte zu europäischen Stiftungen für eine langfristige Unterstützung des IACF zu mobilisieren versprach. Doch stieß diese Strategie spätestens Anfang der siebziger Jahre im Zeichen der Dollarkrise und bald auch des Ölschocks auf unüberwindliche Hindernisse. Wen immer Stone auch ansprach, er erhielt nur kleine Zuwendungen, die völlig unzureichend waren. Enttäuscht begann auch die verarmende Ford-Stiftung,

Stones Budget zu kürzen, wogegen auch die Fürsprache von Alan Bullock, des angesehenen Oxforder Historikers, der als IACF-Vorsitzender fungierte, nichts ausrichten konnte.

Bei dem langsamen Tod der IACF ist auch in Rechnung zu stellen, dass es der Assoziation nicht gelang, die nächste Generation der geistigen Elite Europas und Amerikas an sich zu ziehen. Durch den Vietnam-Krieg radikalisiert und durch den CIA-Skandal des KKF misstrauisch gemacht, wandte sie sich anderen Organisationen zu und lasen andere Zeitschriften als *Encounter, Preuves, Tempo Presente* oder *Der Monat*. Stone bemühte sich zwar, mit den Studenten im Dialog zu bleiben und auch innerhalb der IACF in einer Zeit als Klammer zu wirken, als sich dort die ideologischen Differenzen gleichfalls verschärften. Ausgerechnet der bekannte französische Philosoph Pierre Emmanuel, an sich der engste Mitarbeiter Stones in der IACF, entwickelte gaullistische Neigungen und distanzierte sich von dem technokratisch-keynesianischen Pragmatismus, den die amerikanischen Mitglieder einst in den KKF getragen hatten. Jetzt zeigte sich, dass selbst unter französischen Intellektuellen, die dem KKF nahestanden, die alten Reservationen gegenüber Amerika als Kulturnation nie ganz verschwunden waren. Jenseits der finanziellen Sorgen scheint Stone Anfang der siebziger Jahre mehr und mehr das Gefühl bekommen zu haben, dass ihm das Pariser intellektuelle Milieu im Grunde fremd war. Er fühlte sich wohler, wenn er statt der französischen oder italienischen Mitglieder des IACF-Netzes auf Landsleute oder Engländer traf. Und schließlich waren da noch die Deutschen, bei denen er sich kulturell ebenfalls heimisch fühlte.

Es ist anzunehmen, dass er bei seinen Reisen nach Deutschland gelegentlich darüber klagte, dass er in Paris Schwierigkeiten hatte und unglücklich war. Und dann geschah es, dass sich ihm eine neue Chance eröffnete. Wahrscheinlich entstand der Gedanke dazu im Aspen-Institut im fernen Colorado, jenem Konferenzzentrum, in dem sich amerikanische und europäische Elitegruppen in idyllischer Landschaft zu Seminaren und zum Gedankenaustausch über die großen Fragen der Zeit trafen und das jetzt von Joseph Slater, Stones einstigem Kollegen bei der Ford-Stiftung, geleitet wurde.[34] Dort trafen sich 1973 u.a. Marion Dönhoff und Richard von Weizsäcker, nachdem Slater schon vorher mit dem Gedanken gespielt hatte, Dependancen des Instituts in anderen Ländern einzurichten. So kam die Idee auf, eine solche in Westberlin aufzubauen und Stone zu ihrem Direktor zu machen. Dieser war von der Aussicht, in die Stadt zurückzukehren, mit der ihn seit seiner Studentenzeit viele gute Erinnerungen verbanden, sehr angetan. Aber auch sein Duz-Freund, Bundeskanzler Willy Brandt, griff den Gedanken auf, freilich nicht nur aus sentimentalen Gründen. Er sah in einem Berliner Aspen-Institut eine Gelegenheit, die Amerikaner über einen deutschfreundlichen Amerikaner als Direktor in Berlin zu halten, und zwar zu einer Zeit, als Außenminister Henry Kissinger Brandts Ostpolitik mit großem Misstrauen betrachtete. Über den Westberliner Senat, dem jetzt

Brandts Parteifreund Klaus Schütz als Regierender Bürgermeister vorstand, stellte die Stadt ein renoviertes Konferenzzentrum in Schwanenwerder am Wannsee zur Verfügung.

Bis zu seinem Eintritt in den Ruhestand 1988 wirkte Stone hier erneut als „Netzwerkspezialist". Zwar war sein Netz nicht mehr so global wie zu seiner Zeit als Präsident der IACF oder davor bei der Ford-Stiftung.[35] Im engeren Sinne war es erneut mehr auf die verschiedenen Kreise der westdeutschen politischen, wirtschaftlichen und kulturellen Eliten beschränkt, zu denen er zuerst während seiner Zeit in der US-Hochkommission näheren Kontakt gewonnen und dann über die Ford-Stiftung weitergepflegt hatte. Doch benutzte er das Institut zugleich zum Brückenschlag nach Osten, wofür ihm Berlin besonders gut geeignet schien. Nach den revolutionären Ereignissen in Ungarn und Polen 1956 hatte er in der Stiftung zuerst Hilfsprogramme für verfolgte und geflüchtete Studenten und Dozenten aus dem Ostblock eingerichtet. Dem folgten bald darauf Besuchsprogramme für polnische und jugoslawische Wissenschaftler, denen Stone auf diese Weise kürzere oder längere Aufenthalte an westeuropäischen oder amerikanischen Universitäten ermöglichte.

In den siebziger und achtziger Jahren machte er das Berliner Aspen-Institut zu einem Zentrum für den Gedankenaustausch zwischen Ost und West. Das war zu Zeiten der Détente sicherlich wünschenswert und wurde noch wichtiger, als sich der Kalte Krieg zwischen den USA und der Sowjetunion unter Präsident Ronald Reagan erneut verschärfte. Unermüdlich organisierte Stone damals Konferenzen zu aktuellen Themen, auf denen Eingeladene aus der ganzen Welt ihre Meinungen austauschten. Auch KGB-Offiziere sollen dabei gewesen sein. Als er sich 1988 achtzigjährig nach Cambridge, Massachusetts, zurückzog, blieb er immer noch der große „Networker", indem er half, das McCloy-Fellowship-Programm an der Harvard Universität ins Leben zu rufen.[36] Mit Recht hat man ihn daher als „doctor catalyticus" bezeichnet.[37]

Indessen ging die Intention dieses Beitrages, über die Analyse von Stones Rolle als „Impresario" – wie Christoph Bertram ihn genannt hat[38] – noch hinaus. Denn in erster Linie ist dieser Aufsatz als Anregung gedacht, das Problem transatlantischer Netzwerke während des 20. Jahrhunderts näher zu untersuchen und auf diese Weise eine Soziologie der internationalen Beziehungen zu entwickeln. Dass nach dem Zweiten Weltkrieg deutsch-amerikanische Netzwerke entstanden, und z. T. unter Anknüpfung an die Zeit vor 1933 gar wiedererstanden, dürfte als ziemlich sicher gelten. Über ihre Mitgliedschaften, ihre Überschneidungen und innere Dynamik wissen wir indessen nur sehr wenig.

Über die Person von Shepard Stone haben wir hier versucht, einige der Kreise, in denen er sich bewegte, aufzuschlüsseln. Diese Forschungen zu vertiefen und zugleich auf andere Bereiche, gerade auch der Wirtschaft, zu erweitern, dürfte ein lohnendes Objekt sein und unser Verständnis des deutsch-amerikanischen und europäisch-amerikanischen Verhältnisses verbessern, vor allem wenn es gelingt, nicht nur die quantitativen Dimensionen und die Organisationsstrukturen zu erfassen, sondern auch den „inneren Geist", der die Mitglieder dieser Netzwerke motivierte und zusammenhielt.

15. Das Jahr 1956, die Ford-Stiftung und Amerikas Kalter Kulturkrieg in Osteuropa

A. Einleitung

Dieser Beitrag versucht, Fragen anzuschneiden, die – soweit ich sehe – nicht im Zentrum der Forschungsinteressen von Historikern und Sozialwissenschaftlern gestanden haben, die sich mit den Ursprüngen, dem Verlauf und den Folgen des Revolutionen in Polen und Ungarn im Jahre 1956 beschäftigt haben. Es gibt zahlreiche und wichtige Studien, die die politischen, militärischen und sozialen Aspekte behandeln. Manches ist inzwischen auch über die sowjetische Seite bekannt geworden und über die Motive, die zur Intervention der Roten Armee führten. Schließlich ist auch viel über den internationalen Kontext jenes Jahres geschrieben worden sowie über die Politik der westlichen Mächte, vor allem der der Vereinigten Staaten.[1]

In einem sehr weiten Sinne trägt das Folgende zu einem besseren Verständnis der Rolle der USA in der damaligen Krise bei. Freilich steht nicht die offizielle amerikanische Außenpolitik im Mittelpunkt, und das Quellenmaterial, auf das sich die Analyse stützt, ist nicht in den National Archives in Washington oder anderen öffentlichen Institutionen zu finden. Vielmehr steht das im Mittelpunkt, was man als den „Privatsektor" bezeichnen könnte, in diesem Falle repräsentiert durch die Ford-Stiftung und deren Rolle während der dramatischen Wochen des Jahres 1956. Die Dokumente dazu stammen aus dem Archiv der Ford-Stiftung in New York und anderen privaten Quellen. Dabei bietet sich auch eine Gelegenheit, eine breitere Problematik des Ost-West-Konflikts vor und nach 1956 anzuschneiden. Diese Probleme waren zwar letztlich hochpolitischer Natur. Doch betrafen sie nicht Politiker, Generäle oder Geschäftsleute, sondern Intellektuelle und Akademiker.

B. Der Kalte Kulturkrieg

Angesichts der Tatsache, dass über die politischen, militärischen und ökonomischen Aspekte des Kalten Krieges viel geforscht worden ist,[2] wird oft vergessen, dass der Ost-West-Konflikt nicht nur ein Ringen um die Herzen und Seelen von Millionen von Durchschnittsbürgern gewesen ist, sondern auch eines um die der geistigen Eliten. Man kann sogar sagen, dass die Sowjets in den ersten Jahren nach 1945 eine besonders rege Tätigkeit entfalteten und dass sie zunächst mit ihrer Offensive recht erfolgreich waren. Dabei konnten sie sich auf die Erfahrungen vor allem der dreißiger Jahre stützen. Damals nämlich, als sich im Zeitalter der Ideologien und des Aufstiegs des Faschismus vieles im Umbruch und in Verwirrung befand, fanden viele Intellektuelle und Kulturschaffende den Weg zum Kommunismus mit seinen antifaschistischen und pazifistischen Parolen.[3]

Die Methoden der Mobilisierung dieser Kreise vor dem Zweiten Weltkrieg wurden von den Sowjets nach 1945 wiederbelebt. Indem sie den Anti-Amerikanismus nicht nur vieler gläubiger Kommunisten in Westeuropa, sondern auch den von *fellow-travelers* und Neutralisten ansprachen, die sich auf der Suche nach einer unabhängigen Position zwischen dem amerikanischen Kapitalismus und dem stalinistischen Kommunismus befanden, konnten die Sowjets und ihre Gefolgsleute eine Reihe von gut besuchten Kongressen abhalten. Einer von diesen fand im Oktober 1947 in Berlin statt. Er zog eine internationale Teilnehmerschaft an, obwohl er als Gesamtdeutscher Schriftstellerkongress angekündigt worden war. Zugleich zeigte sich auf diesem Treffen aber auch zum ersten Male deutlich, wie stark die Polarisierung der Meinungen fortgeschritten war, die sich bis dahin auch in der Politik und dem wirtschaftlichen Wiederaufbau bemerkbar gemacht hatte.[4] Durch den Anti-Amerikanismus und die gegen den Westen gerichtete Kritik einiger Anwesender verärgert, einigte sich eine Reihe von antikommunistischen Teilnehmern darauf, dass diese Angriffe einer Antwort bedurften. Der amerikanische Journalist Melvin Lasky wurde beauftragt, am nächsten Tag die Gegenargumente vorzutragen. Was er über die Sowjetunion zu sagen hatte, erboste einige Delegierte so sehr, dass sie den Saal verließen.[5] Hiernach spalteten sich auch Europas Intellektuelle und Akademiker in zwei Lager. Der nächste Kongress, der zwei Monate nach Beginn der Berliner Blockade durch Stalin veranstaltet wurde, fand bereits, abgesehen von dem renommierten Literaturkritiker Hans Mayer, ohne die Teilnahme der Ostdeutschen statt.

Eine weitere Herausforderung an das pro-westliche Lager stellte ein Treffen dar, das die extreme Linke ein Jahr später in New York organisierte, auf dem außer Albert Einstein auch der Sänger Paul Robeson, die Schriftstellerin Lillian Hellman, der Komponist Aaron Copland und der Dirigent Leonard Bernstein auftraten. Antikommunistische Kritiker wie die Journalisten Dwight Macdonald und Sidney Hook sowie die Schriftstellerin Mary McCarthy nutzen die Diskussion dazu, unangenehme Fragen zur Repressionspolitik Stalins im Ostblock zu stellen. Sie nannten sich „Americans for Intellectual Freedom“ und versammelten sich zu einem Gegen-Treffen, das so viele anzog, dass MacDonald überzeugt war, die antikommunistische Linke – fortan „Cold War Liberals“ genannt – habe endlich ihre gemeinsame Stimme gefunden. Das mag eine Übertreibung gewesen sein. Denn in den folgenden Wochen veranstalteten die Kommunisten einen weiteren Friedenskongress in Paris auf dem so prominente Männer wie Frédéric Joliot-Curie, Pietro Nenni und Pablo Picasso erschienen. Diesmal rief David Rousset gegen diesen

Kongress zu einem „Internationalen Tag des Widerstands gegen Diktatur und Krieg" auf.[6]

Obwohl Hook meinte, dass diejenigen, die das Podium betraten, in ihrer Kritik an der Sowjetunion viel zu milde waren, ermutigte das Treffen eine Reihe von westeuropäischen Intellektuellen, einen wirklich großen Kongress in West-Berlin zu organisieren, der Stadt, die inzwischen direkt an der Front des Kalten Krieges stand. Das Treffen fand im Juni 1950 unter dem Titel „Kongress für kulturelle Freiheit" statt. Dank der Unterstützung von Ernst Reuter, dem Regierenden Bürgermeister von West-Berlin, sowie von John J. McCloy, dem US-Hochkommissar in der Bundesrepublik, gelang es, eine Reihe von sehr prominenten Persönlichkeiten in die Frontstadt zu bringen, unter ihnen die Philosophen Benedetto Croce, John Dewey, Karl Jaspers, Jacques Maritain und Bertrand Russell. Der Kongress schloss mit einer Großkundgebung, zu der über zehntausend Menschen kamen und auf der viele feurige Reden gehalten wurden, nicht nur gegen den Stalinismus, sondern auch gegen jegliche Art des *fellow-traveling* und Neutralismus.[7]

In den Monaten danach wurde die Infrastruktur, die man in Berlin geschaffen hatte, in eine permanente Organisation umgewandelt, den „Kongress für kulturelle Freiheit"(KKF). Das Hauptbüro wurde in Paris eröffnet und Michael Josselson übernahm dessen Leitung. Es gibt inzwischen mehrere sehr informative Studien über das kleine Kulturimperium, das Josselson mit Hilfe der großen amerikanischen Stiftungen und einer verdeckten Finanzierung durch die Central Intelligence Agency (CIA) aufbaute, so dass ich es mir ersparen kann, auf Einzelheiten dazu einzugehen.[8] Nur eine der ausgedehnten Tätigkeiten ist hier von Interesse: die Fortsetzung der Kongress-Tradition. In den frühen fünfziger Jahren organisierten Josselson und sein Stellvertreter Nicholas Nabokov mehrere Treffen mit dem Ziel, die kulturellen Leistungen des Westens zur Schau zu stellen und zu diskutieren. Einige dieser Tagungen waren Themen gewidmet, die Nabokov in Geiste eines herkömmlichen Verständnisses von Kultur konzipierte. So stellte das im Mai 1952 in Paris organisierte Festival Kunst und Literatur in den Mittelpunkt, was zugleich Gelegenheit gab, moderne amerikanische Werke vorzustellen. An den Diskussionen über Literatur nahmen dementsprechend William Faulkner, Katherine Anne Porter und Allen Tate teil. Das Ballett der City of New York gab eine Aufführung und es fanden Konzerte mit Werken von Alban Berg, Benjamin Britten und Arnold Schoenberg statt. Es war wohl kein Zufall, dass dieses Treffen mit einer Ausstellung von moderner mexikanischer Kunst zusammenfiel, die von den französischen Kommunisten unterstützt wurde. Die „Schlacht der Festivals" war in dieser Zeit des Kalten Krieges voll im Gange, und Nabokov organisierte 1954 ein weiteres derartiges Treffen prompt in Rom, der Stadt und dem Land, in denen die Kommunisten ebenso wie in Frankreich sehr stark waren.[9]

Es war wohl zum Teil unter dem Einfluss der amerikanischen Mitglieder des KKF, die meinten, dass die Definition von Kultur in Europa zu eng sei, dass das

Programm der Kongresse erweitert wurde, indem man auch die Natur- und Sozialwissenschaften einbezog. Beide Perspektiven kamen schon 1953 zum ersten Mal zusammen, als in Hamburg ein Kongress unter dem Motto „Wissenschaft und Freiheit" stattfand. Einer der Hauptförderer war diesmal Michael Polanyi, der berühmte ungarische Physiker, der seit längerem ein starkes Interesse an den Sozialwissenschaften und an der Philosophie entwickelt hatte. Nicht weniger als 110 Natur- und Sozialwissenschaftler diskutierten miteinander, darunter auch Raymond Aron, Edward Shils und Theodor Litt. Waren Nabokovs Veranstaltungen als eine Herausforderung an den sowjetischen „Sozialistischen Realismus" gedacht, so bot der Hamburger Kongress den Kontrapunkt zu dem durch den Lysenkoismus definierten Verständnis von Naturwissenschaft. Dementsprechend konnten die Teilnehmer Diskussionen über Themen wie „Die Naturwissenschaften und ihre Methoden", „Wissenschaft und der Staat", „Wissenschaft in Ketten" sowie „Der Gelehrte und der Staatsbürger" anhören.[10]

Schließlich sollte noch der 1955 vom KKF veranstaltete Kongress von Mailand erwähnt werden, der sich unter anderem mit den Beziehungen zwischen Kultur und Politik auseinandersetzte. Auf ihm erschienen außer vielen Intellektuellen und Akademikern auch eine Reihe von Politikern der westeuropäischen Arbeiterparteien und Gewerkschaften, von denen manche an der damaligen langsamen Transformation der westeuropäischen Arbeiterbewegungen von ihrer stark sozialistischen Orientierung der frühen Nachkriegszeit hin zu reformistischen sozialdemokratischen Positionen mitwirkten. In der Bundesrepublik wurde dieser Prozess bei den Sozialdemokraten dann 1959 mit der Verabschiedung des Godesberger Programms abgeschlossen.

In den frühen fünfziger Jahren war die Ford-Stiftung nur sehr am Rande mit der Arbeit des KKF befasst. Auf der einen Seite kam es der Stiftung darauf an, die kulturellen und akademischen Beziehungen zwischen den USA und Westeuropa zu stärken. Auf der anderen Seite ging es ihr auch darum, die wissenschaftlichen und künstlerischen Dogmen des Ostblocks von den westlichen Maximen der Freiheit der Forschung und des künstlerischen Schaffens abzuheben. Es gab im KKF indessen ein Programm, zu dem auch bei der Ford-Stiftung schon 1952 Überlegungen angestellt worden waren. In Josselsons Organisation hatte man nach dem Tode Stalins im Jahre 1953 damit begonnen, den anfänglich noch ziemlich harten Antikommunismus zu mildern. Das zeigte sich unter anderem daran, dass Männer wie Arthur Koestler und Sidney Hook, die diesen harten Antikommunismus verkörperten, von Josselson langsam zurückgedrängt wurden, um den Vertretern einer sanfteren Linie Platz zu machen. Die Hoffnung war, dass osteuropäische Intellektuelle und Akademiker es leichter haben würden, Kontakte zu westlichen Kollegen herzustellen, und dass westeuropäische *fellow-travelers* ins KKF-Lager kommen würden.[11] Bei der Ford-Stiftung hatte man angesichts der Gefährlichkeit des Ost-West-Konflikts zur gleichen Zeit damit begonnen, ähnliche Überlegungen anzustellen.

Das hing bei der Stiftung damit zusammen, dass dort zwei Männer in Schlüsselpositionen gerückt waren, die den Kalten Krieg in den Jahren zuvor in Westeuropa aus nächster Nähe verfolgt hatten: Paul G. Hoffman, der einstige Präsident der *Studebaker Motor Corporation* und danach bis 1950 der amerikanische Administrator für den Marshall-Plan, sowie John J. McCloy, von 1949 bis 1952 US-Hochkommissar in der Bundesrepublik, der während des Krieges an einflussreicher Stelle im Washingtoner Verteidigungsministerium gearbeitet hatte und nach 1945 eine Zeitlang Präsident der Weltbank gewesen war. Beide wussten, wie gefährlich die Konfrontation zwischen den beiden Supermächten 1948 während der Berlin-Krise und dann 1950 während des Korea-Konflikts geworden war. Nachdem Stalin ab 1949 ebenfalls Atomwaffen besaß, bestand nicht nur in den Augen Hoffmans und McCloys immer wieder die Gefahr eines Zusammenstoßes, der für die ganze Welt katastrophale Folgen haben würde.[12]

Als Hoffman und McCloy daher aus Europa in die USA zurückkehrten, fanden sich beide in der Ford-Stiftung wieder, Hoffman als deren Präsident und McCloy as einer der Treuhänder auf dem *Board* der Stiftung. Und beide waren davon überzeugt, dass es überlebenswichtig sei, Konzepte zu entwickeln, die zu einer Deeskalation des Kalten Krieges führen würden. Mit diesem Ziel startete die Stiftung 1952 zunächst ein „Conditions of Peace"-Projekt, das die amerikanische Bevölkerung zum einen auf die Gefährlichkeit des Ost-West-Konflikts aufmerksam machen und zum anderen diese über die Komplexitäten der Weltpolitik aufklären sollte. Auf beiden Gebieten gab es damals in der Tat viel zu tun. Nur wenige hatten ein tieferes Wissen über andere Länder, deren Sprachen, Politik und kulturelle Traditionen. Zugleich dachte Hoffman daran, dem politischen Dialog zwischen den beiden Supermächten erneut den Weg zu ebnen. Aus diesem Grunde wurde 1952 ein ehemaliger Mitarbeiter Hoffmans in der Marshall-Planverwaltung beauftragt, eine Denkschrift zu verfassen mit dem Titel „Creating the Conditions of Peace."[13]

Das Dokument, das Bissell anfertigte, plädierte dafür, dass die Ford-Stiftung dabei mithelfen solle, „eine Atmosphäre zu schaffen, die es dem Westen von einer neuen Position militärischer Stärke aus ermöglichen würde, einen gerechten und ehrenhaften Frieden mit dem Osten auszuhandeln."[14] Abrüstungsgespräche seien dafür ein guter Ansatzpunkt. Zwar glaubte er nicht, dass es möglich sein würde, einen „wirklichen Frieden" mit dem Sowjetblock zu schließen; gleichwohl könnte der Westen „mit den Russen in derselben Welt leben ohne trotz tiefgreifender und fortlaufender Unterschiede in Philosophie und Interessenlage mit ihnen einen Krieg anzufangen." Das „Conditions of Peace"-Projekt sollte für diese Politik sowohl im Innern als auch in der Außenpolitik den Boden bereiten. Für die Innenpolitik sah Bissell das Problem, dass in den USA gegenwärtig „ein Meinungsklima herrsche, das zu angespannt und emotional sei" und mit einem Religionskrieg zu vergleichen sei.

Obwohl er zugab, dass seine Vorschläge „unbefriedigend" und ambivalent seien, weil sie „weder Krieg noch Frieden" bedeuteten, müssten sie dennoch verwirklicht werden, nicht zuletzt auch der Kosten wegen, die das Land leichter verkraften könne als das fortgesetzte Wettrüsten gegen den Osten.

Als ersten Schritt schlug Bissell vor, dass die Ford-Stiftung Informationen sammeln und den Rat prominenter Experten auf dem Gebiet der internationalen Beziehungen einholen solle, was im Einzelnen anzukurbeln sei. Dieser Prozess von Konsultationen, Diskussionen und Forschung sollte dann in Vorschläge münden, die Hoffman, der selber ein gemäßigter Republikaner war, dem damaligen Präsidentschaftskandidaten Dwight D. Eisenhower vorlegen wollte. Allerdings nahm Eisenhower weder vor noch nach seiner Wahl diese Gedanken auf, auch wenn er dem Vorschlag eines sowjetisch-amerikanischen Dialogs seine sehr allgemeine Zustimmung gab. So kam es, dass der abgeblitzte Hoffman die in Bissells Denkschrift niedergelegten Ideen im Rahmen der Stiftung und in Zusammenarbeit mit dem *Council on Foreign Relations* in New York verfolgte.[15]

Die Gründe für Bissells Denkschrift und ebenso sein Zögern müssen im Kontext des damaligen Kalten Krieges gesehen werden. Während Hoffman und McCloy die Gefahr eines Atomkrieges sahen, waren viele Wähler und Politiker auf der republikanischen Rechten scharf antikommunistisch eingestellt. Senator Joe McCarthy leitete eine wahre Hexenjagd auf alle, die der Sympathien für die Sowjetunion verdächtig waren.[16] Viele, die völlig unschuldig waren, gerieten in dieses Netz, so auch Mitarbeiter McCloys aus der Hochkommission in Westdeutschland, die vor dem „Komitee für Unamerikanische Tätigkeiten" des US-Abgeordnetenhauses erscheinen mussten. Zugleich wuchs in der Bevölkerung die Angst vor einem sowjetischen Angriff, diesmal jedoch nicht mit konventionellen Waffen in Europa, wie man es zu Beginn des Korea-Krieges befürchtet hatte, sondern mit Atombomben über dem amerikanischen Kontinent. Um die Bevölkerung zu lehren, wie sie sich vermeintlich schützen könnte, wurden sogar Zivilverteidigungsfilme für Schulen gedreht. In den Städten wurden Luftschutzkeller eingerichtet, und es gab auch Bunker für Familien zu kaufen, die man im Hintergarten versenken lassen konnte.

Unsicherheiten und Emotionen dieser Art riefen aggressive Reaktionen hervor. Es gab Forderungen, die Sowjets auf ihrem Territorium zu bekämpfen. Politiker und selbst ein Mann wie John Foster Dulles, der als Eisenhowers Außenminister im Zentrum der amerikanischen Planungen stand, sprachen davon, dass man die Russen aus Osteuropa zurückdrängen müsse. Später sprach er von einer „massiven Vergeltung", d.h. vom Einsatz des gesamten Waffenarsenals der Vereinigten Staaten, sollte ein Krieg mit der Sowjetunion je ausbrechen. Kurzum, die frühen fünfziger Jahre waren eine sehr gefährliche Zeit in den Beziehungen der beiden Supermächte und so ist es nicht erstaunlich, dass Bissell und Hoffman nach einem dritten Weg zwischen der risikoreichen Strategie der harten Antikommunisten suchten und dem ebenso undenkbaren stummen Zurückweichen vor Stalin, sei es im Fernen Osten oder entlang des Eisernen Vorhangs in Zentraleuropa.[17]

Eisenhower musste sich unter diesen Umständen ebenfalls vorsehen und konnte nur hoffen, dass er McCarthy und die Rollback-Politiker in den Reihen der eigenen Partei, mit denen er nicht übereinstimmte, würde zurückdrängen können. Dabei kam ihm ein Argument zu Hilfe, das auch Bissell in seiner Denkschrift benutzt hatte: die Gefahr, die Volkswirtschaft mit Rüstungskosten zu überladen. Tatsächlich waren die Militärausgaben auf dem Höhepunkte des Korea-Krieges auf fast vierzehn Prozent des Netto-Sozialprodukts angeschwollen, obwohl Volkswirte meinten, dass es nicht mehr als neun oder zehn Prozent betragen dürfe. Dementsprechend war auch die Wall Street alarmiert, wo die Sorge vor allzu großen Staatsausgaben und auch vor dem Einfluss des Pentagon infolge eines aufgeblähten Verteidigungshaushalts seit langem vorhanden war. Kurzum, die radikalen Antikommunisten im US-Kongress wurden durch diese finanziellen Gesichtspunkte in ihren aggressiveren Vorschlägen gebremst, zumal die Republikaner 1952 noch mit dem Versprechen in den Wahlkampf gezogen waren, die Staatsausgaben zu reduzieren, um Steuerermäßigungen finanzieren zu können.[18]

Auch wenn Eisenhower Hoffmans Vorschläge aus Rücksicht auf seine eigene Partei nicht annahm, so war das politische Klima dennoch nicht ungünstig. Unter gemäßigten Republikanern und auch unter den Demokraten gab es genügend Stimmen, den Ost-West-Konflikt zu mildern, um einen nuklearen Holocaust zu vermeiden, erst recht seitdem beide Seiten 1952/53 die Wasserstoffbombe entwickelt hatten, die im Vergleich zu den über Hiroshima und Nagasaki 1945 abgeworfenen Bomben eine millionenfache Zerstörungskraft besaß. Nachdem Stalin 1953 gestorben war, schienen schließlich die schlimmsten Jahre der sowjetischen Diktatur vorüber zu sein, so unsicher die Zukunft in Moskau im Angesicht der Nachfolgekämpfe im Kreml zunächst auch noch aussah.

Vor diesem Hintergrund übernahm McCloy in der Folgezeit das „Conditions-of-Peace"-Projekt der Ford-Stiftung. Dabei wurde er von Dr. Shepard Stone unterstützt, der als Direktor für Öffentlichkeitsarbeit in der US-Hochkommission ab 1949 seine rechte Hand gewesen war. Er begann nun im Lande und auch in Europa herumzureisen, um mit Politikern und Experten zu sprechen. Im Rahmen des „Council on Foreign Relations" veranstaltete er auch Diskussionen. Am Ende übernahm dieses Gremium das Projekt gar in eigener Regie und Henry L. Roberts wurde beauftragt, einen Bericht zu schreiben, der 1956 schließlich mit dem Titel *Russia and America* veröffentlicht wurde.[19]

Vor den Unruhen, die 1956 im Ostblock ausbrachen, waren daher zwei Dinge eingetreten, die fortan auch die Politik der Stiftung beeinflussten, ungeachtet der Tatsache, dass Hoffman 1953 die Präsidentschaft an seinen Stellvertreter Rowan Gaither übergeben hatte. Es wurde immer klarer, dass man einen Dialog und den Gedanken einer Koexistenz, wie Bissell ihn in seiner Denkschrift erwähnt hatte, in den Beziehungen zwischen den beiden Supermächten verfolgen müsse. Dulles' Politik der „massiven Vergeltung" wurde als zu gefährlich zurückgezogen. Zudem war sie kaum noch glaubwürdig, als sich mit dem Niedergang des McCarthyismus auch das Meinungsklima in den USA wandelte. Die amerikanische Militärdoktrin begann nun Optionen für einen begrenzteren Konflikt zu entwickeln, durch den der geplante Einsatz von Bomben, deren Zerstörungskraft nicht in Kilo- sondern in Megatonnen gemessen wurde, in den Hintergrund trat. Das Buch, das der junge Henry Kissinger nach längeren Diskussionen in Expertenkreisen schließlich 1957 unter den Titel *Nuclear Weapons and Foreign Policy* veröffentlichte, spiegelte dieses Überdenken der Nuklearfrage gut wider.[20]

Die andere Entwicklung der Jahre bis 1956, die hier relevant ist, bezog sich auf den wachsenden Eindruck, den man im KKF und in weiteren Kreisen von westlichen Intellektuellen und Akademikern gewann, nämlich den, dass man den Kalten Krieg auf der kulturellen Ebene zu gewinnen begann. Während der militärische und ökonomisch-technologische Wettbewerb der beiden Blöcke, wenn auch mit weniger scharfen Tönen, weiterlief, schien man das Ringen um die „Herzen und Seelen" nicht nur der Westeuropäer, sondern auch der intellektuellen Eliten in Osteuropa, langsam zu gewinnen. Der „Sozialistische Realismus" in der Kultur und der Lysenkoismus in den Naturwissenschaften, die von oben her vorschrieben, was geschaffen und erforscht werden sollte und die nur von wenigen mit voller Überzeugung praktiziert worden waren, verloren seit Stalins Tod an Boden. Im Osten wollte man zumindest auch erfahren können, welche künstlerischen und wissenschaftlichen Ideen im Westen entwickelt und diskutiert wurden. Man wollte selber entscheiden können, in welchen Formen man seiner Kreativität Ausdruck gab und welche Methoden und Forschungsstrategien man dort bei der Suche nach neuen Entdeckungen anwendete. Der KKF hatte mit seinen Kongressen und auch mit den von ihm subventionierten Zeitschriften schon seit langem in der Vorfront jener westlichen Organisationen gestanden, die die Debatten über moderne Kunst, Literatur oder Musik ebenso nach Osten zu vermitteln suchten, wie über Forschungen in den Natur-, Sozial- und Geisteswissenschaften. Und osteuropäische Kollegen waren immer stärker erpicht darauf, von diesen Entwicklungen zu erfahren. Von 1952 bis 1954 hatte sich die Ford-Stiftung noch in eher bescheidenem Umfang in diesem Kalten Kulturkrieg engagiert. Aber um 1955/56 war nicht nur die Umorganisation, die Gaither verordnet hatte, abgeschlossen, sondern auch die Erweiterung der Stiftungsaktivitäten. Damals fiel die Entscheidung, sowohl West- als auch Osteuropa zu einem Schwerpunkt der internationalen Arbeit zu machen.

C. Die Revolutionen in Polen und Ungarn 1956

Das Jahr 1956 führte gleich an mehreren Fronten zu erheblichen Unruhen. Die Suez-Krise zeigte, dass das Zeitalter des europäischen Kolonialismus endgültig vorüber war und dass Amerika als Hegemonialmacht des Westens nicht mehr bereit war, die Versuche der Engländer und Franzosen zu tolerieren, den Prozess der Entkolonialisierung zurückzudrehen. Ebenso wenig war die Erhaltung von Wirtschaftsimperien noch akzeptabel, deren protektionistische Politik die Weiterentwicklung der Offenen Tür und eines multilateralen Welthandelssystem behinderte – eines Systems, das die USA nach dem Zweiten Weltkrieg unbeirrt zu bauen begonnen hatten. Die Tatsache, dass Washington die beiden einstigen Kolonialmächte zum Rückzug zwang, blieb weder bei den Eliten des Ostblocks noch in der „Dritten Welt" unbemerkt.[21]

Auch hatte Nikita Chruschtschows Rede vor dem 20. Kongress der KPdSU am 24./25. Februar 1956 erhebliche Wellen geschlagen, in der er die Verbrechen der Stalin-Zeit verurteilte und den verstorbenen Diktator des Persönlichkeitskults anklagte. Obwohl er auch auf die Errungenschaften des Regimes einging, hinterließen seine Worte unvermeidlich im gesamten Sowjetblock und vor allem unter den Akademikern und Intellektuellen einen tiefen Eindruck. Nachdem der KKF und die Ford-Stiftung schon in den Jahren nach Stalins Tod eine Schwächung der ideologischen Kraft des Leninismus-Stalinismus beobachtet hatten, schien Chruschtschows Rede dies jetzt zu bestätigen. Sofern noch weitere Beweise nötig gewesen waren, die Ereignisse in Polen und Ungarn lieferten sie. In Ungarn ging der Prozess der Entfremdung sogar so weit, dass die Menschen nicht mehr nur die sowjetische Ideologie nicht länger akzeptieren wollten; sie wollten auch einfach nicht mehr unter dem Regime leben.[22]

Die revolutionären Entwicklungen in Ungarn können hier nicht im Einzelnen geschildert werden. Da sich die Westmächte entschlossen, nicht in Ungarn einzugreifen, womit sie zugleich zugaben, dass die Reden von Befreiung und Rollback lediglich leere Propaganda gewesen war, engagierte sich die Ford-Stiftung nun in Hilfsprogrammen für die Flüchtlinge, die Ende 1956 zu Tausenden über die ungarische Grenze nach Österreich strömten, um den russischen Panzern und der nun einsetzenden Verfolgung zu entkommen. Die Führung der Stiftung war über diese Entwicklung zweifellos erleichtert. Schon einige Wochen zuvor hatte Milton Katz, der einst mit Hoffman im Marshallplan-Programm zusammengearbeitet hatte und anschließend auch für einige Zeit in der Ford-Stiftung tätig gewesen war, davor gewarnt, sich in der Sphäre der Politik mit Aktionen zu beteiligen, die „für die Stiftung unpassend" seien. Doch soweit es eine Hilfe für die Flüchtlinge betraf, führte das sich in Budapest abspielende Drama den Mitarbeitern die Feder. Stone, der in der Zwischenzeit das europäische Programm erheblich ausdehnt hatte, erhielt vom *Board of Trustees* eine „anfängliche" Summe von 500.000 Dollar für „osteuropäische Aktivität[en]". Es war vorgesehen, mit diesen Geldern ungarische Studenten,

Akademiker und Intellektuelle zu unterstützen, die nun nach Westen flohen, ohne einen Pfennig in der Tasche zu haben.[23]

Stone wurde nach Wien entsandt, wo seine Mittel angesichts der vielen Bedürfnisse schnell aufgebraucht waren. Price zufolge schickte Stone ihm einmal ein Telegramm, in dem er Geld für die Anschaffung einer Planierraupe anforderte, mit der die verschneiten Grenzpässe freigemacht werden sollten, um mehr Ungarn über die Grenze zu helfen.[24] In dem Bemühen, nicht die Übersicht zu verlieren, übersandte er des Weiteren eine Liste nach New York, wonach es darum ging: „1. Ungarische studentisch-intellektuelle Flüchtlingsprobleme [zu lösen]; 2. Entwicklung von Ost-West-Kontakten auf demokratischer Grundlage; 3. Stärkung der demokratischen Institutionen Europas, besonders in Frankreich und Italien."[25] Während sich der letzte Punkt auf die fortlaufenden Bemühungen der Stiftung bezog, den französischen und italienischen Kommunismus zu schwächen und den kulturellen Anti-Amerikanismus in diesen Ländern zu konterkarieren, führen uns die ersten beiden Punkte auf das Gebiet des Kalten Kulturkriegs, den die Amerikaner seit mehreren Jahren ebenfalls im Osten geführt hatten.

So kam es, dass der größte Teil der von den Treuhändern zugewiesenen Mittel für Stipendien verwendet wurde, mit deren Hilfe die Flüchtlinge an westeuropäischen und nordamerikanischen Institutionen unterkamen, um ihre Studien oder Forschungen fortzusetzen, die an ihren Heimatuniversitäten durch die Revolution unterbrochen worden waren. Im Januar 1957 bewilligte die Stiftung zusätzlich zu den 500.000 Dollar aus dem Vormonat weitere 650.000 Dollar. Nach einer dritten Zuweisung von 280.000 Dollar im März belief sich die Gesamtsumme auf 1.425.505 Dollar, die so schnell aufgebraucht war, dass nur noch genau 4.495 Dollar in der Kasse waren. Stones Vorgesetzte in New York waren alarmiert, weil sie den Treuhändern nur ungern mit roten Zahlen unter die Augen treten wollten.

Glücklicherweise waren bis zu diesem Zeitpunkt andere Organisationen eingesprungen, wie etwa der Deutsche Akademische Austauschdienst (DAAD). Danach bereitete nur noch das Philharmonia Hungarica-Orchester Kopfschmerzen. Dieses Orchester war aus den Resten des Budapester Symphonieorchesters zusammengestellt worden, dessen stellvertretender Intendant aus verschiedenen Quellen etwa 220.000 Dollar gesammelt hatte, darunter auch von der Rockefeller-Stiftung, der Stadt Zürich und der Ford-Stiftung. Die ersten Konzerte brachten dem Orchester viel Beifall. Doch das Geld ging schneller aus als erwartet, so dass die Ford-Stiftung 1958 einen weiteren Förderungsantrag erhielt.[26]

Die Existenz des Orchesters hatte für den Westen sicherlich einen erheblichen Propagandawert. Gab es einen besseren Beweis, dass Kultur dort besser aufgehoben war als unter den Diktaturen des Sowjetblocks? Diese Ansicht herrschte auf jeden Fall im *US State Department* in Washington, und so sandte Christian Herter, der stellvertretende Außenminister, Henry Heald, dem Präsidenten der Ford-Stiftung ein Schreiben, in dem er ihm mitteilte, dass das

Ministerium dem Fortbestand des Orchesters große Bedeutung beimesse. Die Lösung, die angesichts solch offizieller Wünsche gefunden wurde, war, die zukünftigen Kosten für das Orchester zwischen der Ford-Stiftung und der Rockefeller-Stiftung aufzuteilen. Wie es die Vorlage für die *Trustees* der Ford-Stiftung so treffend ausdrückte, sei der tiefere Grund für die Fortsetzung der Finanzierung der, dass eine relativ geringe Summe die Existenz eines Orchesters sichere, „das ein starkes politisches Symbol zugunsten der freien Welt" darstelle. Der Plan werde von „führenden Politikern, erstrangigen Musikern und Kulturträgern in Amerika und Europa" unterstützt.[27]

So versuchte man, ein Überlegenheitsgefühl, das sich schon vor 1956 in Kunst und Wissenschaft verbreitete, gegenüber dem Ostblock auszuspielen. Dementsprechend genügte es der Ford-Stiftung bald schon nicht mehr, sich um Flüchtlinge aus Ungarn und anderen osteuropäischen Ländern zu kümmern. Ab 1957 begann Stone daher den zweiten Punkt in Angriff zu nehmen, den er in seiner Notiz von Januar aufgeführt hatte: „Die Entwicklung von Ost-West-Kontakten auf demokratischer Basis."[28] Angesichts der Rolle, die die Stiftung hinsichtlich der Ereignisse von 1956 gespielt hatte, war an eine Kontaktaufnahme mit der neuen kommunistischen Regierung in Budapest nicht zu denken. Doch gab es noch ein anderes Land, das im Herbst 1956 erhebliche Unruhen erlebt hatte, nämlich Polen. Dort hatte man dann einen neuen Konsensus zwischen der Regierung und der Kräften gefunden, die nach einer Liberalisierung strebten, durch die dann auch die Tür zu Kontakten mit der Ford-Stiftung aufgestoßen wurde. Es war auch kein Geheimnis, dass eine Kommission des *US State Department* empfohlen hatte, beim US-Kongress „mehr Geld für den Austausch mit osteuropäischen Ländern" zu beantragen. Da man sich unsicher war, ob dieses Geld großzügig bewilligt werden würde, beknieten das *State Department* sowie „Allen Dulles, der Direktor der CIA", die Stiftung, „das Programm in Polen fortzusetzen und zu erweitern, wie auch das mit Jugoslawien, Rumänien und womöglich mit der Sowjetunion."[29]

Bis auf Weiteres schienen Polen und Jugoslawien in dieser Beziehung am vielversprechendsten für die Entwicklung von Austauschprogrammen, mit denen Intellektuelle und Akademiker kurze Aufenthalte in Westeuropa oder Nordamerika ermöglicht wurden. Nach einer Anschubförderung gelang es Stone, die Bewilligung von weiteren 500.000 Dollar zu erhalten. Mit ihnen sollte „das Programm zur Stärkung der pädagogischen, wissenschaftlichen und kulturellen Beziehungen mit den Vereinigten Staaten und anderen freien Nationen" abgestützt werden. Anfang 1958 wurde z. B. Paul Lazarsfeld, der aus Österreich geflohene bekannte Soziologe an der *Columbia University* in New York, gen Osten geschickt, „um einzelnen polnischen Soziologen, Psychologen, Journalisten und anderen für Diskussionen und vielleicht auch für ein oder zwei Vorlesungen zur Verfügung zu stehen."

Umgekehrt lud Stone den „prominenten revisionistischen" Philosophen Leszek Kolakowski, „der gerade in Holland weilte", ein, die USA zu besuchen. Freilich verliefen diese Beziehungen nicht immer problemlos. Im November

1958 reiste Dr. Ludwik Leszczynski, der Leiter der Universitätsabteilung im Warschauer Ministerium für Höhere Bildung nach New York in dem Wunsch, das Austauschprogramm auszubauen. Er fügte hinzu, dass die polnische Regierung an der Auswahl von Professoren und Dozenten, die ins Ausland geschickt werden sollten, stärker beteiligt sein wolle. Doch war Stone zu solchen Konzessionen nicht bereit. Falls die Stiftung – so die Antwort – bei den Auswahlverfahren keine freie Wahl mehr habe, würde das gesamte Programm gestoppt werden. Leszczynski gab schnell klein bei.[30]

Als Stone dann im Januar 1959 nach Warschau fuhr, sagte ihm Leszczynski, dass die harten Kommunisten in der polnischen KP wegen der „Entwicklungen an den polnischen Universitäten zunehmend irritiert" seien. Der Revisionismus sei „in den Universitäten allzu stark" angewachsen. Die junge Generation aber auch die Professoren entfernten sich „zu weit vom Marxismus". Es kam zu Debatten darüber, ob Zwangsvorlesungen zum Marxismus stattfinden sollten. Stone schloss daraus, dass eine Fortsetzung der Austauschprogramme diese Strömungen fördern würde. Freilich machte das Ferment, das durch diese Kontakte entstand, die polnischen Behörden nur noch zögerlicher, denjenigen, die für Westbesuche ausgewählt wurden, Pässe auszustellen. Im Mai 1959 versicherten Spitzenbeamte des Ministeriums für Höhere Bildung sowie Mitglieder der polnischen Akademie der Wissenschaften Heald und Stone, dass die Einstellung der polnischen Regierung zu diesen Programmen unverändert sei. Doch weniger als zwei Wochen nach der Rückkehr von ihrer Warschau-Reise fühlten sich die beiden veranlasst, der amerikanischen Botschaft in Warschau eine Liste von Kandidaten zu schicken, denen man die Pässe verweigert hatte. Und im Dezember des Jahres sandte die Ford-Stiftung eine weitere Liste, die diesmal an den polnischen Botschafter bei den Vereinten Nationen in New York ging, auf der Personen standen, „die nach unseren Informationen ihre Pässe noch nicht" erhalten hätten. Dem Botschafter wurde auch bedeutet, dass eine Aufgabe des Austausches „für führende Philosophen in Polen ein schwerer psychologischer Schlag" sein würde. Es würde, so fügte Stone hinzu, auch „westliche Interessen unterminieren, einen wichtigen Einstieg in ‚sozialistische' Kreise zu erhalten".

Jugoslawien war das andere Land, mit dem die Ford-Stiftung nach 1956 ein Austauschprogramm aufbaute. Doch auch hier gab es Schwierigkeiten, obwohl sich Josip Broz Tito vom Sowjetblock losgesagt und eine neutralistische Stellung zwischen der Sowjetunion und den USA eingenommen hatte. So verschleppte Belgrad die Antwort auf Vorschläge, die die Ford-Stiftung überreicht hatte. Im Herbst 1958 war Stone nach Monaten der Verzögerung gar bereit zu erklären, dass man „das Programm immer ohne großen Schaden stoppen könne." Doch plötzlich, am 4. September, konnte sein Abgesandter Waldemar Nielsen dann „erfreut berichten, dass unsere Verhandlungen mit den Jugoslawen nun einige konkrete Ergebnisse gezeitigt" hätten.[31] Es ist möglich, dass ein Besuch von William Deakin, dem *Warden* des St. Antony's College in Oxford, bei Tito dabei hilfreich war. Denn Deakin kannte Tito aus dem Krieg, als er als Abgesandter Churchills mit dem Fallschirm in Jugoslawien abgesprungen war und mit dessen Partisanen zusammengearbeitet hatte. Deakin war seinerseits mit Stone in Verbindung gewesen, um für das nicht sehr wohlhabende College um Unterstützung durch die Stiftung zu bitten. Tatsächlich entschied sie dann im März 1959 positiv über einen Antrag Deakins, dem College für fünf Jahre die Mittel für die „Entwicklung eines Programms in Osteuropa und Ostasien-Studien" zu bewilligen.

Wie dem auch sei, bei weiteren Kontakten zwischen der Stiftung und den Jugoslawen wurde klar, dass die Letzteren jetzt bereit waren, die Details zu diskutieren, wie die Teilnehmer an dem Austausch ausgewählt werden sollten. Obwohl keines dieser Programme jemals problemlos verlief, waren sie offenbar dennoch so erfolgreich, dass die *Trustees* der Stiftung im Dezember 1959 gar weitere 300.000 Dollar bewilligten, „um Austausche und andere Tätigkeiten zwischen der Sowjetunion, den USA und Europa zu unterstützen."[32]

D. Die langfristigen Folgen

Wir haben jetzt einen Punkt erreicht, an dem wir uns den Implikationen der hier untersuchten Entwicklungen zuwenden können. Da ist zum einen die Beurteilung der langfristigen Wirkungen des „Conditions of Peace"-Projekts. Obwohl dieses Projekt mit den Diskussionen in der Council-on-Foreign-Relations-Studiengruppe und der Veröffentlichung von Henry Roberts Buch offiziell endete, zirkulierten dessen Grundgedanken auch weiterhin in Washington. Gegen Ende der Eisenhower-Epoche und kurz vor seinem Tode erkannte sogar John Foster Dulles, dass eine Eskalation des Ost-West-Konflikts und die Rollback-Doktrin zu viele Risiken in sich bargen und von der Konfrontation auf das Gleis der Verhandlungen und des Dialogs geleitet werden mussten. Zur gleichen Zeit entwickelte auch Senator John F. Kennedy ein Interesse für die Vorschläge von McCloy. Er nahm sie wieder auf, nachdem er im November 1960 die US-Präsidentschaftswahlen gewonnen hatte. Zwar stand am Anfang seiner Regierungszeit zunächst die Entdeckung einer angeblichen „Raketenlücke" gegenüber der Sowjetunion, die – obwohl später als Täuschung entlarvt – erneute amerikanische Investitionen in modernen Nuklearwaffen mit entsprechenden Raketensystemen zur Folge hatte. Und im August 1961 erlitten die sowjetisch-amerikanischen Beziehungen einen weiteren Rückschlag, als sich Walter Ulbricht, der Staatsratvorsitzende der DDR, entschied, eine undurchdringliche Mauer mitten durch Berlin zu bauen.[33] Dennoch ist es wohl nicht zu weit hergeholt zu behaupten, dass die Wurzeln der Détente-Politik Kennedys auf die Initiative des „Privatsektors" zurückgehen, die Hoffman und McCloy mit ihrem „Conditions of Peace"-Projekt ein Jahrzehnt zuvor angelegt hatten. Bis zu den siebziger Jahren waren dann die Vorschläge, die Bissell einst gemacht hatte, so weit verfeinert und ausgeweitet worden, dass sie schließlich in den Vereinbarungen von Helsinki in eine vertragliche Form gegossen werden konnten. Das heißt, dass die Prinzipien, die in diese Vereinbarungen einflossen, als ein weiteres Ferment wirkten, ohne das die Transformationen von 1989 nicht möglich gewesen wären. Mag manches auch für diese Sicht sprechen, es ist zu bezweifeln, dass sie ohne das davorliegende Ferment intellektueller Kritik erfolgt wären, das in den Gesellschaften Osteuropas nach 1956 fortwirkte. Auf jeden Fall scheint weitgehende Einigkeit darüber zu bestehen, dass die damalige sowjetische Unterdrückung der ungarischen Revolution den langsamen und oft verdeckten Aufstieg von Personen, Ideen und Organisationen förderte, die Ungarn in eine Gesellschaft verwandelten, die schon lange vor 1989 nicht mehr kommunistisch oder „sozialistisch" war.

Mit Bezug auf tschechoslowakische Ökonomen haben Johanna Bockman und Gil Eyal gezeigt, dass „transnationale Netzwerke [von Akademikern und Intellektuellen] sich weiterhin um Versuche organisierten, die Ergebnisse aus dem sozialistischen Laboratorium mit Debatten und Auseinandersetzungen in der westlichen Volkswirtschaftslehre zu verbinden."[34] Hier seien die Antworten zu finden auf „die Ursachen für die schnelle und enthusiastische Hinwendung zur neo-liberalen Wirtschaftspolitik" in Prag nach 1989. Ähnliche Veränderungen setzten in Polen ein, wo es vor allem Soziologen waren, die einheimische Forschungen mit den neuen Einsichten in die Strukturen und die Dynamik moderner Industriegesellschaften verbanden, die ihre westeuropäischen und amerikanischen Kollegen vorlegten. Gerade die Austauschprogramme und auch die Büchersendungen, die – von den Stiftungen gefördert – damals begannen, erleichterten die fortlaufende Fermentierung von Ideen und Einstellungen zur Gegenwart.

Ludwik Leszczynski ist ein besonders gutes und auch bewegendes Beispiel dafür, wie die Kontakte Polens mit dem Westen, die er mit Stone ausgehandelt hatte, auf sein Inneres und auch auf das anderer Osteuropäer wirkten. Am Ende seines Besuchs in New York im November 1958 fuhr Stone Leszczynski zum damaligen *Idlewild Airport*, damit er sein Flugzeug nach Warschau erreichen konnte.[35] Plötzlich wurde der polnische Beamte „ziemlich emotional, als er die Lichter von New York von der Triborough Bridge aus sah." Offenbar in Gedanken an Chruschtschows selbstgewisse Worte im Anschluss an den erfolgreichen Start des *Sputnik* meinte Leszczynski, er verstehe nicht, warum die Amerikaner die Russen so fürchteten. Würden die USA ein ähnliches Selbstvertrauen in ihre Zukunft entwickeln, würden „innerhalb von ein paar Jahren" die Sowjets „Euch antworten und nicht umgekehrt." Es dauerte noch viele weitere Jahre, bis dieser Punkt erreicht war. Gleichwohl hatte Leszczynski ein sehr feines Gespür für die Dynamik des Kalten Kulturkriegs, und er hatte den Pfad entwickelt, der von 1956 nach 1989 führte.

Dank

Den Verlagen und den Herausgebern, in deren Anthologien die hier veröffentlichten Aufsätze erschienen, danke ich für die Genehmigung zum Abdruck. Von Jürgen Kocka erhielt ich wertvolle Kritik, auch zur Strukturierung dieses Bandes. Frau Dörte Rohwedder bin ich für ihre große Hilfe bei der Vorbereitung zum Druck sehr zu Dank verpflichtet.

New York, im Januar 2010
Volker Berghahn

Anmerkungen

1. Zur Geschichtsschreibung über die deutsche Industrie im Dritten Reich

1 *Feldman, G. D.*, Financial Institutions in Nazi Germany. Reluctant or Willing Collaborators?, in: *Nicosia, F. R. u. Huener, J.* (Hg.), Business and Industry in Nazi Germany, New York 2004, S. 15.
2 Gute Zusammenfassungen dieser Debatten finden sich, z. B., in: *Hiden, J.* u. *Farquharson, J.*, Explaining Hitler's Germany, Totawa, NJ, 1983.
3 Eine Umfrage des National Opinion Research Center von Ende 1944 zeigte, dass nur relativ wenige Amerikaner gegenüber den Durchschnittsdeutschen feindselig eingestellt waren. Vgl. *Taylor, T.*, The Anatomy of the Nuremberg Trials, Boston 1992, S. 39.
4 Vgl. z. B., *Marrus, M.*, The Nuremberg War Crimes Trial, 1945 – 1946, Boston 1997, insbes. S. 25.
5 Vgl. z. B. *Greiner, B.*, Die Morgenthau-Legende, Hamburg 1995.
6 Vgl. z. B. *Kochavi, A. J.*, Prelude to Nuremberg, Chapel Hill 1998.
7 Vgl. z. B *Taylor, I.* (wie Anm. 3), insbes. S. 34, obwohl die sowjetische Position anscheinend schwankend war.
8 Vgl. z. B. *Kühnl, R.* (Hg.), Texte zur Faschismusdiskussion, Reinbek 1974, S. 14 ff.
9 Dazu die Studie von *Naimark, N.*, The Russians in Germany, Cambridge, MA, 1995.
10 Dazu u. a. *FitzGibbon, C.*, Denazification, London 1969; *Peterson, E. N.*, The American Occupation of Germany, Detroit 1977; *Pronay, N.* u. *Wilson, K.* (Hg.), The Political Re-education of Germany and her Allies after World War II, Totawa, NJ, 1985.
11 Siehe Art. 9 und 10 der Charta des Internationalen Militärgerichtshofs. Vgl. auch *Smith, B.*, The Road to Nuremberg, New York 1981, S. 185.
12 Vgl. z. B. *Fürstenau, J.*, Entnazifizierung. Ein Kapitel deutscher Nachkriegspolitik, Neuwied 1969.
13 Vgl. z. B. *Gimbel, J.*, The American Occupation of Germany, Stanford 1968.
14 Vgl. z. B. *Tent, J. F.*, Mission on the Rhine, Chicago 1983.
15 Vgl. z. B. *Berghahn, V. R.*, The Americanization of West German Industry, 1945 – 1973, New York 1986, S. 40 ff.
16 Vgl. z. B. *Wiesen, J.*, West German Industry and the Challenge of the Nazi Past, 1945 – 1955, Chapel Hill 2001, S. 52 ff.
17 Ebd., S. 94 ff.
18 Vgl. unten in diesem Band: „Ausländische Einflüsse auf die deutsche Sozial- und Wirtschaftsgeschichte", S. 49 – 69.
19 Ebd.
20 Vgl. z. B. *Dorpalen, A.*, German History in Marxist Perspective, Detroit 1985.
21 Vgl. z. B. *Neumann, F.*, Behemoth, New York 1944.
22 Vgl. z. B. *Gleason, A.*, Totalitarianism, New York 1995, S. 31 ff.
23 Vgl. z. B. *Mohr, A.*, Politikwissenschaft als Alternative, unveröff. Diss. Heidelberg, 1985.
24 *Bracher, K. D.*, Die Auflösung der Weimarer Republik, Villingen 1960.
25 Vgl. z. B. *Schulze, W.*, Deutsche Geschichtswissenschaft nach 1945, München 1989.
26 *Fischer, F.*, Krieg der Illusionen, Düsseldorf 1969.
27 Gute Zusammenfassung dieser Debatten in: *Kershaw, I.*, The Nazi Dictatorship, London 1993, S. 17 ff.
28 Ebd., S. 59 ff.
29 *Turner, H. A.*, German Big Business and the Rise of Hitler, New York 1985.

30 Siehe, z. B. *Geary, D.*, The Industrial Elite and the Nazis in the Weimar Republic, in: *Stachura, P. D.*, The Nazi Machtergreifung, London 1983, S. 85 - 100.
31 *Mollin, G.*, Montankonzerne und ‚Drittes Reich', Göttingen 1988; *Hayes, P.*, Industry and Ideology, Cambridge 1987.
32 *Hayes*, Industry (wie Anm. 31), S. XI.
33 Ebd.
34 Ebd., S. XII.
35 Ebd., S. XV.
36 Vgl. z. B. *Kaye, H.* u. *McClelland, K.* (Hg.), E.P. Thompson: Critical Perspectives, Philadelphia 1990.
37 Vgl. unten in diesem Band: „Unternehmer in der frühen Bundesrepublik. Selbstverständnis und politischer Einfluss in der Marktwirtschaft", S. 119 - 34.
38 Vgl. z. B. *Friedländer, S.*, Mass Murder and German Society in the Third Reich, London 2001, S. 7 - 25.
39 Vgl. *Wildt, M.*, Generation des Unbedingten, Hamburg 2002.
40 Vgl. z. B. *Goldhagen, D.*, Hitler's Willing Executioners, New York 1996; Browning, C., Ordinary Men, New York 1992.
41 Vgl. z. B. die neueren Studien von Gerald D. Feldman, Harold James, Peter Hayes und Lothar Gall. Vgl. auch *Kobrak, C.*, National Cultures and International Competition. The Experience of the Schering AG, 1851 - 1950, New York 2002.
42 Vgl. z. B. *Jaeckel, E.*, Hitler's Weltanschauung, Middletown, CT, 1972.
43 Vgl. z. B. *Berghahn, V. R.*, Europa im Zeitalter der Weltkriege, Frankfurt 2002, S. 148 ff.
44 Vgl. z. B. *Bracher, K. D.*, Die nationalsozialistische Machtergreifung, Opladen 1960, S. 785 ff.
45 Vgl. z. B. *Hayes*, Industry (wie Anm. 31), S. 69 ff.
46 Vgl. z. B. *Petzina, D.*, Autarkiepolitik im Dritten Reich, Stuttgart 1968; *Berghahn, V. R.* (Hg.), Quest for Economic Empire, Oxford 1996, insbes. S. 17 ff.
47 Vgl. *Petzina*, Autarkiepolitik (wie Anm. 46).
48 Vgl. z. B. *Bajohr, F.*, ‚Aryanization' in Hamburg, New York 2002.
49 *Schwerin von Krosigk, L.*, Die große Zeit des Feuers, Bd. 3, Tübingen 1959, S. 560.
50 Zu Japan siehe *Lebra-Chapman, J.*, Japan's Greater East Asia Co-Prosperity Sphere in World War II, Oxford 1975.
51 *Hildebrand, K.*, Vom Reich zum Weltreich, München 1969.
52 Vgl. z. B. *Berghahn, V. R.* u. *Friedrich, P. J.*, Otto A. Friedrich, ein politischer Unternehmer, Frankfurt 1993, S. 19 ff.
53 Vgl. z. B. *Opitz, R.* (Hg.), Europastrategien des deutschen Kapitals, 1900 - 1945, Köln 1977.
54 *Herbst, L.*, Der totale Krieg und die Ordnung der Wirtschaft, Stuttgart 1982. Herbst war einer der ersten, der diese Fragen anschnitt.
55 Vgl. *Picker, H.* (Hg.), Hitlers Tischgespräche im Führerhauptquartier, Stuttgart 1965, S. 143.
56 *Thies, J.*, Architekt der Weltherrschaft, Düsseldorf 1976.
57 *Teichert, E.*, Autarkie und Großraumwirtschaft in Deutschland, 1930 - 1939, München 1984.

2. Elitenforschung und Unternehmensgeschichte – Rückblick und Ausblick

1 *Pohl, H.*, Betrachtungen zum wissenschaftlichen Standort von Wirtschafts- und Unternehmensgeschichte, in: VSWG 78 (1991), S. 326–343. Die folgenden Zitate auf S. 326, 328, 331 f., 337 f., 340. Siehe auch *Pierenkemper, T.*, Unternehmensgeschichte, Frankfurt a. M. 2000; *Erker, P.*, Aufbruch zu neuen Paradigmen, in: AfS 37(1997), S. 321–365; *Jaeger, H.*, Unternehmensgeschichte in Deutschland seit 1945, in: GG 18 (1992), S. 107–132.

2 Vgl. *Lamoureaux, N.*, Economic History and the Cliometric Revolution, in: *Molho, A.* u. *Wood, G.* (Hg.), Imagined Histories, Princeton 1998, S. 59–84.

3 *Larson, H.*, Business History, in: Bulletin of the Business Historical Society 21/6 (1947), S. 173–199.

4 *Berghahn, V. R.*, Die versunkene Welt der Bergassessoren, in: Revierkultur 3 (1986), S. 62–69, abgedruckt unten S. 135–42.

5 Vgl. *Berghahn, V. R.* u. *Friedrich, P. J.*, Otto A. Friedrich. Ein politischer Unternehmer, Frankfurt a. M. 1993.

6 *Vaubel, L.*, Unternehmer gehen in die Schule. Ein Erfahrungsbericht aus USA, Düsseldorf 1952.

7 *Gemelli, G.*, From Imitation to Competitive Cooperation: The Ford Foundation and Management Education in Western and Eastern Europe (1950s–1970s), in: dies. (Hg.), The Ford Foundation and Europe, Brüssel 1998, S. 177–304.

8 *Guserl, R.*, Das Harzburger Modell, Wiesbaden 1973.

9 Vgl. *Lesch, M.*, Die Rolle des Offiziers in der deutschen Wirtschaft nach dem Ende des Zweiten Weltkrieges, Berlin 1970.

10 *Berghahn, V. R.*, The Americanization of West German Industry, 1945–1973, New York 1986, S. 257.

11 *Brintzinger, K.-R.*, Die Nationalökonomie an den Universitäten Freiburg, Heidelberg und Tübingen, 1918–1945, Frankfurt a. M. 1996; *Iggers, G. G.*, Deutsche Geschichtswissenschaft, München 1971.

12 *Schulin, E.* (Hg.), Deutsche Geschichtswissenschaft nach dem Zweiten Weltkrieg, 1945–1965, München 1989.

13 *Schulze, W.* u. *Oexle, O. G.* (Hg.), Deutsche Historiker im Nationalsozialismus, Frankfurt a M. 2000.

14 *Berghahn, V. R.* (Hg.), Quest for Economic Empire, Oxford 1996.

15 Vgl. dazu den von Günther Schulz u. a. herausgegebenen Jubiläumsband der VSWG, 2003.

16 *Zorn, W.*, Nachruf auf Wilhelm Treue (1909–1992), in: VSWG 80 (1993), S. 1–3.

17 *Treue, W.*, Die Bedeutung der Firmengeschichte für die Wirtschafts- und für die Allgemeine Geschichte, in: ebd. 41 (1954), S. 42–65.

18 Zit. in: *Wehler, H.-U.*, Krisenherde des Kaiserreichs, 1871–1918, Göttingen 1970, S. 291.

19 *Kleinschmidt, C.*, Der produktive Blick, Berlin 2002, S. 14.

20 *Ritter, G. A.*, Die neuere Sozialgeschichte in der Bundesrepublik Deutschland, in: *Kocka, J.* (Hg.), Sozialgeschichte im internationalen Überblick, Darmstadt 1989, S. 29 ff.

21 Ebd., S. 43 ff.

22 Vgl. *Eley, G.* u. *Blackbourn, D.*, Mythen deutscher Geschichtsschreibung, Frankfurt a. M. 1980; *Retallack, J. N.*, Social History with a Vengeance?, in: German Studies Review 3 (1984), S. 423–450; *Kocka, J.*, Nach dem Ende des Sonderwegs, in: *Bauerkämper, A.* u. a. (Hg.), Doppelte Zeitgeschichte, Göttingen 1998, S. 364–75.

23 *Iggers, G. G.*, (Hg.), The Social History of Politics, Leamington Spa 1984; *Borchardt, K.*, Zwangslagen und Handlungsspielräume, in: Jb. der Bayerischen Akademie der Wissenschaften, München 1979, S. 85–132; *Kruedener, J. Baron von* (Hg.), Economic Crisis and Political Collapse, Oxford 1990.

24 *Thompson, E. P.*,The Making of the English Working Class, Harmondsworth 1963.

25 *Brüggemeier, F.* u. *Kocka, J.* (Hg.), Geschichte von unten – Geschichte von innen. Kontroversen um die Alltagsgeschichte, Hagen 1985.

26 *Iggers, G. G.*, Neue Geschichtswissenschaft, München 1978.

27 Vgl. von *Keller, E.*, Kulturvergleichende Managementforschung, Bern 1981.

28 Einen guten Überblick über das Spektrum bietet die von Dieter Ziegler, Stefan Unger und mir herausgegebene Anthologie: Deutsche Wirtschaftselite im 20. Jahrhundert. Kontinuität und Mentalität, Bochum 2003.

29 Vgl. dazu den in Anm. 4 zitierten und unten abgedruckten Artikel über die Welt der Bergassessoren, S. 135–42.

30 Vgl. *Wehler, H.-U.*, Die Herausforderung der Kulturgeschichte, München 1998, S. 15 ff., 149.

31 *Kocka, J.* (Hg.), Bürgertum im 19. Jahrhundert, 3 Bde., München 1988.

32 *Bell, A. F.*, Anglophilia. The Hamburg Bourgeoisie and the Importation of English Middle-Class Culture in the Wilhelmine Era, unveröff. PhD. thesis, Brown University, 2001; *Buruma, I.*, Anglomania. A European Love Affair, New York 1998.

33 Vgl. z.B. *Bude, H.* u. *Greiner, B.* (Hg.), Westbindungen, Hamburg 1999; *Erker, P.* u. *Pierenkemper, T.* (Hg.), Deutsche Unternehmer zwischen Kriegswirtschaft und Wiederaufbau, München 1999; *Ziegler, D.* (Hg.), Großbürger und Unternehmer, Göttingen 2000; *Gassert, P.*, Amerikanismus, Antiamerikanismus, Amerikanisierung, in: AfS 39 (1999), S. 531–561.

34 *Sywottek, A.*, The Americanization of Everyday Life? Early Trends in Consumer and Leisure-Time Behavior, in: *Ermarth, M.* (Hg.), America and the Shaping of German Society, 1945–1955, Oxford 1993, S. 132–152.

35 Vgl. z.B. *Kuisel, R.*, Americanization for Historians, in: Diplomatic History 14 (2000), S. 509–515.

36 Zum Übergewicht von Produktion und Technik siehe z.B. *Wengenroth, U.*, Technischer Fortschritt, Deindustrialisierung und Konsum. Eine Herausforderung für die Technikgeschichte, in: Technikgeschichte 64 (1997), S. 1–18.

37 Vgl. z.B. *Strasser, S.* u.a. (Hg.), Getting and Spending, New York 1998; *Ewen, S.*, Captains of Consciousness: Advertising and the Social Roots of Consumer Culture, New York 1976; *Glickman, L.* (Hg.), Consumer Society in American History, Ithaca 1999; *Miller, D.* (Hg.), Acknowledging Consumption, London 1995. Zur deutschen Konsumforschung: *Siegrist, H.* u.a. (Hg.), Europäische Konsumgeschichte, Frankfurt a. M. 1997; *Wildt, M.*, Vom kleinen Wohlstand, Frankfurt a. M. 1996; *Maase, K.*, Grenzenloses Vergnügen. Der Aufstieg der Massenkultur, 1850–1970, Frankfurt a.M. 1997; *Andersen, A.*, Der Traum vom guten Leben, Frankfurt a. M. 1997; *König, W.*, Geschichte der Konsumgesellschaft, Stuttgart 2000.

38 Geschichte des Konsums, 20. Arbeitstagung der Gesellschaft für Sozial- und Wirtschaftsgeschichte, 23.–26. April 2003 in Greifswald.

39 *Siegenthaler, H.*, Geschichte und Ökonomie nach der kulturalistischen Wende, in: GG 25 (1999), S. 276–301.

3. Ausländische Einflüsse auf die deutsche Sozial- und Wirtschaftsgeschichte

1 *Pohl, H.* (Hg.), Der Einfluss ausländischer Unternehmen auf die deutsche Wirtschaft vom Spätmittelalter bis zur Gegenwart, Stuttgart 1992, insbes. S. 17 ff. (Adelmann); 117 (Kunz-Zitat); 40 (Herkner-Zitat); 82 (Teuteberg); 83 (Adelmann-Zitat); 93–116 (Jones); 111 (Jones-Zitat).

2 *Wehler, H.-U.*, Deutsche Gesellschaftsgeschichte, 1849–1914, Bd. 2, München 1995, S. 547 ff., für das 19. Jh. sowie Gerhard Adelmann (wie Anm. 1) für das 20. Jh.

3 Zieht man indessen ausländische Direktinvestitionen in Betracht und nicht lediglich den

Handel, so war die Durchdringung in den 1990er Jahren wohl größer als vor 1914. Vgl. aber auch: *Wiborg, S.*, Kampf um den Atlantik. Wie der New Yorker Morgan-Trust nach Deutschlands größten Reedereien griff, in: Die Zeit, 24. Januar 2002, S. 88.

4 Vgl. z. B. *Landes, D.*, The Unbound Prometheus. Technological Change and Industrial Development in Western Europe from 1750 to the Present, Cambridge 1969; *Wilden, J.*, Gründer und Gestalter der Rhein-Ruhr-Industrie, Düsseldorf 1951; *Böhme, H.*, Frankfurt und Hamburg, Frankfurt a. M. 1968; *Berghoff, H.* u. *Ziegler, D.* (Hg.), Pionier oder Nachzügler?, Bochum 1995.

5 *Hartmann, H.*, Amerikanische Firmen in Deutschland, Köln 1963.

6 Vgl. z. B. *Kugler, A.*, Von der Werkstaat zum Fließband, in: GG 13 (1987), S. 304 - 39. Siehe auch *Blaich, F.*, Amerikanische Firmen in Deutschland, 1890 - 1918, Wiesbaden 1984, mit einer engeren Sicht auf amerikanische Direktinvestitionen in der deutschen Maschinenbauindustrie.

7 Vgl. z. B. *Costigliola, F.*, Awkward Dominion, Ithaca 1984; *McNeil, W. C.*, American Money and the Weimar Republic, New York 1986.

8 *Link, W.*, Die amerikanische Stabilisierungspolitik in Deutschland, 1921 - 1932, Düsseldorf 1970, S. 589.

9 Von *Moellendorff, W.*, Volkswirtschaftlicher Elementarvergleich zwischen Vereinigten Staaten von Amerika, Deutschland, Großbritannien, Frankreich, Italien, Bd. 1, Berlin 1930, S. 4.

10 Die Verbindungen zwischen der französischen und deutschen Schwerindustrie und die internationalen Kartellbewegungen in den zwanziger Jahren sind hier besonders interessant. Vgl. z. B. *Wurm, C.*, Internationale Kartelle und Außenpolitik, Stuttgart 1989; *von Vietsch, E.*, Arnold Rechberg und das Problem der politischen Westorientierung nach dem 1. Weltkrieg, Koblenz 1958.

11 Vgl. z. B. *Hayes, P.*, Industry and Ideology, Cambridge, MA, 1987; *Billstein, R.* u. a. (Hg.), Working for the Enemy, New York 2000.

12 Vgl. z. B. *Herbst, L.*, Der totale Krieg und die Ordnung der Wirtschaft, Stuttgart 1982.

13 Vgl. z. B. *Naimark, N.*, The Russians in Germany, Cambridge, MA, 1995.

14 Vgl. z. B. *Berghahn, V. R.* u. *Friedrich, P. J.*, Otto A. Friedrich. Ein politischer Unternehmer, Frankfurt a. M. 1993, insbes. S. 27 ff.

15 *Berghahn, V. R.*, The Americanization of West German Industry, 1945 - 1973, New York 1986, S. 248 ff.

16 Vgl. z. B. *Kroes, R.*, If You've Seen One, You've Seen the Mall, Urbana 1996, S. 163 ff.

17 *Erhard, L.*, Deutschlands Rückkehr zum Weltmarkt, Düsseldorf 1953.

18 Vgl. z. B. *Bell, A. F.*, Anglophilia. The Hamburg Bourgeoisie and the Importation of English Middle-Class Culture in the Wilhelmine Era, unveröff. PhD. thesis, Brown University 2001; *Buruma, I.*, Anglomania. A European Love Affair, New York 1998.

19 *Kennedy, P. M.*, The Rise of the Anglo-German Antagonism, 1860 - 1914, London 1980; *Klessmann, C.*, Polnische Bergarbeiter im Ruhrgebiet, 1870 - 1945, Göttingen 1978.

20 *Nolan, M.*, Visions of Modernity, New York 1994; *Saunders, T.*, Hollywood in Berlin, Berkeley 1994.

21 Vgl. z. B. *Peukert, D. K.*, Volksgenossen und Gemeinschaftsfremde, Köln 1982.

22 Vgl. z. B. *Poiger, U.*, Jazz, Rock and Rebels, Berkeley 2000.

23 *Zapf, W.*, Wandlungen der deutschen Elite, München 1965; *Joly, H.*, L'élite industrielle allemande, Paris 1993.

24 Vgl. z. B. *Iggers, G. G.*, Deutsche Geschichtswissenschaft, München 1971, insbes. S. 120 ff.

25 *Pirenne, H.*, Les denomebrements de la population d'Ypres au XVe siècle (1412 - 1506), in: VSWG 1 (1903), S. 1 - 32. Dieser Internationalismus scheint der Konzeption des einen der Gründer der Zeitschrift zu verdanken zu sein. Siehe *Fellner, G.*, Ludo Moritz Hartmann und die österreichische Geschichtswissenschaft, Wien 1985.

26 Ebd., des Weiteren schrieb Pierre Masson über die Compagnie royale d'afrique sowie Albert Schutz über Bernard de Mandeville. Der Italiener, der über die Kolonisierung von Sizilien schrieb, war G. Salvioli. Die ausländischen Miszellen stammten von: Fabien Thibault, Alfonso Professione und M. Marion. Außer dem englischsprachigen Beitrag von Robert Whitwell über Kloster war der Aufsatz über Brooke von G. Epinas, gefolgt von Miszellen von Thibault, Pirenne,

E. Allix und R. Génestal (sämtlichst in Französisch) und F. Braudileone (in Italienisch). Der Artikel von Lodge aus Oxford war insofern besonders bemerkenswert, weil Historikerinnen damals noch sehr selten veröffentlicht wurden. Es ist wohl bezeichnend, dass ihr Vorname nicht genannt wurde. Offenbar unverheiratet, war sie vermutlich Dozentin an einem der Frauen-Colleges.

27 *Iggers*, Geschichtswissenschaft (wie Anm. 24), S. 295 ff. Wehler nannte Below einmal einen „erzreaktionären Konservativen", der nach 1918 nichts dazugelernt habe. *Wehler, H.-U.*, Krisenherde des Kaiserreichs, 1971 - 1918, Göttingen 1970, S. 294 - 410.

28 Vgl. *Erdmann, K. D.*, Die Ökumene der Historiker, Göttingen 1987. Einer, der nach seiner Zusammenarbeit mit den VSWG vor 1914 die deutsche Invasion seines Landes durch die Deutschen nicht vergessen und vergeben konnte, war Pirenne. Siehe den Nachruf von Franz Petri in: VSWG 28(1935), S. 408 ff. mit der für die Zeit sicherlich vielsagenden Bemerkung, Pirenne habe die Deutschen nie verstanden. Im Jahre 1927 beklagte sich Georg Bodnitz im Economic History Review, dass nicht mehr als eine Handvoll deutscher Wirtschaftsgeschichten in den vorhergehenden drei Jahrzehnten veröffentlicht worden sei.

29 Vgl. z.B. *Jäger, W.*, Historische Forschung und politische Kultur in Deutschland, Göttingen 1984, S. 44 ff. Siehe auch *von Srbik, H. Ritter*, Geist von Locarno und historische Kritik, in: VSWG 19(1926), S. 439 - 44, mit seiner Antwort an Hedwig Hintze, die ihn kritisiert hatte, dass seine Rezension des Buches des französischen Historikers A. Aulard die deutsch-französischen Beziehungen vergifte.

30 Vgl. z.B. *Schulze, W.* u. *Oexle, O. G.* (Hg.), Deutsche Historiker im Nationalsozialismus, 4. Aufl., Frankfurt a. M. 2000, mit einer ganzen Reihe von einschlägigen Beiträgen. Siehe auch *Oberkrome, W.*, Volksgeschichte, Göttingen 1993; *Aly, G.*, Macht - Geist - Wahn, Berlin 1997; *Haar, I.*, Historiker im Nationalsozialismus, Göttingen 2000; *Flügel, A.*, Ambivalenzen. Innovation, in: GG 26 (2000), S. 653 - 71.

31 Zur Lage in Deutschland vgl. ebd. Zu Bloch sein im Kriege verfasstes Buch über Geschichtswissenschaft sowie *Fink, C.*, Marc Bloch. A Life in History, New York 1989.

32 Vgl. z.B. *Schulin, E.* (Hg.), Deutsche Geschichtswissenschaft nach dem Zweiten Weltkrieg, 1945 - 1965, München 1989.

33 Vgl. *Berghahn, V. R.*, Deutschlandbilder, 1945 - 1965, in: ebd., S. 239 - 72.

34 Vgl. *Ritter, G. A.*, Die neuere Sozialgeschichte in der Bundesrepublik Deutschland, in: *Kocka, J.* (Hg.), Sozialgeschichte im internationalen Überblick, Darmstadt 1989, S. 29 ff.

35 *Iggers, G. G.*, Neue Geschichtswissenschaft, München 1978, insbes. S. 55 ff., 97 ff.

36 Vgl. z.B. *Wehler, H.-U.*, Geschichte als Historische Sozialwissenschaft, Frankfurt a. M. 1980. Siehe auch *Zorn, W.*, Ein Halbjahrzehnt einer Zeitschrift für Moderne Sozialgeschichte, in: VSWG 66 (1979), S. 362 - 69. *Raphael, L.*, Anstelle eines ‚Editorials'. Nationalzentrierte Sozialgeschichte in programmatischer Absicht: Die Zeitschrift ‚Geschichte und Gesellschaft. Zeitschrift für Historische Sozialwissenschaft' in den ersten 25 Jahren ihres Bestehens, in: GG 26 (2000), S. 5 - 37.

37 *Wehler, H.-U.* (Hg.), Geschichte und Ökonomie, Königstein/Ts. 1985; *Born, K. E.* (Hg.), Moderne deutsche Wirtschaftsgeschichte, Köln 1966. Nicht, dass westdeutsche Wirtschaftshistoriker, allen voran diejenigen, die von Richard Tilly und Knut Borchardt ausgebildet worden waren, nicht mit den Methoden der New Economic History vertraut gewesen wären; sie zögerten nur, diese auf ihre Forschungen anzuwenden. Siehe auch den bezeichnenden Untertitel von *Jarausch, K.*, (Hg.), Quantifizierung in der Geschichtswissenschaft. Probleme und Möglichkeiten, Düsseldorf 1976, in dem die Probleme vor den Potenzialen erscheinen. Allerdings wird häufig vergessen, dass „cliometrics" auch in den Vereinigten Staaten auf heftige Kritik stieß. Unter diesen Kritikern war auch Fritz Redlich, der sich unter dem wirtschaftshistorischen Establishment seines Landes aber auch als Randfigur betrachtete, und zwar trotz seiner Professur an der Harvard University. Siehe auch *Lamoureux, N.*, Economic History and the Cliometric Revolution, in: *Molho, A.* u. *Wood, G.* (Hg.), Imagined Histories, Princeton 1998, S. 59 - 84.

38 *Wehler, H.-U.* (Hg.), Soziologie und Psychoanalyse, Stuttgart 1972; siehe z.B., auch die Hitler-

Biographien von Robert Waite, Robert Binion und William Carr. Im Grunde verspürte man immer eine größere Affinität zur Soziologie und ihren Gründungsvätern, insbesondere zu Max Weber, zeitweilig auch mit Karl Marx. Vgl. auch *Wehler, H.-U.* (Hg.), Geschichte und Soziologie, Königstein/Ts. 1984; ders. (Hg.), Moderne deutsche Sozialgeschichte, Köln 1968.

39 *Eley, G.* u. *Blackbourn, D.*, Mythen deutscher Geschichtsschreibung, Frankfurt a. M. 1980. Zusammenfassungen der damaligen Debatten in: *Retallack, J. N.*, Social History with a Vengeance?, in: German Studies Review 3 (October 1984), S. 423 - 50; *Fletcher, R.*, Recent Developments in West German Historiography, in: ebd., S. 250 - 80; *Moeller, R. G.*, The Kaiserreich Recast?, in: Journal of Social History 17 (Summer 1984), S. 655 - 83.

40 Vgl. z. B. *Niethammer, L.* u. a. (Hg.), „Hinterher merkt man, daß es richtig war, daß es schief gegangen ist", Berlin 1983.

41 *Broszat, M.* u. a. (Hg.), Bayern in der NS-Zeit., München 1977.

42 Guter Überblick in *Süssmuth, H.* (Hg.), Historische Anthropologie, Göttingen 1984.

43 Zur Annales-Schule vgl. Iggers, Neue Geschichtswissenschaft (wie Anm. 35), S. 78 ff. *Gemelli, G.*, Fernand Braudel, Paris 1995; Zur deutschen Debatte siehe *Wehler, H.-U.*, Königsweg zu neuen Ufern oder Irrgarten der Illusionen?, in: *Brüggemeier, F.* u. *Kocka, J.* (Hg.), Geschichte von unten - Geschichte von innen, Hagen 1985.

44 Vgl. Anm. 36.

45 *Schulze, W.*, Deutsche Geschichtswissenschaft nach 1945, München 1989.

46 *Rosdolsky, R.*, Die Ostgalizische Dorfgemeinschaft in der Auflösung, in: VSWG 41 (1954), S. 97 - 145; *Jeannin, P.*, Les relations économiques des villes de Baltique avec Anvers au XVIeme siècle, in: VSWG 43 (1956), S. 193 - 217; 323 - 355; *Genicot, L.*, La ‚noblesse' au XIeme siècle dans la région de Gembloux, in: ebd. 44 (1957); S. 97 - 104.

47 *Redlich, F.*, American Business History, in: ebd. 38 (1949), S. 247 - 59.

48 *Treue, W.*, Die Bedeutung der Firmengeschichte für die Wirtschafts- und allgemeine Geschichte, in: ebd. 41 (1954), S. 42 - 65.

49 *Fischer, W.*, Neuere Forschungen zur Wirtschafts- und Sozialgeschichte der USA, in: ebd. 49 (1962), S. 459 - 538. Der an der Columbia University lehrende Fritz Stern erinnerte sich, dass sein erster Kontakt zu westdeutschen Wirtschaftshistorikern Wolfram Fischer war. David Landes hatte ebenfalls früh Verbindungen, wozu auch Jürgen Kuczynski in der DDR gehörte. Gespräch mit F. Stern, 9. Januar 2002.

50 H. Dubled: VSWG 52 (1965), S. 433 - 84; H. Liebel: ebd., S. 207 - 38; A. Price: ebd., S. 368 - 78; W. Brulez: ebd., 54(1967), S. 75 - 99; C. Fohlen: ebd., S. 325 - 35; H. van der Wee: ebd., S. 203 - 49.

51 *(Angel-)Volkov, S.*, The ‚Decline of the German Handicrafts' - Another Reapparaisal, in: ebd., 61 (1974), S. 265 - 84; *Notel, R.*, International Capital Movements and Finance in Eastern Europe, 1919 - 1949, in: ebd., S. 65 - 112; *Webster, R.*, The Political and Industrial Strategies of a Mixed Investment Bank. Italian Industrial Financing and the Banca Commerciale, 1894 - 1915, in: ebd., S. 320 - 71. Band 62 (1975) enthielt folgende ausländische Beiträge: Etienne François (Nancy); Michael Kater (Toronto); Robert W. Lee (Liverpool); Zora u. Frederic Pryor (Swarthmore College); Herman van der Wee (Louvain), Vincente Vazquez-Presedo (Buenos Aires). Englisch wurde jetzt zunehmend die erste Fremdsprache.

52 Vgl. den Nachruf auf Wilhelm Treue (1909 - 1992) in: ebd. 80 (1993), S. 1 - 3.

53 Vgl. den Nachruf auf Hermann Kellenbenz (1913 - 1990) in: ebd. 78(1991), S. 1 - 5; in seinem Beitrag im Handwörterbuch für Sozialwissenschaften schrieb Kellenbenz, der Wirtschaftshistoriker müsse „Wirtschaftsgeschichte als Geistesgeschichte" betreiben. Zit. in: Wehler, Krisenherde (wie Anm. 27), S. 291. Es ist nicht erstaunlich, dass Kellenbenz' Generation noch weniger über die von Fogel und Engerman verfolgte New Economic History begeistert war. Wehler zufolge (ebd., S. 295) war Wilhelm Abel der einzige westdeutsche Wirtschaftshistoriker, der Geschichte und Theorie zusammenbringen wollte.

54 *Kocka, J.*, Unternehmensverwaltung und Angestelltenschaft am Beispiel Siemens, 1847 - 1914, Göttingen 1969.

55 Vgl. dazu das noch sehr vorsichtig formulierte Thema der Jahreskonferenz des Arbeitskreises

vom 10. Oktober 1997: „Eine kulturalistische Wende in der Geschichtsschreibung – möglich, notwendig, sinnvoll?“ Die VSWG veranstaltete ein interessantes Diskussionsforum zum Thema „Wirtschafts- und Sozialgeschichte – Neue Wege?“, in: VSWG 82 (1995), S. 338–422, 496–510. Siehe auch *Pohl, H.*, Betrachtungen zum wissenschaftlichen Standort von Wirtschafts- und Unternehmensgeschichte, in: VSWG 78 (1991), S. 326–43; *Erker, P.*, Aufbruch zu neuen Paradigmen, in: AfS 37 (1997), S. 321–65; *Pierenkemper, T.*, Unternehmensgeschichte, Frankfurt a. M. 2000; *Kleinschmidt, C.*, Der produktive Blick, Berlin 2002, insbes. S. 11 ff.

56 Akkumulation. Informationen des Arbeitskreises für Kritische Unternehmens- und Industriegeschichte, Nr. 1 ff. (o.D.). Diese Veröffentlichung erschien in unregelmäßigen Abständen und erreichte bis 2000 die Zahl von 14 Ausgaben. Siehe auch das von dem Arbeitskreis und der Gesellschaft für Unternehmensgeschichte veranstaltete Symposium, das vom 11.-13. Oktober 2001 in Bochum stattfand.

57 Vgl. z. B. *Fogel, R. W.* u. *Elton, G.*, Which Road to the Past?. Two Views of History, New Haven 1984, S. 5–70. Siehe auch *Fogel, R. W.*, Institutions, Institutional Change and Economic Performance, New York 1990; ders., Without Consent or Contract. The Rise and Fall of American Slavery, New York 1989. Siehe auch *Dumke, R. H.*, Clio's Climacteric?, in VSWG 73 (1986), S. 457–87. Ein Plädoyer für eine Annäherung von Volkswirtschaft und Geschichte findet sich in *Siegenthaler, H.*, Geschichte und Ökonomie nach der kulturalistischen Wende, in: GG 25 (1999), S. 276–301. Siehe auch *Ambrosius, G.* u. a. (Hg.), Moderne Wirtschaftsgeschichte. Eine Einführung für Historiker und Ökonomen, München 1996.

58 Vgl. z. B. *Miller, D.* (Hg.), Ackowledging Consumption, London 1996; *Strasser, S.* u. a. (Hg.), Getting and Spending, Cambridge 1998; *König, W.*, Geschichte der Konsumgesellschaft, Stuttgart 2000; *Tiersten, L.*, Marianne in the Market, Berkeley 2001; *Leach, W.*, Land of Desire. Merchants, Power, and the Rise of a New American Culture, New York 1993; *Maase, K.*, Grenzenloses Vergnügen. Der Aufstieg der Massenkultur, 1850–1970, Frankfurt a. M. 1997; *Siegrist, H.* u. a. (Hg.), Europäische Konsumgeschichte, Frankfurt a. M. 1997.

59 Als typisches Beispiel: *Zeitlin, J.* u. *Herrigel, G.* (Hg.), Americanization and its Limits, Oxford 2000.

60 *Packard, V.*, The Hidden Persuaders, New York 1957; *Stuart, E.*, Captains of Consciousness, New York 1976.

61 Recht scharfen Widerspruch meldete auch Paul Erker an. Siehe *Erker, P.* u. *Pierenkemper, T.* (Hg.), Deutsche Unternehmer zwischen Kriegswirtschaft und Wiederaufbau, München 1999, in dem er die Einleitung dazu benutzte, einen der Beitragenden zu dem Band anzugreifen, der ironischerweise bei der ursprünglichen Konzipierung der Sammlung mitgewirkt hatte. Werner Bührer mochte nur von einer „Amerikaorientierung“ sprechen. Siehe seinen Aufsatz „Auf eigenem Weg. Reaktionen deutscher Unternehmer auf den Amerikanisierungsdruck“, in: *Bude, H.* u. *Greiner, B.* (Hg.), Westbindungen, Hamburg 1999, S. 181–201. Christoph Buchheim, der ursprünglich dieser Sicht ebenfalls positiv gegenüberstand, war später milder gestimmt. Vgl. sein unveröff. Papier „Westdeutschland und die USA in der Weltwirtschaft, 1945 bis zum Ende der sechziger Jahre. Von Amerikas aufgeklärter Hegemonie zur Partnerschaft“, o. D. Vgl. auch die skeptischen Beiträge in *Ziegler, D.* (Hg.), Großbürger und Unternehmer, Göttingen 2000. Unter Wirtschaftshistorikern setzte sich vor allem Harm Schröter für das Amerikanisierungskonzept ein; doch dauerte es lange bis seine Kollegen auf ihn, der in Hamburg lebte, aber an der Universität Bergen in Norwegen lehrte, genauer eingingen. Siehe auch *Wiesen, J.*, West German Industry and the Challenge of the Nazi Past, 1945–1955, Chapel Hill 2001.

62 *Abelshauser, W.*, Wirtschaft in Westdeutschland, 1945–1948, Stuttgart 1975; ders., Wirtschaftsgeschichte in der Bundesrepublik Deutschland, 1945–1980, Frankfurt a. M. 1983.

63 Diese Klärung erfolgte zuerst mit Hilfe einer Gruppe von Hamburger Historikern um Arnold Sywottek, die die Entwicklung Deutschlands im Rahmen eines allgemeinen Modernisierungsprozesses sahen, den langfristig alle urbanen Industrienationen durchliefen. Siehe *Schildt, A.* u. *Sywottek, A.* (Hg.), Modernisierung im Wiederaufbau, Bonn 1993. Derweil hatte Anselm Doering-Manteuffel in Tübingen eine Reihe von Mitarbeitern um sich versammelt, die mit dem Konzept der „Westernisierung“ arbeiteten. Vgl. z. B. seinen Artikel: Dimensionen von

Amerikanisierung in der deutschen Gesellschaft, in: AfS 35 (1995), S. 1–33; ders., Wie westlich sind die Deutschen? Amerikanisierung und Westernisierung im 20. Jahrhundert, Göttingen 1999. Nun mag „Westernisierung" auf die Entwicklung der Bundesrepublik zutreffen, doch kaum auf die westeuropäischen Gesellschaften. Und doch waren diese Länder dem Hegemonialdruck der USA nicht weniger ausgesetzt und begannen ihre Wirtschaftsstrukturen ebenfalls umzubauen. Auch die amerikanische „Massenkultur" schwappte nach Westeuropa hinein. Aus diesen gerade auch auf den Vergleich abzielenden Gründen ist weiterhin mit dem Amerikanisierungskonzept auch für nichteuropäische Gesellschaften gearbeitet worden. Identifiziert es doch recht klar die ursprüngliche Quelle, aus der dieser Prozess sich speiste und auf den alle westeuropäischen Nationen durch Verhandlung, Transformation und natürlich auch mit teilweisem Widerstand reagierten. Sehr gute Synthesen dieser Debatten bei *Gassert, P.*, Amerikanismus, Antiamerikanismus, Amerikanisierung, in: AfS 39 (1999), S. 531–61; *Fehrenbach, H.* u. *Poiger, U.* (Hg.),Transactions, Transgressions, Transformations. American Culture in Western Europe and Japan, New York 2000. Für die französische Geschichte hat sich Richard Kuisel am nachdrücklichsten für das Amerikanisierungskonzept eingesetzt. Vgl. *Kuisel, R.*, Seducing the French, Berkeley 1993.

64 *Kaelble, H.*, Auf dem Weg zu einer europäischen Gesellschaft. München 1987. Siehe auch ders., Europäer über Europa, Frankfurt a. M. 2001.

65 *Bynum, C.*, The Last Eurocentric Generation, in: Perspectives (American Historical Association), Februar 1996, S. 3 f.

66 Die Probleme, die deutsche Historiker verschiedener Orientierungen weiterhin mit ihrer eigenen Internationalisierung haben, wurden von Michael Brenner auf der Aachener Historikertag auf den Punkt gebracht. Vgl. seinen Artikel: Teilt die Fakultät anders ein, in: Frankfurter Allgemeine Zeitung, 2. Oktober 2000, mit der Kritik, dass die führenden Historiker an den bundesrepublikanischen Universitäten weiterhin germanozentrisch arbeiteten. Dazu auch: *Berger, S.*, The Search for Normalcy. National Identity and Historical Consciousness in Germany since 1800, Providence 1997. Seither ist aber eine merkliche Wende eingetreten, die nicht einmal mehr in erster Linie auf eine Europäisierung hinausläuft, sondern auf eine „Globalisierung".

4. Deutsche Industrie und der Drang nach einer wirtschaftlichen Neuordnung Europas 1900–1950

1 Vgl. z. B., *Fischer, F.*, Krieg der Illusionen, Düsseldorf 1969; *Hildebrand, K.*, Vom Reich zum Weltreich, München 1969.

2 Zu Einstellungen der europäischen Nachbarn gegenüber der „Deutschen Frage" siehe *Fritsch-Bournazel, R.*, Europe and German Unification, New York 1992.

3 *Markovits, A.* u. *Reich, S.*, Modell Deutschland and the New Europe, in: Telos 89 (Fall 1991), S. 45–63.

4 Vgl. z. B. *Joll, J.*, Antonio Gramsci, London 1976; *Williams, G.*, The Concept of ‚Egemonia' in the Thought of Antonio Gramsci, in: Journal of the History of Ideas 4 (1960), S. 586–99.

5 *Gallagher, J. A.* u. *Robinson, R. E.*, Africa and the Victorians, London 1961; dies., Imperialism of Free Trade, in: Economic History Review, Second Series 1 (1953), S. 1–15.

6 *Gallagher* u. *Robinson*, Imperialism (wie Anm. 5), S. 13, auch für das Folgende. Vgl. auch *Doyle, M.*, Empires, Ithaca 1986.

7 Vgl. *Kennedy, P. M.*, The Rise of the Anglo-German Antagonism, London 1980.

8 Vgl. z. B. *Pommerin, R.*, Der Kaiser und Amerika, Köln 1986.

9 Vgl. *Berghahn, V. R.*, Der Tirpitz-Plan, Düsseldorf 1971.

10 *Angell, N.*, The Great Illusion, London 1910, ursprünglich 1909 veröffentlicht unter dem Titel: Europe's Optical Illusion.

11 *Dülffer, J.*, Regeln gegen den Krieg?, Berlin 1981.

12 Vgl. *Cecil, L.*, Albert Ballin, Princeton 1967.

13 Vgl. *Bley, H.*, Bebel und die Strategie der Kriegsverhütung, 1904–1913, Göttingen 1975; *Lenin, V. I.*, Imperialism, the Highest Stage of Capitalism, Moskau 1966.

14 *Fischer*, Krieg (wie Anm. 1) S. 259 ff.

15 *Meyer, H. C.*, Mitteleuropa in German Thought and Action, The Hague 1955.

16 Zit. in: *Berghahn, V. R.*, Germany and the Approach of War in 1914, New York 1993, S. 31.

17 Ebd., S. 56 ff., auch für das Folgende.

18 Vgl. die Dokumente bei *Opitz, R.* (Hg.), Europastrategien des deutschen Kapitals, Köln 1977, S. 137 ff.

19 Vgl. *Berghahn*, Germany (wie Anm. 16), S. 145, auch für das Folgende.

20 Zit. in: *Opitz*, Europastrategien (wie Anm. 18), S. 204 ff.

21 Zum deutschen Kartellsystem siehe *Hentschel, V.*, Wirtschaft und Wirtschaftspolitik im Wilhelminischen Reich, Stuttgart 1978, S. 99 ff.

22 Vgl. *Chickering, R.*, We Men Who Feel Most German, London 1984.

23 *Feldman, G. D.*, Businessmen and Politics in the Twentieth Century, unveröff. MS, 1992, S. 5.

24 *Hayes, P.*, Industrial Factionalism in Modern German History, in: Central European History 29 (1991), S. 122–31.

25 *Fischer, F.*, Griff nach der Weltmacht, Düsseldorf 1964, auch für das Folgende.

26 *Naumann, F.*, Mitteleuropa, London 1917; Vgl. auch *Theiner, P.*, Sozialer Liberalismus und deutsche Weltpolitik, Baden-Baden 1983.

27 Vgl. z.B. *Wheeler-Bennett, J.*, The Forgotten Peace, New York 1939.

28 *Kitchen, M.*, The Silent Dictatorship, London 1976.

29 *Fischer, F.*, Germany's War Aims in the First World War, New York 1967, S. 483.

30 *Feldman, G. D.*, Iron and Steel in the German Inflation, Princeton 1977.

31 Vgl. die Äußerungen von General Wilhelm Groener in *Fischer*, War (wie Anm. 29), S. I.

32 Vgl. auch *Hildebrand, K.*, The Foreign Policy of the Third Reich, London 1973, S. 7 ff.

33 Vgl. z.B. *McNeil, W. C.*, American Money and the Weimar Republic, New York 1986; *Pohl, K. H.*, Weimars Wirtschaft und die Außenpolitik der Republik, 1924–1926, Düsseldorf 1979; *Link, W.*, Die amerikanische Stabilisierungspolitik in Deutschland, Düsseldorf 1970; *Costigliola, F.*, Awkward Dominion, Ithaca 1984; *Weisbrod, B.*, Schwerindustrie und Weimarer Republik, Wuppertal 1978; *Schuker, S.*, American ‚Reparations' to Germany, Princeton 1988.

34 *Bretton, H. L.*, Stresemann and the Revision of Versailles, Stanford 1953; *Gatzke, H.*, Stresemann and the Rearmament of Germany, Baltimore 1954; *Krüger, P.*, Die Außenpolitik von Weimar, Darmstadt 1985; *Lee, M.* u. *Michalka, W.*, German Foreign Policy, 1917–1933, New York 1987.

35 Vgl. z.B. *Wurm, C.* (Hg.), Internationale Kartelle und Außenpolitik, Wiesbaden 1989.

36 *Opitz*, Europastrategien (wie Anm. 18), S. 535 ff.

37 Ebd., S. 581 f.

38 Vgl. *Dallin, A.*, German Rule in Russia, 1941–1945, London 1957; *Freymond, J.*, Le IIIe Reich et la reorganization economique de l'Europe, Genf 1974; *Gillingham, J.*, Belgian Business in the Nazi New Order, Ghent 1977; *Herzstein, R. E.*, When Nazi Dreams Come True, London 1982; *Jäckel, E.*, Frankreich in Hitlers Europa, Stuttgart 1966; *Milward, A.*, The New Order and the French Economy, Oxford 1970; ders., The Fascist Economy in Norway, Oxford 1972; *Petzina, D.*, Autarkiepolitik im Dritten Reich, Stuttgart 1968; *Smith, W. D.*, The Ideological Origins of Nazi Imperialism, Oxford 1986; *Herbst, L.*, Der totale Krieg und die Ordnung der Wirtschaft, Stuttgart 1982.

39 Vgl. *Schmokel, W. W.*, Dream of Empire, New Haven 1964.

40 Zit. in: *Trevor-Roper, H.* (Hg.), Hitler's Secret Conversations, New York 1953, S. 76, und von mir übersetzt.

41 Ebd., S. 27 f.

42 Vgl. außer den in Anm. 38 zitierten Studien: *Broszat, M.*, Nationalsozialistische Polenpolitik, Stuttgart 1961; *Kettenacker, L.*, Nationalsozialistische Volkstumspolitik im Elsass, Stuttgart 1973; *Homze, E. L.*, Foreign Labor in Nazi Germany, Princeton 1967; *Herbert, U.*, Fremdarbeiter, Berlin 1985; *Warmbrunn, W.*, The Dutch under German Occupation, Stanford 1963.
43 Vgl. z. B. *Hilberg, R.*, The Destruction of the European Jews, London 1961; *Hirschfeld, G.* (Hg.), The Politics of Genocide, London 1986.
44 *Schwerin von Krosigk, L.*, Die große Zeit des Feuers, Bd. 3, Tübingen 1957/59, S. 560.
45 Vgl. z. B. *Riedel, M.*, Eisen und Kohle für das Dritte Reich, Göttingen 1973; *Mollin, G.*, Montankonzerne und ‚Drittes Reich', Göttingen 1988.
46 Vgl. z. B. die bei *Opitz*, Europastrategien (wie Anm. 18) abgedruckten Dokumente. Vgl. auch *Popofsky, M.*, The Quest for the Pax Germanica (unveröff. Thesis, Brown University, 1990).
47 Zit. in: *Popofsky*, Quest (wie Anm, 46), S. 114.
48 Vgl. z. B. *Gillingham*, Belgian Business (wie Anm. 38).
49 Vgl. die Dokumente in *Opitz*, Europastrategien (wie Anm. 18), passim. Vgl. auch *Herzstein*, Nazi Dreams (wie Anm. 38), insbes. S. 103 ff.
50 *Sölter, A.*, Großraumkartell, Dresden 1941.
51 *Popofsky*, Quest (wie Anm. 46), S. 107 ff., auch für das Folgende.
52 Zu Backe vgl. *Dallin*, German Rule (wie Anm. 38), S. 39 f., 328 ff.
53 Vgl. *Herbst*, Totaler Krieg (wie Anm. 38), S. 410 ff. Zu den amerikanischen Planungen siehe *Berghahn, V. R.*, The Americanization of West German Industry, 1945 - 1973, New York 1986, insbes. S. 26 ff.

5. Zirkulation und Solidarität der westdeutschen Industrieeliten

1 Vgl. *Kocka, J.*, 1945: Neubeginn oder Restauration?, in: *Stern, C.* u. *Winkler, H.-A.* (Hg.), Wendepunkte deutscher Geschichte, Frankfurt a. M. 1979, S. 141 - 68.
2 *Kaelble, H.*, Soziale Mobilität u. Chancengleichheit im 19. und 20. Jahrhundert, Göttingen 1983; *Zapf, W.*, Wandlungen der deutschen Elite, München 1965.
3 *Schoenbaum, D.*, Hitler's Social Revolution, London 1967.
4 Bester Überblick im internationalen Vergleich: *Kaelble*, Mobilität (wie Anm. 2).
5 Dazu die Studien in Anm. 2.
6 Dazu u. a. auch *Pierenkemper, T.*, Die westfälischen Schwerindustriellen, 1852 - 1913, Göttingen 1979; *Stahl, W.*, Der Elitekreislauf in der Unternehmerschaft, Frankfurt a. M. 1973; *Pross, H.* u. *Boetticher, K. W.*, Manager des Kapitalismus, Frankfurt a. M. 1971.
7 Vgl. *Kaelble, H.*, Long-Term Changes in the Recruitment of the Business Elite, in: Journal of Social History 13 (1979/80), S. 404 - 23.
8 *Kaelble*, Mobilität (wie Anm. 2), S. 103, 286.
9 *Pross* u. *Boetticher*, Manager (wie Anm. 6), S. 33 ff.
10 *Zapf, W.*, Die deutschen Manager, in: ders. (Hg.), Beiträge zur Analyse der deutschen Oberschicht, München 1965.
11 *Kruk, M.*, Die Oberen 30.000, Wiesbaden 1967, S. 39.
12 FAZ, Blick durch die Wirtschaft, 10. 10. 1967, Tabelle 2.
13 *Hartmann, H.* u. *Wienold, H.*, Universität und Unternehmer, Gütersloh 1967, S. 51.
14 *Pross* u. *Boetticher*, Manager (wie Anm. 6), S. 76.
15 Zit. in: Manager-Magazin, November 1971, S. 60 ff.
16 *Wander, H.*, Bevölkerung, Arbeitspotenzial und Beschäftigung im britisch-amerikanischen Besatzungsgebiet, Kiel 1948, S. 21.
17 *Tornow, I.*, Die deutschen Unternehmerverbände 1945 - 1950, Kontinuität oder Diskontinuität?,

in: *Becker, J.*, u.a. (Hg.), Vorgeschichte der Bundesrepublik Deutschland, München 1979, S. 251 f.

18 *Zapf*, Wandlungen (wie Anm. 2), S. 236 f.

19 Vgl. dazu *Berghahn, V. R.* Unternehmer und Politik, Frankfurt a. M. 1985, S. 205.

20 Zit. in: *Wuermeling, H. L.*, Die Weiße Liste, Berlin 1981, S. 247 f.

21 Zit. in: *Zapf*, Wandlungen (wie Anm.2), S. 58.

22 *Pritzkoleit, K.*, Gott erhält die Mächtigen, Düsseldorf 1963; ders., Wem gehört Deutschland?, Düsseldorf 1957; *Engelmann, B.*, Das Reich zerfiel, die Reichen blieben, Hamburg 1972.

23 *Eglau, H. O.*, Erste Garnitur, Düsseldorf 1980, S. 41.

24 *Rohland, W.*, Bewegte Zeiten, Stuttgart 1978.

25 Ebd., S. 157 ff., auch für das Folgende.

26 So der Brief des Controller der NGISC, William Harris-Burland an Rohland vom 12. 10. 1948, zit. in: ebd., S. 158 f.

27 Vgl. dazu auch *Berghahn*, Unternehmer (wie Anm. 19), S. 80, 89 ff.

28 Ebd., S. 205.

29 Zu diesem Zusammenhang ebd., S. 26 ff., auch für das Folgende. Darüber hinaus: *Janssen, G.*, Das Ministerium Speer, Berlin 1968.

30 *Rohland*, Zeiten (wie Anm. 24), S. 158.

31 *von Klass, G.*, A. Vögler, Tübingen 1957, S. 271.

32 *Gillingham, J.*, Belgian Business in the Nazi New Order, Ghent 1977, insbes. Kap. Vl.

33 *Rohland*, Zeiten (wie Anm. 24), S. 148 ff.; *Speer, A.*, Der Sklavenstaat. Meine Auseinandersetzungen mit der SS, Stuttgart 1981.

34 Auf die Gründe dieser Konflikte kann hier nicht eingegangen werden. Poensgen war gewiss kein Nationalsozialist und hatte schon vor dem Kriege die Industriepolitik des Regimes bekämpft, die im Zusammenhang mit dem Vierjahresplan und dem Bau des Salzgitter-Komplexes in Angriff genommen worden war.

35 Nach dem Kriege als Faksimiledruck erschienen: Frankfurt 1977. Zum Stahl-Kreis allgemein vgl. *Herbst, L.*, Der totale Krieg und die Ordnung der Wirtschaft, Stuttgart 1982.

36 Vgl. *Berghahn*, Unternehmer (wie Anm. 19), S. 122, 153.

37 *Maschke, E.*, Ein Konzern entsteht, Tübingen 1969, S. 233.

38 *Herchenroeder, K. H.*, Neue Männer an der Ruhr, Düsseldorf 1958, S. 169.

39 Zu Poensgen vgl.: *Henle, G.*, Weggenosse des Jahrhunderts, Stuttgart 1968, S. 225; zu Zangen, dessen sehr einfache Memoiren: Aus meinem Leben, Privatdruck (1968); zu Reusch: *Maschke*, Konzern (wie Anm. 37).

40 Zangen, ebd., S. 174. Zu den in dem Zitat angesprochenen Namen und Fragen siehe *Berghahn*, Unternehmer (wie Anm. 19), S. 96, 211. Zu Winkhaus, später Nachfolger Zangens, siehe *Eglau*, Erste Garnitur (wie Anm. 23), S. 43.

41 *Albrecht, K.*, Das Menschliche hinter dem Wunder, Düsseldorf 1970, S.13 ff.

42 Interview mit Gustav Stein, 29. 3. 1977.

43 *Tornow*, Unternehmerverbände (wie Anm. 17), S. 242.

44 Überblick bei *Brandt, P.*, Unternehmerorganisationen im Umbruch, in: *Borsdorf, U.* u.a. (Hg.), Arbeiterinitiative 1945, Wuppertal 1976, S. 663–73.

45 *Vorwerk, W.*, Zur Neugründung der Arbeitgeberverbände nach 1945, in: Der Arbeitgeber, 28. 1. 1959, auch für das Folgende. Darüber hinaus: *Walter R.*, Aus den Anfängen der Bundesvereinigung, in: ebd.

46 Interview mit Siegfried Balke, 25.7.1977.

6. Unternehmer in der frühen Bundesrepublik: Selbstverständnis und politischer Einfluss in der Marktwirtschaft

1 Der Begriff „Unternehmer" wird hier weit definiert und umfasst Eigentümer und leitende Angestellte. Der Begriff „Manager" wird ebenfalls flexibel gehandhabt, obwohl er in der frühen Bundesrepublik noch nicht üblich war und z. T. sogar scharf abgelehnt wurde. Das zunehmende Einfließen amerikanischer Begriffe in die deutsche Wirtschaftssprache wäre im Zusammenhang mit der weiter unten aufzunehmenden Diskussion um die „Amerikanisierung" der westdeutschen Industrie mit vermutlich interessanten Resultaten zu untersuchen. Zur Terminologie vgl. z.B., *Greiner, B.*, Test the West, in: *Bude, H.* u. *Greiner, B.*, Westbindungen, Hamburg 1999, S. 42; *Kocka, J.*, Management in der Industrialisierung, in: Zeitschrift für Unternehmensgeschichte 2 (1999), S. 135 - 149.

2 Vgl. z.B., *Borsdorf, U.*, Arbeiterinitiative 1945, Wuppertal 1976.

3 *Berghahn, V. R.* u. *Friedrich, P. J.*, Otto A. Friedrich. Ein politischer Unternehmer, Frankfurt a. M. 1993, S. 28.

4 Vgl. z.B., *Wallich, H. C.*, The Mainsprings of the German Revival, New Haven 1955; *Backer, J. H.*, Priming the German Economy: American Occupational Policies 1945 - 1948, Durham 1971; *Buchheim, C.*, Die Wiedereingliederung Westdeutschlands in the Weltwirtschaft (1945 - 1958), München 1990; *Ambrosius, G.*, Die Durchsetzung der sozialen Marktwirtschaft in Westdeutschland (1945 - 1948), Stuttgart 1977; *Henke, K.-D.*, Die amerikanische Besetzung Deutschlands, München 1996; *Diefendorf, J.* u. a. (Hg.), American Policy and the Reconstruction of West Germany (1945 - 1955), Cambridge 1993; *Gimbel, J.*, The American Occupation of Germany, Stanford 1968; *Farquharson, J.*, The Western Allies and the Politics of Food. Agrarian Management in Post War Germany, Leamington 1985; *Krieger, W.*, Lucius D. Clay und die amerikanische Deutschlandpolitik, Stuttgart 1987.

5 Vgl. *Wiesen, J.*, West German Industry and the Challenge of the Nazi Past, 1945 - 1955, Chapel Hill 2001.

6 Vgl. *Großbölting, T.* u. *Schmidt, R.* (Hg.), Unternehmerwirtschaft zwischen Markt und Lenkung, München 2002, mit mehreren einschlägigen Beiträgen.

7 Vgl. z.B. *Braunthal, G.*, The Federation of German Industry and Politics, Ithaca 1965; Simon, W., Macht und Herrschaft der Unternehmerverbände. BDI, BDA und DIHT im ökonomischen und politischen System der BRD, Köln 1976; *Hartmann, H.*, Der deutsche Unternehmer. Autorität und Organisation, Frankfurt a. M. 1968.

8 Vgl. z.B. *Eschenburg, T.*, Herrschaft der Verbände?, Stuttgart 1953; *Wasser, H.*, Interessenverbände in der Bundesrepublik Deutschland, Bonn 1971; *Huber, H.*, Staat und Verbände, Tübingen 1958.

9 New York 1937.

10 Vgl. z.B. *Schmitter, P. C.* u. *Lehmbruch, G.* (Hg.), Trend Towards Corporatist Intermediation, London 1979; *Cox, A.* u. *O'Sullivan, N.* (Hg.), The Corporate State: Corporatism and the State Tradition in Western Europe, Aldershot 1988.

11 Vgl. z.B. *Anderson, J. J.*, German Industry and the European Union in the 1990 s, in: *Berghahn, V. R.* (Hg.), Quest for Economic Empire, Oxford 1996, S. 171 - 206.

12 So Berg nach den Notizen des Wirtschaftsjournalisten Franz-Ulrich Fack, zitiert in: *Berghahn* u. *Friedrich*, Otto A. Friedrich (wie Anm. 3), S. 274.

13 Vgl. z.B. *Spencer, E. G.*, Management and Labor in Imperial Germany: Ruhr Industrialists as Employers (1896 - 1914), New Brunswick, 1984; *Ullmann, H.-P.*, Der Bund der Industriellen, Göttingen 1976; *Kaelble, H.*, Industrielle Interessenpolitik in der Wilhelminischen Gesellschaft: Centralverband Deutscher Industrieller (1895 - 1914), Berlin 1967; *Abraham, D.*, The Collapse of the Weimar Republic, New York 1987; *Hallgarten, G. F.* u. *Radkau, J.*, Deutsche Industrie und Politik von Bismarck bis heute, Frankfurt a M. 1974; *Turner, H. A.*, Big Business and the Rise of Hitler, Oxford 1985.

14 Vgl. z.B. *Herbst, L.*, Der totale Krieg und die Ordnung der Wirtschaft, Stuttgart 1982.

15 Vgl. z.B. *Berghahn* u. *Friedrich*, Otto A. Friedrich (wie Anm. 2), S. 161 ff.

16 *Weisbrod, B.*, Schwerindustrie in der Weimarer Republik, Wuppertal 1978.

17 Vgl. z.B. *van Hook, J.*, Rebuilding Germany, New York 2004.

18 Vgl z.B. *Müller, G.*, Mitbestimmung in der Nachkriegszeit. Britische Besatzungsmacht - Unternehmer - Gewerkschaften, Düsseldorf 1987.

19 Zit. in: Der Spiegel, 2.2. 1955. S, 10.

20 Vgl. z.B. *Robert, R.*, Konzentrationspolitik in der Bundesrepublik, Berlin 1976; *Berghahn* u. *Friedrich*, Otto A. Friedrich (wie Anm. 3), S. 97 ff.

21 *Abelshauser, W.*, The First Post-Liberal Nation: Stages in the Development of Modern Corporatism in Germany, in: European History Quarterly 14 (1984), S. 285-318, insbes. S. 305 ff.

22 Vgl. dazu *Collins, R. M.*, The Business Response to Keynes, New York 1981.

23 *Berghahn* u. *Friedrich*, Otto A. Friedrich (wie Anm. 3), S. 134 ff.

24 *Berghahn, V. R.*, The Americanization of West German Industry, 1945-1973, New York 1986, S. 282 ff.

25 Hierzu vor allem die Arbeiten von Wolfram Fischer. Des Weiteren diverse Studien von Knut Borchardt, Wilfried Feldenkirchen, Hubert Kiesewetter, Friedrich-Wilhelm Henning.

26 Vgl. z.B. *Pierenkemper, T.*, Die westfälischen Schwerindustriellen, 1852-1913, Göttingen 1979; *Schumann, D.*, Bayerns Unternehmer in Gesellschaft und Staat, 1834-1914, Göttingen 1992; *Zunkel, F.*, Die rheinisch-westfälischen Unternehmer, Köln 1962.

27 Vgl. z.B. *Schweitzer, A.*, Big Business in the Third Reich, Bloomington 1964; *Gall, L.* (Hg.), Die Deutsche Bank, München 1995; *Erker, P.*, Industrieeliten in der NS-Zeit, Passau 1994.

28 Vgl. oben Anm. 4. Zur unternehmensgeschichtlichen Perspektive siehe z.B. auch *Stokes, R. G.*, Divide and Prosper: The Heirs of IG Farben under Allied Authority (1945-1951), Berkeley 1988; *Bührer, W.*, Ruhrstahl und Europa, München 1986; *Plumpe, W.*, Vom Plan zum Markt, Düsseldorf 1987; *Roseman, M.*, Recasting the Ruhr (1945-1958), Oxford 1990; *Erker, P.*, Wachsen im Wettbewerb, Düsseldorf 1996; *Wellhöner, V.*, ‚Wirtschaftswunder' - Weltmarkt - Westdeutscher Fordismus. Der Fall Volkswagen, Münster 1996.

29 Hierzu vor allem die Arbeiten von Alfred Chandler.

30 Vgl. *Fehrenbach, H.* u. *Poiger, U.* (Hg.), Transactions, Transgressions, Transformations. American Culture in Western Europe and Japan, New York 2000.

31 Vgl. z.B. *Schildt, A.* u. *Sywottek, A.* (Hg.), Modernisierung im Wiederaufbau, Bonn 1993; *Schildt, A.*, Moderne Zeiten, Hamburg 1995.

32 *Schröter, H. G.*, Zur Übertragbarkeit sozialhistorischer Konzepte in die Wirtschaftsgeschichte, in: *Jarausch, K.* u. *Siegrist, H.* (Hg.), Amerikanisierung und Sowjetisierung in Deutschland, Frankfurt a. M. 1997, S. 147-165. Siehe auch *Lüdtke, A.* u.a. (Hg.), Amerikanisierung. Traum oder Alptraum im Deutschland des 20. Jahrhunderts, Stuttgart 1996.

33 *Bührer, W.*, Auf eigenem Weg. Reaktionen deutscher Unternehmer auf den Amerikanisierungsdruck, in: *Bude* u. *Greiner*, Westbindungen (wie Anm. 1), S. 181-201.

34 Vgl. z.B. *Berghahn*, Americanization (wie Anm. 24), S. 326 ff.

35 *Kroes, R.*, If You've Seen One, You've Seen the Mall. Europeans and American Mass Culture, Chicago 1996.

36 *Bührer*, Auf eigenem Weg (wie Anm. 33), S. 181.

37 *Von Plato, A.*, Wirtschaftskapitäne: Biographische Selbstkonstruktionen von Unternehmern der Nachkriegszeit, in: *Schildt* u. *Sywottek*, Modernisierung (wie Anm. 31), S. 377-392.

38 *Erker, P.* u. *Pierenkemper, T.* (Hg.), Deutsche Unternehmer zwischen Kriegswirtschaft und Wiederaufbau, München 1999.

39 Paul Erker in seiner Einleitung, ebd., S. 16 f.

40 *Unger, S.*, Struktur und Semantik der Wirtschaftselite des Ruhrgebiets 1930 bis 1970, in: Akkumulation 12 (1999), S. 25 ff., auch für das Folgende.

41 Wie bereits erwähnt, hat sich vor allem der „Arbeitskreis für kritische Unternehmens- und Industriegeschichte" um eine thematische und methodische Erweiterung dieses historiographischen Genres bemüht. Siehe z.B. *Plumpe, W.*, Das Unternehmen als soziale Organisation.

Thesen zu einer erneuerten historischen Unternehmensforschung, in: Akkumulation, 11 (1998), S. 1–7. Dort zunächst die richtige Beobachtung: „Die deutsche Unternehmensgeschichtsschreibung beginnt ... erst langsam und vorsichtig, die neuen theoretischen und empirischen Fragestellungen [in den U.S.A. und Großbritannien] zu entdecken und nachzuvollziehen. Im Grunde ist ein deutliches Rezeptionsmanko in Deutschland gegenüber der fortgeschritteneren angelsächsischen Diskussion festzustellen, das umso mehr ins Gewicht fällt, als viele der Neuansätze zumindest auf deutsche theoretische Wurzeln verweisen (Organisation: Weber; Evolution: Schumpeter; Institution: Schmoller)". Zur Füllung dieser Lücken entwickelte Plumpe sodann einige Überlegungen, die einerseits die Verbindung zu den quantifizierend vorgehenden oder institutionen- und organisationswissenschaftlich ausgerichteten „harten" Sozialwissenschaften aufrecht erhalten, andererseits zumindest in die Sozial- und Alltagsgeschichte, wenn auch nicht in die Anthropologie und die Kulturwissenschaften vorstoßen. Siehe auch *Kleinschmidt, C.*, Unternehmensgeschichte als Alltags- und Sozialgeschichte, in: *Markowski, F.* (Hg.), Der letzte Schliff, Berlin 1997, S. 282 – 298, sowie Stefan Ungers Bericht über die 8. Jahrestagung des Arbeitskreises in Bochum im Oktober 1997 mit der interessanten Frage: „Eine kulturalistische Wende in der Unternehmensgeschichte? Möglich, notwendig, sinnvoll?", in: Akkumulation 9 (1997), S. 7–9. Auch Toni Pierenkemper hat die Frage gestellt, „was eine moderne Unternehmensgeschichte leisten" könne. Zugleich scheint er aber weiterhin auf der Nähe der Unternehmensgeschichte zur Wirtschaftsgeschichte und ihren tradierten Methoden zu bestehen. Eine enge Integration mit der Sozial- und Kulturgeschichte, wie sie gelegentlich angeregt worden ist, löst offenbar die Befürchtung einer Selbstaufgabe aus.

42 Auch die in der Soziologie entwickelte Netzwerkanalyse könnte in diesem Zusammenhang nützlich sein.

43 *Berghahn, V. R.*, Die versunkene Welt der Bergassessoren, siehe unten S. 135 – 42.

44 Zit. ebd., S. 135 – 42.

45 Hierzu weiterhin anregend, wenn auch nur das 19. Jahrhundert abdeckend: *Kocka, J.*, Unternehmensverwaltung und Angestelltenschaft am Beispiel Siemens, 1847 – 1914, Stuttgart 1969. Die von Kocka analysierten Mentalitäten des Hauses Siemens setzten sich auch über den Zweiten Weltkrieg hinaus fort. Siehe auch *Berghoff, H.*, Zwischen Kleinstadt und Weltmarkt: Hohner und die Harmonika, 1857–1961, Paderborn 1997.

46 *Unger*, Struktur (wie Anm. 40), S. 27.

47 Vgl. *Berghahn, V. R.*, Recasting Bourgeois Germany, in: *Schissler, H.* (Hg.), The Miracle Years, Princeton 2000, S. 326 – 340, insbes. S. 334 ff.

48 Vgl. *Doering-Manteuffel, A.*, Westernisierung und Amerikanisierung, MS. 1999; ders., Dimensionen von Amerikanisierung in der deutschen Geschichte, in: AfS 35 (1995), S. 144.

49 *Berghahn*, Americanization (wie Anm. 24), S. 332 f. Siehe auch *Djelic, M.-L.*, Exporting the American Model. The Postwar Transformations of European Business, Oxford 1998; *Jacoby, W.*, Imitation and Politics. Redesigning Modern Germany, Ithaca 2000.

7. Die versunkene Welt der Bergassessoren

1 *Rohland, W.*, Bewegte Zeiten, Stuttgart 1978, passim, auch für das Folgende. Dieser Artikel erschien in: Revier-Kultur 3 (1986) ursprünglich ohne diese Anmerkungen.

2 *Faulenbach, B.*, Die Herren an der Ruhr, in: *Niethammer, L.* u. a. (Hg.), ‚Die Menschen machen ihre Geschichte nichts aus freien Stücken, aber sie machen sie selbst', Berlin 1984, S. 76 – 88.

3 Vgl. z. B. *Feldman, G. D.*, Hugo Stinnes. Biographie eines Industriellen, 1870 – 1924, München 1998.

4 *Reger, E.*, Union der festen Hand, Berlin 1931.

5 *Weisbrod, B.*, Schwerindustrie in der Weimarer Republik, Wuppertal 1978.

6 Vgl. z. B. *Gillingham, J.*, Industry and Politics in the Third Reich, New York 1985; *Schweitzer, A.*,

Big Business in the Third Reich, Bloomington 1964; *Mollin, G.*, Montankonzerne im ‚Dritten Reich', Göttingen 1988; *Riedel, M.*, Eisen und Kohle für das Dritte Reich, Göttingen 1973.

7 *Bonn, M. J.*, Das Schicksal des deutschen Kapitalismus, Berlin 1931, insbes. S. 46 ff.

8 Vgl. *Mason, T.*, Sozialpolitik im Dritten Reich, Opladen 1977. Richard Overy (The Nazi Economic Recovery, 1932–1938, New York 1996) hat allerdings später argumentiert, dass Mason den „Butter"-Aspekt der NS-Politik zu stark betont habe. Rüstung und Kriegsvorbereitung, nicht soziale Beschwichtigung seien für Hitler entscheidend gewesen.

9 *Herbert, U.*, Fremdarbeiter, Berlin 1985.

10 *Abelshauser, W.*, Wirtschaft in Westdeutschland, 1945–1948, Stuttgart 1978.

11 Zit. in: *Berghahn, V. R.*, Unternehmer und Politik in der Bundesrepublik, Frankfurt 1985, S. 67.

12 Fortune, Oktober 1949, S. 72.

13 *Zangen, W.*, Aus meinem Leben, Privatdruck o. D., S. 174.

14 Zu dieser Art der Selbstregulierung vgl. *Berghahn*, Unternehmer (wie Anm. 11), S. 51 ff.

15 Ebd., S. 180 ff.

16 *Hartmann, H.*, Der deutsche Unternehmer, Frankfurt a. M. 1968.

17 Gespräche mit meinem Vater in den siebziger Jahren, der in den fünfziger Jahren im Siemens-Büro in Essen arbeitete und häufig geschäftlich mit Bergassessoren zu tun hatte.

18 Gespräch mit Siegfried Balke, 25.7.1977.

19 Vgl. *Wiesen, J.*, West German Industry and the Challenge of the Nazi Past, Chapel Hill 2001.

20 Für den Lebensstil der Stinnes-Familie siehe auch bei *Feldman*, Stinnes (wie Anm. 3), S. 61 ff.

21 Eigene Erinnerungen aus den fünfziger Jahren, als meine Familie in Bredeney wohnte und ich auf die „Goethe-Schule" ging.

22 Vgl. unten S. 187–201.

23 Vgl. z. B. *Berghahn, V. R.* u. *Friedrich, P. J.*, Otto A. Friedrich. Ein politischer Unternehmer, Frankfurt a. M. 1993, passim, insbes. S. 216 ff.

8. Otto A. Friedrich: Politischer Unternehmer aus der Gummiindustrie und das amerikanische Modell

1 *Berghahn, V. R.* u. *Friedrich, P. J.*, Otto A. Friedrich. Ein politischer Unternehmer, Frankfurt a. M. 1993.

2 Archiv für Christlich-Demokratische Politik (zit. ACDP), NL Friedrich, I-093, 035/1, O.A. Friedrich an F. Hellin, 28.11.1974.

3 Ebd., 067/3, Vortrag Friedrichs vor der Arbeitsgemeinschaft der Technischen Händler am 18.6. 1954, o.D.

4 Ebd., 035/1, O.A. Friedrich an F. Hellin, 28.11.1974.

5 Privatarchiv Paul J. Friedrich, Tagebücher Otto A. Friedrichs (zit. OAF-TB), 25.1.1949.

6 In: ACDP, NL Friedrich, I-093, 067/2. Vgl. auch *Nolan, M.*, Visions of Modernity, Oxford 1993.

7 ACDP, NL Friedrich, I-093, 035/1, O.A. Friedrich an F. Hellin, 28. 11. 1974, auch für das Folgende. Vgl. auch ebd., 034/2, O.A. Friedrich an I. Brenner, 26.4.1974.

8 Ebd., 035/1, O.A. Friedrich an F. Hellin, 28.11.1974.

9 OAF-TB, 20.1.1946.

10 Ebd., 10.6.1945.

11 ACDP, NL Friedrich, I-093, 031/1, O.A.– Friedrich an W. Eltester, 27.5.1966.

12 OAF-TB, 3.12.1945.

13 Ebd., 13.10.1945.

14 *Andreas-Friedrich, R.*, Der Schattenmann, Berlin 1947. Vgl. auch dies., Schauplatz Berlin, Frankfurt a. M. 1962.

15 ACDP, NL Friedrich, I-093, 035/1, O.A. Friedrich an F. Hellin, 28.11.1974.
16 Vgl. Löwenthal, R./von zur Mühlen, P. (Hg.), Widerstand und Verweigerung in Deutschland, 1933 - 1945, Berlin 1983, insbes. S. 57 ff.
17 OAF-TB, 25.8.1945, 13.10.1945, 9.11.1945.
18 ACDP, NL Friedrich, I-093, 035/1, O.A. Friedrich an F. Hellin, 28.11.1974, auch für das Folgende.
19 Vgl. *Hayes, P.*, Industry and Ideology, Cambridge 1987, auch für das Folgende.
20 Dazu *Opitz, R.* (Hg.), Europastrategien des deutschen Kapitals, Köln 1976; *Milward, A.* The New Order and the French Economy, Oxford 1970; ders., The Fascist Economy in Norway, Oxford 1972; *Herzstein, R. E.*, When Nazi Dreams Came True, London 1982.
21 ACDP, NL Friedrich, I-093, 035/1, O.A. Friedrich an F. Hellin, 28.11.1974.
22 OAF-TB, 14.10.1948.
23 Ebd., 8.5. 1949.
24 *Schwerin von Krosigk, L.*, Die große Zeit des Feuers, Bd. 3, Tübingen 1957/59, S. 560.
25 ACDP, NL Friedrich, I-093, 068/1, Rede Friedrichs bei der Inbetriebnahme der Fabrikationsanlagen der Buna-Werke Hüls am 15.9.1958, o.D.
26 *Hayes*, Industry (wie Anm.19), insbes. S. 347 ff.
27 *Levi, P.*, Ist das ein Mensch?, München 1961.
28 „Notiz über eine Besprechung mit Herrn Schäfer am 10. Sept. 1955", abgeheftet bei OAF-TB.
29 Privatarchiv P.J. Friedrich, O.A. Friedrich an E. Friedrich (Tonband), 30.5.1975.
30 *Speer, A.*, Erinnerungen, Berlin 1969; *Herbst, L.*, Der totale Krieg und die Ordnung der Wirtschaft, Stuttgart 1982.
31 OAF-TB, 25.5.1947.
32 Ebd., 10.6.1945.
33 Ebd., 8.8.1945.
34 Ebd., 15.8.1945.
35 Ebd., 4.3.1946.
36 Siehe oben S. 88 - 94.
37 ACDP, NL Friedrich, I-093, 066/1, Friedrichs Kalender für 1942.
38 Privatarchiv P.J. Friedrich, Mappe Drama ‚Bonaparte', o.D.
39 *Berghahn* u. *Friedrich*, Otto A. Friedrich (wie Anm.1), S. 23 ff.
40 ACDP, NL Friedrich, I-093, 035/2, O.A. Friedrich an H. Siercke, 22.4.1975.
41 Vgl. z.B. *Levy, H.*, Industrial Germany, London 1935.
42 Vgl. z.B. *Boelcke, W. A.*, Die deutsche Wirtschaft, 1933 - 1945, Düsseldorf 1983; *Gillingham, J.*, Industry and Politics in the Third Reich, London 1985; *Esenwein-Rothe, I.*, Die Wirtschaftsverbände, 1933 - 1945, Berlin 1965; *Barkai, A.*, Das Wirtschaftssystem des Nationalsozialismus, Frankfurt a. M. 1988.
43 *Berghahn, V. R.*, The Americanization of West German Industry, 1945 - 1973, New York 1986, S. 84 ff.
44 OAF-TB, 7.4.1948.
45 Ebd., 5.7.1948.
46 Ebd., 14.10.1948.
47 Ebd., 14.8.1948.
48 Ebd., 5.10.1948.
49 *Berghahn*, Americanization (wie Anm. 43), S. 84 ff., 155 ff.
50 OAF-TB, 4.5.1949.
51 Ebd., 3.5.1949.
52 Ebd., 11.5.1949.
53 *Berghahn*, Americanization (wie Anm. 43), S. 155 ff.
54 Ebd., S. 164 ff.
55 *Berghahn* u. *Friedrich*, Otto A. Friedrich (wie Anm. 1), S. 126 ff.
56 von *Bethusy-Huc, V.*, Demokratie und Interessenpolitik, Wiesbaden 1962; *Robert, R.*, Konzentrationspolitik in der Bundesrepublik, Berlin 1976.
57 OAF-TB, 21.1.1949 ff.

58 Ebd., 11.5. 1945.
59 Ebd., 18.5.1945.
60 Ebd., 11.6.1945.
61 Siehe oben S. 73 - 88.
62 OAF-TB, 8.7.1945.
63 Ebd., 18.8.1946.
64 Ebd., 14.11.1946.
65 Ebd., 28.12. 1947.
66 *Edinger, L.*, Kurt Schumacher, Stanford 1965.
67 *Narr, W.-D.*, CDU - SPD. Programm und Praxis seit 1945, Stuttgart 1966, S. 114 ff.
68 *Berghahn*, Americanization (wie Anm. 43), S. 207 ff.
69 OAF-TB, 21.1.1947.
70 Ebd., 16.6.1946.
71 *Blumenthal, W. M.*, Codetermination in the German Steel Industry, Princeton 1956; *Muszynski, B.*, Wirtschaftliche Mitbestimmung zwischen Konflikt- und Harmoniekonzeptionen, Meisenheim 1975; *Thum, H.*, Mitbestimmung in der Montanindustrie, Stuttgart 1982; *Müller-List, G.* (Hg.), Montanmitbestimmung, Düsseldorf 1984.
72 *Berghahn* u. *Friedrich*, Otto A. Friedrich (wie Anm. 1), S. 238 ff.
73 Ebd., S. 313 ff.
74 Ebd., S. 350 ff.
75 OAF-TB, 19.5.1945.
76 Ebd., 28.5.1945.
77 Ebd., 14.6.1945.
78 Ebd., 24.7.1945.
79 Beim Tagebuch abgeheftet.
80 *Berghahn*, Americanization (wie Anm. 43), S. 247 ff.; *Maier, C. S.*, Between Taylorism and Technocracy, in: Journal of Contemporary History 1970, S. 27 - 61.
81 OAF-TB, 20.9.1948.
82 Ebd., 15.11.1948.
83 Ebd., 18.11.1948.
84 Ebd., 4.12.1948.
85 Ebd., 20.1.1949.
86 Ebd., 3.3.1949.
87 ACDP, NL Friedrich, I-093, 031/1, O.A. Friedrich an W.-D. Yorck, 15.4.1966.
88 *Berghahn* u. *Friedrich*, Otto A. Friedrich (wie Anm. 1), S. 226 f.

9. Wiederaufbau und Umbau der westdeutschen Industrie nach dem Zweiten Weltkrieg

1 Vgl. z. B., Abelshauser, W., Wirtschaft in Westdeutschland, 1945 - 1948, Stuttgart 1975; *Backer, J. H.*, Priming the German Economy, Durham 1971; *Pohl, M.*, Wiederaufbau, Frankfurt a M. 1973.
2 Als eine der ersten wichtigen Studien vgl. *Gimbel, J.*, The Origins of the Marshall Plan, Stanford 1976. Vgl. auch: *Hogan, M. J.*, The Marshall Plan, Cambridge, New York 1987. Beste Zusammenfassung, in der die unterschiedlichen Positionen durch ihre Hauptvertreter gut repräsentiert sind: *Maier, C. S.* (Hg.), The Marshall Plan and Germany, New York 1990.
3 *Abelshauser*, Wirtschaft, (wie Anm. 1). Vgl. auch ders., Wirtschaftsgeschichte der Bundesrepublik Deutschland, 1945 - 1980, Frankfurt a. M. 1983.
4 *Milward, A.*, The Reconstruction of Western Europe, 1945 - 1951, London 1984.

5 Vgl. z. B. *Borchardt, K.* u. *Buchheim, C.*, Die Wirkung der Marshallplan-Hilfe in Schlüsselbranchen der deutschen Wirtschaft, in: Vierteljahrshefte für Zeitgeschichte XXXV (1987), S. 317 - 348.

6 *Hardach, G.*, The Marshall Plan in Germany, 1948 - 1952, in: Journal of Economic History XVI (1987), S. 433 - 485, Zitat: S. 485, von mir übersetzt.

7 Zur deutschen Wirtschaft vor 1933 immer noch interessant: *Bonn, M. J.*, Das Schicksal des deutschen Kapitalismus, Berlin 1931. Vgl. auch *Weisbrod, B.*, Schwerindustrie in der Weimarer Republik, Wuppertal 1978. Zum Dritten Reich: *Barkai, A.*, Das Wirtschaftssystem des Nationalsozialismus, Köln 1977; *Hayes, P.*, Industry and Ideology, New York 1987; *Gillingham, J.*, Industry and Politics in the Third Reich, London 1985; *Herbst, L.*, Der totale Krieg und die Ordnung der Wirtschaft, Stuttgart 1982.

8 Geschäftsberichte für die Jahre 1945 und 1946 in: Staatsarchiv Hamburg, Bestand Phoenix AG, 621 - 1/14.

9 Das Tagebuch-Material aus dem Friedrich Privat-Nachlass ist unsigniert und nur in Heftern geordnet. Alle nachfolgenden Zitate stammen, soweit nicht anders gekennzeichnet, aus diesen Tagebüchern. Vgl. auch *Berghahn, V. R.* u. *Friedrich, P. J.*, Otto A. Friedrich. Ein politischer Unternehmer, Frankfurt a. M. 1993, insbes. Kap. 3 und 4.

10 Dazu: *Tumer, I. D.* (Hg.), Reconstruction in Postwar Germany, New York 1989.

11 Vgl. z. B. *Gimbel, J.*, The American Occupation of Germany, Stanford 1968.

12 Vgl. vor allem: *Link, W.*, Deutsche und amerikanische Gewerkschaften und Geschäftsleute, 1945 - 1975, Düsseldorf 1978. Das Bild lässt sich für einzelne Branchen noch erheblich verfeinern, wie überhaupt eine derartige Soziologie der internationalen Wirtschaftsbeziehungen für diese Zeit ein Desiderat der Forschung ist.

13 Vermutlich handelt es sich hier um einen Titel im Rahmen des Marshall-Plans, der aber nur sehr mager ausgestattet war, da die meiste Hilfe in Lebensmittel und Rohstoffe ging. Zahlen bei: *Hardach*, The Marshall Plan (wie Anm. 6), S. 483 ff.

14 Diese Strategie erinnert an die amerikanische Außenwirtschaftspolitik nach dem Ersten Weltkrieg. Damals ging es auch darum, durch staatliche Abkommen und finanzielle Hilfe (Dawes-Plan) Vertrauen in die deutsche Wirtschaft zu erzeugen, um ein günstiges Klima für ein Engagement amerikanischer Investoren und Konzerne zu schaffen. Siehe dazu: *Link, W.*, Die amerikanische Stabilisierungspolitik in Deutschland, 1921 - 1932, Düsseldorf 1970.

15 Vgl. auch die Einleitung zu dieser Sammlung oben, S. 14 f.

16 Für Westdeutschland und England wird dieses Programm jetzt untersucht von Dr. Bielstein (Bochum).

17 Vgl., z. B. *Berghahn, Volker R.*, The Americanization of West German Industry, 1945 - 1973, Oxford 1986, S. 51 ff.

18 Zit. ebd., 247 f.

19 Vgl. ebd., 230 ff.

20 *Hartmann, H.*, Amerikanische Firmen in Deutschland, Köln 1963.

21 Vgl. *Berghahn*, Americanization (wie Anm. 17), S.155 ff.

22 *Vaubel, L.*, Zusammenbruch und Wiederaufbau, München 1985; ders., Unternehmer gehen zur Schule. Ein Erfahrungsbericht aus USA, Düsseldorf 1952.

23 Das Generationenproblem ist für ein Verständnis der westdeutschen Industriepolitik nach 1945 auch allgemein von erheblicher Bedeutung. Siehe dazu die Überlegungen oben S. 95 - 117. Im Übrigen zeigt dieses Zitat sehr deutlich das Problem von Perzeption und Fehlperzeption der amerikanischen und deutschen Industriekultur durch Friedrich. Ebenso wenig war er mit seinen Vorstellungen eine Ausnahme. Vor allem aber besaßen diese Vorstellungen eine normative Kraft und beeinflussten den Gang der Geschichte. Es genügt nicht, „harte“ Statistiken zu präsentieren. Mentalitäten müssen ebenso in Rechnung gestellt werden.

24 Dazu *Berghahn*, Americanization, (wie Anm. 17), S. 247 ff.

10. Fordismus und westdeutsche Industriekultur 1945 – 1989

1 Zit. in: *Stern, F.*, Einstein's German World, Princeton 1999, S. 3. Michael Stürmer veröffentlichte kürzlich ein Buch mit dem vielversprechenden Titel „Das deutsche Jahrhundert"; doch leider handelt es sich hier nicht um eine Analyse dieser Frage, sondern um einen Fotoband mit einer sehr knappen Gesamtgeschichte Deutschlands.

2 Vgl. z.B. *Kocka, J.*, Industrial Culture and Bourgeois Society, New York 1999.

3 *Mathias, P.*, The First Industrial Nation, London 1969.

4 *Hartmann, H.*, Amerikanische Firmen in Deutschland, Köln 1963.

5 Vgl. z.B. *Schmidt, E.*, Die verhinderte Neuordnung, Frankfurt a. M. 1981.

6 *Eisenberg, C.*, Drawing the Line, New York 1996; *Wend, H. B.*, Recovery and Reconstruction, Westport, CT, 2001.

7 Wend, ebd., S. 422.

8 Ebd., S. 1.

9 Vgl. z.B. *Kanigel, R.*, The One Best Way. Frederick Winslow Taylor and the Enigma of Efficiency, New York 1997.

10 Vgl. z.B. *Fridenson, P.*, L'usine Renault, Paris 1971; *Kugler, A.*, Von der Werkstatt zum Fließband, in: GG 13 (1987), S. 304 – 339.

11 *Kugler*, ebd., S. 315.

12 *Nolan, M.*,Visions of Modernity. American Business and the Modernization of Germany, New York 1994; *von Moellendorff, W.*, Volkswirtschaftliche Elementarvergleiche zwischen Vereinigten Staaten von Amerika, Deutschland, Großbritannien, Frankreich, Italien, Bd. l, Berlin 1930, S. 4.

13 Vgl. z.B. *Abraham, D.*, The Collapse of the Weimar Republic, New York 1986.

14 *Ford, H.*, Mein Leben und Werk, Leipzig 1924.

15 *Bonn, M. J.*, Das Schicksal des deutschen Kapitalismus, Berlin 1930, S. 46 ff.

16 Vgl. z.B. *Gassert, P.*, Amerika im Dritten Reich, Stuttgart 1997.

17 Vgl. z.B. *Mason, T.*, Social Policy in the Third Reich, Oxford, 1993; *Opitz, R.* (Hg.), Europastrategien des deutschen Kapitals, Köln 1977; *Herzstein, R. E.*, When Nazi Dreams Come True, London 1982.

18 Vgl. z.B. *Collins, R. M.*, The Business Response to Keynes, New York 1981.

19 *Macdonald, C. A.*, The Politics of Intervention, in: Journal of Latin American Studies (November 1980), S. 394.

20 Vgl. z.B. *Rupieper, H.* u.a. (Hg.), American Policy and the Reconstruction of West Germany, New York 1993.

21 *Golay, J. F.*, The Founding of the Federal Republic of Germany, Chicago 1958; *Fromme, F. K.*, Von der Weimarer Verfassung zum Bonner Grundgesetz, Tübingen 1962.

22 Vgl. z.B. *Peterson, E. N.*, The American Occupation of Germany. Retreat to Victory, Detroit 1978; *Tent, J. F.*, Mission on the Rhine, Chicago 1982.

23 Vgl. z.B. *Buchheim, C.*, Die Wiedereingliederung Westdeutschlands in die Weltwirtschaft, München 1990; *Abelshauser, W.*, Wirtschaft in Westdeutschland, Stuttgart 1975; *Ambrosius, G.*, Die Durchsetzung der sozialen Marktwirtschaft in Westdeutschland, Stuttgart 1977.

24 *Arnold, T.*, Bottlenecks of Business, New York 1940, S. 293, 10.

25 *Stokes, R. G.*, Divide and Prosper, Berkeley 1988.

26 Vgl. z.B. *Robert, R.*, Konzentrationspolitik in der Bundesrepublik, Berlin 1976; *Berghahn, V. R.*, The Americanization of West German Industry, 1945 – 1973, New York 1986, S. 155 ff.

27 Zit. in: *Berghahn*, ebd., S. 178.

28 Vgl. z.B. *Tiratsoo, N.* u. *Tomlinson, J.*, Exporting the Gospel of Productivity, in: Business History Review 71 (Spring 1997), S. 41 – 81.

29 *Erhard, L.*, Wohlstand für alle, Düsseldorf 1957.

30 In der Bundesrepublik gibt es allerdings einigen Widerstand gegen den Gebrauch des Ameri-

kanisierungsbegriffs. Das mag daran liegen, dass er häufig als ein Überrennen der deutschen Kultur durch die amerikanische missverstanden wird. Doch wie bereits angedeutet, ist die Debatte über die deutsch-amerikanische „Begegnung“, längst zu einem differenzierteren Begriff vorangeschritten, der „Verhandlung“ und Mischung von einheimischen Traditionen mit ausländischen Einflüssen betont, die durchaus unterschiedlich sein können.

31 Vgl. z. B. *Berghahn, V. R.* u. *Friedrich, P. J.*, Otto A. Friedrich. Ein politischer Unternehmer, 1902 - 1975, Frankfurt a. M. 1993.

32 Vgl. z. B. *Fehrenbach, H.* u. *Poiger, U.* (Hg.), Transactions, Transgressions, Transformations. American Culture in Europe and Japan, New York 2000.

11. Ludwig Erhard und die Amerikanisierung der westdeutschen Industrie

1 New York Times, 12.11.1901.

2 Vgl. z. B. *Walter, R.*, Wirtschaftsgeschichte, Köln 2003; *von Prollius, M.*, Deutsche Wirtschaftsgeschichte nach 1945, Göttingen 2006 (mit starker Betonung des Freiburger Ordoliberalismus); *Abelshauser, W.*, Kulturkampf, Berlin 2003; *Eichengreen, B.*, The European Economy since 1945, Princeton 2007 (mit Betonung der Konvergenzen).

3 Frankfurter Allgemeine Zeitung, 17.11.1953.

4 Unter zahlreichen Studien vgl. z. B. *Himmelberg, R. F.* (Hg.), The Rise of Big Business and the Beginnings of Antitrust and Railroad Regulation, 1870 - 1900, Bd.1, New York 1994.

5 *Hentschel, V.*, Wirtschaft und Wirtschaftspolitik im wilhelminischen Deutschland, Stuttgart 1978.

6 *Berghahn, V. R.*, Unternehmer und Politik in der Bundesrepublik, Frankfurt a. M. 1985.

7 *Mierzejewski, A. C.*, Ludwig Erhard, München 2005, Kap. 1, auch für das Folgende.

8 *Van Hook, J.*, Rebuilding Germany, New York 2004, S. 242 ff.

9 *Neebe, R.*, Weichenstellung in die Globalisierung, Köln 2004.

10 *Gillingham, J.*, Coal, Steel, and the Rebirth of Europe, New York 1991.

11 *Erhard, L.*, Wohlstand für alle, Düsseldorf 1957, S. 9.

12 Vgl. z. B. *Robert, R.*, Konzentrationspolitik in der Bundesrepublik, Berlin 1976; *Berghahn, V. R.* u. *Friedrich, P. J.*, Otto A. Friedrich. Ein politischer Unternehmer, Frankfurt a. M. 1993.

13 Vgl. z. B. *Kipping, M.* u. *Bjarnar, O.* (Hg.), The Americanisation of European Business, London 1998.

14 Dazu *Neebe*, Weichenstellung (wie Anm. 9).

15 *Nolan, M.*, Visions of Modernity, New York 1994.

16 *Schildt, A.*, Die Sozialgeschichte der Bundesrepublik Deutschland bis 1989/90, München 2007, S. 1 ff.

17 *Collins, R. M.*, The Business Response to Keynes, 1929 - 1964, New York 1984.

18 *Nützenadel, A.*, Stunde der Ökonomen, Göttingen 2005.

19 *Zeitlin, J.* u. *Herrigel, G.* (Hg.), Americanization and Its Limits, Oxford 2000.

20 *Reisach, U.*, Die Amerikanisierungsfalle, Düsseldorf 2007; *Berghahn, V. R.* u. *Vitols, S.* (Hg.), Gibt es einen deutschen Kapitalismus?, Frankfurt a. M. 2006.

12. Amerika und die Gestaltung der Montanunion

1 Vgl. z. B. *Diebold, W.*, The Schuman Plan, New York 1959; *Monnet, J.*, Memoirs, London 1978; *Gillingham, J.*, Coal, Steel and the Rebirth of Europe, New York 1991; *Ellwood, D.*, Rebuilding Europe, New York 1992; *Neuss, B.*, Geburtshelfer Europa?, Baden-Baden 2000; *Schwabe, K.* (Hg.), Die Anfänge des Schuman-Plans, 1950/51, Baden-Baden 1988; *Milward, A.*, The Reconstruction of Western Europe, London 1984; Melandri, P., Les Etats Unis face a l'unification de l'Europe, Paris 1980; *Lipgens, W.*, Die Anfänge der europäischen Einigungspolitik, Stuttgart 1977.

2 Siehe oben S. 167–211.

3 Le Monde, 7.4.1950.

4 Ebd., 18.4.1950.

5 Ebd., 21.4.1950; ebd., 28.4.1950; ebd., 3.5.1950.

6 *Acheson, D.*, Present at the Creation, London 1969, S. 382 ff.

7 Le Monde, 25.5.1950. Vgl. auch Foreign Relations of the US (FRUS), Washington 1977, Vol. II. (1950), S. 694 ff.

8 *Dichgans, H.*, Montanunion, Düsseldorf 1980, S.72.

9 Industriekurier, 4.7.1950. Siehe auch das Material in: Bundesarchiv (BA), B 102, Nr. 4926.

10 Frankfurter Allgemeine Zeitung, 18.8.1950

11 Vgl. auch FRUS, III (1950), S. 744 ff.

12 Zit. nach Industriekurier, 9.5.1950.

13 So der Kommentar im Press Survey No. 24 der Internationalen Ruhrbehörde für die Periode 1.-6.10.1950, in: BA, B 130, Nr. 137.

14 Industriekurier, 14.10.1950. Zum belgischen Bergbauproblem und seiner Lösung siehe: Der Spiegel 25.2.1953; ebd., 22.6.1955.

15 BA, B 102, Nr. 3241, Vermerk Schneiders, 25.10.1950, auch für das Folgende.

16 *Rieben, H.*, Les ententes de Maîtres de Forge au Plan Schuman, Ambilly-Annemass 1954, S. 444. Vgl. auch FRUS, III (1950), S. 752 ff.

17 Le Monde, 11.11.1950.

18 BA, B 102, Nr. 4930, Niederschrift über die Sitzung des Interministeriellen Ausschusses unter Vorsitz von Sts. Schalfejew am 19.10.1950, 26.10.1950.

19 Ebd., Nr. 4928, Dt. Übersetzung des frz. Dokuments, 27.10.1950.

20 Zit. in: BA, B 130, Nr. 137, Press Survey No. 29, für die Periode 5.–11.11.1950.

21 Ebd., B 102, Nr. 3235, Günther an Schneider, 27.10.1950.

22 Ebd., Memorandum, 10.11.1950.

23 Ebd., Risse (Paris) an Schalfejew, 11.11.1950. Siehe BA, B 102, Nr. 4930, Vermerk Schneiders für Erhard (Entwurf), 1.12.1950.

24 BA, B 102, Nr. 4930, Vermerk Schneiders für Erhard, 1.12.1950.

25 Ebd., dt. Übersetzung des frz. Dokuments, 7.12.1950, auch für das Folgende.

26 Ebd., B 130, Nr. 138, Press Survey, No. 35 für die Periode 17.–27.12.1950.

27 Ebd., B 102, Nr. 3235, Vermerk Risses, 14.12.1950, aufgrund einer Kurzinformation W. Bauers, auch für das Folgende.

28 Ebd., B 130, Nr. 87, McCloy an Adenauer (Abschrift der dt. Übersetzung), 23.2.1950, auch für das Folgende.

29 Ebd., B 102, Nr. 4930, BWM an Bundeskanzleramt, 28.10.1950. Offenbar nicht in dieser Fassung an die AHK abgesandt.

30 Ebd., B 130, Nr. 137, Press Survey No. 28, für die Periode 29. 10.-4.11.1950.

31 Ebd., B 102, Nr. 3235, FS Eisenverb Dssd an BWM (Abschrift), 14.12.1950.

32 Ebd., Kost an Adenauer (Abschrift), 18.12.1950.

33 Ebd., Kost an Adenauer (Abschrift), 2.12.1950.

34 Ebd., Nr. 4434, Kost an CCCG, 27.9.1950, auch für das Folgende.

35 Ebd., Nr. 3235, Kost an Adenauer (Abschrift), 2.12.1950, auch für das Folgende.

36 Ebd., Kost an Adenauer (Abschrift), 18.12.1950.

37 Ebd., Nr. 4930, Erhard an Adenauer, 11.12.1950.
38 Ebd., Nr. 4932, Vermerk Schneiders für Erhard über Sitzung am 13. 1. 1951, 14. 1. 1951, auch für das Folgende.
39 Ebd., Nr. 4434, FS Kost an Adenauer, 12.1.1951.
40 Ebd., Kost an Adenauer (Abschrift), 7. 2. 1951, nebst Anlage; ebd., Denkschrift betr. Gemeinschaftsverkauf für Ruhrkohle, (März 1951).
41 Ebd., Erhard an Adenauer (Abschrift), 9.4.1951.
42 Vgl. das Material in: ebd.
43 Vgl. dazu die Studie von *Diebold*, Schuman Plan (wie Anm. 1).
44 BA, B 130, Nr. 138, Press Survey No. 39, für die Periode 21.–27. 1. 1951.
45 Industriekurier, 14.2.1952.

13. Europäischer Elitismus, amerikanisches Geld und Populärkultur

1 *Coleman, P.*, The Liberal Conspiracy, New York 1989, S. 4; *Saunders, F. S.*, The Cultural Cold War, New York 1999, S. 17 ff.
2 *Coleman*, Conspiracy (wie Anm. 1), S. 46 ff.; *Grémion, P.*, Intelligence de l'anticommunisme, Paris, 1995, S. 22.
3 *Kuisel, R.*, Seducing the French, Berkeley 1993, S. 28.
4 *Coleman*, Conspiracy (wie Anm. 1), S. 104 ff.; *Grémion*, Intelligence (wie Anm. 2), S. 125 ff.
5 *Saunders*, Cold War (wie Anm. 1), S. 27 ff.
6 *Berghahn, .V. R.*, America and the Intellectual Cold Wars in Europe, Princeton 2001, S. 187 ff.
7 Vgl. z. B. Evans, *R. J. W.* u. *Pogge von Strandmann*, H. (Hg.), The Revolutions in Europe, Oxford 2000.
8 Vgl. z. B. *Hamerow, T. S.*, The Origins of Mass Politics in Germany, in: *Geiss, I.* u. *Wendt, B.-J.* (Hg.), Deutschland in der Weltpolitik des 19. und 20. Jahrhunderts, Düsseldorf 1973, S. 105 – 20.
9 Vgl. z. B. *Berghahn, V. R.*, The Americanization of West German Industry, 1945 – 1973, New York 1986, S. 26 ff.
10 *De Tocqueville, A.*, Democracy in America, 2 Bde., New York 1945, hier: Bd. 2, S. 48 ff.
11 *Pells, R.*, Not Like Us, New York 1997, S. 97.
12 Siehe, z. B. Tannenbaum, E.R., 1900: The Generation before the Great War, Garden City, NJ, 1976, S. 348 f.
13 Vgl. z. B. *Maier, C. S.*, Recasting Bourgeois Europe, Princeton 1975, S. 19 ff.
14 Zit. in: *Nolte, E.*, Die ‚herrschenden Klassen' und der Faschismus in Italien, in: *Schieder, W.* (Hg.), Faschismus als soziale Bewegung, Hamburg 1976, S. 192.
15 *Nolan, M.*, Visions of Modernity, New York 1994.
16 *Kugler, A.*, Von der Werkstatt zum Fließband, in: GG 13 (1987), S. 316.
17 *Saunders, T.*, Hollywood in Berlin, Berkeley 1996.
18 Vgl. z. B. *Costigliola, F.*, Awkward Dominion. Ithaca 1984; *Gassert, P.*, Amerika im Dritten Reich, Stuttgart 1997.
19 *Ortega y Gasset, J.*, The Revolt of the Masses, London 1969.
20 Vgl. z. B. *Adorno, T. W.* u. *Horkheimer, M.*, Die Dialektik der Aufklärung, New York 1944; *Muller, J. Z.*, The Other God That Failed, Princeton 1987.
21 *Gemelli, G.* (Hg.), The Ford Foundation in Europe (1950s–1970s), Brüssel 1998.
22 *Berghahn*, Intellectual Cold Wars (wie Anm. 6), S. 108 ff., 178 ff.
23 Vgl. *Schmidt, O.*, Protecting the Civil Empire, unveröff. PhD. dissertation, Harvard University 1999.
24 *Saunders*, Cold War (wie Anm. 1), S. 82 ff.

25 Zit. in: *Berghahn*, Intellectual Cold Wars (wie Anm. 6), S. 176.
26 Ebd., S. 201 ff.
27 *Krige, J.*, The Ford Foundation, European Physics and the Cold War, in: Historical Studies in the Physical and Biological Sciences 29, S. 333–61.
28 Vgl. z. B. *Fehrenbach, H.* u. *Poiger, U.* (Hg.), Transactions, Transgressions, Transformations. American Culture in Western Europe and Japan, New York 2000.
29 *Wreszin, M.*, A Rebel in Defense of Tradition, New York 1994.
30 *Bell, D.*, The End of Ideology, Glencoe, IL, 1960.
31 Zit. in: *Berghahn*, Intellectual Cold Wars (wie Anm. 6), S. XI.
32 Zit. in: *Gans, H.*, Popular Culture and High Culture, New York, 1999, S. 9.
33 *Berghahn*, Intellectual Cold Wars (wie Anm. 6), S. 250 ff.

14. Zur Soziologie der deutsch-amerikanischen Beziehungen nach dem Zweiten Weltkrieg: Die Netzwerke von Shepard Stone

1 Als besten Überblick über die neuere Forschung, aus dem zugleich die Ungleichgewichtigkeiten zwischen Politik, Wirtschaft und Kultur abzulesen sind, vgl. *Junker, D.* (Hg.), Die USA und Deutschland im Zeitalter des Kalten Krieges. Ein Handbuch, 2 Bde., Stuttgart, München 2001.
2 Vgl. *Iggers, G. G.*, Deutsche Geschichtswissenschaft, München 1971, S. 295 ff.
3 Vgl. z. B. *Boehling, R.*, A Question of Priorities, New York 1996; *Gienow-Hecht, J.*, Transmission Impossible, Baton Rouge 1999; *Tent, J. F.*, Mission on the Rhine, Chicago 1983.
4 Siehe *Schwarz, H.-P.*, Adenauer. Der Staatsmann, 1952–1967, Stuttgart 1991; *Bromberger, M.* u. *Bromberger, S.*, Jean Monnet and the United States of Europe, New York 1969.
5 Vgl. z. B. die Dissertation von Samuel Baurkot über Kurt Birrenbach, Columbia University.
6 *Schulzinger, R. D.*, The Wise Men of Foreign Affairs, New York 1984.
7 Vgl. *Zapf, W.*, Wandlungen der deutschen Elite, München 1965.
8 Vgl. *Kruk, M.*, Die großen Unternehmer, Frankfurt a. M. 1972.
9 Vgl. *Hartmann, M.*, Topmanager – Die Rekrutierung einer Elite, Frankfurt a. M. 1996.
10 Vgl. *Weisbrod, B.* (Hg.), Akademische Vergangenheitspolitik, Göttingen 2002.
11 Vgl. *Berghahn, V. R.*, The Americanization of West German Industry, 1945–1973, New York 1986.
12 Zu den wenigen und erfolgreich ausgebauten Instituten für Amerikastudien in der Bundesrepublik gehört das von Detlef Junker in Heidelberg.
13 Vgl. *Ebers, M.* (Hg.), The Formation of Inter-Organizational Networks, Oxford 1997.
14 Vgl. *Berghahn, V. R.*, America and the Intellectual Cold Wars in Europe, Princeton 2001.
15 Zit. ebd., S. 12.
16 Vgl. *Stone, S.*, Shadow over Europe, New York 1938.
17 Siehe *Baldwin, H.* u. *Stone, S.* (Hg.), We Saw It Happen, New York 1938.
18 *Berghahn*, America (wie Anm. 14), S. 32.
19 So suchte er z. B. den Historiker Wilhelm Mommsen in Marburg auf, dessen Vorlesungen er in Berlin gehört hatte.
20 Vgl. *Smith, J. E.* (Hg.), Clay: Germany, 1945–1949, Bloomington 1974.
21 Zit. in: *Berghahn*, America (wie Anm. 14), S. 56.
22 Zit. ebd.
23 Zit. ebd., S. 57.
24 Zit. ebd., S. 58.
25 Ebd., S. 59.
26 Ebd., S. 33 ff.

27 Ebd., S. 57 f.

28 Ebd., S. 143 ff., auch für das Folgende.

29 Ebd., S. 163 f.

30 Vgl. *Coleman, P.*, The Liberal Conspiracy, New York 1989; *Grémion, P.*, L'intelligence de l'anticommunisme, Paris 1995; *Hochgeschwender, M.*, Freiheit in der Offensive? München 1998; *Saunders, F. S.*, The Cultural Cold War, New York 1999.

31 Vgl. *Judt, T.*, Past Imperfect, Berkeley 1992; *Muller, J. Z.*, The Other God That Failed, Princeton 1987.

32 Siehe *Berghahn*, America (wie Anm. 14), S. 230 ff.

33 Ebd., S. 250 ff.

34 Ebd., S. 276 ff.

35 Ebd., S. 187 ff.

36 Ebd., S. 283.

37 So Karl Deutsch in einem Brief an Stone, 8. März 1983, zit. ebd., S. 295.

38 So Christoph Bertram in einem Gespräch mit dem Verfasser am 18. Dezember 1994.

15. Das Jahr 1956, die Ford-Stiftung und Amerikas Kalter Kulturkrieg in Osteuropa

1 Vgl. z. B. *Calhoun, D. F.*, Hungary and Suez, 1956, Lanham, MD, 1991; *Gati, C.*, Hungary and the Soviet Bloc, Durham, NC, 1986; *Granville, J.*, The First Domino: International Decision Making during the Hungarian Crisis of 1956, College Station, TX, 2004; *Grose, P.*, Operation Rollback: America's Secret War behind the Iron Curtain, Boston 2000; *Litvan, G.* (Hg.), The Hungarian Revolution of 1956, London 1996; *Schwartz, H.*, Eastern Europe in the Soviet Shadow, New York 1973; *Syrop, K.*, Spring in October: The Story of the Polish Revolution of 1956, London 1957.

2 Vgl. z. B. *Dockrill, M. L.*, Cold War, 1945 - 1967, Atlantic Highlands, NJ, 1988; *Gavin, F. J.* (Hg.), The Cold War, Chicago 2001; *Lukacs, J.*, History of the Cold War, Garden City, NJ, 1961; *McCauley, M.*, The Origins of the Cold War, London 1983; *Miller, D.*, The Cold War: A Military History, London 1998; *Painter, D. S.*, Cold War: An International History, 1947 - 1991, Oxford 1999; *Smith, J.*, The Cold War, 1945 - 1969, Oxford 1989.

3 *Naimark, N.*, The Russians in Germany, Cambridge, MA, 1995; *Schivelbusch, W.*, In a Cold Crater, Berkeley 1998.

4 Abgedr. in: *Reinhold, U.* u. a. (Hg.), Erster Deutscher Schriftstellerkongress, 4.–8.10.1947, Berlin 1997, S. 295 - 300.

5 *Coleman, P.*, The Liberal Conspiracy, New York 1989.

6 *Saunders, F. S.*, The Cultural Cold War, New York 2000, S. 68 f.

7 Außer Coleman und Saunders vgl. auch *Grémion, P.*, L'intelligence de l'anticommunisme, Paris 1995, S. 53 ff.

8 Außer Coleman, Saunders, Grémion, vgl. auch *Scott-Smith, G.*, The Politics of Apolitical Culture, London 2002.

9 *Grémion*, L'intelligence (wie Anm. 7), S. 56 ff.

10 Ebd., S. 99 ff.

11 Ebd., 68 ff.

12 *Schwartz, T.*, America's Germany. John J. McCloy and the Federal Republic, Cambridge, MA, 1991.

13 *Bissell, Jr., R.* M., Reflections of a Cold Warrior, New Haven 1996.

14 Zit in: *Berghahn, V. R.*, America and the Intellectual Cold Wars in Europe, Princeton 2001, S. 145 ff.

15 Ebd., S. 148 ff.

16 Vgl. z. B. *Caute, D.*, The Great Fear, New York 1977; *Morgan, T.*, Reds: McCarthyism in 20th-Century America, New York 2003.
17 Vgl. z. B. *Divine, R. A.*, Eisenhower and the Cold War, Oxford 1981; *Freedman, L.*, The Evolution of Nuclear Strategy, Houndmills 1989; *Immermann, R. H.* (Hg.), John Foster Dulles and the Diplomacy of the Cold War, Princeton 1990.
18 *Berghahn, V. R.*, The Americanization of West German Industry, 1945–1973, New York 1986, S. 272 ff.
19 *Roberts, H. L.*, Russia and America: Dangers and Prospects, New York 1956, mit einem Vorwort von J. McCloy veröffentlicht durch den Council for Foreign Relations.
20 *Kissinger, H. L.*, Nuclear Weapons and Foreign Policy, New York 1957, ebenfalls vom Council for Foreign Relations gefördert.
21 *Berghahn*, America (wie Anm. 14), S. 187 f.
22 Siehe die in Anm. 1 aufgeführten Studien.
23 *Berghahn*, America (wie Anm. 14), S. 185 ff.
24 *Sutton, F.*, The Ford Foundation and Europe: Ambitions and Ambivalences, in: *Gemelli, G.* (Hg.), The Ford Foundation in Europe, Brüssel 1998, S. 39.
25 Zit. in: *Berghahn*, America (wie Anm. 14), S. 187 f.
26 Ebd., S. 188 ff.
27 Ebd., S. 189.
28 Ebd., S. 187 ff.
29 Ebd., S. 190.
30 Ebd., S. 192 ff.
31 Zit. ebd., S. 192
32 Zit. ebd., S. 194.
33 *Daum, A.*, Kennedy in Berlin, Paderborn 2003, S. 24 ff.
34 *Bockman, J.* u. *Eyal, G.*, Eastern Europe as a Laboratory for Economic Knowledge: The Transitional Roots of Neoliberalism, in: American Journal of Sociology 108/2 (2002), S. 310–52. Siehe auch die Arbeiten von Nicolas Guilhot, SSRC, New York, über die Rolle der *Fondation pour une Entraide Intellectuelle Européenne*, die u. a. für Büchersendungen verantwortlich war.
35 Zit. in: *Berghahn*, America (wie Anm. 14), S. 193.

Abkürzungen

ACDP	Archiv für Christlich-Demokratische Politik, St. Augustin bei Bonn
AEG	Allgemeine Electricitäts-Gesellschaft
AfS	Archiv für Sozialgeschichte
AHK	Alliierte Hochkommission
ATH	August-Thyssen-Hütte
BA	Bundesarchiv
BdA	Bundesverband deutscher Arbeitgeberverbände
BDI	Bundesverband der Deutschen Industrie
Bico	Bipartite Control Office
BMW	Bundesministerium für Wirtschaft
CCCG	Combined Coal Control Group
CDU	Christlich-Demokratische Union
CIA	Central Intelligence Agency
DAAD	Deutscher Akademischer Austauschdienst
DGB	Deutscher Gewerkschaftsbund
DIHT	Deutscher Industrie- und Handelstag
DISCC	District Information Services Control Command
DKBL	Deutsche Kohlenbergbauleitung
DKV	Deutscher Kohlenverkauf
DP	Displaced Person
DVP	Deutsche Volkspartei
EGKS	Europäische Gemeinschaft Kohle und Stahl
ERP	European Recovery Program
EU	Europäische Union
FAZ	Frankfurter Allgemeine Zeitung
FRUS	Foreign Relations of the United States
FS	Fernschreiben
GG	Geschichte und Gesellschaft
GHH	Gutehoffnungshütte
HAPAG	Hamburg-Amerika-Paket-Aktiengesellschaft
IACF	International Association for Cultural Freedom
IG	Interessengemeinschaft
IHK	Industrie- und Handelskammer
INSEAD	European Institute for Business Administration
IRRC	International Rubber Regulation Committee
KKF	Kongress für Kulturelle Freiheit
NAM	National Association of Manufacturers
NATO	North Atlantic Treaty Organization

NGISC	North German Iron and Steel Control
NSDAP	Nationalsozialistische Deutsche Arbeiterpartei
OMGUS	Office of Military Government US
RDI	Reichsverband der Deutschen Industrie
RIAS	Rundfunk im Amerikanischen Sektor
RKWS	Rheinisch-Westfälisches Kohlensyndikat
RKV	Ruhrkohlenverkaufs G.m.b.H. zu Essen
SS	Schutz-Staffel
SSRC	Social Science Research Council
Sts.	Staatssekretär
TWI	Training Within Industry
USIA	US Information Agency
VfW	Verwaltung für Wirtschaft
VSt.	Vereinigte Stahlwerke
VSWG	Vierteljahrschrift für Sozial- und Wirtschaftsgeschichte

Literaturnachweis

*Teil A: Wirtschafts- und Unternehmensgeschichte
und die Integration des Kulturellen*

1. Writing the History of the Third Reich, in: Nicosia, F.R. u. Huener, J. (Hg.), Business and Industry in Nazi Germany, New York 2004, S. 129 – 148. (Übers. des Autors, mit leichten Kürzungen.)
2. Elitenforschung und Unternehmensgeschichte, in: Berghahn, V., Unger, S. u. Ziegler, D. (Hg.), Die deutsche Wirtschaftselite im 20. Jahrhundert. Kontinuität und Mentalität (Bochumer Schriften zur Unternehmens- und Industriegeschichte, Bd. 11), Essen 2003, S. 11 – 29. (Kürzungen in der Mitte des Originals.)
3. Foreign Influences on German Social and Economic History, in: Schulz, G. u. a. (Hg.), Sozial- und Wirtschaftsgeschichte. Arbeitsgebiete – Probleme – Perspektiven. 100 Jahre Vierteljahrschrift für Sozial- und Wirtschaftsgeschichte (VSWG Beiheft 1969), Stuttgart 2004, S. 447 – 468. (Übers. des Autors.)

*Teil B: Struktur und Evolution des deutschen Industriesystems
und dessen „Amerikanisierung“ nach 1945*

4. German Big Business and the Quest for a European Economic Empire in the Twentieth Century, in: Berghahn, V. R. (Hg.), Quest for Economic Empire. The European Strategies of German Big Business in the Twentieth Century, Oxford 1996, S. 1 – 25. (Übers. des Autors, mit Kürzung des über die Zeit nach 1945 hinausgehenden Teils.)
5. Zirkulation und Solidarität der westdeutschen Industrieeliten, in: Berghahn, V., Unternehmer und Politik in der Bundesrepublik (Neue Historische Bibliothek, Bd. es1265), Frankfurt 1985, S. 40 – 69.
6. Unternehmer in der frühen Bundesrepublik: Selbstverständnis und politischer Einfluss in der Marktwirtschaft, in: Großbölting, T. u. Schmidt, R. (Hg.), Unternehmerwirtschaft zwischen Markt und Lenkung, München 2002, S. 283 – 300. (mit leichten Kürzungen am Ende.)
7. Die versunkene Welt der Bergassessoren, in: Revier-Kultur, Nr. 3 (1986), S. 62 – 69.
8. Otto A. Friedrich. Politischer Unternehmer aus der Gummiindustrie und das amerikanische Modell, in: Erker, P. u. Pierenkemper, T. (Hg.), Deutsche Unternehmer zwischen Kriegswirtschaft und Wiederaufbau.

Studien zur Erfahrungsbildung von Industrieeliten, München 1999, S. 193 – 215.
9. Wiederaufbau und Umbau der westdeutschen Industrie nach dem Zweiten Weltkrieg, in: Tel Aviver Jahrbuch für deutsche Geschichte, 1990, S. 261 – 282.
10. Fordismus und westdeutsche Industriekultur, 1945 – 1989, in: Trommler, F. u. Shore, E. (Hg.), Deutsch-amerikanische Begegnungen, Stuttgart 2001, S. 188 – 204.
11. Ludwig Erhard und die Amerikanisierung der westdeutschen Industrie, in: Aus Politik und Zeitgeschichte (Beilage zur Wochenzeitung ‚Das Parlament'), 28. Januar 2008, S. 15 – 20.
12. Amerika und die Gestaltung der Montanunion, in: Berghahn, V., Unternehmer und Politik in der Bundesrepublik (Neue Historische Bibliothek, Bd. es1265), Frankfurt 1985, S. 132 – 152.

Teil C: Amerikanische Stiftungen, „Massenkultur" und transatlantische Netzwerke, 1918 – 2000

13. European Elitism, American Money, and Popular Culture, in: More, L. u. Vaudagna, M. (Hg.), The American Century in Europe, Ithaca 2003, S. 117 – 129. (Übers. des Autors)
14. Zur Soziologie der deutsch-amerikanischen Beziehungen nach dem Zweiten Weltkrieg. Die Netzwerke von Shepard Stone, in: Berg, M. u. Gassert, P. (Hg.), Deutschland und die USA in der Internationalen Geschichte des 20. Jahrhunderts (Transatlantische Historische Studien, Bd. 19), Stuttgart 2004, S. 407 – 422.
15. 1956: The Ford Foundation and America's Cultural Cold War in Eastern Europe, in: Fink, C., Hadler, F. u. Schramm, T. (Hg.), 1956. European and Global Perspectives, Leipzig 2006, S. 59 – 75. (Übers. des Autors.)

Personenregister

Wenn Sie weiterlesen möchten …

Arnd Bauerkämper / Konrad H. Jarausch / Marcus M. Payk (Hg.)

Demokratiewunder

Transatlantische Mittler und die kulturelle Öffnung Westdeutschlands 1945–1970

Die politisch-kulturelle Verwurzelung der Demokratie in der Bundesrepublik Deutschland ist ohne transatlantische Einflüsse und ihre Vermittlung durch einzelne Personen kaum denkbar. Die Politik der re-education nach 1945, mit der die amerikanischen Besatzungsbehörden demokratische Ideen und pluralistische Werthaltungen vermitteln wollten, wurde ganz wesentlich von Intellektuellen, Journalisten und amerikanischen Deutschlandexperten getragen, unter ihnen zahlreiche Remigranten und deutschstämmige Auswanderer. Der Einfluss dieser Kulturvermittler und ihr Zusammenspiel mit Besatzungsbehörden, Bevölkerung und eigenem beruflichen Umfeld ist Gegenstand der Porträts und Studien dieses Bandes, die den bislang vernachlässigten Prozess der »inneren Demokratisierung« der Deutschen nachzeichnen.

Mit Beiträgen von

Arnd Bauerkämper, Sean A. Forner, Frieder Günther, Maria Höhn, Michaela Hönicke Moore, Konrad H. Jarausch, Marita Krauss, Raimund Lammersdorf, Marcus M. Payk, Brian M. Puaca, Hermann-Josef Rupieper (†).

Alexander Nützenadel

Stunde der Ökonomen

Wissenschaft, Politik und Expertenkultur in der Bundesrepublik 1949–1974

Kritische Studien zur Geschichtswissenschaft, Band 166.

Der wirtschaftliche Aufstieg nach dem Zweiten Weltkrieg hat das politische Selbstverständnis Westdeutschlands in hohem Maße geprägt. »Wachstum« und »Stabilität« avancierten zu Leitbegriffen, die wissenschaftliche Theorien, gesellschaftliche Diskussionen und politisches Handeln bestimmten. Zugleich gewann ökonomisches Wissen an Bedeutung. Politiker und Wirtschaftsführer griffen immer häufiger auf die Expertise der Ökonomen zurück; in den Medien expandierte die Wirtschaftsberichterstattung.

Alexander Nützenadel verfolgt die Entwicklung der westdeutschen Nationalökonomie nach 1945, die Entstehung der modernen Politikberatung und die »Verwissenschaftlichung« der Politik bis in ihre Krise seit Ende der sechziger Jahre, als die Steuerungsfähigkeit wirtschaftlicher Prozesse an ihre Grenzen stieß.

Andreas Rödder / Wolfgang Elz (Hg.)

Deutschland in der Welt

Weichenstellungen in der Geschichte der Bundesrepublik

Ob globale Finanzkrise oder Afghanistan-Einsatz – am Beispiel zahlreicher Debatten unserer Tage wird deutlich: Elementare politische Fragen unseres Landes können nur im internationalen Zusammenhang verstanden und beurteilt werden. Dass dies keine neue Erkenntnis ist, zeigt die Geschichte der Bundesrepublik in besonderer Weise. Ausgewiesene Experten aus Geschichts-, Politik- und Wirtschaftswissenschaften diskutieren ausgehend von der Westbindung über Mauerbau und Ostverträge bis hin zum Mauerfall die entscheidenden internationalen Weichenstellungen. Zugleich wenden sie sich der veränderten Rolle Deutschlands nach der Wiedervereinigung zu. Wohin führt die europäische Einigung? Wozu führen wir Krieg? Und wo liegen die deutschen nationalen Interessen und in welchem Verhältnis stehen sie zur Einbindung in EU, NATO und Vereinte Nationen? In Beiträgen zur europäischen Integration und zum Kosovo- und Afghanistan-Einsatz werden die neuen Herausforderungen, mit denen sich die deutsche Außen- und Sicherheitspolitik konfrontiert sieht, diskutiert.

Mit Beiträgen von

Harald Biermann (Bonn), Helga Haftendorn (Berlin), Michael Kißener (Mainz), Jan Kusber (Mainz), Andreas Rödder (Mainz), Tim Schanetzky (Jena), Joachim Scholtyseck (Bonn).

Michael Grüttner / Rüdiger Hachtmann / Konrad H. Jarausch / Jürgen John / Matthias Middell (Hg.)

Gebrochene Wissenschaftskulturen

Universität und Politik im 20. Jahrhundert

Dieser Band regt eine kritische Universitätsgeschichte des 20. Jahrhunderts an, indem er die Wechselbeziehung von politischen Systembrüchen und Wissenschaftsentwicklungen untersucht, deutsche Tendenzen mit internationalen Trends vergleicht und die gegenwärtige Reformdebatte in eine Langzeitperspektive einbettet. Er geht vom vermeintlichen Verlust der Weltgeltung deutscher Wissenschaft in der Weimarer Republik aus, analysiert die Selbstmobilisierung der Forschung im Dritten Reich und kontrastiert abschließend die Modernisierungsprobleme der DDR und der Bundesrepublik.

Mit Beiträgen von

Mitchell G. Ash, Sören Flachowsky Michael Grüttner, Rüdiger Hachtmann, Konrad H. Jarausch, Ralph Jessen, Jürgen John, Tobias Kaiser, Gabriele Metzler, Matthias Middell, Detlef Müller-Böling, Sylvia Paletschek, Peer Pasternack, Carola Sachse, Peter Strohschneider, Patrick Wagner, Mark Walker.

Kritische Studien zur Geschichtswissenschaft

V&R

Band 194: Jan Eike Dunkhase
Werner Conze
Ein deutscher Historiker im 20. Jahrhundert
2010. 378 Seiten, gebunden
ISBN 978-3-525-37012-4

Band 193: Nina Verheyen
Diskussionslust
Eine Kulturgeschichte des »besseren Arguments« in Westdeutschland
2010. Ca. 400 Seiten mit 7 Abb., gebunden
ISBN 978-3-525-37014-8

Band 192: Jörg Neuheiser
Krone, Kirche und Verfassung
Konservatismus in den englischen Unterschichten 1815–1867
2010. Ca. 368 Seiten, gebunden
ISBN 978-3-525-37009-4

Band 191: Jakob Zollmann
Koloniale Herrschaft und ihre Grenzen
Die Kolonialpolizei in Deutsch-Südwestafrika 1894–1915
2010. Ca. 400 Seiten, gebunden
ISBN 978-3-525-37018-6

Band 190: Vera Hierholzer
Nahrung nach Norm
Regulierung von Nahrungsmittelqualität in der Industrialisierung 1871–1914
2010. Ca. 400 Seiten mit ca. 4 Abb. und 5 Tab., gebunden
ISBN 978-3-525-37017-9

Band 189: Benno Gammerl
Untertanen, Staatsbürger und Andere
Der Umgang mit ethnischer Heterogenität im Britischen Weltreich und im Habsburgerreich 1867–1918
2010. 400 Seiten mit 9 Abb., 4 Diagramme, 7 Tab. und 5 Karten, gebunden
ISBN 978 3 525 37011 7

Band 188: Aribert Reimann
Dieter Kunzelmann
Avantgardist, Protestler, Radikaler
2009. 392 Seiten, gebunden
ISBN 978-3-525-37010-0

Band 187: Christiane Eisenberg
Englands Weg in die Marktgesellschaft
2009. 166 Seiten mit 5 Tab. und 12 Abb., gebunden. ISBN 978-3-525-37008-7

Band 186: Hedwig Richter
Pietismus im Sozialismus
Die Herrnhuter Brüdergemeine in der DDR
2009. 400 Seiten mit 6 Diagrammen, gebunden
ISBN 978-3-525-37007-0

Band 185: Heinrich Hartmann
Organisation und Geschäft
Unternehmensorganisation in Frankreich und Deutschland 1890–1914
2010. 372 Seiten mit 11 Abb., 17 Grafiken und 8 Tab., gebunden
ISBN 978-3-525-37003-2

Vandenhoeck & Ruprecht